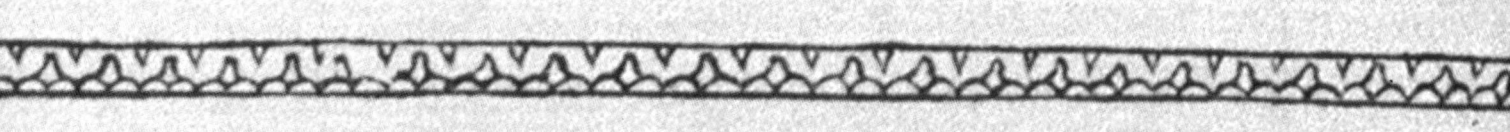

I

1

사진과 그림으로 보는
건축의 역사

사진과 그림으로 보는
건축의 역사

사진과 그림으로 보는
건축의 역사

조너선 글랜시 지음 | 강주헌 옮김

추천의 글 노먼 포스터, 김석철

시공사

사진과 그림으로 보는
건축의 역사

2002년 10월 10일 초판 1쇄 발행
2015년 1월 20일 초판 4쇄 발행

지은이 / 조너선 글랜시
옮긴이 / 강주헌
발행인 / 이원주

발행처 / (주) 시공사
출판등록 / 1989년 5월 10일(제3-248호)

주소 / 서울특별시 서초구 사임당로 82 (우편번호 137-878)
전화 / 편집(02)2046-2850 · 영업(02)2046-2800
팩스 / 편집(02)585-1755 · 영업(02)588-0835
홈페이지 / www.sigongsa.com

The Story of Architecture
Copyright © 2000 Dorling Kindersley Limited, London
Text copyright © Jonathan Glancey

Korean translation copyright © 2002 Sigongsa, Co., Ltd.
All rights reserved. Korean translation edition published by
arrangement with Dorling Kindersley Limited.

이 책의 한국어판 출판권은 Dorling Kindersley와의 저작권 계약에
따라 시공사에서 가지고 있습니다. 저작권법에 따라 보호를 받는
저작물이므로 무단 전재와 복제를 금합니다.

값 29,000원

ISBN 978-89-527-1800-6 03540
978-89-527-1622-4(세트)

파본이나 잘못된 책은 교환하여 드립니다.

A DORLING KINDERSLEY BOOK /
www.dk.com

차례

추천의 글 / 6
머리말 / 7
서론 / 8

건축의 시작
도시의 발전	14
고대 이집트	18
아프리카의 초기 문명	22

그리스와 로마의 위대한 유산
고대 그리스	26
고대 로마	30

암흑에서 빛으로
비잔틴 건축	38
수도원	42
로마네스크	44
이슬람	46
북아프리카	50

고딕 양식
고딕의 세계	54
성	62
후기 고딕 양식	64

르네상스
이탈리아의 르네상스	68
성기 르네상스	72
안드레아 팔라디오	76
이탈리아의 바로크 양식	78
이탈리아 밖의 바로크 양식	82
절대주의	86
로코코 양식	88
저지대 국가들	90

빌라 로톤다

아메리카

고대 중앙아메리카	94
식민지 아메리카	98

중국과 일본

중국의 고전주의	102
일본	106

아시아

인도	112
동남아시아	116

신고전주의

신고전주의	120
조경에서의 고전주의	122
미국의 고전주의	124
프랑스 혁명	126
그리스 복고 양식	128
카를 프리드리히 싱켈	130
황제국 러시아	132

산업 사회

산업혁명	136
철도	142
산업화된 도시들	144
오거스터스 퓨진	146
고딕 복고 양식	148
데카당스의 시대	150
프리 스타일	152
도덕과 건축	154

기계의 시대

노동을 위한 기계들	158
하늘을 향하여	160
프랭크 로이드 라이트	162
미술 공예 운동	164
아르 누보와 빈 분리파	166
안토니오 가우디	168

위대한 신세계

혁명의 불길에 싸인 러시아	172
바우하우스	174
유럽의 집단 주거지	176
루트비히 미스 반 데어 로에	178
파시스트 건축	180
르 코르뷔지에	182
국제주의 양식	184
모더니즘과 자유	186
새로운 도시들	188
오스카르 니마이어	190
야수주의	192

건축의 끝없는 가능성

협동 조합주의	196
포스트모더니즘	198
극단	202
하이테크	204
건축가들과 공학	208
일본의 메타볼리스트	210
고전주의의 복고	212

미래

유기적 건축	216
건축의 재활용	218
해체주의	220
컴퓨터	224
즐거운 도시들	226

용어 해설 / 230
찾아보기 / 233
그림 자료 출처 / 237
추천의 글 / 239

위니테 다바타시옹

추천의 글

『사진과 그림으로 보는 건축의 역사』는 기원전 7000년경의 메소포타미아에서 시작하여 21세기의 웅장한 건축물까지 포괄적으로 다루고 있다. 건축의 백과사전이라 할 수 있는 조너선 글랜시의 책은 크게 두 가지 특징을 갖는다. 첫째는 조너선이 이 책에서 소개하는 건축물을 대부분 직접 찾아가서 보았다는 것이다. 이런 노력이 당연한 것이라 생각할 수도 있겠지만, 유감스럽게도 사진이나 다른 책에서 보고 읽은 것만으로 건축물에 대해 장광설을 늘어놓는 작가들이 적지 않다. 둘째는 건축물에 대한 조너선의 열정이다. 건축은 우리의 모든 감각을 자극한다. 따라서 우리는 실제 건축물과 멀리 떨어져 이 책을 들척거리지만 조너선은 건축물과 그에 얽힌 이야기를 우리 앞에 생생하게 살아 있게 한다.

문화는 무엇인가를 만들어 가는 과정이다. 말하자면 비바람을 피하기 위한 곳을 만드는 것에서 시작된 과정이다. 이 책은 우리에게 이런 사실을 일깨워 준다. 그러나 사실 건축물은 이런 기본적 욕구를 넘어서는 것이며, 시간과 공간의 차이에 따라 식물과 동물의 세계만큼이나 다양한 모습을 띤다. 조너선은 탁월한 혜안으로 변화무쌍한 건축물 뒤에 감추어진 근본적인 원칙들을 찾아 낸다.

조너선은 흥미진진하게 이야기를 끌어 간다. 건축물을 세우는 데 관여한 모든 사람들 즉 음악가와 화가, 건축가와 엔지니어, 그리고 건물주까지 끌어들여 그 시대와 장소의 문화를 엿보게 해 주는 역사적 사건들을 언급하며 이야기를 끌어 간다. 당신이 언젠가 세계의 건축물을 순례하게 될 때 이 책은 훌륭한 안내서가 되어 줄 것이다.

조너선 글랜시는 건축에 얽힌 이야기, 그리고 건축물을 세우는 데 관여한 사람을 되도록 많은 독자에게 소개하기 위해 이 책을 썼다. 그리고 그는 경이로운 성공을 거두었다.

2000년 5월 런던에서
노먼 포스터(Norman Forster) 경

머리말

이 책은 인류가 이루어 낸 역사(役事)에 대한 이야기이고, 우리가 무척이나 흥미롭지만 혼잡한 세계를 올바로 이해하고 질서를 만들어 가기 위한 수단 가운데 하나에 대한 이야기이다. 또한 우리에게 안락하게 쉴 곳을 제공해 준 방편에 대한 이야기이기도 하다. 우리는 건물 안에서 살아가고 일한다. 초라한 건물에서 지극히 숭고한 건물까지 모든 건축물이 어떤 식으로든 우리에게 영감을 준다. 계단의 층계참, 햇살을 받아들여 매혹적인 그림자를 드리우는 창, 열기를 식혀 주는 자재, 아케이드(arcade)의 규칙성, 돔의 충만함. 건축물은 단순한 건물이 아니다. 제대로 지어진 건축물은 우리 정신을 함양시켜 준다. 심지어 최악의 건축물도 최소한의 경외심을 안겨 준다. 이 책은 건축물과, 건축물이 세워진 장소, 그리고 내가 어린 시절부터 불을 쫓는 나방처럼 추구해 온 건축에 대한 생각을 집약하여 정리한 책이다. 나는 이 책에서 소개한 건축물의 대부분을 직접 찾아가서 보았다. 눈으로 보지 않은 건축물에 대해 쓴다는 것이 어불성설로 여겨지지만, 건축의 역사를 이야기할 때 방문하지 않았더라도 결코 빠뜨릴 수 없는 건축물이 있기 마련이다. 여기서 제시하면 좋았을 다른 건축물도 많지만 과감하게 선별할 수밖에 없었다. 그것을 다 다루면 이 책은 작은 건물만한 덩치가 되었을 테니 말이다. 건축은 문명의 역사를 포괄하는 주제이다. 나름대로 최선을 다했지만 이 책이 완전하다고 자신할 수는 없다. 그러나 이 책이 독자에게 위대한 건축물을 직접 찾아가 보고 싶은 욕구와, 우리가 삶을 꾸려 가면서 선택한 수많은 방법들을 재발견하고 싶은 욕구를 불러일으켜 주기 바란다.

조너선 글랜시

그랜드 센트럴 역 (뉴욕, 1903-13년)
그랜드 센트럴 역의 중앙 홀은 세계에서 가장 많은 사람이 만나는 곳 중의 하나이다. 중앙 홀은 36.5×38미터의 크기로, 천장에는 폴 헬류(Paul Helleu)가 천국을 묘사한 그림이 있다.

사진과 그림으로 보는 건축의 역사

서론

사막으로 도피할 때, 산길을 걸을 때, 난바다에서 항해할 때가 아니라면 인간은 거의 언제나 건물에 둘러싸여 살아 간다.

그러나 집을 짓는 것과 건축 사이에는 차이, 그것도 아주 커다란 차이가 있다. 동물도 집을 지을 수 있다. 오스트레일리아 오지의 흰개미들은 놀라울 정도로 뛰어난 보금자리를 만든다. 새들도 둥지를 짓는다. 오스트레일리아와 뉴기니의 풍조들이 짓는 둥지는 정교하면서도 아름답다. 벌들이 짓는 집도 보통을 넘는다. 기하학에 대한 본능적 감각과 가벼운 자재에 대한 지식에 대해서는 벌을 따를 자가 없을 것이다.

그러나 인간은 건축이란 것을 만들어 냈다. 간략하게 말하면 건축은 집을 짓는 과학이고 예술이며, 시적으로 표현하면 집을 단순한 피난처에서 예술 작품으로 승화시켜 주는 세련된 마법이다.

건축이라는 예술은 인간에게 즐거움을 줄 뿐만 아니라 당혹감과 분노를 안겨 주기도 한다. 그러나 파르테논 신전의 장려함과 마하발리푸람에 있는 사원들의 우아함, 중세 고딕풍 성당의 야심 찬 모습, 그리고 하늘로 높이 치솟은 20세기의 마천루에 이르기까지, 건축은 계속해서 능동적으로 변신을 모색해 온 예술이다.

건축은 인간의 야심을 3차원의 공간에 그려 낸다. 따라서 건축은 우리가 풍요와 건강을 기리기 위한 가시적인 수단이고(이는 큰 교회와 사원이 하느님과, 신들과, 성자들에게 어떤 역병을 이겨 낸 것에 대해 감사하는 마음으로 세워진 것이란 점을 생각해 보면 알 수 있음) 또한 천국에 이르는 계단이기도 하다.

약 8,000–9,000년 전에 시작된 고대 문명 시대부터 인간은 성산(聖山)이나 초기의 피뢰침을 닮은 경이로운 건축물(피라미드, 탑과 첨탑)을 지었고, 그것으로 하늘을 향해 다가가기 시작했다. 이러한 건축물을 통해서 성직자들은 하늘에 있는 신을 만나러 올라갈 수 있고, 하늘의 신들은 지상으로 내려올 수 있을 것이라고 생각했던 것이다.

우리에게 알려진 최초의 진정한 건축물은 신전이다. 당연한 귀결이다. 남신 즉 천신이 대부분의 세상에서 선사 시대의 여신 즉 지신에게 승리를

샤르트르 대성당 (프랑스, 1194–1220년)
고딕 양식의 전형을 보여 주는 샤르트르 대성당은 착색된 빛으로 내부를 비춰 주는 스테인드글라스로 유명하다. 이 성당은 종교적 신앙과 경제적 번영의 상징물이었다.

아몬 신전의 다주실 (이집트의 카르나크, 기원전 1530–기원전 323년)
아몬 신전의 중앙에는 다주실의 전형을 보여 주는 홀이 있다. 이 장려한 공간에는 122개의 기둥이 있으며, 중앙 통로에 세워진 12기둥의 높이는 22미터에 이른다.

거둔 청동기 시대 이후로, 인류는 영원과의 교감을 시도하면서 우주와 화합하기 위한 구조물을 지었다.

따라서 고대 신전들이 주야평분점, 일식이나 월식, 그리고 별들의 운행과 관련되어서 설계되었다는 사실은 결코 놀라운 일이 아니다. 인류는 그러한 구조물들을 통해 우주를 창조한 영혼과 교감하고 싶었던 것이다. 유일신 종교, 그중에서도 특히 그리스도교에서 하느님이 최초의 위대한 건축가로 비유되어 나오고 있다는 점도 매우 의미심장한 부분이다(또한

수많은 건축가들이 이처럼 원대한 자부심을 보이는 것도 놀라운 일은 아님).

중요한 것은 땅과 바다(인류는 농경을 시작하기 훨씬 전부터 천렵을 했음)를 풍성하게 만들어 준 신들을 이해하고 신들과 교감하는 일이었다. 가령 일종의 신전이자 천문대인 스톤헨지는 영국의 곳곳에 흩어진 거석 지대들과 연계하여 옛 선조들에게 별을 읽게 해 주고 무역로를 성공적으로 항해하게 해 준 거대한 시계 태엽이나 세오돌라이트일지도 모른다. 오늘날 우리는 이런 테크놀로지를 손목시계나 크로노미터의 형태로 누구나 손목에 차고 다닌다.

이런 변화를 언급하는 것은 문명의 발흥이 중요한 역할을 했다는 사실뿐만 아니라, 건축이 우리 삶에서 무척이나 중요한 부분을 차지하고 있고 단순히 집을 짓는 것과 뚜렷이 구분된다는 사실을 지적해 두고 싶기 때문이다.

건축물은 언제나 종교에 관련된 것이었고 건축가는 일종의 성직자와 같았다. 또한 이 책의 곳곳에서 확인할 수 있겠지만 건축가는 돌, 벽돌, 대리석, 철, 강철, 티타늄, 폴리탄산에스테르를 교묘하게 조합하여, 우리가 일상의 근심에서 벗어날 수 있게 하고 건축물을 우리의 정신을 함양시켜 주는 매혹적이고 감각적인 구조물로 탈바꿈시키는 마법사 혹은 샤먼과도 같은 존재였다.

지난 수세기 동안 새로운 테크놀로지가 발전하면서 건축가들은 그들의 재주를 마음껏 과시할 수 있었지만, 한편으로는 피라미드나 스톤헨지를 짓던 시대보다 훨씬 더 많은 실수를 저질렀다. 세계 종교들이 그 경계가 모호해지고 여러 분파로 분열되어 다툼을 벌이는 것과 마찬가지로 건축도 똑같은 양상을 보인다.

21세기 초는 인류의 문명사에서 그 어느때보다 인구가 늘어났으며 건축가의 수가 많은 시기이다. 그러나 이런 현상이 반드시 건축에서 질의 향상으로 연결되는 것은 아니다.

그렇다면 그 이유는 무엇일까? 인류를 하느님과 교감시키기 위해서 건물을 짓는 것이 아니기 때문이다. 또한 우주에서 우리가 차지하는 위치를 정확히 이해하지 못하고 있기 때문이다. 게다가 세속적인 유행과 이익을 좇는 풍조 때문에 건축가가 허영과 영리를 추구하는 직업으로 전락하고 있는 실정이다.

테크놀로지의 발달로 더욱 현란한 건축물을 세울 수 있게 된 시대에 예술적 가치는 물론이고 최소한의 품격조차 찾아볼 수 없는 건물들이 우후죽순처럼 세워지는 현상은 많은 것을 시사해 준다. 사실 21세기 초에 들면서 건축가의 역할은 위축되고 있다.

위대한 신전들이 수천 년 동안 살아 남아서 우리에게 자극을 주었듯이, 건물을 위한 건물을 너무도 쉽게 지었던 산업혁명 이전의 선배들처럼 이 시대의 건축가들은 샤먼이 되고 마법사가 되어 고원한

브라질의 상파울루
브라질 최대의 도시인 상파울루에는 1,700만의 인구가 밀집해 살고 있다. 이곳은 남아메리카 산업의 중심지이며, 서반구에서 인구 밀도가 가장 높은 도시 가운데 하나이기도 하다. 1950, 60, 70년대에 약 2,000만의 인구가 농촌에서 도시로 이주하면서 상파울루와 같은 도시들이 급속히 팽창했다.

상상력을 재발견할 수 있어야 한다.

물론 오늘날에도 과거처럼 땀 흘려 일하는 위대한 건축가들이 있다. 어떤 분야에서나 마찬가지이겠지만 위대한 건축가는 손가락으로 헤아릴 수 있을 정도이다. 까다롭고 탐욕스러우며 불안정한 세계화 시대를 정착시키고 우리에게 신의 제국을 약속해 줄 위대한 건축가들을 버팀목으로 성장시키기 위해서 격려하고 자극하며 비판하는 것은 우리의 몫으로 남아 있는 것이다.

물론 우리는 우리의 철학에 어울리는 건축물을 갖기 마련이다. 따라서 우리가 진부한 삶을 살고자 한다면 에어컨 시설이 갖추어진 볼품없는 쇼핑몰, 만화 속의 세계를 가져다 놓은 것 같은 테마파크와 레저 공원, '전통적인' 스타일로 설계되어 3중 주차 시설이 갖추어진 집들과 차단기가 설치된 교외의 주택 단지, 개성이라고는 찾아볼 수 없는 유통 창고들, 삭막한 기운마저 감도는 '콜 센터,' 그리고 영혼을 상실한 상업 지구만으로도 충분할 것이다.

그러나 이런 모습은 8,000년에서 9,000년 전에 처음 이야기되었던 세계, 즉 우리 대부분이 꿈꾸는 건축의 세계, 그리고 신의 세계와는 너무도 동떨어진 모습이다.

국회의사당 (독일의 베를린, 1999년)
노먼 포스터가 설계한 베를린의 국회의사당이다. 유리로 만든 돔을 통해 빛이 들어온다. 돔의 중앙에 설치된 원추가 반사한 빛이 의사당을 비추어 준다.

건축의 시작

하느님 혹은 신들만이 유일한 건축가였던 시대, 그리고 한때 세상을 공유하던 인류가 적어도 그들의 의식 세계에서는 건축의 필요성을 느끼지 못하던 시대를 21세기에 추정한다는 것은 어려운 일이다. 사실 그 시대에는 수렵으로 연명하던 인류보다 새들과 벌레들이 더 정교한 집을 지었다. 18세기 유럽의 이론가들이 무엇이라 주장했든 간에 건축의 기원은 초자연적인 것이 아니다. 또한 안식처로서 집이나 신전을 짓는 방법이 한 가지만 있었던 것도 아니다. 독일의 건축가 루트비히 미스 반 데어 로에(Ludwig Mies Van der Rohe)가 "두 개의 블록이 잘 포개질 때"라고 말한 것에서 알 수 있듯이, 건축은 약 8,000년에서 9,000년 전에 집과 기념물과 도시를 꾸밀 때부터 시작되었다.

이시스 신전의 대열주(누비아의 필라이 섬)
데이비드 로버츠(David Roverts)가 19세기에 그린 이시스 신전의 모습. 이집트 신전의 화려한 장식과 웅장한 성격을 잘 보여 준다. 실제의 구조는 상대적으로 단순한 편이다.

도시의 발전
문명의 발흥

비옥한 초승달 지대
기원전 8000년경 중동의 수렵인들은 야생 식물과 동물을 길들이는 실험을 시작했다. 비옥한 초승달 지대로 알려진, 티그리스 강과 유프라테스 강 사이의 지역은 물을 충분히 공급받을 수 있어 농경을 위한 최적의 환경이었다. 기원전 7000년경 이 지역의 농경인들은 밀과 보리를 재배했고 관개수로를 만들었다. 이렇게 안정된 공동체에서 그들은 공예와 무역을 시작함으로써 인류의 최초의 도시들을 탄생시켰다.

우르 남무의 지구라트 (이라크의 우르, 기원전 2125년경)
거대한 구조물 가운데 상부의 두 단은 거의 사라져 버렸지만, 남아 있는 기단만으로도 아무런 특징 없는 평원에 이 구조물이 세워졌을 때의 감동을 느끼기에 충분하다.

인류가 농경을 시작하면서부터 건축은 시작되었다. 21세기 초인 오늘날에도 일부 지역에는 유목 생활을 하면서 수렵으로 살아 가는 사람들이 있기는 하지만, 옛 조상들처럼 수렵으로 연명해 가기보다는 한 곳에 정착해서 땅을 경작하며 살고 싶은 욕구가 사람들에게 조금씩 싹트기 시작했다.

거의 같은 시기에 두 곳에서 이러한 새로운 삶의 형태가 시작되었는데, 바로 나일 강 유역과 비옥한 초승달 지대였다. 특히 비옥한 초승달 지대는 한때 풍부한 물로 초원을 이루면서 유프라테스 강과 티그리스 강의 삼각주에서부터 시작되어 서쪽으로 시리아까지, 지중해의 동쪽 연안을 따라 이어졌다. 또한 곳곳에서 그 증거가 발견되고 있듯이 이곳은 성경을 쓴 작가들에게 에덴 동산으로 알려진 곳이기도 했다.

최초의 건축물과 최초의 도시들은 오늘날 우리가 이집트, 이스라엘, 이라크, 이란이라고 부르는 곳에서 탄생되었던 것이다.

건축의 탄생

농경의 발달로 정착 생활을 시작하면서 고대 문명 발상지에 살던 사람들은 최초의 도시들을 건설했다. 이 도시들에 그들은 안정된 집과 사당, 그리고 신전과 궁전을 세웠다. 이처럼 건축의 탄생은 도시의 탄생과 더불어 시작되었다. 다시 말하면 농지의 확대로 도시가 발전하고 도시의 확대로 농지의 필요성이 증가하면서 건축이 더불어 발전할 수 있었던 것이다. 요컨대 문명은 오래 전, 까마득히 오래 전에 시작된 것이다.

문명이라는 뜻의 영어 단어 시빌리제이션(civilization)은 시민 혹은 도시 거주자를 뜻하는 라틴어 키비스(civis)에서 유래했다. 지금까지 알려진 최초의 도시 개발, 즉 건축의 출발지는 예리코이다. 여기에서 기원전 8,000년경에 지어진 가옥—흙벽돌로 지어졌지만 그 당시에는 아름다운 집이었을 것이다—과, 기원전 7,000년경에 세워진 사당이 발굴되었다.

예리코와 같은 고대 도시들은 아마도 지금의 우리

눈에도 상당히 친숙한 모습이었을 것이다. 자동차, 전기, 코카콜라 전광판, 위성 접시 안테나 등을 제외한다면 중동과 북아프리카의 작은 소도시들과 마을들은 그 후 10,000년 동안 겉모습이 거의 바뀌지 않았기 때문이다.

건축을 집이라는 단순한 개념을 넘어서 테크놀로지와 예술로 승화시킨 것은 풍요와 야망의 결합으로 맺어진 결실이었다. 최초의 도시들은 탄생하면서부터 성직자와 군주의 지배를 받았다. 성직자는, 땅을 풍요롭게도 할 수 있고 척박하게도 할 수 있는 힘을 지닌 신의 노여움을 달래 주고 신의 뜻을 해석해 주었다. 그래서 시민들은 성직자들을 보살펴 주어야 했다. 따라서 대부분의 도시에서 성직자는 풍요와 안락을 누리면서 사람들에게 두려움을 주는 존재가 되었다.

한편 시민들은 경쟁 관계에 있는 도시, 다른 왕국이나 나라에 살고 있는 사람들과의 다툼에서 안전을 도모하기 위해서, 군대를 양성해서 그들을 대신해 싸워 주며 그들의 삶의 터전인 땅을 지켜 주는 왕에게 의존했다. 그 대가로 왕은 엄청난 부를 축적했다. 그렇게 축적한 부로 성직자는 신전을 지었고 왕은 궁전을 지었다. 그리고 성직자와 왕은 앞다투어 무덤을 만들었다. 우리가 휴가를 맞아 수천 킬로미터를 여행할 때 만나게 되는 건축물들, 가령 지구라트와 피라미드, 벽돌이나 대리석으로 만든 신전들은 하늘에 맞닿을 듯이 치솟아 있으며 우리 상상력마저 빼앗아 간다.

지구라트

초기 신전들 중에서 가장 웅장하고 감동적인 건축물 가운데 하나는 수메르의 우르에 건설된 우르 남무(Ur-Nammu)의 지구라트(계단식 피라미드)이다. 달의 신인 난나에게 헌정된 신전인 이 지구라트는 약 35만의 인구가 밀집해 거주하던 도시에 인공산처럼 우뚝 솟아 있었고, 위압적인 느낌을 주는 계단이 그 정상까지 이어져 있었다. 이 신전은 기원전 2125년경 우르 남무와 그 후계자들에 의해서 완성되었지만 흙벽돌로 만들어진 이 거대한 건축물의 역사는 훨씬 더 오래된 것이다. 이것은 여러 세대에 걸쳐서 한 단씩 쌓아올려 완성된 것으로 추정되며, 따라서 지구라트의 독특한 형태는 우연히 만들어진 것이라 여겨진다. 또한 지구라트의 각 단에 나무를 심었다면 지구라트는 오늘날의 모습보다 더, 자연의 풍경으로 장식되었지만 강렬한 태양에 의해서 하얗게 변해 버린 산과 같았을 것이다. 이런 추정이 맞을 가능성은 반반이다. 현재 우리에게 알려진 바에 따르면, 그 웅장한 신전이 수 킬로미터 떨어진 곳에서도 보였기 때문에 외곽의 관개된 농지에서 일하는 농부들에게는 성직자들이 그들을 대신해서 신들과 교감하고 있는 증거로 여겨졌다고 한다.

고대 세계에서 건설된 가장 유명한 지구라트는 우리에게 바벨 탑이라 알려진 것이다. 십중팔구 바벨 탑은 고대 메소포타미아 도시들 중에서 가장 컸던 바빌론에 세워진 에테메난키 신전이었을 것이다. 바빌론은 네부카드네자르 2세(Nebuchadnezzar II)의 시대에 전성기를 맞았다.

바벨 탑은 푸른빛을 띤 벽돌로 전면을 처리하고 각 변이

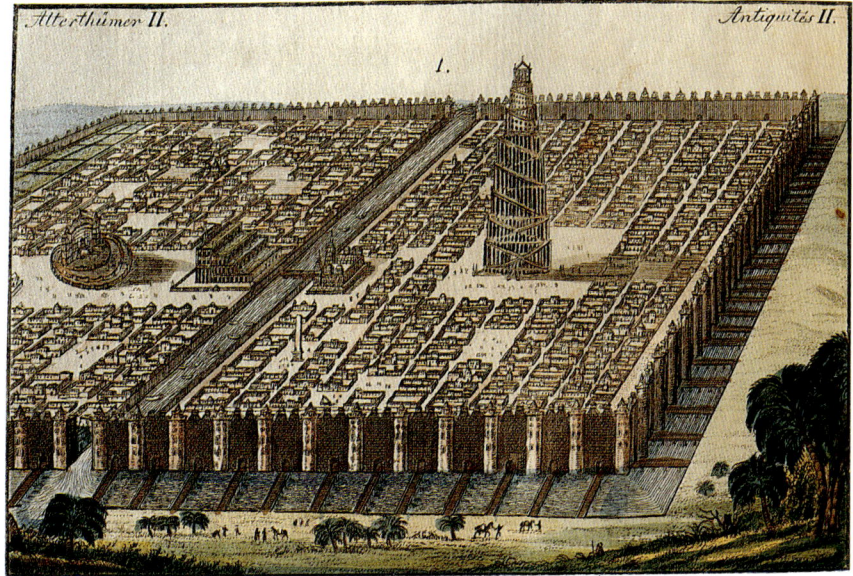

바벨 탑 주변의 상상도
『창세기』 11:1-9절에 언급된 바벨 탑 이야기는 에테메난키의 지구라트에서 영향을 받은 것이라고 여겨진다. 이 18세기의 판화를 통해 신전과, 신전을 둘러싼 벽들이 되살아났다.

초기의 문자
문자는 초기 문명의 발전에서 필수적인 것이었다. 그것은 후손에게 지식을 전달하기 위해서 사용되었다. 문자는 최초의 관료와 도시들을 탄생시켰다. 수메르 문자는 지금까지 알려진 문자 가운데 가장 오래된 것이다. 단순한 그림문자에서 발전한 쐐기문자(cuneiform, 쐐기를 뜻하는 라틴어 쿠네우스(cuneus)에서 유래함)가 기원전 3100년경 행정 기록을 작성하기 위해 처음 사용되었다. 기원전 2400년경의 것으로 추정되는 이 허정문은, 도시국가인 움마의 왕비가 남편인 기사키두(Gishakidu) 왕의 장수를 비는 내용이다.

사막의 도시 시밤(예멘)
이 '사막의 맨해튼'은 거의 2,000년이나 된 곳이다. 흙벽돌을 사용한 건물들 대부분이 16세기에 지어진 것이지만 도시의 외관은 상당히 현대적으로 보인다.

90미터에 달하는 직사각형의 기단에 7층으로 세워진 환형의 구조물이었을 것으로 추정되며, 유프라테스 강 주변에 있는 네부카드네자르의 장려한 수변 궁전에 세워졌을 것이라 여겨진다. 네부카드네자르의 수변 궁전은 아치형 건물의 꼭대기에 있는 거대한 테라스에 매달려 있던, 전설 속의 공중 정원으로 유명하다. 세계 7대 불가사의 가운데 하나인 공중 정원에는 여러 종류의 식물을 재배하는 데 필요한 물뿐만 아니라 궁중대신들과 공주들이 즐겨 먹던 셔벗용 얼음을 저장했다고 한다.

> **길가메시의 서사시**
> 고대 메소포타미아 서사시의 주인공은 기원전의 세 번째 밀레니엄의 전반기에 우루크라는 수메르의 도시를 다스린 왕으로 추정된다. 죽은 후에 신격화된 그 왕은 수많은 이야기와 시의 주제가 되었다. 이 서사시에서 아누 신은 길가메시(Gilgamesh)의 경쟁자로 엔키두(Enkidu)를 창조해 냈다. 치열한 싸움 후에 그들은 친구가 되었고 엔키두는 하늘의 황소를 살상한 죄로 죽음을 맞이한다. 길가메시는 회한의 눈물을 흘리며 바빌로니아의 홍수에서 살아난 우트나피쉬팀(Utnapishtim)을 찾아나서고 그에게서 영생의 비밀을 얻어 낸다.

바빌론 공중 정원의 상상도
왕궁을 통해 출입할 수 있었던 공중 정원을 판화로 재현한 것이다. 이 정원은 인공적으로 물을 대게 만든, 일련의 물매가 거의 없는 지붕으로 이루어져 있었다.

바빌론

비옥한 초승달 지대에서 우르, 코르사바드, 님루드, 니네베 등이 역사적으로 바빌론보다 앞선 도시이지만 바빌론은 어떤 면에서 세계 최초의 계획 도시라고 할 수 있다. 도시는 사방이 성벽으로 둘러싸여 있었고, 유프라테스 강의 동안과 서안에 걸쳐 있어 그 사이에 커다란 다리가 있었다. 이 다리는 주신전과 왕궁으로 이어지는 거대한 행렬로의 일부이기도 했다.

이 도시의 북문으로, 오늘날에도 볼 수 있는 이슈타르 대문이 있었을 것을 상상해 보면 바빌론은 아름답고 찬란한 도시였을 것이 틀림없다. 담의 정상부를 따라 조그만 지구라트 형상으로 총안이 만들어져 있는 이 대문의 정면은 청색 유약을 칠한 벽돌로 건설되었으며, 사자와, 전설 속의 동물을 형상화한, 노란 벽돌과 하얀 벽돌이 부조되어 있다.

그러나 아마도 그보다 한 세기 전에 아시리아의 도시인 코르사바드에 건설된 성문들은 더욱 인상적이었을 것이다. 사르곤 2세(Sargon II)의 궁전 입구였던 이 성문들에는 사람의 얼굴을 한, 날개 달린 황소들이 수호신처럼 세워져 있었다. 그것은 오늘날만큼이나 그 당시에도 섬뜩한 느낌을 주었을 것이다. 이 성문들은 초기 문명 사회가 상당히 야만적인 세계였음을 보여 주는 증거이기도 하다(그러나 21세기의 많은 도시들도 여전히 이러한 현상에서 완전히 탈피하지는 못하고 있음). 성벽은 생포한 적과 폭도에게서 벗겨 낸 가죽으로 장식되어 있었을 것이고, 거리는 십자가에 못박혀 신음하는 죄수들로 즐비했을 것이다.

요컨대 초기 도시들은 상상을 초월할 정도로 발전된 부분도 있었지만, 많은 부분에서 아직 야만적인 상태에서 벗어나지 못했다.

초기 구조물

건축이 발전하는 과정에서 이 즈음의 건축술은 보편적으로 단순했는데, 목재와 돌을 거의 사용하지 않고, 햇빛에 말린 벽돌을 쌓는 수준이었다. 따라서 바빌론의 시대 이후 그리스·로마 시대에 이를 때까지 오랫동안 건축술은 거의 답보 상태에 머물고 있었다.

메소포타미아 문명에서 가장 주목되는 건축물은 지구라트였다. 그러나 지구라트는 규모와 신비로움에서는 강렬한 인상을 남겨 주지만, 유럽의 고딕풍 성당에 비교하면 상당히

이슈타르 대문 (바빌론, 기원전 605 - 기원전 563년)
이슈타르 대문을 지나는 행렬로는 그 길이가 800미터 이상이었던 것으로 추정된다. 노변에는 이슈타르 여신을 상징하는 동물인 사자를 벽돌로 형상화해 장식했다.

단순한 구조물이다. 따라서 이 시대에 가장 뛰어난 건축물로 손꼽히는 신전과 궁전도 21세기의 가장 단순한 구조물, 예컨대 일반 가정집보다 구조적으로는 단순하다고 말할 수 있다. 이런 점에서 메소포타미아의 도시들은 거의 비슷비슷한 모습이었을 것이라 추정된다.

결국 고유한 정체성을 과시하는 개성 있는 건축물은 오랜 세월이 흐른 후에야 모습을 드러낼 수 있었다.

페르시아 제국

초기 문명과 도시들은 세계 최초의 제국다운 제국, 즉 키루스 2세(Cyrus II)가 건국한 페르시아 제국에 의해 멸망당했다.

이 시대에 건축의 융합, 달리 말하면 건축 양식의 차용이 시작되었다. 제국의 곳곳에서 몰려온 기술자들─아시리아인, 바빌로니아인, 이집트인, 이오니아인─이 황제의 지시에 따라 힘을 합해 새로운 양식의 건축물을 창조해 냈으며, 고대 메소포타미아의 지구라트에 비해서 형식에 구애받지 않고, 화려하게 장식되었으며, 밝은 기운을 띤 건축물이 만들어졌다.

이 시대의 가장 유명한 기념물은 다리우스 1세(Darius I)가 기원전 518년에 짓기 시작하여 50년 후인 아르타크세르크세스 1세(Artaxerxes I) 시대에 완성된 페르세폴리스 궁전이다. 이 시기까지 건축가의 이름은 전혀 기록되지 않았다. 다만 건축가들은 벽돌과 돌과 테라코타를 사용해서, 영광의 시대를 찬미해 준 왕과 황제의 이름만을 전했다. 이 궁전에 가려면 낮은 단을 한참이나 올라야 한다. 단이 낮아 말도 당당한 모습으로 계단을 올라갈 수 있었다. 계단의 양 측면은 새로운 제국의 전사들과 사람들을 묘사한 부조로 장식되었다. 궁전에는 하렘과, 가장 유명한 일백열주(一百列柱)의 궁인, 58.6평방미터의 알현실 등을 포함해서 여러 건물이 있었다. 특히 목재로 만들어진 알현실의 천장은, 기둥머리에 황소와 일각수가 새겨진 열주들이 떠받치고 있다. 밝은 색으로 화려하게 장식된 페르세폴리스 궁전은 원시적인 지구라트나, 외세의 침입을 막기 위한 성벽에서 상당히 발전된 것으로, 인류에게 건축이라는 개념과 실재를 처음으로 보여 주고 있다.

그러나 풍요를 구가한 페르시아 제국이 남긴 가장 정교한 기념물들도

페르세폴리스 궁전의 테라스 계단(이란, 기원전 581년경-기원전 460년)
궁전의 북서쪽에서 접근하면 이 궁전의 장려한 테라스 계단을 만나게 된다.
계단 위의 돌기둥들은 크세르크세스 1세(Xerxes I)의 누대터가 있었던 곳이다.
오른쪽에는 다리우스 1세의 아파다나(알현실로 사용된 일백열주의 궁)가 있었다.

전반적으로는 단순한 편이었다. 가령 기원전 5세기경에 나크시 에 로스탐의 바위산을 뚫고 만든, 아케메네스 왕조 왕들의 위압적인 느낌을 주는 무덤들이 대표적인 예로, 역사적으로 위대한 건축물은 단순하면서도 사색적인 분위기를 띠었다는 증거를 보여 준다.

아케메네스 왕조 왕들의 무덤 (이란의 나크시 에 로스탐, 기원전 5세기)
나크시 에 로스탐은 신비로운 영웅 로스탐(Rostam)을 조각한 것으로 여겨지는, 무덤 아래의 조각에서 유래한 이름이다.
비문을 보면 이 무덤들 가운데 하나가 다리우스 1세의 무덤인 것을 확인할 수 있으며, 다른 무덤들은 크세르크세스 1세,
아르타크세르크세스 1세, 다리우스 2세(Darius II)의 무덤인 것으로 추정된다.

고대 이집트
피라미드와 신전

아몬 레

아몬은 이집트인들에게 신들의 왕으로 여겨졌다. 아몬은 기원전 1991년 이후 종종 파라오의 보호자가 되었다. 거의 같은 시기에 아몬은 태양신 레와 동일시되면서, 아몬 레로서 이집트 민족의 신으로 추앙받았다. 이집트 신들은 자주 셋씩 짝지워졌다. 따라서 아몬과 그의 아내이자 만물의 어머니인 무트와 그들의 아들이며 달의 신인 콘스는 각각 테베의 3신 가운데 한 자리씩 차지했다. 다른 신으로는 죽음의 신인 오시리스, 하늘의 신인 호루스 등이 있다.

고대 이집트의 건축에는 독특한 특징이 있다. 신비로우면서도 안정된 모습을 한 고대 이집트의 건축은 고유한 법칙을 지키면서 거의 3,000년에 달하는 오랜 세월 동안 꾸준히 발전되었다. 그 기간 동안 이집트는 외세의 침입을 거의 받지 않았던 까닭에 풍요를 누리면서 잘 정비된 사회를 이룩할 수 있었다. 이집트의 풍요로운 삶과 문화는 나일 강의 주기적인 범람에서 비롯된 것이다. 나일 강은 매년 수위가 올라가면서 그 유역을 비옥한 땅으로 만들어 주었다. 이 기간 동안 온 백성이 어떤 형태로든 농업에 종사하면서, 뒤이어 닥쳐 온 건기를 견디어 내고 이듬해까지 먹고살기에 충분한 식량을 수확했다. 그러나 나일 강의 수위가 낮아지는 건기가 닥치면 농부도 노동자도 특별히 할 일이 없었다. 그 때문에 매년 5개월 동안 숙련공이나 미숙련공을 불문하고 이집트에는 잉여 노동력이 생겼다. 이 잉여 노동력이 기념물의 건설에 투입되어 오늘날 우리가 황홀한 눈으로 바라보는 문화의 결정체인 피라미드를 만들어 낸 것이다.

피라미드는 원래 파라오의 미라와 보물을 안전하게 보관하기 위해 만든 것이었다. 이집트인들은, 영혼은 영원불멸한 것이고, 파라오는 신이라고 생각했다. 따라서 죽은 왕의 영혼이 다시 원래의 몸으로 돌아와 거대한 석조 기념물 내에 부장해 둔 보물을 사용할 것이라 믿었다. 이런 점에서 피라미드는 죽음과 사후 세계에 대해 3,000년 동안 이어져 온 이집트인들의 종교적 믿음을 상징적으로 보여 주는 결정체이다. 이집트인들이 건설한 최초의 도시는 네크로폴리스, 즉 죽음의 도시인 매장지였다. 피라미드는 벽으로 둘러싸인 도시 한가운데 우뚝 서 있었다. 도시는 신전과 대규모 건물로 이루어졌으며, 건물들은 기둥이 일렬로 늘어선 긴 복도로 연결되어 있었다. 또한 기둥머리는 종려나무, 연꽃, 파피루스 꽃 등의 문양으로 장식되었다.

이런 네크로폴리스는 그야말로 기괴한 풍경을 자아냈을 것이다. 살아 있는 보통 사람들은 나일 강의 둑을 따라 마을을 형성하고 살았지만 나일 강의 범람 때문에 영구적인 주거지는 될 수 없었다. 그래서 그들은 회반죽을 바른 단순한 흙벽돌집에서 살았다(이런 집의 견본이 왕의 무덤들에 부장되어 있어 고대 이집트인들의 일상생활에 대해 많은 것을 짐작할 수 있게 해 줌). 반면에 죽은 사람은 잘 정비된 도시에 줄지어 건설되는 웅장하고 감동적인 기념물들 안에서 영생의 땅을 향해 먼 길을 재촉했다.

최초의 피라미드

피라미드는 고대 이집트의 최초 왕조부터 시작된 왕의 무덤, 즉 석실 분묘에서 그 원형을 찾을 수 있다. 이 무덤들은 계단식 구조물이었지만 높이가 7.6미터를 넘는 경우가 거의 없었다. 가장 초기에 건설된 피라미드 중 하나는, 조세르(Djoser) 왕의 건축가로서 제26 왕조에서 신격화된 임호테프(Imhotep)가 사카라에 건설한, 조세르 왕의 계단식 피라미드(제3 왕조 초기인 기원전 2778년)였다. 임호테프는 우리에게 이름이 알려진 최초의 건축가이며 그가 건설한 피라미드는 돌로 건설된 세계 최초의 대규모 기념물이다. 이집트인들이 도르래를 이용할 줄 몰랐던 사실을 감안할 때 이 피라미드는 건축사에서 경이로운 업적이 아닐 수 없다. 무게만 평균 2.5톤에 달한 거대한 화강암 덩어리를 아스완에서 채석하여 나일 강을 따라 운반했고, 나일 강의 둑에서부터는 나무로 만든 굴림대를

조세르의 계단식 피라미드 (사카라, 기원전 2778년)

6단으로 된 이 피라미드는 조세르 왕의 장제전에서 중심점을 이룬다. 이 피라미드는 역사상 최초로 이름을 남긴 건축가이자, 제26 왕조에서 신격화된 임호테프가 세운 것이다. 이것은 처음부터 끝까지 돌을 쌓아 건설한 최초의 구조물이다.

건축의 시작

카나리 와프 타워 (런던, 1989년)
세자르 펠리(Cesar Pelli)가 설계한 사무용 빌딩인 카나리 와프 타워의 초점은 피라미드가 현대 건축에 어떻게 영향을 미치고 있는가를 보여 준 좋은 예이다. 이 고층 건물은 서너 개의 전국적인 규모의 신문사가 입주해 있는 것으로 유명해졌다.

이용해 건설 현장까지 옮겼다. 그리고 피라미드의 경사면에 맞춰 흙을 쌓아 만든 비탈을 따라 끌어올린 화강암을 지렛대로 계획된 자리에 놓았다. 이런 식으로 피라미드를 건설한 이집트 건축가와 석공의 정확한 계산법은 미스터리로 남아 있다. 당신이 앞으로 50년이나 100년이 아니라 영겁의 세월을 두고 피라미드를 건설하더라도 결코 이집트인들처럼 완벽하게 만들어 내지 못할 것이다.

사카라의 피라미드는 초기 석조 분묘를 여러 번에 걸쳐 재건설한 것이다. 오늘날에도 확인할 수 있듯이 그 최종 형태는 125×109미터의 기반에 60미터의 높이로 건설된 6단의 구조물이다. 경사면이

제4 왕조 카프레의 피라미드
기자의 세 피라미드 중 두 번째 것이다. 천면의 거대한 스핑크스는 사자의 몸둥이에 카프레 왕의 얼굴을 하고 있다.

일직선으로 건설된 최초의 피라미드는 제3 왕조의 마지막 왕인 후니(Huni) 왕의 피라미드로, 마이둠에 건설된 것이다. 처음에는 계단식 화강암 피라미드로 건설되었지만 나중에 정교하게 다듬어진 석회암판으로 경사면을 덮었다. 그래서 이 작업이 완료되었을 때 피라미드는 거대한 사각뿔 모양으로 건설된 것처럼 보였을 것이다. 피라미드 정상부의 돌에는 당연히 금박을 입혔을 것이고, 또한 네 방위를 향하게 정확히 세워진 장식물이 햇빛과 달빛을 받아 반짝거렸을 것이다.

기자의 대피라미드

제4 왕조는 피라미드 건설의 황금기였다. 그중 가장 유명한 피라미드가 카이로 남쪽의 기자에 건설된 3개의 피라미드이다. 쿠푸(Khufu), 카프레(Khafre), 멘카우레(Menkaure)의 피라미드가 바로 그것이다. 쿠푸 왕의 피라미드는 고대에나 오늘날에나 세계 7대 불가사의 가운데 하나로 손꼽히는 건축물이다. 사방 230.6미터의 기반 위에 146.4미터의 높이로 건설된 이 피라미드는 인류 역사상 가장

『사자의 서』
장례에 관한 글을 모아 놓은 이 책은 주문으로 이루어져 있으며, 이 책이 죽은 사람의 사후 세계를 지켜 줄 것이란 생각으로 사자와 함께 묻혔다. 기원전 16세기에 수집되어 재편집된 듯한 이 책에는 기원전 2000년경의 관 본문(Coffin Texts)과, 기원전 2400년경의 피라미드 본문(Pyramid Text) 등으로 이루어져 있다.
『사자의 서』라는 이름은 1842년 이 책을 처음 출판한 독일의 이집트 학자 리하르트 렙시우스(Richard Lepsius)가 붙인 것이다.

룩소르의 아몬 대신전 (기원전 1408년경-기원전 1300년경)
테베의 3신인, 아몬과, 무트와, 콘스를 섬기는 이 신전의 건축은 아메노피스 3세(Amenophis III)에 의해 시작되었다. 탑문과 넓은 앞 광장은 람세스 2세 시대에 덧붙여진 것이다. 람세스 2세의 거대한 조상들이 입구의 양면에 있고, 한 쌍의 오벨리스크가 세워져 있다.

이 시기를 다스린 신왕조는 바위 무덤을 만들기 시작했다. 그 대표적인 예가 테베에 있는 왕의 계곡(나일 강의 서안으로, 룩소르에서 멀리 떨어지지 않은 곳)에 있는 무덤들이다. 피라미드 내부의 비밀 통로와 방을 제 집처럼 드나들던 도굴꾼들의 마수를 피하기 위해서, 바위 덩어리인 테베 주변의 언덕을 폭 210미터로 96미터까지 파내려 가서 장엄한 지하 구조물을 만들었지만 이런 시도도 결국에는 성공할 수 없었다. 대부분의 바위 무덤(21세기 초인 현재까지 발견되지 않은 바위 무덤도 적지 않음)이 도굴당했다. 도굴되지 않은 유일한 무덤은 1922년 영국의 고고학자 하워드 카터(Howard Carter)가 거의 온전한 상태로 발굴해 낸 투탕카멘(Tutankhamen)의 무덤이다.

이집트의 신전

고대 이집트가 남긴 유산 가운데 피라미드 이상으로 중요한 기념물로는 신왕조 시대(기원전 1550-기원전 1070년경)에 신들을 섬기기 위해 건설한 신전들이 있다. 그중에서 가장 유명한 신전이 카르나크의 아몬 대신전과 테베 인근에 있는 룩소르의 아몬 대신전이다. 스핑크스들이 양쪽으로 늘어선 길을 따라서, 위압적인 출입문인 탑문(塔門) 아래를 지나야만 이 거대한 건축물 앞에 이를 수 있으며, 기둥이 촘촘히 세워진 홀과, 안뜰과, 성소로 들어갈 수 있다. 탑문의 벽은 상부가 안쪽으로 기울어진 양식이다. 이런 건축 양식은 고대와 그 이후에 다시 유행한 이집트 건축물의 특징인데, 흙벽돌로 건물을 튼튼하게 짓기 위한 한 방식이었다.

기둥은 채색하여 장식했으며, 고대 그리스와 로마의 기둥에 비해 훨씬 육중해 보인다. 게다가 이 복합적인 건축물, 특히 내부는 신비로운 분위기를 자아낸다. 134개의 기둥이 16열로 늘어서서 24미터 위에 있는 돌판 지붕을 떠받치고 있는 아몬 대신전의 홀은 위압감을 주기에 충분하다. 홀의 크기는 103×52미터이고, 기둥머리와 지붕 사이에 얹은 돌덩이들을 뚫어 만든 채광층을 통해 스며드는 햇살이 홀을 밝혀 준다. 신전은 담으로 둘러싸여 있으며, 그 안에는 성직자들과 노예들을 위한 숙소, 창고, 성스러운 연못이 있었다. 카르나크의 아몬 대신전에는 아직까지 그 연못이 온전하게 남아 있다. 카르나크의 아몬 대신전에서 신전 자체는 거의 1,000년 이상의 역사를 지닌 건물이지만, 다른 건축물의 연대를 추정하는 데에는 전문가들도 어려움을 겪고 있다. 즉 고대 이집트에서는 건축 양식이 매우 느리게 변했기 때문에 그 연대를 쉽게 단정할 수 없다는 뜻이다. 그렇더라도 거의

거대한 건축물 중 하나로 여겨진다. 대피라미드를 건설한 석공들은 스핑크스의 창조자이기도 했다. 카프레 왕의 얼굴을 묘사했다는 반인반수의 스핑크스는 그 모체가 드리워 주는 그림자 안에 웅크리고 있다. 또한 스핑크스가 제18 왕조의 토트메스 4세(Thotmes IV) 시대에 처음 복원되었다는 사실이 기록된 비문도 흥미롭다. 옛 건축물과 기념물의 보전을 위한 노력이 오늘날에만 이루어지는 일이 아니라는 것을 가르쳐 주기 때문이다.

그러나 그 불가해한 아름다움과 기하학적 경이로움에도 불구하고, 기원전 2600년경(영국 남부의 에이브버리에 스톤헨지가 세워진 때)에 절정을 이루었던 피라미드는 기원전 200년경부터 역사의 뒤안길로 사라지고 말았다.

> **이집트 리바이벌**
> 1922년 11월 고고학자 하워드 카터는 투탕카멘의 무덤을 발견하여 이집트학에 커다란 기여를 했다. 이 발견은 건축과 장식 예술에서 이집트 리바이벌을 불러 왔는데, 특히 아르 데코에 지대한 영향을 미쳤다.
> 그러나 이때가 최초의 이집트 리바이벌은 아니었다.
> 클레오파트라 율리우스 카이사르(Julius Caesar)와 안토니우스(Antonius)와 차례로 관계를 맺었을 때 최초의 이집트 리바이벌이 있었던 것으로 추측된다.
> 그때 로마 사교계는 헤어스타일과 보석, 오벨리스크, 피라미드 등 이집트의 모든 것을 수용하기 어려운 것으로 생각했다.
> 고대 이집트의 건축과 문화는 기원전 1세기경에 실질적인 죽음을 맞았지만 그 매력을 상실한 적은 지금까지 한 번도 없었다.

카르나크의 아몬 대신전 (기원전 1530-기원전 323년)
웅장한 기둥들이 빽빽이 들어찬 홀(기원전 1312-1301년경)은 세티 1세(Seti I)와 람세스 2세에 의해 세워졌다. 중앙로는 약 24미터의 높이이며, 높이 21미터, 직경 3.6미터의 기둥들이 세워져 있다.

동일한 목적에서 건설되었지만 확연한 형태의 차이를 보여 주는 건축물들도 상당히 많다. 아부심벨(기원전 1310년경)은 상식을 초월하는 거대한 조각에 대한 이집트인들의 강박관념을 보여 준다. 이것은 바위산을 깎아서 만든 신전이다. 신전의 거대한 입구는 그 자체로 하나의 탑문이다. 말하자면 이 신전을 세운 용맹한 전사왕(戰士王)인 람세스 2세(Rameses II)가 앉아 있는 20미터 높이의 네 조상(彫像)이 신전의 전면을 이루고 있는 것이다. 신전 안의 성소에 들어서면 까마득히 높은 천장 때문에 등골이 오싹하다. 게다가 오시리스 신을 조각한 기둥들이 9미터 높이의 천장을 떠받치고 있다.

아부심벨은 상식을 벗어난 먼 옛날의 세계로 되돌아가는 느낌을 주지만, 다이르알바리(테베)의 돌출된 절벽을 배경으로 세워진 하트셉수트(Hatshepsut) 여왕의 장제전(葬祭殿)을 꾸며 주는 기둥들은 고대 그리스의 고결하고 합리적인 건축물을 보는 듯한 기분을 안겨 준다. 이 신전은 세넨무트(Senmut)란 건축가가 설계한 것이다.

세 개의 층이 좁은 난간으로 연결되어 있으며 각 층마다 열주들이 늘어서 있다. 또한 기둥들은 고대 이집트의 전형이라 할 수 있는 식물의 형상이라기보다는 도리스 양식의 원형에 가깝다. 벽에는 신의 딸이라 주장할 만큼 역동적인 삶을 살았던 하트셉수트 여왕의 삶을 그린 그림들로 장식되어 있다. 신전의 꼭대기에는 태양신 레를 위한 제단이 있다. 한편 하트셉수트 여왕은 절벽 안쪽의 복도 끝에 마련된 방에 안치되어 있다.

그 후로도 이집트는 1,500년 동안이나 번성했지만 예술과 건축은 침체를 벗어나지 못하여 기원전 3000년경의 대피라미드 시대나 기원전 2000년경의 신전 시대를 재현해 내지 못했다. 그러나 그 이후 모든 건축 양식의 기본이라 할 수 있는 축조법이 고대 이집트의 건축물에서 확인된다.

하트셉수트
투트모세 1세(Thutmose I)와 아모세(Ahmose) 왕비 사이에서 태어난 하트셉수트는 기원전 1503년부터 기원전 1482년까지 이집트를 다스렸다. 그녀는 여왕으로서 전례 없는 권력을 누리면서 파라오의 왕관을 쓰고 왕가의 전통적인 수염까지 붙였던 것으로 알려져 있다. 그녀는 무역을 활성화시켜, 푼트까지 진출한 상인들이 황금, 상아, 향, 새, 나무 등을 가지고 돌아왔다. 또한 그녀는 건축과 예술을 장려했다.

하트셉수트 여왕의 장제전 (다이르알바하리, 기원전 1520년)
아몬을 비롯한 여러 신에게 헌정된 이 장제전은 하트셉수트 여왕 시대의 건축가인 세넨무트가 세운 것이다. 깔끔한 담의 부조들은 여왕이 푼트로 보낸 상인들을 표현한 것이다. 스핑크스들이 도열한 행렬로가 신전과 계곡을 연결하고 있다.

아프리카의 초기 문명
전통적인 건축

도곤족의 건축
약 20만 명에 이르는 도곤족은 말리 남부 반디아가라 지역의 고원에서 적어도 500년 동안 살았던 것으로 추정된다. 그들의 거주지는 보통 직육면체 모양의 2층으로 되어 있으며 물매가 거의 없는 지붕으로 마무리했다. 동쪽에 있는 기초벽에는 거친 돌이 사용되었다. 가장의 거주 공간을, 여자들과 아이들의 거주 공간과 창고가 둘러싼 형태이다. 그 사이에 마당이 있다. 창고(위의 사진)는 입구가 상당히 위에 있기 때문에 사다리를 이용해야만 한다. 내부는 전체 높이의 절반쯤 되는 칸막이로 나뉘어 있다.

서구의 관점에서 볼 때 사하라 남쪽 아프리카에서 건축물을 세우는 데 성공할 가능성은 희박하다. 유럽에서 정착민과 식민지 개척자들이 내려올 때까지 아프리카에서는 오두막 수준을 넘어서는 건축물을 찾아보기 힘들었다. 가령 남아프리카 공화국의 줄루족과 은데벨레족의 오두막은 무척이나 아름답지만 '건축물'로 분류하기는 어려운 것이다. 고대 가나 왕국이 있었던 엘 가바와, 스와힐리족의 마을인 케냐의 게디에서 중세 시대의 것으로 추정되는 잘 정비된 가옥들이 발굴되었지만, 고대 아프리카의 건축물이라 할 만한 유적이 전혀 전해지지 않고 있는 것은 사실이다.

요즘 대두되고 있는 환경 친화적 건축이란 관점에서 아프리카 대륙으로 눈을 돌려 건축에 사용된 재료와 기법을 분석해 보면, 아프리카는 서양에 많은 것을 가르쳐 주고 있다. 또한 드물기는 하지만 아프리카에서도 기념비적 유적이 간혹 발견된다. 특히 짐바브웨의 그레이트 짐바브웨에서 발견된 철기

시대의 울타리(기원전 1000-기원전 1500년경)는 요새를 연상시켜 주며, 탄자니아의 후수니 구봐 궁전(기원전 1245년경)은 150×75미터의 크기였다.

해변에 세워진 이 궁전에는 100개 이상의 방이 있었던 것으로 추정된다. 산호빛의 경질암으로 건설된 이 궁전의 방에는 창문이 없었고, 문 앞에는 석조물이 세워졌다. 왕의 침실은 원통형의 둥근 천장(barrel-vault)으로 이루어져 있으며 아름다운 석조물로 장식되었다. 또한 이 궁전에는 팔각형의 연못이 있었고 전반적인 구조는 기하학적인 격자 모양이었다.

아프리카의 다른 곳에도 상당한 규모의 도시와, 궁전과, 성채가 있었지만 모두가 흙으로 만들어져 지금까지 전해 오는 것은 거의 없다.

마지막까지 남아 있던 도시들 가운데 하나가 한때 번성한 제국의 중심지인 베닌이다.

그러나 이 도시도 영국의

식민지 개척자들이 1897년에 도착한 직후에 화재로 파괴되고 말았다. 그러나 파괴되지 않은 곳이나 성공적으로 재건된 곳에서 발견한 흙 구조물은 아프리카 초기 문명의 경이로움을 보여 주기에 충분하다. 비록 지난 세기에 재건축되었지만 말리의 팀북투에 있는 산코레 모스크와 젠네의 모스크는 14세기 초에 건설된 것이다. 언제라도 다시 세울 수 있는 흙벽이 목재 골조를 덮고 있는데 목재 골조는 영구적으로 정교하게 세워진 골조라기보다는 비계에 가깝다. 모스크는 거대한 흰개미집처럼 보이며 미나레트(minaret)는 안쪽이 비어 있다. 부르키나파소의 보보디울라소와 코트디부아르의 콩에 있는 모스크들은 상대적으로 작은 규모이지만 습한 기후 때문에 지지물과 목재 골조를 더 많이 사용하고 있다.

환경 친화적 건축물

아프리카의 토착 건축물은 환경 친화적이어서 21세기 초의 철학에 부합된다. 건축 이야기는 예전에는 생각할 수도 없었던 한계를 새로운 테크놀로지와 아이디어로 극복한 사례 가운데 하나이다.

원뿔형 탑 (그레이트 짐바브웨, 11-16세기)
10미터 높이의 이 원뿔형 탑은 그레이트 짐바브웨의 중심 경내에 자리 잡고 있는데, 그 정확한 건축 목적에 대해서는 알려진 바가 거의 없다. 탑과 인근 벽의 축조술은 짐바브웨 사람들이 화강암을 정확히 재단해서 사용했다는 증거를 보여 준다.

젠네의 모스크 (14세기)
말리의 젠네는 한때 무역, 학문, 종교의 중심이었다. 젠네의 주택처럼 이 모스크에도 규칙적인 버트레스, 돌출된 첨탑, 인상적인 계단식 입구가 있다.

그리고 아프리카의 이런 모스크들은 적은 자원과 돈으로 모든 사람을 위한 건축물을 어떻게 세울 수 있는가를 극명하게 보여 주는 것들이다.

아프리카의 주택 구조

가장 흔한 형태는 흙과 돌을 사용한 원형의 오두막이며, 짚으로 만든 원뿔형 지붕을 덮었다. 나이지리아 북부의 노크족처럼 초원 지대에 사는 농경 민족에게서 이런 집이 발견되며, 그들은 곡물 창고도 비슷한 형태로 지었다. 그러나 카메룬과 같은 곳에서는 조각된 기둥을 이용한 정육면체 모양의 오두막이 발견된다. 한편 서부 아프리카에서는 흙으로 상자처럼 지은 집인 임플루비오(impluvia)가 발견된다. 이것은 직육면체의 집으로, 지지벽체보다 앞으로 튀어나온 지붕을 가운데 안뜰로 기울게 만들었는데, 이런 이유로 임플루비움(impluvium, 안뜰 한가운데의 빗물받이)이라는 말을 따라 그런 이름이 지어졌다.

그리스와 로마의 위대한 유산

고대 그리스가 융성하기 전의 건축물에는 다소 어둡고 신비로운 면이 있다. 그것은 무시무시한 의식이라도 치르는 듯한 음울한 느낌을 주는 극장이나 극적인 인상을 주는 괴이한 형태의 오페라 극장을 떠올리게 한다. 간략하게 말해서 고대 그리스의 신전과 원형극장에 기하학적 완벽성과 고결한 질서가 표현되면서부터 건축에서 인간과 신, 물질 세계와 정신 세계, 건축 예술과 자연의 장엄한 소박함 간의 조화로운 교감이 시작되었다고 말할 수 있다. 고대 그리스인과 로마인이 역사상 가장 뛰어난 건축물과 도시를 건설했다는 사실에는 조금의 의혹도 없다. 그들이 남긴 유산은 여전히 우리를 매료시키며, 건축가와 도시 계획가에게는 영감을 안겨 준다. 그것은 우주 여행과 나노테크놀로지와 인터넷이 지배하는 오늘날에도 마찬가지이다.

아크로폴리스(아테네)
아크로폴리스는 원래 궁전을 둘러싼 성채였다. 최초의 아테나 신전은 기원전 8세기경에 세워진 것으로 여겨지며 기원전 5세기 초에 건설된 파르테논 신전은 지금까지 그 자리를 지키고 있다.

고대 그리스
질서와 조화

페리클레스
긴 정치 활동 기간 (기원전 461년경-기원전 429년) 동안 정치가이자 군인이었던 페리클레스는 아테네 민주주의의 전성 시대를 이루어 냈고 아테네를 그리스 최고의 도시국가로 키워 냈다. 451년경 그는 문화 부흥 정책을 시행하면서 파르테논 신전을 비롯한 공공건물의 건축을 의뢰했는데, 이는 아테네의 위대함을 드러내기 위해서였다.

파르테논 신전은 고금을 통틀어 가장 뛰어나고 영향력 있는 건물인 듯하다. 이 신전은 건축물이 보여 줄 수 있는 완벽한 아름다움을 지니고 있다. 그리스 신화에 나오는 지혜의 여신이며 도시국가 아테네의 수호 여신인 아테나에게 바쳐진 파르테논 신전은 그리스 건축의 절정을 보여 준다. 그 당시에나 오늘날이나 인간의 눈에 비친 건축물 가운데 파르테논 신전에 견줄 것은 없다. 주변의 장려한 경관을 배경으로, 언덕 아래의 도시를 내려다보고 있는 파르테논 신전 주위에, 다른 신전들과 공공건물들이 모여 멋진 광경을 만들어 내고 있다.

그리스인들은 이 신전에 모든 것을 담아 낸 듯하다. 지금은 많이 파손되었지만 대리석으로 지었기 때문에(지붕은 목재임), 기원전 436년에 완성되어 그리스가 오스만 제국의 통치를 받던 1687년에 베네치아인의 공격을 받을 때까지 파르테논 신전은 그 아름다운 원형을 거의 그대로 간직하고 있었다. 투르크인들은 1458년에 파르테논 신전을 모스크로 변형시켰다. 그들은 6세기 말부터 그리스도교 교회로 사용되던 이 신전의 지붕에 어울리지 않는 양파 모양의 돔을 덧씌웠다. 게다가 그들은 이 신전을 화약 창고로도 사용해서 폭발 사고가 일어나기도 했다. 오늘날에는 공해가 더 심각한 피해를 끼치고 있다. 세계에서 가장 위대한 건축물이 우리

발할라 (독일의 레겐스부르크 인근, 1829-42년)
레오 폰 클렌체(Leo von Klenze)가 신고전주의 양식으로 세운 신전에서 파르테논 신전이 끼친 영향을 분명히 엿볼 수 있다. 바이에른의 루트비히 2세(Ludwig II)를 위해 세운 발할라가 언덕 위에 자리 잡고 있는 것도 아테네의 아크로폴리스를 떠올리게 한다.

사용했다면 휜 것처럼 보일 수 있는 부분까지도 우리 눈에 직선으로 보이게 하였다. 그것은 기막힌 기법이었다. 건축가의 뛰어난 수학적 판단뿐만 아니라 석공의 정교한 솜씨까지 요구되는 기법이었다.

대부분의 그리스 신전과 마찬가지로 파르테논 신전도 붉은색, 푸른색, 황금색을 띠었다. 신전의 조각들도 더할 나위 없이 아름다웠을 것이다. 우리는 그리스 신전들이 황폐해진 뒤의 모습만을 보아 왔기 때문에 그 신전들이 화려한 의식을 위해서 건설된 것이라는 사실을 곧잘 잊는다. 그리스는 사람들이 집 안에서 조용히 살던 사회가 아니었다. 대부분의 경우 집들은 특징 없는 평범한 모양이었으며 구불대는 좁은 골목길에 붙어 있었다. 그러나 도시의 아크로폴리스에 그림 같은 모습으로 모여 있던 신전들과 아고라의 넓은 광장은 밤낮으로 사람들로 붐볐다.

상징적인 신전

상징적으로 파르테논 신전과 그 밖의 신전들은 그리스 사회와 문화의 핵심적인 부분을 보여 준다. 신전은 집회와 숭배의 공간인 동시에 그리스의 힘의 근원인 전함, 각 가정의 뿌리인 베틀, 그리고 그리스의 민주적 시민—아테네를 비롯한 그리스 도시국가들은 좁은 의미에서의 민주주의 국가였을 뿐이다—을 상징하는 것이었다. 파르테논 신전 안에 안치된 거대한 아테나 여신의 석상을 중심으로 모인 것처럼 건물을 둘러싼 기둥들은 시민을 상징했고, 일정한 공간 내에서 가지런히 늘어선 기둥들로 이루어진 신전의 정면은 각 가정에 있는 베틀을 상징했다. 한편 기둥에 엔타시스 기법을 사용해서 신전의 정면을 돛처럼 부풀어 보이게 한 것은 전함을 상징한 것이라 할 수 있다. 따라서 고대 그리스인들에게 파르테논과 같은 신전은 아름답고 감동적인 기념물인 동시에, 그들을 문명인으로 결속시켜 주는 핵심 가치를 상징하는 것이기도 했다.

파르테논 신전은 후세에 대단한 영향을 미친다. 이 신전을 그대로 본뜬 건축물들이 세계 곳곳에 건실되었을 뿐만 아니라, 그 정수라 할 수 있는 완벽함, 진중함, 초연함은 기계가 발달한 시대와 그 이후까지 건축가들에게 영향을 주었다. 파르테논 신전은 그보다 150년 전에 생긴 건축 양식을

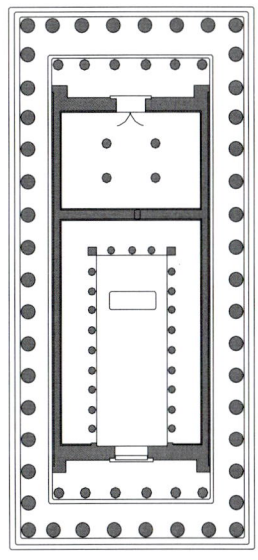

파르테논 신전의 평면도
파르테논 신전은 그리스의 다른 신전들과 달랐다. 페리클레스의 리더십을 상징하듯이 보통 6개의 기둥으로 이루어진 파사드에는 8개의 기둥이 있다. 따라서 옆 기둥의 수도 17개로 늘어났다. 열주가 성상 안치소, 즉 두 개의 방으로 나뉜 내부 공간을 에워싸고 있다. 두 방 가운데 큰 방에 아테나의 석상이 안치되었다.

앞에서 소리 없이 사라지고 있는 셈이다.

기원전 490년에서 기원전 480년 사이에 그리스가 페르시아에 승리를 거둔 후 페리클레스(Pericles)의 의뢰로 파르테논 신전이 건설되기 시작했다. 번잡한 도시와 아고라(시장)를 굽어보는 신전들의 재건축은 조각가 페이디아스(Pheidias)가 담당했다. 페르시아군이 불태운 신전들은 당시 대충 수리되어 있는 상태였기 때문이다. 페이디아스는 건축가 익티노스(Iktinos)와 칼리크라테스(Callicrates)에게 도움을 청했고, 그들은 11년이라는 시간을 투자해서 도리스 양식의 신전을 완성해 냈다.

그리스의 다른 모든 건축물과 마찬가지로 파르테논 신전도 외형이 내부보다 훨씬 중요했다. 기후 때문에 그리스인은 건물 밖에서 많은 시간을 보냈다. 따라서 그리스 신전에서는 사방을 둘러싼 기둥들이 이루는 회랑, 즉 열주가 가장 중요했다. 햇살이 열주에 스며들면서 평범한 벽돌이나 돌로 지어진 벽에서는 느끼기 어려운 깊이와 은은한 멋을 더해 주었다.

완벽한 직선과 정확한 비율로 인간의 눈에 완벽하게 보이는 신전을 만들어 내기 위해서 익티노스와 칼리크라테스는 엔타시스(entasis)라는 기법을 사용했다. 이것은 건물의 정면과 옆면에서 엔타블레이처(entablature)의 가상 아랫부분과 기둥을 약간 변형시키는 기법이었다. 따라서 파르테논 신전에는 실제로 직선이 사용되지 않았지만 이 기법을 적용했기 때문에, 직선을

파르테논 신전
(아테네, 기원전 447-기원전 436년)
도리스 양식의 정수인 파르테논 신전은 처녀신 아테나의 석상을 안치하기 위해서 세운 것이다. 그리스 본토에서 가장 큰 신전으로, 페리클레스 시대의 부흥을 나타낸다.

그리스의 전함
아테네인들은 노를 젖는 전함, 즉 3단 노의 갤리선으로 재해권을 장악했다. 전성기를 누린 기원전 5세기경, 아테네는 300척의 전함을 보유하고 있었다.

완벽한 경지까지 발전시킨 건축물이었다. 즉 기원전 590년경 헤라 신전을 중심으로 건설된 아크로폴리스의 성전들과, 공공건물들과, 헤라이움의 설계에 처음 사용된 것으로 여겨지는 도리스 양식의 완성을 보여 주는 것이 바로 파르테논 신전이다. 도리스 양식은 기원전 1000년경에 발칸 반도를 통해 그리스에 들어온 도리스족의 독특한 건축 양식이었다.

고대 그리스, 즉 아테네의 전성기는 기원전 800년부터 시작되어, 알렉산드로스(Alexandros) 대왕의 사망과 더불어 그리스 제국이 몰락한 기원전 323년까지였다. 최초의 그리스 건축물, 다시 말해서 훗날 그리스인이 정착한 지역의 건축물로는 기원전 1625년부터 1375년 사이에 크레타 섬의 크노소스에 미노스(Minos) 왕이 건설한 것으로 추정되는 궁전의 폐허와 일부가 복구된 건물이 남아 있다. 그러나 이 유적은 미로처럼 복잡하게 뒤얽힌 건축물로, 따뜻한 햇살보다는 흠칫한 악몽을 떠올리게 만든다. 따라서 파르테논 신전과는 그 정신에서 결코 같은 것일 수 없다. 결국 그리스인들은 1,000년이란 긴 시간을 보낸 뒤에야 파르테논 신전을 만들어 낼 수 있었다.

> **피타고라스**
> 기원전 570년경 사모스 섬에서 태어난 피타고라스(Pythagoras)는 철학자이자 수학자로 플라톤과 아리스토텔레스의 사상에 영향을 주었으며 수학의 발전에도 크게 공헌했다. 그는 수리적 비율이 물리적 세계의 질서를 유지하는 근간이라 믿었다. 피타고라스가 음계에도 적용한 이런 생각은 그리스 건축의 조화로운 비율에서도 마찬가지로 찾을 수 있다.

아테네의 아크로폴리스 상상도
기원전 5세기경의 아테네 아크로폴리스를 재현해 낸 19세기의 석판화이다. 파르테논 신전과 성지 입구에 세운 프로필라이온이 보인다. 오른쪽에는 아테나와 포세이돈, 그리고 전설 속의 왕 에레크테우스를 섬기는 이오니아 양식 신전인 에레크테이온이 있다.

고전적 건축 양식

그리스 건축은 고전적 양식(Classical orders)—그 이후로 기둥의 양식과 타입, 구조와 장식의 형태에서 그리스 건축을 본뜬 것을 고전주의라 부른다—이 주류를 이루었다.

우리는 이런 양식들이 발전되어 온 순서에 따라 도리스 양식(파르테논 신전의 설계에 적용되었음), 이오니아 양식, 코린트 양식이라 부른다. 이 양식들은 처음에 각기 다른 곳에서 시작되었다. 이오니아 양식은 이오니아 섬에서 전해졌으며, 코린트 양식은 가장 나중에 발전한 건축 양식이었다. 이와 같은 기둥의 세 양식은 갈대 다발을 상징적으로 표현한 이집트 건축물에서도 그대로 발견된다. 그리스식 기둥머리는 자연계의 생명체를 상징했다. 가령 이오니아 양식의 기둥머리는 숫양의 뿔, 코린트 양식의 기둥머리는 아칸서스의 잎사귀처럼 조각되었다.

또한 건축 양식에 따라서 그리스(훗날 로마도 그러했음)의 신전들과 주요 공공건물의 성격이 달라졌다. 도리스 양식 기둥은 엄숙하면서 남성적인 면이 있는 반면에 코린트 양식 기둥은 섬세하면서 여성적인 면이 있다.

그리스의 정신

이집트와 메소포타미아의 건축물과 달리 그리스의 건축물은 진중하면서도 경쾌한 모습이다. 건축사에서 처음으로 건축물에 유머 감각과 경쾌한 감각이 도입된 것이다. 이전의 건축물에서는 어떤 미소도 찾아볼 수 없었다. 그러나 기원전 5세기경 그리스는 절정을 맞으면서 최고의 건축가, 수학자, 철학자, 화가, 극작가를 탄생시켰다. 어찌 보면 진정한 문명은 그때부터 시작된 것이라 말해도 과언이 아니다. 사람이 사람을 조롱거리로 삼기 시작했기 때문이다.

그리스 신전들은 결코 규모가 크지 않았지만 그리스 도시에서 가장 중요한 기능을 하는 공간이었다. 그리스인들은 그들에게 어울리는 설계와 구조(post and lintel construction, 가구식 구조)를 선택해서 완벽하게 다듬었다. 또한 반대되는 주장도 있지만 아치와 그 밖의

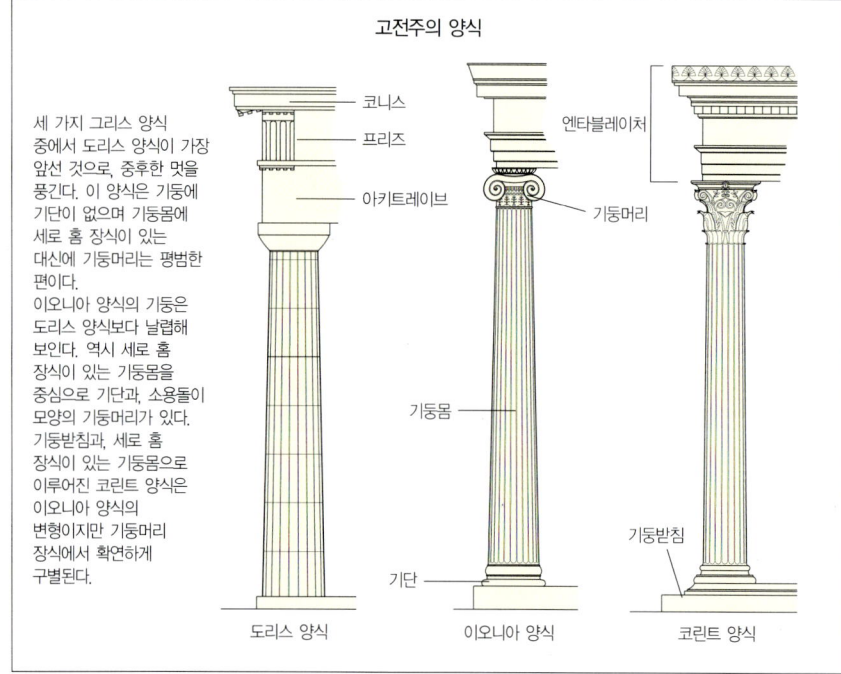

고전주의 양식

세 가지 그리스 양식 중에서 도리스 양식이 가장 앞선 것으로, 중후한 멋을 풍긴다. 이 양식은 기둥에 기단이 없으며 기둥몸에 세로 홈 장식이 있는 대신에 기둥머리는 평범한 편이다.
이오니아 양식의 기둥은 도리스 양식보다 날렵해 보인다. 역시 세로 홈 장식이 있는 기둥몸을 중심으로 기단과, 소용돌이 모양의 기둥머리가 있다.
기둥받침과, 세로 홈 장식이 있는 기둥몸으로 이루어진 코린트 양식은 이오니아 양식의 변형이지만 기둥머리 장식에서 확연하게 구별된다.

도리스 양식 / 이오니아 양식 / 코린트 양식

육상 경기
아고네스(신이나 영웅을 기념하는 민중 페스티벌)는 그리스 사회에서 중요한 역할을 했다. 이 페스티벌 가운데 가장 인기를 끈 것은 전차 경주와 육상 경기였다. 4대 제전인 올림피아 제전, 피티아 제전, 네메아 제전, 이스티미아 제전 가운데 가장 중요한 것은 기원전 776년에 시작되어 4년마다 제우스 신을 위해 개최된 올림피아 제전이었다.
이 제전의 중요성은 경기가 열린 건축물에 그대로 반영되어 있다. 델포이, 올림피아, 에피다우로스, 아테네에 남아 있는 스타디움이 그 증거이다. 위의 손잡이가 달린 항아리는 5종 경기에 참가한 네 명의 선수들의 모습을 보여 주고 있다.

정교한 형태를 만들 수 있었다고 한다. 그리스의 어느 도시에나 그 이름에 부끄럽지 않게 신전 아래로 열주(스토아)에 둘러싸인 아고라—열주 뒤로 상점, 사무실, 작업장, 식당 등이 있음—뿐만 아니라 회의장, 옥외경기장, 체육관, 극장이 있었다. 모범적인 그리스 시민이란 정신과 육체 모두 건강한 사람, 다시 말해서 다재다능한 사람을 뜻했다. 이와 같은 부수적인 건물들은 세계에서 가장 아름답고 효용성이 뛰어난 건축물로 여겨진다. 예를 들어 폴리클레이토스(Polycleitos)가 에피다우로스에 기원전 350년부터 기원전 330년까지 건설한 극장에는 '오케스트라석(혹은 무희들이 춤추는 곳)'과 무대 정면을 둘러싸고 있는 55열의 좌석을 돌로 만들어 13,000명을 수용할 수 있었다. 물론 무대는 오래 전에 사라졌지만 이 극장은 오늘날에도 사용되며 완벽한 음향 효과를 보여 준다.

근처에 있는 에피다우로스 경기장도 그리스의 중요한 건축 형태를 보여 준다. 후기 양식(기원전 325년경)으로 건설된 이 경기장에서 관객들은 트랙을 둘러싼 돌의자에 앉아 경기를 관전했으며, 경기장 입구에서 스타디움으로 이어지는 통로들이 관객석 아래로 나 있는 모습은 2,000년 후의 현대식 경기장의 구조와 정확히 일치한다.

체육관에서도 그리스의 중요한 건축 형태를 찾아볼 수 있다. 체육관은 주로 학교와 관련된 시설이었던 까닭인지 프리에네에 있는 체육관의 벽에는 고대 그리스 시대에 그곳을 다녔을 학생들의 이름이 새겨져 있다. 이런 건물에는 수도 시설이 갖추어져 있었다.

다른 지역의 그리스 신전들
그리스 신전들 가운데 가장 잘 보존된 신전들은 그리스가 아니라 지중해 연안의 다른 지역에 자리 잡고 있다. 나폴리 남쪽으로 이탈리아 해안의 페스툼에 있는 포세이돈 신전(실제로는 헤라 여신에게 바쳐진 신전)이 가장 잘 보존된 신전들 가운데 하나이다. 이 웅장한 도리스 양식 신전 내부의 이중열주는 완벽한 상태로 보존되어 있다. 이곳을 찾는 관광객이 상대적으로 적기 때문에 포세이돈 신전에서 우리는 18세기에 이곳을 처음 발견한 사람들과 같은 감흥을 느껴볼 수 있다. 수많은 고대 건축물이, 빛과 음향이 난무하는 유원지로 변해 버렸지만 이 신전은 아직까지 그런 곳으로 전락하지 않았다. 따라서 페스툼에서는 고대 그리스인들의 생활상을 엿볼 수 있다. 그곳의 신전들과, 지중해를 따라 서쪽으로 늘어선 가옥들과 신전들은 일찍부터 그리스의 무역이 활발했으며, 그리스가 그 세력을 널리 떨쳤을 뿐만 아니라 건축 양식과 관습도 널리 퍼졌다는 사실을 증명해 준다.

그리스 문명이 몰락하고 오랜 시간이 흐른 후인 18세기 말과 19세기에야 그리스 복고 양식 건축 열풍이 일어나지만 파르테논 신전을 지은 건축술은 시대를 초월하여 세계 곳곳에 영향을 미쳤다.

에피다우로스의 극장 (기원전 350년경-기원전 330년)
기원전 4세기쯤 극장들은 통일된 형태를 띠게 되었다. 에피다우로스에 있는 이 극장이 전형적인 예이다. 임시적인 나무 의자 대신에 돌로 만들어진 좌석들이 '오케스트라석'과 무대를 반원형으로 에워싸고 있었다. 에피다우로스의 '오케스트라석'은 직경이 20.4미터였다.

고대 로마
위대한 건축가들

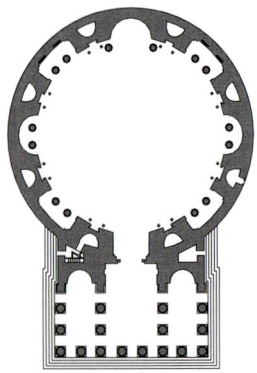

판테온의 평면도
판테온의 평면도에서 직경은 돔의 높이와 일치한다. 이론적으로 이 건물은 완벽한 구체를 이룰 수 있었다. 판테온은 당시 가장 많이 알려진 행성들을 다스리는 신들에게 바치는 신전이었다. 포르티코는 옛 신전의 기본적인 특징들을 통합한 것이다.

콘크리트
화산재와 석회를 혼합한 콘크리트는 로마인들이 처음으로 사용한 것이다. 그들은 깨진 타일과 같은 다른 자재들과 콘크리트를 혼합해서 사용하기도 했다. 콘크리트 덕분에 그들은 지지물 없이도 엄청난 규모의 돔과 같은 구조물을 세울 수 있었다. 로마의 콘크리트는 오늘날처럼 철근으로 강화된 것이 아니었기 때문에 직접적인 하중을 견디어 낼 수 없었다. 그러나 콘크리트의 발명은 건축의 형태와 그 가능성에 대변혁을 가져왔다.

파르테논 신전이 고대 그리스 건축의 자랑이라면 판테온은 고대 로마 건축의 자랑이다. 판테온은 설계와 구조에서 로마 건축의 정수가 집약된 건축물이다. 또한 그리스 건축술과 로마 건축술의 차이를 확연히 보여 준다. 로마의 심장부에 건설된 돔형의 거대한 신전인 판테온(118-28년경)은 하드리아누스(Hadrianus) 황제가 직접 설계했다고 한다. 판테온은 콘크리트를 사용한 거대한 건축물로, 위압감이 느껴지지만 아름다운 건축물이라 말할 수는 없다. 위압적이라고 하는 것이 적절하겠다. 물론 판테온은 매력적이다. 그러나 파르테논이 우아한 아름다움을 지닌 반면에 판테온은 거친 멋을 풍긴다. 그 이유가 무엇일까? 그것은 그리스인에 비해 로마인은 건축물을 훨씬 실리적인 목적이 있는 것으로 여겼기 때문이다. 로마는 그리스를 정복한 후 의상과 정치, 건축 양식과 학문을 비롯한 그리스의 전반적인 문화를 동경하며 많은 것을 차용했지만, 토목술은 정밀함과 우아함에서 그리스의 수준을 월등하게 넘어섰다.

로마인은 고대 세계에서 가장 강인한 사람들이면서 실리적이고 부지런한 전사들이기도 했다. 그들은 오늘날 서방 세계로 알려진 지역을 정복해서 그 넓은 지역을 도로로 연결했으며, 대도시에는 수도 시설을 갖추었다. 수로를 이용해서 80킬로미터 이상 떨어진 언덕이나 산에서 물을 끌어 왔던 것이다. 게다가 공중 목욕탕, 공중 화장실, 하수 시설, 공공 교통 수단까지 갖추었다. 또한 처음에는 목재와 흙벽돌을 이용해서, 나중에는 콘크리트를 사용해서 8층 높이의 공동 주택을 만들기도 했다. 로마인들은 온돌식 난방법을 일반적으로 사용했다. 대체적으로 로마의 건축술과 토목술은 그 이전의 어떤 공법보다 뛰어났고, 로마 제국이 몰락한 476년 이후에도 오랫동안 로마의 그것에 필적할 만한 공법은 나타나지 않았다.

소성 건축

로마의 건축물은 로마인의 일상 생활이나 로마인들이 건설한 도시와 제국에서 찾아볼 수 있는, 상식적이고 실리적인 로마인의 특성을 그대로 보여 준다. 판테온은 대담무쌍한 공법으로 지은 거대한 건축물이다. 직경 43.2미터의 돔은 브루넬레스키(Brunelleschi)가 1420년에서 1436년에 걸쳐 피렌체 대성당에 돔을 얹을 때까지 세계에서 가장 야심적인 작품이었다. 그것은 콘크리트로 만든 돔이었다. 로마인들은 콘크리트를 폭넓게 사용했다. 귀족의 저택이나 판테온과 같은 주요 공공건물에 자주 도입된 돔에도 콘크리트가 사용되었지만, 콜로세움(70-82년)과 같은 거대한 아치형 구조물을 건설할 때에도 사용되었다. 요컨대 로마인들은 우리가 '소성(塑性) 건축(plastic construction)'이라 칭하는 건축의 대가들이었다. 즉 콘크리트는 크기와 모양을 마음대로 조절할 수 있는 자재였기 때문에 로마인들은 거대한 구조물을 자유롭게 건설할 수 있었다. 예전의 메소포타미아나 그리스의 문화와 달리, 그들은 가구식 공법에 구애받지 않았다. 그들은 무엇이든 원하는 대로 자유롭게 건설할 수 있었다. 그것이 로마의 건축법이었다.

초기의 영향

기본적으로 로마인들은 그리스 건축, 더 나아가서는 에트루리아 건축을 받아들였다. 에트루리아인은 로마에 정복당하기 전까지 이탈리아 중부 지역의 지배자였다. 그리스 건축에서 영향을 받은 그들의 건축물은 화려했지만 초보적인 수준을 벗어나지 못했다. 그러나 아름다운 장제전은 지금까지도 그것을 능가할 만한 건축물을 찾아보기 힘들 정도이다. 로마인들은 도리스 양식, 이오니아 양식, 코린트 양식을 폭넓게 사용하면서 그들의 고유한 건축 양식, 즉 변형된

퐁 뒤 가르 (프랑스의 님, 기원전 1세기 후반)
이것은 로마의 토목 공학 수준을 상징적으로 보여 주는 가장 뛰어난 구조물 중 하나인데, 가르 강에 55미터의 높이와 274미터의 길이로 설치된 이 수로로 님까지 물을 공급했다.

고대 그리스와 로마의 시대

판테온의 내부 (로마, 1734년)

조반니 파올로 판니니(Giovanni Paolo Pannini)의 이 그림은 성당으로 바뀐 후의 판테온을 그린 것이다. 원래 판테온은 일곱 행성을 주관하는 신들에게 바쳐진 신전이었다. 지붕 중앙의 '눈'은 중앙 제단의 연기를 배출하는 역할을 했고 하늘의 태양을 상징했다. 아랫부분의 클래딩과 조각들은 그리스도교 시대부터 덧붙여진 것이다.

비트루비우스

기원전 1세기 말경에 태어난 로마의 건축가이자 공학자였던 마르쿠스 비트루비우스 폴리오(Marcus Vitruvius Pollio)는 기원후 첫 반세기에 쓴 것으로 추정되는 『건축에 대하여(De architectura)』의 저자이다. 이 책은 비트루비우스 자신의 경험뿐만 아니라 그리스 건축 양식에 대해서도 다루고 있다. 도시 계획, 신전 건축, 수력학 등 주제별로 나뉘어 있으며 전 10권이다.

원형경기장 (튀니지의 엘젬, 3세기 초)
로마의 콜로세움과 비슷한 이 원형경기장은 로마가 아프리카에 남긴 가장 큰 기념물이다.
콜로세움보다 작을 뿐 아니라 외부 장식도 화려하지 않았기 때문에 아케이드가 가장 눈에 띄는 특징이라고 할 수 있다.

도리스 양식이라 할 수 있는 토스카나 양식과, 이오니아 양식과 코린트 양식의 조합인 복합 양식을 함께 발전시켰다. 콘크리트를 사용했기 때문에 기둥이 반드시 필요한 것은 아니었지만 그들은 종종 기둥을 신전과, 목욕탕과, 투기장의 장식물로 사용했다. 또한 아파트형의 공동 주택이나 벽의 일부를 이루는 반(半)기둥을 만들기도 했다. 우리가 필라스터(pilaster)라고 부르는 이런 반기둥은 그 이후로 고전주의 건축물의 특징이 되었다. 로마인들이 많은 신전을 세우기는 했지만, 그들은 도시를 건설하는 데 가장 뛰어난 역량을 보였다. 로마 제국은 서방 세계를 정복하면서 도시를 건설했다. 여러분이 200년경 로마 제국의 전성기 때 여행을 했다면 론디니움(런던)에서 렙티스 마그나(리비아)에 이르기까지 모든 도시가 비슷한 모습인 것을 확인할 수 있을 것이다. 건축 자재, 설계와 구조는 지역에 따라 달랐다. 영국에서는 벽돌이 사용되었고 북아프리카에서는 돌이 사용되었다. 그러나 기본적인 구조는 엇비슷했다. 로마 시대에 건설된 신전 가운데 오늘날까지 전해 내려오는 가장 정교한 건축물은 프랑스 남부의 님에 있는 메종 카레(124쪽 글상자 참조)이다. 한편 로마가 건설한 인상적인 유적들이 터키, 리비아, 튀니지, 시리아 등에서 발굴되고 있다.

로마의 도시

로마의 도시들은 거대했고, 많은 사람이 모여 살았다. 200년경 전성기를 맞았을 때 로마 자체의 인구만도 100만을 넘었다. 대부분의 시민들이 공동 주택에서 살았다. 그 전형적인 예를 고대 로마의 항구도시였던 오스티아에서 아직도 확인할 수 있다. 64년 로마에 대화재(이때 네로 황제는 화염에 휩싸인 도시를 지켜보면서 하프를 연주했다고 함)가 발생하기 전까지, 대부분의 공동 주택은 비도덕적인 개발업자들이 목재와 흙벽돌로 날림으로 지은 것이었다. 그 때문에 화재와 붕괴로 수많은

헤르쿨라네움의 주택들 (이탈리아)
나폴리 동남쪽의 고도(古都)인 헤르쿨라네움은 79년 베수비오 화산의 폭발로 폼페이와 함께 매몰된 도시이다. 폼페이와 마찬가지로 이곳에서도 집들은 안뜰을 중심으로 정렬된 인술라(insula) 형태로 지어졌다. 도시의 구조는 격자형이었는데, 이것은 그리스의 영향을 받은 증거이다.

사람들이 애꿎게 목숨을 잃어야 했다. 그러나 64년 제정된 법에 따라, 그 이후에 지은 공동 주택의 바닥과 벽은 방화재인 콘크리트로 지어졌다. 이렇게 건설된 공동 주택이 전 세계에 산재한 아파트의 기원이 된 것은 새삼스레 언급할 필요도 없을 것이다.

상인과 전문직 종사자, 그리고 군인은 두 안마당을 둘러싸고 건설된 집들에 모여 살았다. 이러한 집들은 도로를 마주 보고 있는 것 외에는 별다른 특징이 없었다(실제로 입구가 상점들 사이에 있었음). 율리우스 카이사르의 편지에서 알 수 있듯이 로마는 밤에도 끔찍하게 시끄러워서 잠을 이룰 수 없을 정도였지만, 집 안은 상대적으로 조용했던 것 같다. 이 집들이 설계된 방법이 오늘날까지 전해 내려와서 유럽 도심에서 마당을 가진 주택들의 표본이 되었다.

황제의 궁

대지주와 황제의 저택은 전혀 다른 모습이었다. 가장 뛰어나고 웅장한 저택은 로마에서 하루쯤 말을 타고 남쪽으로 달려야 나오는, 티볼리 근처에 세워진 하드리아누스(Hadrianus) 황제의 빌라였다. 정자, 도서실, 목욕탕, 행락지 등이 4킬로미터 남짓한 정원에 그림처럼 늘어서 있었다. 모퉁이를 돌 때마다 색다른 모습이 펼쳐졌다고 한다. 너무나 아름다운 조경이었다. 빌라는 르네상스 시대 이후 건축가들에게 동경의 대상이 되었고, 리처드 마이어(Richard Meier)가 하드리아누스의 정신을 이어받아 로스앤젤레스에 설계한 게티 센터를 비롯한 야심 찬 프로젝트들의 원형이 되었다. 하드리아누스와 그의

게티 센터(로스앤젤레스, 1984–97년)
언덕 위에 5개의 파빌리온, 산책로, 정원, 그리고 전시관들과 연구소들을 세운 리처드 마이어의 설계는 하드리아누스의 빌라에서 영향을 받은 것이다. 로마 황제의 빌라처럼, 이 센터도 외부와 내부 공간 사이의 관계뿐만 아니라 건축물과 주변 경관의 관계까지 고려한 것이다.

하드리아누스 황제의 빌라(로마 근교, 118년경–34년)
120헥타르의 면적으로 로마 외곽 티볼리 부근에 있는 이 복합 건축물은 하드리아누스 황제의 휴양처로 세워진 것이며, 실제로 황제는 말년을 이곳에서 보냈다. 그리스와 이집트의 건축을 실물 크기로 재현한 건물들이 상당수 있다.

선임자 트라야누스(Trajanus)는 가장 위대한 황제 건축가였다. 하드리아누스는 판테온과 티볼리의 빌라, 로마(오늘날의 카스텔 산 안젤로)에 그의 거대한 원통형 무덤(135-39년), 그리고 그 무덤에 가려면 건너야 하는, 티베르 강을 가로지르는 아엘리우스 다리(134년)를 남겼다.

트라야누스 황제

명망 있는 군인으로 많은 곳을 원정한 트라야누스는 율리우스 라세르(Julius Lacer)가 건축한 에스파냐의 알칸타라 다리 같은 경이로운 건축물들의 건설을 주도했다. 알칸타라 다리의, 벽돌을 쌓아 만든 6개의 거대한 아치가 타호 강을 48미터 높이에서 가로지르고 있다. 트라야누스가 남긴 가장 기념비적 작품은 로마에 있는 트라야누스의 원주이다. 35미터 높이의 이 원주는 트라야누스가 다키아 원정에서 승리한 것을 기념해서 112년에 세워진 것이다. 내부로는 나선 계단이 전망대까지 이어져 있다(오늘날에는 전망대에 성 베드로의 석상이 세워져 있음). 표면에는 다키아 원정 때 일어난 사건들을 묘사한 프리즈(frieze)가 나선 계단을 따라 설치되어 있다.

프리즈도 현란하지만, 더욱 중요한 것은 트라야누스 원주의 기단에 비명처럼 새겨진 아름다운 문자들이다. 이 문자들이 현대 글자체의 토대가 되었다. 오늘날 우리가 쉽게 접할 수 있는 영문 원서들도 트라야누스의 문자에서 유래된 서체로 인쇄된 것이다. 로마인들은 승전의 기념비를 즐겨 세웠다. 이 기념비들은 르네상스 이후에 건설된 주요한 승전 기념비의 원형이 되었다. 가령 셉티미우스 세베루스(Septimius Severus)의 개선문은 런던의 마블 아치와 파리의 개선문의 원형이 된 것이 틀림없다. 위생 관념이 철저했던 로마인들은 물을 도심까지 끌어 왔고 오물을 처리하는 하수 시설을 만들었다. 그들이 건설한 수로와 대중 목욕탕은 실로 경이로운 수준이며 규모 면에서도 놀라웠다. 콜로세움과 같은 거대한 스타디움과, 대전차경기장 같은 경기장은 그들이 구조역학을 알았다는 생생한 증거이자 '빵과 서커스'라는 유명한 정책으로 시민들을 즐겁게 해 주었던 황제들의 정치술을 보여 주는 것이다. 그러나 역시 카라칼라

셉티미우스 세베루스의 개선문(203년)
셉티미우스의 즉위 10주년을 기념해서 세운 이 개선문은 로마의 포룸에 세워졌다. 비문에는 원래 셉티미우스의 아들 게타를 언급하고 있었지만, 게타가 형인 카라칼라에게 살해당한 후 그 이름이 지워졌다.

트라야누스의 원주(112년)
트라야누스 황제가 다키아 전투에서 거둔 승리를 기념하기 위해 세운 원주이다. 표면에는 전투 장면을 묘사한 부조가 새겨져 있다. 원래는 원주 위에 트라야누스의 석상이 있었지만 1587년에 성 베드로의 석상으로 교체되었다.

개선문(파리, 1806년)
나폴레옹의 승전을 기념하기 위해 세워진 이 개선문은 파리의 심장부에 자리 잡고 있는데, 정교한 부조는 로마 황제들의 개선문을 연상시킨다. 그러나 전반적인 프로젝트의 규모는 훨씬 거대했다.

(Caracalla)의 목욕탕(212-16년, 143쪽 글상자 참조)과 디오클레티아누스(Diocletianus)의 목욕탕(298-306년)이 건축학적으로 최고의 수준을 보여 주는 건축물이다.

인간의 상상을 초월하는 규모의 두 목욕탕은 아름다운 대리석으로 마무리되었으며 석상, 연못, 정원으로 꾸며진 화려한 건축물이었다. 카라칼라 목욕탕의 중심 건물은 크기가 225×115미터이다. 이 거대한 목욕탕은 전차경기장, 체육관, 도서관, 강연장 등이 갖추어진 대규모 복합 시설에 둘러싸여 있었다. 이처럼 웅장한 건물들이 어떤 모습이었을지 정확히 상상하는 것은 매우 어려운 일이다. 20세기의 전환점에 미국의 건축 회사 매킴 미드 앤드 화이트가 카라칼라 목욕탕에 경의를 표하며 뉴욕에 펜실베이니아 역(143쪽 참조)을 설계했다고 하지만, 그 이후로 그와 같은 건축물이 지어진 적이 없었다. 게다가 디오클레티아누스의 목욕탕은 카라칼라의 목욕탕보다 훨씬 규모가 컸다고 한다.

바실리카

목욕탕, 전차경기장, 투기장이 고대 로마에서 가장 유명한 집회 장소였지만(그리스의 아고라에 해당되는 로마의 포럼도 대중적인 집회 장소였음), 바실리카(Basilica)도 빼놓을 수가 없다. 바실리카는 대중적인 집회 장소이기도 했지만 그 밖에도 많은 기능이 있었는데, 예를 들어 법정, 거래소, 집회 장소 등으로 사용되었다. 바실리카는 황제의 목욕탕과 비슷한 구조이며, 콘스탄티누스(Constantinus)의 바실리카(307-12년)가 가장 웅장했다고 한다. 이 바실리카는 두 개의 측랑과 둥근 아치 모양의 콘크리트 천장이 내려다보는 네이브로 이루어졌다. 네이브는 길이 80미터, 폭 25미터, 높이 35미터로 중세의 성당만큼이나 웅장한 규모이다. 또한 오늘날의 우리 눈에는 르네상스 시대의 성당이나, 성당을 본뜬 기차역 터미널처럼 보인다. 로마의 바실리카는 초기 그리스도교 교회의

원형이기 때문에 이런 판단이 잘못된 것은 아니다. 실제로 독일의 트리어에 건설된 콘스탄티누스 바실리카는 고대 로마와 비잔틴의 건축 그리고 그 후의 로마네스크 건축을 연결하는 가교 역할을 한다. 물론 여기에서 말하는 콘스탄티누스는 313년에 그리스도교 신앙을 공인한 황제를 가리킨다.

콘스탄티누스의 바실리카 (트리어, 4세기 후반)
326년에 착공되었다. 간혹 벽돌을 사용했지만 주로 붉은 사암으로 만들어진 직사각형의 넓은 홀은 측랑(aisle)이나 내부를 지지하는 기둥 없이도 넓은 공간을 만들 수 있었던 로마인들의 건축 능력을 잘 보여 준다.

암흑에서 빛으로

5세기 말 로마 제국의 몰락 이후 대수도원과 고딕 양식의 성당이 태어나기 전까지 유럽은 암흑 시대였다. 그러나 이 시기에 대한 자료를 간략하게 살펴보더라도 이 시기의 유럽이 알려진 것처럼 암흑의 땅은 아니었다. 비잔틴에서는 동로마 제국이 융성하고 있었고, 아일랜드부터 러시아에 이르기까지 대수도원에서는 그리스와 로마 시대의 학문이 면면히 이어지고 있었다. 또한 아랍인들이 에스파냐 남부에 이룩한 위업은 유럽이 새로운 눈을 뜨게 해 주었다. 문화와, 건축과, 문명은 불확실성과 전쟁의 와중에도 죽어 가기는커녕 화려하게 꽃피운 세 가지 본보기가 된다. 요컨대 군사력이 지배하던 암울한 시대에도 태양은 여전히 빛나고 있었다.

하기아 소피아 성당
532년에 착공되어 6년 만에 완성된 하기아 소피아 성당은 지진대 위에 세워져 있다. 완공된 지 21년 후에 돔이 붕괴되었다. 그 후 9세기와 14세기에도 돔이 지진으로 다시 붕괴되었다.

비잔틴 건축
동로마 제국

410년 로마의 몰락이 있기 전에 로마 제국은 서로마와 동로마로 양분되었다. 동로마 제국의 수도는 콘스탄티노플(오늘날의 이스탄불)이었다. 그 후 콘스탄티노플은 문명의 등대가 되었고, 우리가 오랫동안 암흑 시대라 칭했던 시대, 즉 야만의 세계로 빠져든 그리스도교 세계의 중심이기도 했다. 로마와 서로마 제국에 건설된 초기 그리스도교 교회의 원형은 바실리카였다. 그 후 조금씩 변형되기는 했지만, 초기 그리스도교 교회의 정수는 로마의 산타 사비나 성당(422-32년)과, 산타 마리아 마조레 성당(432-40년), 라벤나의 클라세에 있는 산 아폴리나레 수도원(534-49년)에서 찾아볼 수 있다. 그러나 서유럽에 암흑 시대가 닥쳐온 6세기경, 동로마 제국의 황제인 유스티니아누스 1세(Justinianus I)는 성당의 구조에 일대 변혁을 시도했을 뿐만 아니라 역사상 가장 아름답고 대담한 성당을 건설하여 건축 자체에 혁명적 변화를 주었다. 그것이 바로 '성스러운 예지'라는 뜻을 지닌 하기아 소피아 성당이다.

이 성당은 유스티니아누스 1세가 통치하는 동안 콘스탄티노플에 신설한 30개 가량의 성당 중에서 가장 웅장한 것이었다. 이 성당에 채택된 반구형 구조는 그 후 르네상스 시대에 건설된 로마의 성 베드로 대성당과 런던의 세인트 폴 대성당의 원형이 되었다. 건축가는 트랄레스의 안테미우스(Anthemius)와 밀레투스의 이시도로스(Isidoros)였다. 그들은 뛰어난 공학자이자 수학자였지만, 완공된 지 30년 후에 돔의 일부가 붕괴되고 말았다.

유스티니아누스 1세
그리스도교가 공인된 이후 콘스탄티노플은 330년에 수도가 되었다. 유스티니아누스 1세는 527년부터 565년까지 동로마 제국의 황제였다. 그는 성채, 다리, 수로를 보수하고, 지진으로 황폐화된 안티오크와 같은 도시들을 재건하면서 사회에 마지막으로 봉사했다. 그가 주도해서 건설한 가장 기념비적인 건축물은 오늘날의 이스탄불에 있는 하기아 소피아 성당이다. 라벤나의 모자이크(위의 사진)에 그의 모습이 남아 있다.

암흑에서 빛으로

5세기 말 로마 제국의 몰락 이후 대수도원과 고딕 양식의 성당이 태어나기 전까지 유럽은 암흑 시대였다. 그러나 이 시기에 대한 자료를 간략하게 살펴보더라도 이 시기의 유럽이 알려진 것처럼 암흑의 땅은 아니었다. 비잔틴에서는 동로마 제국이 융성하고 있었고, 아일랜드부터 러시아에 이르기까지 대수도원에서는 그리스와 로마 시대의 학문이 면면히 이어지고 있었다. 또한 아랍인들이 에스파냐 남부에 이룩한 위업은 유럽이 새로운 눈을 뜨게 해 주었다. 문화와, 건축과, 문명은 불확실성과 전쟁의 와중에도 죽어 가기는커녕 화려하게 꽃피운 세 가지 본보기가 된다. 요컨대 군사력이 지배하던 암울한 시대에도 태양은 여전히 빛나고 있었다.

하기아 소피아 성당
532년에 착공되어 6년 만에 완성된 하기아 소피아 성당은 지진대 위에 세워져 있다. 완공된 지 21년 후에 돔이 붕괴되었다. 그 후 9세기와 14세기에도 돔이 지진으로 다시 붕괴되었다.

비잔틴 건축
동로마 제국

410년 로마의 몰락이 있기 전에 로마 제국은 서로마와 동로마로 양분되었다. 동로마 제국의 수도는 콘스탄티노플(오늘날의 이스탄불)이었다. 그 후 콘스탄티노플은 문명의 등대가 되었고, 우리가 오랫동안 암흑 시대라 칭했던 시대, 즉 야만의 세계로 빠져든 그리스도교 세계의 중심이기도 했다. 로마와 서로마 제국에 건설된 초기 그리스도교 교회의 원형은 바실리카였다. 그 후 조금씩 변형되기는 했지만, 초기 그리스도교 교회의 정수는 로마의 산타 사비나 성당(422-32년)과, 산타 마리아 마조레 성당(432-40년), 라벤나의 클라세에 있는 산 아폴리나레 수도원(534-49년)에서 찾아볼 수 있다. 그러나 서유럽에 암흑 시대가 닥쳐온 6세기경, 동로마 제국의 황제인 유스티니아누스 1세(Justinianus I)는 성당의 구조에 일대 변혁을 시도했을 뿐만 아니라 역사상 가장 아름답고 대담한 성당을 건설하여 건축 자체에 혁명적 변화를 주었다. 그것이 바로 '성스러운 예지'라는 뜻을 지닌 하기아 소피아 성당이다.

이 성당은 유스티니아누스 1세가 통치하는 동안 콘스탄티노플에 신설한 30개 가량의 성당 중에서 가장 웅장한 것이었다. 이 성당에 채택된 반구형 구조는 그 후 르네상스 시대에 건설된 로마의 성 베드로 대성당과 런던의 세인트 폴 대성당의 원형이 되었다. 건축가는 트랄레스의 안테미우스(Anthemius)와 밀레투스의 이시도로스(Isidoros)였다. 그들은 뛰어난 공학자이자 수학자였지만, 완공된 지 30년 후에 돔의 일부가 붕괴되고 말았다.

유스티니아누스 1세
그리스도교가 공인된 이후 콘스탄티노플은 330년에 수도가 되었다. 유스티니아누스 1세는 527년부터 565년까지 동로마 제국의 황제였다.
그는 성채, 다리, 수로를 보수하고, 지진으로 황폐화된 안티오크와 같은 도시들을 재건하면서 사회에 마지막으로 봉사했다. 그가 주도해서 건설한 가장 기념비적인 건축물은 오늘날의 이스탄불에 있는 하기아 소피아 성당이다. 라벤나의 모자이크(위의 사진)에 그의 모습이 남아 있다.

그러나 이 붕괴는 건축가들의 계산 실수에서 비롯된 것이 아니라 야심에 찬 황제가 성당의 공사를 지나치게 서둘렀던 탓인 듯하다.

안테미우스와 이시도로스는 훤히 뚫린 광활한 집회장, 즉 거대한 아치형의 천장들과 중앙의 돔 아래에 기둥이나 벽이 없는 넓은 공간을 창조해 냈다. 많은 장식물이 없어졌고, 벽의 창문들이 위로 올라갈수록 작아지고 있지만, 이 성당은 6세기 당시처럼 오늘날에도 경이로운 건축물로 손꼽힌다. 궁정사가 프로코피우스(Procopius)가 콘크리트로 된 돔을 "황금시슬로 하늘에 매달아 놓은 듯하다."라고 표현한 것이 조금도 과장되게 들리지 않는다. 우뚝 솟은 네 개의 아치에서 돌출된 네 개의 펜덴티브(pendentive)가 중앙의 돔 지붕을 떠받치면서 그 아래의 중앙 홀을 구획지어 주어서 전체적인 구조의 단조로움을 피했다.

화려한 장식물로 구며진 하기아 소피아 성당은 로마의 고전적 건축물과 사뭇 달랐다. 예를 들어 기둥머리에는 뱀처럼 구불거리는 군엽(群葉)이

산 마르코 대성당(베네치아, 1063년-73년 이후)

각 돔이, 4개의 피어(pier)로 지탱되는 5개의 돔과 그리스 십자형 평면으로 이루어진 산 마르코 성당은 비잔틴 건축 양식의 영향을 여실히 보여 준다. 이 새로운 양식은 베네치아가 동방 세계와 교역을 확대하면서 들여 온 것이었다. 산 마르코 성당의 모델은 유스티니아누스 1세가 콘스탄티노플에 세운 성 사도 교회였던 것으로 추정된다.

조각되었다. 성당이라 하더라도 실용성을 강조한 서양의 건축가들이, 관능적인 멋과 유기적 구조를 겸비한 동양의 건축물에 매료된 것은 당연한 일이었다. 1153년에 콘스탄티노플을 점령한 터키인들은 많은 그리스도교 성당을 파괴했다. 그러나 그들은 하기아 소피아 성당에는 깊은 감동을 받았는지 파괴하지 않고 모스크로 변형시켰다. 그 후 500년 동안 하기아 소피아 성당은 모스크 역할을 충실히 해 냈고 오늘날에는 박물관으로 사용되고 있다.

돔의 확산

그 후 500년 동안 돔형 건축물은 비잔틴 제국 전체로 퍼져 나갔다. 하기아 소피아 성당의 구조에서 약간 변형된 건축물이 그리스, 마케도니아, 세르비아, 아르메니아, 그루지야, 나중에는 베네치아와 시칠리아에도 연이어 건설되었다. 물론 러시아도 예외가 아니었다. 질적인 저하가 뚜렷이 눈에 띄기는 하지만 하기아 소피아 성당의 영향력은 18세기 초까지 지속되었다. 파르테논 신전과 판테온을 제외하면 하나의 건축물이 이처럼 지대한 영향을 끼친 경우는 거의 없었다. 실제로 하기아 소피아 성당은 그리스도교 성당뿐만 아니라 이슬람 모스크의 설계에까지 지속적인 영향을 미쳤다. 그중에서 하기아 소피아 성당을 가장 충실하게 본뜬 건축물은 1063년경부터 1073년까지 대대적으로 개축한 베네치아의 산 마르코 대성당일 것이다. 그러나 돔과 벽면의 작은 탑으로 유명한 산 마르코 대성당은 유스티니아누스 1세가 개축한 콘스탄티노플의 성 사도

하기아 소피아 성당(이스탄불, 532-37년)

중앙 돔의 무게가 주변을 에워싼 작은 돔들을 통해서 분산되고 있다는 점에서 하기아 소피아 성당을 만든 건축가의 천재성이 여실히 증명된다. 돔은 공중에 떠 있는 것처럼 보이게 된 반면에 기둥들은 중앙에 무질서하게 흩어져 있게 되었다.

> **프로코피우스**
> 비잔틴의 역사학자 프로코피우스(Procopius)는 그 시대를 알려 주는 소중한 저작을 남겼다. 그는 벨리사리우스(Belisarius) 장군의 참모를 지냈으며 562년에는 콘스탄티노플의 장관을 지냈다고 한다. 그의 주요 저작에는 고트족, 반달족, 페르시아와의 전쟁을 다룬 『전쟁(Wars)』과, 유스티니아누스 1세가 비잔틴 제국 전역에 세운 건축물들에 대해 쓴 『건축물들(Buildings)』이 있다.

교회에 더 가까운 것으로 여겨진다. 애석하게도 성 사도 교회는 15세기에 허물어지고 그 자리에 모스크가 세워졌다. 그러나 점점 무력해져 가는 비잔틴 제국 곳곳에 흩어져 있던 수백여 개의 성당에서 확인되듯이 하기아 소피아 성당이 미친 영향은 지금도 남아 있다.

하기아 소피아 성당과 똑같은 성당이 아르메니아 어딘가에 있다는 소문이 오래 전부터 돌았다. 아르메니아가 로마보다 먼저 그리스도교 국가가 된 것을 감안하면 신빙성 있는 소문이었다. 그러나 우리는 하기아 소피아 성당과 사뭇 다르지만 요새처럼 튼튼하고 아름다운 성당들이 있다는 사실을 확인했을 뿐이다. 중앙집중식으로 설계된, 돔이라기보다는 탑에 가까운 지붕을 씌운 성당들이었다. 그러나 유스티니아누스 황제가 추구한 건축 정신은 그루지야의 아그타마르에 있는 성 십자가 성당(915-21년)처럼 매력적인 석조 건물에서 확인된다. 이 성당은 1,000년 전이나 지금이나 똑같은 모습으로 험준한

산타 포스카 (이탈리아의 토르첼로, 1100년경)
베네치아 밖의 토르첼로 섬에 있는 이 성당은 십자형 평면에 따라 세워진 돔형 건축물이라는 점에서 독특하다. 그러나 돔의 어느 쪽에서 보더라도 십자가의 팔이 매우 짧다. 이 성당은 바실리카식 성당과 종탑 옆에 세워져 있다.

산악 지대에서 그리스도교 정신의 본산이자 성소로 군림하고 있다. 이 성당을 건축한 의도는 그리스도가 못 박힌 십자가의 모형을 본뜬 외형에서 분명히 드러난다. 동방 교회에 소속된 성당들은 그리스 십자형—네 팔의 길이가 동일함—평면을 점진적으로 받아들인 반면에 서방 교회는 일반적인 십자가에 가까운 라틴 십자형 평면을 채택했다. 따라서 20세기 중반까지 서방 교회에서는 어떤 성당에서나 일반적인 라틴 십자형 평면을 찾아볼 수 있었다. 돔을 정교하게 변형한 지붕과, 그리스 십자형 평면으로 이루어진 성당은 베네치아의 석호에 떠 있는 토르첼로 섬의 산타 포스카 성당(1100년경)에서 볼 수 있다. 이 평화로운 분위기의 벽돌 성당은 8각형의 포르티코로 둘러싸여 있다.

세속의 건축물

초기 비잔틴 시대의 주택 가운데 훌륭한 건축물은 거의 남아 있지 않다. 그러나 궁전, 목욕탕, 극장, 체육 시설은 오랫동안 로마의 전통을 따라 세워진 것으로 추정된다. 그랬더라도 장식만큼은 로마의 그것보다 월등히 아름다웠을 것이다.

지금까지 전해 오는 가장 놀라운 건축물 가운데 하나는 궁전이나 바실리카가 아니라, 콘스탄티노플 중심가에 있던 바실리카의 지하에 건설된 저수조인 에레바탄 사라이이다. 이 웅장한 지하 성전에 여러 개의 수로를 통해 물을 채웠다. 이곳은 코린트 양식의 대리석 기둥으로 상단을 덧씌운 28개의 기둥이 12열로 늘어서서 400개의 아치형 천장을 떠받치고 있다. 끝없이 계속될 듯한 지하 성전, 그리고 성전을 떠받치는 기둥이 물에 비친 모습들은 그야말로 환상적인 분위기를 자아낸다.

이 저수조는 고대 세계가 경이로운 건축물에 품었던 존중심을 그대로 보여 주는 예이다. 물은 삶의 원천이었으므로, 물의 가치에 필적할 만한 건축물을 만들어 물을 찬미한 것은 당연한 일이었다. 그 후 공공시설에 대한

성 십자가 성당 (그루지야의 아그타마르, 915-21년)
비잔틴 제국의 후기 건축물로 이전의 건축물에 비해서 높이에 중점을 두었다. 또한 프리즈와 벽의 부조 장식에서 보듯 외부 장식이 화려하다.

투자는 19세기까지 거의 중단되었다. 그러나다, 코르도바, 세비야를 중심으로 한 안달루시아를 제외하면, 암흑 시대의 유럽에서 수돗물과 하수도 시설은 제대로 정비되어 있지 않았다. 심지어 중세 사람들은, 목욕은 육욕적인 것이어서 죄를 짓는 행위이기 때문에 부정한 것이라고 여겼다.

러시아의 건축

그리스도교는 10세기 말경에 러시아에 전파되었다. 그리스도교는 교리뿐만 아니라 비잔틴 건축 양식까지 러시아에 소개했다. 그러나 러시아에 전파된 건축 양식은 동방 정교회의 심장부인 콘스탄티노플로 이어지는 강과 도로에서 볼 수 있었던 건축물에 비해서 조악하고 거칠며 야만적인 느낌을 준다.

러시아 정교회는 훗날 그 모태에서 완전히 떨어져 나왔다. 러시아 정교회의 성당들이 보여 주는 뚜렷한 특징은 양파 모양의 돔이다. 이 형태는 폭설이 내리는 러시아의 겨울을 견딜 수 있게 고안된 것이다. 또한 블라디미르의 성 데메트리우스 성당에서 볼 수 있듯이 러시아 성당들의 외양은 육중하면서 활처럼 구부러져 있다. 높은 담들은 부조들로 아름답고 감동적으로 장식되어 있다. 또한 러시아 교회들은 1237년에 시작된 몽골의 침입에서 피신해 온 지역 주민들에게 요새이자 성소의 역할을 하였다. 침입자에 맞선 싸움은 그 후로도 거의 300년 동안 계속되었다. 러시아의 언어는 그때서야 하나로 통일되었으며, 모스크바가 새로운 수도로 정해졌다.

러시아는 외세와 싸운 300년 동안 자신의 목소리를 내게 되었으며, 뇌제라고 불린 이반 4세(Ivan IV)의 의뢰로 바르마(Barma)와 포스니크(Posnik)가 설계한 성 바실리우스 성당을 갖게 되었다. 이 성당은 이국적인 멋을 자아내는 훌륭한 건축물이다. 그리스 십자형 평면을 택하지 않고 팔성형의 별을 택한 이 성당은 외계의 종파에 속한 성전처럼 보인다. 처음에는 상당히 단순한 형태였지만 점차 새로운 장식들을 덧붙여 갔다. 그러나 이 성당의 현재 모습은 하나의 건축물, 즉 유스티니아누스 시대에 건설된 하기아 소피아 성당이 1,000년이란 세월 동안 그 영향력을 얼마나 멀리까지 발휘했으며, 얼마나 많이 그 형태가 왜곡되었고, 비록 간접적인 관계이더라도 그 모습이 얼마나 많이 달라졌는가를 보여 주는 생생한 증거이다.

성 데메트리우스 성당(블라디미르, 1194–97년)
데메트리우스라 불리던 브세볼로트(Vsevolod) 왕자의 명령으로 세워진 성당이다. 블라디미르는 모스크바 북동쪽에서 황금 고리를 이루던 도시들 중 하나였다. 독립된 공국이었기 때문에 독립 주교구였고 건축가를 양성하는 학교도 있었다. 이 성당은 브세볼로트 왕궁에서 유일하게 남아 있는 건물이다.

러시아의 성화
비잔틴과 동방 교회의 전통에서 성화는 사실의 묘사라기보다는 상징적인 것이었다. 즉 선과 색으로 교리를 가르치려 했던 것이다. 러시아의 성화는 988년, 즉 키예프 공국의 대공이던 블라디미르(Vladimir)가 비잔틴 공주와 결혼해서 그리스도교로 개종한 해부터 그려지기 시작했다. 러시아의 성화는 그리스로부터 많은 영향을 받았으며 나중에 성직자의 예술이 되었다. 블라디미르, 로스토프, 키예프와 같은 곳에서 뚜렷한 화파가 형성되기도 했다. '황금빛 머리카락의 천사'로 불리는 가브리엘 대천사의 성화(위의 그림)는 12세기 후반의 것이다.

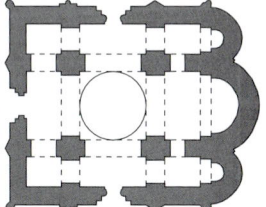

성 데메트리우스 성당의 평면도
세로 축으로 늘린 평면도이다. 하나의 돔을 지닌 그리스 십자형 평면, 서방 교회의 주교석, 높은 베이, 세 군데의 후진(後陣), 그리고 4개의 십자형 피어가 눈에 띈다. 로마네스크 양식의 세 군데 포털을 통해 안으로 들어간다.

수도원
은둔의 삶

『켈스서』
아일랜드에서 수도원이 번창하던 시기에 나온 최고의 작품이 바로 『켈스서』이다. 8세기와 9세기 초에 아일랜드 수도사들이 제작한 것으로서 훗날 아일랜드의 켈스 수도원으로 옮겨진 이 복음서는 이 시기에 창조된 가장 정교한 세밀화가 그려진 필사본이다. 양피지에 독특한 형태의 라틴어 대문자로 복음서가 쓰여 있으며 각 쪽마다 장엄하고 화려한 문양 이외에 아름다운 장식물들이 그려져 있다.

중세의 건축물 가운데 가장 위대한 것을 손꼽으라면 가톨릭 수도회의 수도원을 빼놓을 수 없다. 베네딕투스 수도회, 카르투지오 수도회, 클뤼니 수도회, 시토 수도회, 아우구스티누스 수도회, 성전 기사단, 구호 기사단 등이 그 대표적인 예이다. 그들은 기도원, 식당, 숙소, 도서관, 병원, 손님용 숙소 등으로 둘러싸인 성당 같은 수도원을 지었다. 그들에게 수도원은 하나의 도시와도 같았다. 그들은 누구라도 따뜻이 맞아 주었으며, 훗날에는 엄청난 재산을 축적하기도 했다. 수도원은 학문의 전당인 동시에 신앙의 중심이었다. 종교개혁 후에 봇물처럼 터져나온 소책자와 소설에서 묘사된 가톨릭의 타락상에서 수도원만은 제외해야 한다. 또한 수도원은 18세기에 사드(Sade) 후작처럼 고약한 작가들이 묘사한 섹스와 환락의 온상도 아니었을 뿐만 아니라, 윌리엄 벡퍼드(William Beckford)와 매튜 루이스(Mattew Lewis) 같은 초기 고딕 공포 소설 작가들이 상상한 것처럼 음산한 곳도 아니었다.

갈라루스 기도원(아일랜드의 딩글, 8세기)
완벽한 상태로 보전된 이 수도원은 배를 뒤집어 놓은 모양으로, 입구가 하나뿐이다. 이 모양은 건식 축조법에서 유래한 것으로 추정된다.

수도원(monastery)이란 단어는 '고독한 삶'이란 뜻의 그리스어 모나스테리온(monasterion)에서 유래한 것이다. 최초의 수도사는 3-4세기경 이집트에서 세상을 등지고 살아간 은수사(隱修士)였다. 200-300년이란 세월을 거치면서 그들은 공동체를 형성하기 시작했다. 그들이 거주했던 건물들이 아일랜드 남서부에 위치한 딩글 반도에 아직 남아 있다. 수도사들은 성 패트릭(Patrick)의 인도를 받아 웨일스에서 아일랜드로 왔으며, 아이단(Aidan)이 잉글랜드의 북부에 복음을 전하기 위해서 파송된 635년부터 그들의 사상과 건축을 선별적으로 잉글랜드에 전해 주었다. 아일랜드의 초기 건물들은 단순하다 못해 소박할 지경으로, 아일랜드 서쪽 해안의 강한 바람과 잦은 비를 피할 생각에 거친 돌을 쌓아 지은 오두막에 불과하다. 그러나 이렇게 소박한 돌집들이 혼돈과 폭력의 시대에는 피신처 역할을 해주었다.

초기 아일랜드 수도원 건물 가운데 현존하는 가장 뛰어난 건축물은 딩글 반도에 있는 갈라루스 기도원이다. 8세기경의 것으로 추정되는 이 기도원은 배를 뒤집어 놓은 듯한 모습이다. 달리 말하면 늪에 가라앉은 지 오래된 커다란 집의 돌 지붕처럼 생겼다. 서쪽으로 정사각형의 입구가 있고, 동쪽으로 윗면을 둥글게 마무리한 창문이 하나 있다. 이 기도원은 한 폭의 풍경화처럼 고유한 아름다움을 자랑하는 건축물이다.

리보 수도원(요크셔, 1132년)
시토 수도회 수도원들의 특징은 장중하면서도 간결하다는 것이다. 리보 수도원은 잉글랜드에 남아 있는 시토 수도회 수도원의 초기 형태인 수랑(袖廊)과 네이브의 모습을 단편적으로 간직하고 있다.

시토 수도회

프랑스에서 시토 수도회가 탄생하면서 중세의 수도원

시대가 본격적으로 시작되었다. 시토 수도회는 1098년 베네딕투스 수도회에서 갈라져 나온 금욕적인 수도회였다. 그들은 염색하지 않은 하얀 옷을 입었고 그들의 수도원은 아름다웠지만 소박한 형태였다. 스테인드글라스도 없었고 조각과 같은 장식물은 하나도 없었다. 시토 수도회의 수도원 가운데 가장 뛰어난 건축물 중 하나가 1132년에 건설된, 잉글랜드 요크셔에 있는 리보 수도원이다. 이 건축물의 형태는 단순했지만 주변 경관과의 조화는 이 건축물의 미학적 완성도를 더욱 높여 준다. 건축 양식의 측면에서도 시토 수도회가 잉글랜드의 도시에 진입해서 캔터베리 대성당과 같은 건축물에 영향을 미치기 전에, 한적한 시골에서 프랑스적 사상을 잉글랜드 건축에 어떻게 접목했는지 살펴보는 것도 흥미로운 일이다. 훗날 산업 시대에 들어서면서 건축 양식의 발전에서 도시보다 시골이 앞선 경우를 찾아보기가 점점 힘들어지기 때문이다.

리보 수도원의 성가대석은 1225년경부터 1248년 사이에 무척이나 화려한 양식으로 개축되었다. 그 후 300년 동안 영국의 시토 수도회는 대지주가 되었고 양의 사육에 장기적으로 투자한 것이 성공을 거두면서 엄청난 수입을 거두어들였다. 양모 산업은 잉글랜드에서 산업혁명이 있기 전까지 가장 중요한 재원 가운데 하나였다. 수도원들은 유럽 전역에서 다양한 양식으로 발전되어 갔다. 쉬제(Suger, 57쪽 아래 글상자 참조)가 1135년 카롤링거 왕조풍의 바실리카, 즉 파리 근교에 생 드니 대수도원을 개축하면서 고딕 양식을 도입한 것을 시작으로 프랑스에서는 고딕 양식이 주류를 이루었다. 그러나 다른 곳에서는 고딕 양식만큼이나 주목할 만한 다른 양식들이 채택되었다. 그리스와 러시아 정교회 소속 수도원들은 유스티니아누스 1세(38쪽 왼쪽 그림설명 참조)가 창안한 비잔틴 건축 양식을 충실히 따랐다. 10세기 말과 11세기 초 아토스 산에 건설된 카톨리콘은 전형적인 비잔틴 건축 양식으로, 언덕과 산이 매혹적인 배경이 되며, 그 아래에 돔들이 줄지어 늘어서 있다. 돔형 교회들의 평면도는 양 끝에 후진을 지닌 정방형 구도 내에 정렬된 십자형 평면으로 이루어져 있다.

> **수도회**
> 수도회는 540년 성 베네딕투스(Benedictus)의 회칙이 공인된 후부터 유럽에 등장하기 시작해서 그로부터 200년 후에 뚜렷한 세력을 형성했다. 베네딕투스 수도회의 세력이 약화될 때마다 다른 수도회가 탄생했다. 클뤼니 수도회는 예식을 중시했고, 카르투지오 수도회는 묵상과 침묵의 서원을 중시했으며, 시토 수도회는 금욕적인 삶을 강조했다. 한편 성전 기사단과 구호 기사단은 전투적인 수도회로, 십자군에 참여해서 성지를 참배하는 순례자들을 보호하는 역할을 맡았다.

아토스 산(그리스)
동방 정교회 수도원의 중심지로, 외딴 반도에 자리 잡고 있다. 20개의 수도원이 하나의 벽으로 둘러싸여 있어 요새화된 마을처럼 보인다. 경내로 들어서는 아치형의 긴 통로에는 철문들이 곳곳에 세워져 있다.

로마네스크
고딕으로 가는 과도기

> **샤를마뉴**
> 샤를마뉴가 주도한 문화 부흥기의 건축을 가리켜 '카롤링거 로마네스크'라고도 말한다. 이 초기 로마네스크 양식은 11세기와 12세기에 절정에 달한 이 양식의 기초가 되었다. 예를 들어 샤를마뉴 왕궁 성당의 거대한 출입문, 즉 서쪽 부분은, 파사드에 첨탑을 세우는 독일의 로마네스크 양식 교회의 건축에 커다란 영향을 미쳤다.

서유럽에서 로마네스크 양식이 발전한 때는 암흑 시대가 한창 진행될 무렵이었다. 이때는 고트족을 비롯한 북부 지역의 많은 종족들이 수백 년 동안이나 전유럽을 휩쓸고 다니며 도시와 수로를 파괴하고 고전주의가 남긴 흔적까지 남김없이 파괴한 무렵이다. 그렇지만 교황이 800년 샤를마뉴(Charlemagne) 대제의 머리에 신성 로마 제국의 왕관을 씌워 주면서 상황이 변했다. 프랑크족의 왕이자 전사인 샤를마뉴는 잉글랜드 요크 지방 출신의 수도사들에게 문맹인 자신을 가르치도록 했다. 이렇게 해서 그는 고대 세계에 대해서 배웠으며, 또한 그는 로마 제국을 다시 건설하려는 야망을 품었다. 비록 그는 야망을 이루지 못했지만 유럽 전역에 수많은 교회

로마네스크 건축의 보증서

더럼 대성당의 네이브(왼쪽 사진)는 로마네스크 양식의 정수를 보여 준다. 리브(rib)가 드러난 천장이나 감추어진 버트레스 등의 모습이 고딕 양식을 예고한다. 구조적인 견고함과 간결함은 노르만 건축의 품질 보증서라고 할 수 있다.
거대한 피어와 둥근 아치로 지지되는 3층의 네이브는 전형적인 노르만 양식으로 장식되어 있다.

건물을 건설하게 하여 건축에 새로운 바람을 일으키는 업적을 남겼다. 로마네스크 양식의 특징은 거대한 규모와, 볼트와 아치에 있는데, 10세기경 유럽을 침공한 북부 지역의 군주들에게 잘 어울리는 양식이었다. 노르만인들은 전사다운 활력으로 로마네스크 양식을 받아들여 발전시켰는데, 이 때문에 유럽과 미국에서는 이 양식을 노르만 양식이라고도 부른다. 노르만인들은 바이킹의 일족으로 911년 프랑스 북부 지역을 침공하고 1066년에는 잉글랜드를 정복했으며 이후 남부 이탈리아와 시칠리아까지 정복했다.

기념비적인 양식

로마네스크 양식 건축물의 걸작 중 하나인 더럼 대성당은 바위가 많은 언덕 꼭대기에 높이 서서 마치 성처럼 주변 경관을 내려다보고 있다. 이런 모습은 로마네스크 양식의 성당들이 보여 주는 공통적인 특징이기도 하다. 내부는 거대한 동굴과 같아서 고딕 양식에서처럼 볼트를 떠받치고 있는 리브들이 강조되어 있다. 이 리브들을 줄지어 서 있는 거대한 기둥들이 떠받치고 있다. 기둥의 종류에는 둥근 형태의 것과, 여러 개의 작고 둥근 기둥들이 연결된 형태의 것이 있는데, 두 가지가 교대로 배치되어 있다. 둥근 형태의 기둥 표면에는 도끼로 새긴 것처럼 거친 무늬들이 있는데, 대부분 지그재그 무늬나 다이아몬드 무늬이며, 그 윗부분의

더럼 대성당(잉글랜드, 1093-1133년)
위어 강 위로 높이 솟은 더럼 대성당의 기념비적인 서쪽 파사드가 보인다. 갈릴리 교회와 인접해 있는 서쪽 첨탑의 높이는 약 44미터이다. 그 오른쪽에 15세기에 재건축된 중앙 크로싱 타워가 있다.

아치 표면은 개의 이빨 같은 무늬나 다른 무늬로 장식되어 있다. 로마네스크 양식에서 대부분의 장식은 건물에 덧붙여 장식한 형태가 아니라, 이처럼 건물의 구조물에 직접 조각한 것이다.

이 건축 유형이 보여 주는 엄격함과 군사적인 스타일의 남성미는 부드러운 느낌을 주기 위해 지은 건물들에도 잘 드러난다. 크레모나의 밥티스트리(1167년)가 그 좋은 예이다. 이 세례당은 아름답고 소박하게 설계된 팔각형 건물로, 솟아오른 지붕 아래를 감싸고 있는 아케이드에서 시작되어 바닥까지 내려오는 벽기둥이 유일한 장식이다. 로마네스크 양식은 이탈리아 전역에서 다양하게 발전했다. 북부 지역 밀라노의 성 암브로시우스 성당(약 1080년경-1228년)이 보여 주는 엄격한 소박함은 남부 지역 바리의 산 니콜라 대성당(1085년경-1132년)이 보여 주는 따뜻함과 좋은 대비를 이룬다.

지역별 건축 방식

독일에 있는 로마네스크 양식의 교회들은 마치 완전무장한 기사들처럼 보인다. 가장 적절한 예인 슈파이어 대성당은 마치 싸움터에서 적진으로 막 돌진하려는 기사의 모습 같다. 네 개의 첨탑은 마치 창처럼 보이기 때문에 깃발을 매달아 펄럭이게 하면 잘 어울릴 것 같다. 슈파이어 대성당 외부 벽면의 윗부분은 아케이드 뒤에 갤러리를 설치한 것이 특징이다. 이런 특징은 당시 이탈리아 성당 건축의 경향을 보여 주는 것으로 피사 대성당이 그 대표적인 예이다. 그러나 영국과 노르망디에서는 비슷한 형태의 아케이드가 네이브를 내려다볼 수 있도록 건물의 안쪽 벽 부분에 세워져 있다. 이처럼 노르만 양식은 유럽 전역에 널리 퍼졌지만 지역에 따라 융통성 있게 변화했다.

고딕 양식이 대두되면서 이 양식은 쇠퇴하게 되지만 이 시기에는 온갖 유형의 장식 형태와 구조적인 기술이 뒤섞이기 시작했다. 제1차 십자군과 순례자들이 유럽에 들여온 것과, 에스파냐의 안달루시아에 거주하던 무슬림들과 접촉한 사람들이 들여 온 것들의 영향을 받았기 때문이다.

에스파냐의 경우는 약간 복잡하다. 이슬람 칼리프들에게서 피신한 그리스도교 난민들이 레온에 세운 산 미구엘 데 라 에스칼라다 성당(913년)이 대표적인 예이다. 이 성당의 양식은 코르도바의 모스크에 기초한 것이지만 이곳을 새로운 고향으로 선택한 서고트인들의 영향을 받았다.

피사 대성당(이탈리아, 1063-1118년, 1261-72년)
세계적으로 유명한 피사의 이 복합 건물은 토스카나 로마네스크 양식을 대표하는 건축물 중 하나로 이 도시가 누리던 부와 권위를 반영해 주고 있다. 성당의 서쪽 파사드는 섬세한 아케이드와 다색의 대리석으로 장식되어 뛰어나게 아름답다.

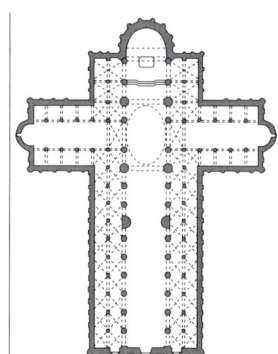

피사 대성당의 평면도
나무 천장의 네이브와 측랑으로 이루어진 단순한 바실리카 형식의 초기 그리스도교 교회의 구조에 수랑을 덧붙인 모양이다. 네이브와 수랑이 만나는 지점에, 돔이나 첨탑을 세울 수 있는 크로싱이 있다.

슈파이어 대성당(독일, 1030-61년과 그 이후)
게르만 제국의 권위를 보여 주는 기념비적 건축물인 슈파이어 대성당은 방대한 규모를 자랑했다. 콘라트 2세(Konrad II)에 의해 건설되었으며 두 크로싱 주위는 당시 세워진 독일 성당들의 특징이다.

이슬람
모스크와 왕궁

이슬람의 천체 관측의
632년 마호메트가 세상을 떠났을 즈음 이슬람교는 아라비아 반도 전역으로 퍼져 나갔다. 이슬람교는 철학, 천문학, 수학, 지리학, 공학 분야에서 커다란 발전을 이룩했다. 이러한 분야들이 발전한 이유는 교역과 항해에 도움을 주었기 때문이다. 따라서 그리스인들이 처음 발명한 항해용 도구인 천체 관측의가 더욱 정교해진 것도 학문의 발달 덕분이었다. 위의 것은 14세기경의 것이다.

암흑 시대 유럽에 살던 사람들에게 가장 살고 싶은 곳을 선택하라 한다면, 분명히 이슬람 지배 아래 있던 지역인 에스파냐 남부의 안달루시아라 대답했을 것이다. 이곳은 종교적 관용, 지적인 관용의 땅이었을 뿐만 아니라 아름다운 수경 정원과, 터키식 목욕탕인 하맘과, 밝고 경쾌한 건축물들이 있는 곳으로, 여타 유럽 지역에는 수백 년 동안 결여되어 있던 것들이 있는 곳이었다.

예언자 마호메트(Muḥammad)에게 용기를 얻은 아랍의 침입자들은 북아프리카로부터 유럽으로 넘어와 지하드를 계속했는데, 732년 카를 마르텔(Karl Martell)이 지휘한 프랑스군에게 푸아티에 전투에서 패하여 파리 입성이 좌절되고 말았다. 그들이 에스파냐에 고도의 문명을

> "나와
> 함께하는 자는
> 내 천국에
> 들리라."
> 『코란』, "89수라," '29-30아야'

알람브라 궁전 (에스파냐의 그라나다, 1338-90년)
화려한 왕궁인 알람브라의 내부에는 사치스럽게 장식된 집무실, 안마당, 정원 등이 있다. 파티오 데 라 아세키아(위의 사진)는 긴 직선의 정원으로, 측면은 벽으로 둘러싸여 있고 양쪽 끝에는 아케이드가 있다. 조금씩 높아지는 십자가 모양의 길 가운데 분수가 만들어져 있는 이 정원은 '보편적 삶'이라 불리던 여름 궁전에 있다.

바위의 돔 (예루살렘, 688-92년)
모리아 산 중앙에 서 있는 바위의 돔은 최초의 이슬람 기념물이다. 이곳은 일반적인 신도들을 위한 모스크일 뿐만 아니라 순례자들의 성소인 '마슈하드'로 지어졌다. 복잡한 문양의 도자기 타일로 외장을 마감했으며, 구멍 뚫린 대리석과 도자기 타일로 채광창을 만들었다. 내부는 유리 모자이크와 사둥분된 대리석으로 화려하게 장식되어 있다.

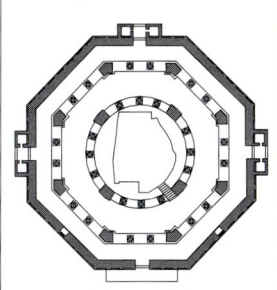

바위의 돔 평면도
건물은 기하학적 평면이다. 드럼(drum) 위에 얹혀진 직경 18미터 가량의 돔은 16개의 피어와 기둥으로 지탱된다. 또한 24개의 피어와 기둥으로 이루어진 팔각형의 아케이드가 돔을 둘러싸고 있다. 4개의 포털을 통해 회랑으로 들어갈 수 있다.

전해 주었다는 사실은, 그들이 불과 얼마 전까지만 해도 사막에서 유목 생활을 영위했다는 사실을 감안할 때 놀라운 것이었다. 그러나 그들은 고도의 문명 이외에도 아름다운 건축물까지 유럽에 들여 왔다. 모든 중요한 이슬람 건물들은 사막의 오아시스를 상징하는 것이었다. 또한 성벽으로 둘러싸여 있는 건물 내부에는 푸른 수경 정원과, 그늘을 만들어 주는 정자가 있었다.

위대한 모스크들

초기의 이슬람 건축은 기존의 양식을 변형해서 받아들였다. 대표적인 것이 예루살렘에 있는 바위의 돔으로 이 건물은 비잔틴 양식의 영향을 보여 주고 있다. 이것은 마호메트가 승천했다는 전설이 있는 바위 주변을 성소로 만들기 위해 건축되었으며 팔각형 구조의 윗부분을 반짝이는 돔으로 장식했다. 돔의 표면을 반짝이게 하기 위해서 금박을 입힌 납을 사용했지만 1967년부터는 양극 산화 피막 처리를 한 알루미늄을 사용하고 있다. 건물 내부의 두 열주가 돔을 떠받치고 있다. 벽면은 원래 아른거리는 모자이크와 대리석으로 덮여 있었으나 16세기 오스만 제국 지배기에 기하학적 문양의 대리석을 벽면에 다시 입혔지만 여전히 이 돔은 암흑 시대 유럽의 건축물에서는 거의 찾아볼 수 없는 밝은 색조를 띠었다.

웅장한 모스크들이 사방에 세워졌다. 그때까지 지어진 것 가운데 가장 큰 모스크는 이라크 사마라의 대모스크였다. 이것은 오늘날에는 일부만 남아 있지만 매우 인상적인 건축물이다. 기도실을 둘러싸고 있는 외벽의 규모가 155×238미터에 달하며, 이 규모조차도 말을 타고 꼭대기까지 오를 수 있는 거대한 나선형 미나레트에 비하면 무색할 지경이다. 이 거대한 준군사적 목적의 공간에서 기도 시각을 알리는 소리와, 이를 따라 기도하는 소리, 물 흐르는 소리가 메아리쳤던 것을 상상하기란 쉽지 않다. 사막의

사마라의 대모스크 (이라크, 848년 착공)
지금까지 지어진 이슬람 모스크 가운데 가장 큰 것으로 간주되는 이 모스크는 칼리프 알 무타와킬(Al-Muttawakkil)이 세운 것이다. 원추형 미나레트 외부에는 나선 계단이 설치되어 있다.

> **서법**
> 무슬림들은 코란 자체에 신이 현신되어 있다고 믿기 때문에 코란에 담긴 글은 그 자체로 신성하다. 따라서 서법은 이슬람 예술에서 중요한 분야 가운데 하나이다. 이슬람의 가르침은 동물이나 사람을 표현하는 것을 금지하므로 예술가들은 기하학적 무늬나, 꽃, 그리고 아랍어 글자를 표현하는 예술을 발전시켰다. 서법은 건축과 밀접한 관계를 맺고 있다. 건물의 벽면 전체가 코란의 구절이나 예언자의 가르침으로 장식되었다. 알람브라 궁전에서는 코란의 글귀로 기도실, 응접실, 거주 공간을 장식했다.

사람들인 아랍인들에게 물은 축복이었던 까닭에 모든 아랍 건축물들의 설계에서 물은 빠져서는 안 되는 것이었다. 따라서 물이 흘러 들어오고 빠져나가는 정원과 마당을 반드시 만들었다.

아흐마드 이븐 툴룬(Aḥmad Ibn Tūlūn)은 9세기 말 새로운 도시를 건설하면서 카이로에 사마라의 대모스크의 기본 설계를 그대로 재현해 냈다. 그가 남긴 것 중에서 가장 인상적인 건물은 아흐마드 이븐 툴룬 모스크(876-79년)로, 회반죽으로 만든 치장 벽돌을 외장재로 사용해서 지었으며 넓은 안마당(혹은 연병장)이 있다. 이라크에서 이집트까지 여행한 적이 있는 장인들이 이 모스크의 공사를 맡았을 것이라고 추정된다.

코르도바 모스크

에스파냐에 있는 멋진 이슬람 기념물은 초리조(남유럽에서 즐겨 먹는 소시지의 일종)와 치즈가 서로 다른 만큼이나 여타 기념물들과 구별된다. 코르도바 모스크는 시리아에서 튀니지를 거쳐 에스파냐로 도망쳐 온 우마이야 왕조가 최초로 건설한 중요한 건축물로, 기도실은 아름다움의 극치를 보여 준다. 완공된 후 9세기와 10세기에 세 번의 증축이 있었지만 증축의 흔적을 전혀 찾아볼 수 없다. 현재의 기도실은, 바로 앞에 있는 오렌지 향기가 그윽한 안마당과 넓이가 정확하게 일치한다. 내부에는 길게 늘어진 편자 모양의 아치들을 지탱하는 기둥들이, 관람객의 눈을 즐겁게 하는 변화무쌍한 전경을 만들어 내고 있다. 이곳을 방문한 사람들은 기도실에 이를 때까지 한 발자국을 내디딜 때마다 기둥들과 아치들이 교차하면서 나타나는 모습들이 계속 바뀌는 멋진 광경을 볼 수 있다.

이런 추억거리를 방해하는 것은 시끄러운 관광 안내원들의 목소리와, 수천 대의 카메라 플래시가 동시에 터지는 소리이다. 기도실이 주는 현란한 시각적 효과는 벽돌과 돌을 번갈아 사용해서 편자 모양의 아치를 만들었기

형식과 특징들

방향
이슬람의 모스크는 메카를 향하는 축을 중심으로 만들어진다. 메카와 가장 가까운 벽임을 나타내 주는 중앙의 조그만 벽감인 미흐라브(mihrāb)는 집회의 지도자인 이맘이 기도하는 곳이다. 이맘의 기도는 기도실 어디에서나 볼 수 있어야 한다. 집회에 참석한 군중들은 중심 축을 가로지르는 형태의 열을 만들어 이맘의 신호에 따르게 된다.
모스크에는 분수가 있어 기도 전에 손을 닦을 수 있도록 해 준다. 미나레트에서 무아딘이라고 불리는 사람이, 충실한 신도들이 하루 다섯 번씩 기도할 수 있도록 기도 시각을 알려 준다.

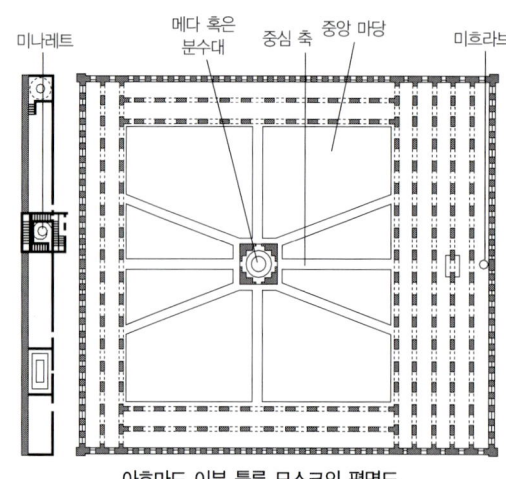

아흐마드 이븐 툴룬 모스크의 평면도

장식
이슬람 건물의 특징으로는 연꽃 아치나 돔, 그리고 돌 조각이나 그림, 상감 세공, 모자이크 등으로 장식된 벽면을 들 수 있다. 이슬람에서는 사실적인 묘사를 금하고 있기 때문에 기하학적 무늬, 서법, 식물을 모티브로 활용해 장식하고 있다. 식물의 잎 같은 자연의 산물조차 알아보기 어렵게 형상화하기도 했다.

금요일 모스크의 타일 공예 (이란의 야즈드)

누르 이티미르 알 다울의 무덤의 돌 공예(인도의 아그라)

아흐마드 이븐 툴룬 모스크(카이로, 876-79년)

에스파한 대모스크의 종유석 천장(이란)

때문에 나타나는 것이다. 이 현란한 아케이드는 고도로 섬세하게 장식한, 그야말로 경이로울 정도로 아름다운 세 지성소까지 이어진다.

알람브라

에스파냐에 있는 모든 이슬람 건축물 가운데 가장 야심 찬 것이면서도 아름다운 것은 알람브라 궁전이다. 이 궁전은 시에라 네바다 산맥의 눈 덮인 봉우리를 배경으로 골짜기를 향해 튀어 나온 언덕 위에 높이 세워진 왕궁이자 요새이다. 알람브라 궁전은 에스파냐에 있었던 마지막 이슬람 왕조인 나스르 왕조가 건설한 것이다. 이 왕조는 크리스토퍼 콜럼버스(Christopher Columbus)가 아메리카를 '발견하고' 이를 에스파냐 영토라고 선언한 1492년에 페르난도 2세(Fernando II)와 이사벨 1세(Isabel I)의 군대에 무너졌다.

두 개의 안마당인 사자 중정과 도금양 중정에서는 분수가 물보라를 일으키고, 정원 테라스와, 파빌리온과, 점점 높아지는 산책로와, 탑들과, 포탑은 우리에게 즐거움에 즐거움을 더해 준다. 알람브라 궁전은 오아시스를 상징한 이슬람 건축물 가운데 가장 훌륭한 것이며, 어쩌면 지금까지 인간이 만든 풍경과 건축의 가장 완벽한 결합이자 빛과 그림자의 결합일 것이다.

코르도바 모스크(785년 착공)
코르도바 모스크의 기도실은 19구간의 아케이드로 뒤덮힌 숲처럼 보인다. 아케이드들은 이중으로 되어 있다. 두 번째 아케이드는 첫번째 것 바로 위에 있다. 아래쪽 아치는 편자 모양이며, 흰색과 붉은색 벽돌을 쐐기 형태로 만들어 쌓아 올린 것이다.

21세기가 시작되는 지금까지도 변함없이 알람브라 궁전의 마당과 정원은 수백만 명의 관광객들에게 즐거움을 줄 뿐만 아니라 다음 세기에 건축이 지향해야 할 방향까지 제시해 주고 있다.

알람브라 궁전
외부에서 보면 알람브라는 진흙을 다져서 만든 군건한 성루를 갖춘 요새화된 성 같다. 여기에는 23개의 탑과 4개의 문이 있는 성벽, 한때 폐쇄되었던 모스크, 여러 개의 정원, 감옥들, 일곱 개의 왕궁이 있으며 왕립 화폐 주조소까지 있다.

북아프리카
순수한 백색의 형식

아글라브 왕조
아글라브 왕조는 800년부터 909년까지 튀니지와 동부 알제리를 지배했으며 수도는 튀니지의 알 카이라완이다. 아글라브 왕조의 건축물은 주로 장식이 없는 돌이나 벽돌로 지어졌다. 따라서 돌, 벽토, 나무 등의 장식도 극히 제한적으로 사용되었다. 모스크의 경우 내부에 아케이드가 설치되어 있고 지붕이 낮으며 안마당에는 사각형의 미나레트가 있다. 아글라브 왕조는 남부 이탈리아를 침공해서 패배한 직후 몰락하고 대신 파티마 왕조가 들어섰다.

북아프리카에 대한 아랍인들의 침공은 여러 세대에 걸쳐 노도처럼 일어났다. 아랍인들의 침공이 건축에 미친 영향은 매우 장엄한 모스크들이 대규모로 지중해 남부 해안선을 따라 건설된 것과, 사람이 살 수 없는 사하라의 사구 지대에 마을과 도시들이 건설된 것 등이다.

그러한 건축물 가운데 초기의 것들은 튀니지 알 카이라완의 대모스크, 알 카이라완의 세 개의 문을 가진 모스크(866년), 사파키스의 대모스크(849년), 튀니지의 자이투나 모스크(860년경 착공) 등이다.

이 건축물들은 종교적 목적뿐만 아니라 군사력을 증진시켜 성전 즉 지하드를 수행하는 목적을 가지고 있던 초기 모스크들의 일반적인 형태와 마찬가지로 연병장 같은 넓은 안마당을 가지고 있어 우아한 군영처럼 보인다. 이 모스크들은 지금까지도 넓은 공간과, 우아하면서도 단순한 구조를 유지하고 있다.

후기의 것으로는 모로코나 알제리에서 볼 수 있는 것처럼 편자 모양의 아치와 조개 모양의 장식을 풍부하게 사용해 세운 화려한 모스크들이 있다. 이 후기 양식의 대표적 예는 틀렘센(1080년경 착공), 마라케시의 쿠투비야 모스크(1147년), 페스의 알모하드 모스크와 앗 제디드 모스크(1276-1307년) 등이다.

단순한 구조

아랍인들의 침입과 유럽인들의 식민지 건설 기간 사이에 세워진 북아프리카 건물의 가장 결정적이고 절대적인 특징은 지극한 단순성에서 찾을 수 있다. 여기에는 남부 지중해 연안을 따라 끝없이 늘어선, 작은 안마당을 가진 집들도 포함되지만 실제로 그 연대는 성서 시대까지 거슬러 올라간다. 지중해 지역은 고대부터 해운과 교역의 중요한 경로였던 까닭에 건축법과 생활 양식이 메소포타미아에서

알 카이라완의 대모스크(튀니지, 836년 착공)
9세기에 개축되었다. 기도실과 마주 보고 있는 안마당에 몇 개의 베이가 덧붙여졌으며 기도실 위의 중앙 돔도 그때 덧붙여진 것이다.

모두 손으로 만들어진 것이다. 백색 이외의 다른 색은 전혀 사용하지 않고, 어떤 장식도 붙이지 않은 순수한 백색의 기하학이 빚어 내는 건물의 추상적인 느낌을 수공이라는 특성이 완화시켜 주고 있다. 여기에는 그 어떠한 장식도 필요하지 않았다. 장식이 기도를 혼란스럽게 하거나 신을 공격하는 것으로 여겨졌기 때문이 아니었다. 햇빛과 그림자가 연출해 내는 것만으로도 충분한 장식이 되었기 때문이다. 빛과 그림자와 모스크들의 배경이 되는 바다, 즉 한낮에는 황금색으로 보이고 저녁 무렵에는 청색으로 보이는 바다와, 흰 모래와, 오렌지 꽃 향기만으로도 충분했다.

여기에 가장 기본적인 건축, 그리고 자연과 조화를 이루고 있는 건축, 물거품처럼 사라져 버리는 유행과는 무관한 건축, 형태와 기능과 미의 균형이 완벽하게 조화된 건축, 요컨대 최상의 건축이 있다. 가베스 만에 있는 제르바 섬은 환상적인 건축을 위한 이상적인 장소처럼 보인다.

이곳이야말로 호메로스(Homeros)가, 사람들이 열락에 빠져 무사안일한 삶을 살고 있다고 묘사한 신화 속의 그곳이었다. 이곳에서 하루나 이틀 정도만 보낸다면 다른 형태의 건축은 완전히 잊고 말 것이다.

알 카이라완의 세 개의 문을 가진 모스크 (튀니지, 866년)
작은 마을에 지어진 이 모스크에는 편자 모양의 세 개의 아치로 이루어진 포르티코가 있다. 아치의 윗부분에는 고대 아라비아의 쿠픽 문자가 새겨져 있으며 그 문자들 위로는 까치발 모양의 코니스를 둘렀다.

로코를 거쳐 마침내는 에스파냐까지 전파된 것이다. 헤시라스에서 시작해서 히메나 데 라 프론테라를 중심으로 모여 있는 유명한 안달루시아의 백색 마을들을 둘러보는, 오래 전에 몰락한 무어인들의 요새는 아직도 북부 아프리카에서 쉽게 볼 수 있다.

이러한 요새의 탑 위에 올라 보면 날씨가 좋은 날에는 아틀라스 산맥까지 뚜렷하게 보인다. 북아프리카의 백색 주택들은 르 코르뷔지에(Le Corbusier)의 정신과 작품(182-83쪽 참조)에 커다란 영향을 끼쳤으며, 단순한 원통형 천장이 있는 튀니지의 농가는 루이스 칸(Louis Kahn)의 작품에 영향을 미쳤다.

순수한 형태

튀니지 제르바 섬 해변에 줄지어 세워져 있거나 해변을 굽어보고 있는 모스크들은 세계의 다른 곳에서는 쉽게 찾아 볼 수 없는 특별한 건물들이다. 왜냐하면 이 건물들에는 건축의 기본과 정수가 집약되어 있고, 지극히 순수한 형태임에도 따뜻함과 즐거움이 감추어져 있기 때문이다. 원통과 육면체와 피라미드로 구성된 모스크들은 기하학과 비율만으로도 충만감을 안겨 준다. 더욱이 이러한 것들은

킴벨 미술관 (텍사스의 포트워스, 1969-72년)
미국의 건축가 루이스 칸이 설계한 킴벨 미술관은 원통형 천장이 있는 6개의 전시실로 구성되어 있다. 이 건축물은 칸이 튀니지를 여행했을 때 보았던, 단순하면서도 영원한 아름다움을 간직한 시골 농가에서 영감을 받아 세운 것이다.

제르바 섬에 있는 건물 (튀니지)
순수하고 장식이 없는 기하학적인 형식, 즉 원통, 육면체, 피라미드만 사용해 세운 주택과 모스크들을 튀니지 제르바 섬에서 볼 수 있다.

고딕 양식

고딕 양식 건축물은 유럽 문명이 이룬 영광스런 성과 가운데 하나이다. 고딕 양식은 그 시대의 기술을 총동원해서 만들어 낸 높은 석조 천장과, 탑과, 첨탑 속에서 사람들이 신의 얼굴에 닿아 우리의 일상 생활을 천국으로 이끌려고 했던 시도였다. 이 거대한 건물들이 만들어질 수 있었던 것은 건축을 의뢰한 사람들과 건축가들의 위대한 비전 덕분이었던 것만큼이나 숙련된 석공들의 손 덕분이었다. 선박을 닮은 구조물의 네이브 위쪽에서, 즉 사람들의 눈이 미치치 않는 곳에서 우리는 장인의 솜씨로 조각된 천사나 악마, 잎 모양 장식이나 꼭대기 장식을 찾아 낼 수 있으며, 전지 전능한 하나님 아버지에게 숨길 것도 없었고 또한 이 작업보다 더 좋은 일은 없었던 석공들이 만들어 낸 작품들을 찾아 낼 수 있다.
고딕 양식은 피로 물든 십자군들이 성지를 향해 떠나가던 시기에 프랑스에서 시작되었다. 어두운 출발에도 불구하고 이 양식은 모든 시대를 통틀어 가장 감동적이면서도 대담했던 건축물들을 낳게 되었다.

캔터베리 대성당의 벨 해리 타워
캔터베리 대성당이 1174년에 화재로 소실된 이후 수사들은 기욤 드 상(Guillame de Sans)에게 교회의 재건축을 의뢰했다. 그는 프랑스 고딕 양식으로 건물을 설계했으며, 이렇게 해서 잉글랜드에 최초의 고딕 양식 건축물이 세워졌다.

고딕의 세계
대성당의 시대

고딕 예술의 혁신

회화는 건축이나 조각에 비해 고딕 양식으로의 동화가 늦었다. 13세기 말 이탈리아에서 시작된 새로운 회화 기법은 피렌체의 화가 조토 디 본도네(Giotto di Bondone)에 의해 극에 달했다. 평생을 혁신가로 살았던 것으로 유명한 조토는, 회화에 자연주의를 도입하여 비잔틴식으로 정형화되었던 전통으로부터 회화를 자유롭게 만들었다. 구도에 대한 그의 뛰어난 감각을 잘 보여 주는 증거가 작은 화판에 그려진 유명한 프레스코화 "장엄한 성모"이다.

보베 대성당은 아마도 성서에 기록된 바벨 탑의 중세판일 것이다. 이 성당은 원래 신의 얼굴에 닿기 위해서 설계된 것이다. 네이브는 바닥에서 천장까지의 높이가 48미터나 되어 지금까지 건축된 것 중 가장 높이가 높았으며 첨탑의 뾰족한 끝은 150미터 높이로 설계되었다. 고매한 신앙의 장소를 만들고자 하는 야심적인 계획은 재정적인 요인으로 작업이 시작된 지 60년 만에 네이브조차 완성하지 못하고 중단되어 오늘날에 이르고 있다. 지금 우리가 보고 있는 이 거대한 고딕 양식의 건물은 1220년 설계된 것에서 겨우 절반 정도만 완성된 것으로, 현재의 네이브는 중세에 세웠던 야심적인 계획에 비해 축소된 규모이지만 그 기원은 10세기까지 거슬러 올라간다.

그렇지만 이 건물이 지나치게 높다는 것을 경고하는 조짐이 일어났다(하나님이 보낸 신호였을까?). 1284년에는 현기증이 날 정도로 높은 성가대석 천장의 일부가 붕괴되었으며 1573년에는 첨탑이 무너졌다. 보베 대성당은 중세 구조공학의 한계를 보여 준다.

오늘날 우리가 이곳에서 볼 수 있는 것은 눈부신 성과물과 건축의 형태로 나타난 신격화 행위이다. 보베 대성당은 12세기 말 파리 부근에서 일어난, 앞선 건축 양식과 완전히 달랐던 최초의 건축 양식, 즉 고딕 양식으로 지어진 건축물이다. 보베 대성당은 고전 건축학의 규범으로부터 아무런 덕을 보지 못했으며 역사로부터도 덕을 보지 못했다. 고딕 양식을 옹호하는 이유는 이 양식이 건축의 정통적인 본류에 대한 최초의 도전이었기 때문이다. 고딕 양식은 유럽에서 그 두드러진 개성이 이탈리아 르네상스 시대의 복고주의에 압도되기 전까지 무려 400년 동안이나 지속된 건축 양식이었다.

빛으로 가득 찬 네이브

보베 대성당의 솟아오른 성가대석이나 수랑은 고딕 양식의 주요 요소들을 극단적인 형태로 보여 주고 있다. 오늘날 그 이름은 대부분 잊혀졌지만, 성당을 신축하려는 건축주들이나 건축가들의 의도는, 가능한 한 건물을 높게 지으면서 유리를 많이 사용하는 것이었음이 분명하다. 성당들은 빛으로 가득한 궤가 되어야 했으며 빛은 스테인드글라스를 통해 들어와 화려하게 장식된 네이브와 복도와 성가대석을 비춰야 했다. 그 시대의 가장 뛰어나고 가장 대담한 건물들인 거대한 성당들은 경쟁 관계의 성직자들이나 그들과 함께 기도하려고 온 사람들에게 강한 인상을 주기 위해 지어진 것일 뿐만 아니라, 잉글랜드와의 백년전쟁(1337-1453년)과, 유럽 인구의 4분의 1에서 3분의 1 정도를 감소시킨 흑사병이 닥치기 전까지 경쟁 관계였던 프랑스의 여러 도시들이 누리고 있던 경제 호황을 상징하기 위해 다투어 지은 것이다.

이런 사태가 계속되자 보베 대성당의 경우처럼 대성당 건축에 너무나 많은 비용이 들게 되었다. 대부분의 경우 신앙의 장소라든가 700년 후에도 관광객을 끌어들이는 장소치고는 유지 비용이 너무 많이 들었다. 이 성당들은

> "창문의 그림은 원래 말씀을 읽을 수 없는 비천한 사람들에게 그들이 무엇을 믿어야 하는지 보여 주기 위해 그려진 것이다."
>
> 쉬제 대수도원장

북쪽 장미창 (프랑스의 샤르트르 대성당, 1235년)

샤르트르 대성당의 서쪽 정면과 양 수랑의 파사드는 장미창으로 장식되어 있다. 스테인드글라스로 만들어진 이 커다란 창은 복잡한 구조의 플라잉 버트레스를 이용하여 설치할 수 있었다.

보베 대성당(프랑스, 1220년 착공)
보베 대성당은 샤르트르 대성당에 영감을 얻어 건설된 일련의 성당들 중에서 가장 마지막 것이었으며, 프랑스 고딕 양식의 절정을 보여 준다.
아찔한 높이와 빛을 강조하는 것은 전 유럽이 열광적으로 채택한 요소였다.

하드리아누스의 판테온이나 유스티니아누스의 하기아 소피아 성당처럼 처음 찾는 사람들의 숨을 멈추게 하는 힘을 아직도 가지고 있다. 오늘날 시각적 정보가 넘치는 컴퓨터 시대에도 이것들은 여전히 대단한 성취임에 틀림없다.

보베 대성당처럼 높은 건물을 지을 수 있었던 것은 '플라잉 버트레스(아래 글상자 참조)' 덕분이었는데, 이것은 석공들이 성당 벽면에 실려 있는 엄청난 무게를 덜 수 있게 해 주었다. 벽면이 높으면 높을수록 버트레스의 간격은 더욱 넓어지게 된다. 플라잉 버트레스와 그것이 발휘하는 효과는 노트르담 대성당, 르 망 대성당, 아미앵 대성당, 보베 대성당의 성가대석에서 보면 확인할 수 있다. 이것을 통해 벽 자체의 하중을 실어 없애 버림으로써 건축가들은 창의 규모를 키울 수 있었으며, 결국 샤르트르 대성당의 경우처럼 창이 벽면 전체를 차지하는 데까지 이를 수 있었다. 구약 성서와, 그리스도의 생애와, 사도들과 성자들의 이야기로 창을 가득 채우고 있는 이러한 교회들은 텔레비전이나 극장의 중세판이라고 할 수 있다. 이처럼 지나치게 크고 화려한 구조물은, 대부분의 농노들이 살던 오두막과 극단적으로 대조되었다. 교회가 일으킬 수 있는 작은 기적은 그 화려함으로, 대부분의 사람들을 경이의

고딕 양식의 특징들

트레이서리

고딕 양식으로 건축한 건물의 창의 윗부분을 꾸미는 석조 장식은 '판' 모양의 트레이서리나 '막대' 모양의 트레이서리 둘 중 하나였다. 판 모양의 트레이서리의 경우 석재가 유리보다 넓은 부분을 차지하지만, 13세기 중엽 이후 판 모양의 트레이서리로부터 개발된 막대 모양의 트레이서리의 경우에는 가느다란 석재를 사용하기 때문에 유리 부분이 훨씬 많아지게 되었다. 요크 민스터의 동쪽 창은 수직형 트레이서리를 보여 주는 훌륭한 예이다.

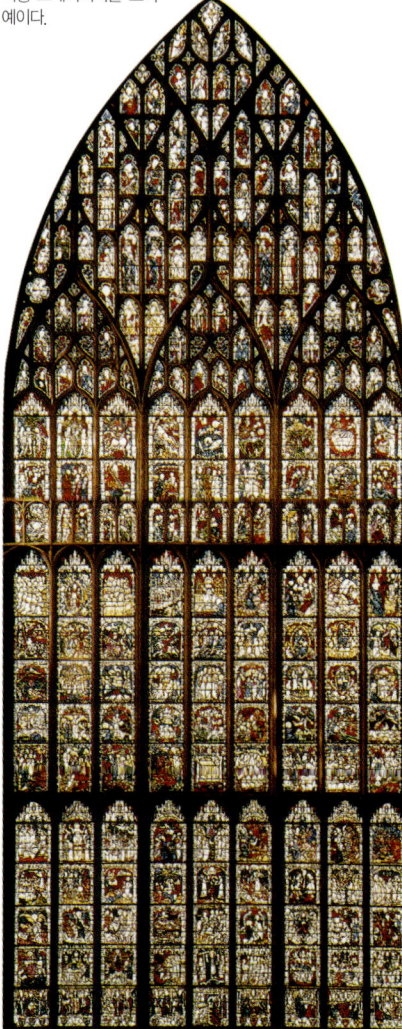

트레이서리(요크 민스터의 동쪽 창, 1405-08년)

플라잉 버트레스

버트레스는 석공이나 벽돌공들이 아치, 지붕, 혹은 둥근 천장의 압력을 견딜 수 있게 덧붙이거나 대항해서 세우는 구조물이다. 플라잉 버트레스는 아치나 반 아치 형태로 건물 외부에 붙여 천장이나 지붕이 미는 힘을 벽면 위쪽으로부터 받아 바깥쪽의 지지물이나 버팀벽으로 이전시켜 주는 역할을 한다. 부르주에 있는 로마네스크 양식의 대성당 위층은 이중 지주에 의해 날카로운 각을 이룬 이중의 플라잉 버트레스에 의해서 떠받쳐지고 있다. 회랑이 사라지고 성당의 높이와 창의 크기가 엄청나게 거대해진 12세기부터 버트레스가 사용되기 시작했다. 이런 혁신적 설계는 부르주와 샤르트르의 성당에서 시작되어 아미앵, 보베, 쾰른의 성당으로 이어졌다.

빌라르(Villard de Honnecourt)의 소품집(1220-30년)

플라잉 버트레스(부르주 대성당, 1209-14년)

치솟아 오르는 첨탑

프랑스인들이 플라잉 버트레스를 사용하여 성당의 네이브의 높이를 높이려고 했다면 잉글랜드인들과 독일인들은 첨탑을 통해 하늘에 닿으려고 했다. 비록 가장 아름다운 것은 아닐지라도, 가장 높은 첨탑은 독일의 울름 대성당에 있다. 건축은 아마도 1380년대에 시작되었을 것이지만 여러 번 설계가 수정되어 그 성당 전체를 사용할 수 있게 된 1543년에도 중심 탑은 계속 건축되고 있었다. 1840년대에 경쟁 상대였던 쾰른 시 당국이 성당 건축을 마무리하기 시작하면서 울름의 장로들도 근 500년 전에 발주되어 계속되어 온 석공들의 작업을 끝내기로 했다. 탑과 첨탑은 15세기에 마타우스 뵈블링거(Matthaus Boblinger)가 설계한 것이며, 첨탑의 높이는 160미터로 고딕 양식 첨탑 중에서 가장 높다. 쾰른 대성당은 쌍둥이 첨탑(1284년 착공)을 자랑하고 있는데, 이것은 1880년에 완성되었으며 높이는 150미터에 달한다. 쾰른 대성당에 있는 날아오르는 동굴 같은 첨탑은 중세 성당에서 가장 놀라운 것으로, 대단히 장관이다. 색유리로 장식된 첨탑은 추상적이고 차가운 느낌을 준다.

독일 밖에서 가장 높은 첨탑을 자랑하는 건축물은 잉글랜드 남부의 솔즈베리 대성당이다. 1220년과 1266년 사이에 석조 첨탑을 포함해서 대성당 전체가 두 단(段)으로 지어졌다. 123미터 높이의 첨탑은 대성당 두 번째 단의 중앙 교차부에서부터 솟아오른 모습이다. 당시에는 첨탑을 그처럼 높게 짓는 것을 무모하게 여겼지만, 그로부터 700년 이상 흐른 오늘날에도 솔즈베리 대성당은 탑신을 떠받치는 피어의 일부가 굽은 것을 제외하면 갓 세운 건물처럼 여전히 하늘을 향해 장엄하게 솟아 있다(중앙 교차부 아래의 바닥에 누워 위를 쳐다보면 피어가 굽은 것을 볼 수 있음).

울름 대성당(14-16세기)의 팔각형 건물과 첨탑(19세기)

울름 대성당의 팔각형 건물과 첨탑 공사는 1890년까지도 완료되지 않았다. 이 건물이 중세 유럽의 건물 중 가장 높은 것이었을 때 높이는 160미터였고 네이브의 폭은 45미터였다.

트레이서리

중세 성당 건물에서 가장 뛰어나면서 가장 인상적인 장식물은 석조 트레이서리(tracery)일 것이다. 1140년대부터 파리 생 드니 대성당의 성가대석에서 볼 수 있었던 초기 고딕 건축물과 후기의 대규모 성당들을 비교해 보면 그 규모가 커지고 훨씬 화려해진 것이 트레이서리로, 후기에는 돌보다 유리를 더 많이 사용했다. 간단히 말하자면 트레이서리는 보다 복잡하게 변했으며, 거대한 창을 가능한 한 유리로 가득 채우는 새로운 방법을 고안하는 것으로 석공들의 실력을 가늠했다.

유행은 순간적인 것이지만 고딕 양식은 두 시기에 걸쳐 절정에 달했고, 특히 잉글랜드에서는 한 번 더 전성기를

석공

중세의 훌륭한 대성당은 석공들의 기술과 비전으로 창조된 것이다. 석공이 석공장이 되면 그는 대단한 지위를 누리게 되며 장거리 여행에서 얻은 지식으로 건축에 대해 조언을 하고, 재료를 선택하며, 작업을 위한 팀을 구성한다. 그들은 석재에 대해 잘 알고 있어야 했으며 그들의 생각을 종이에 적거나 가끔 난해한 도면을 그리기도 했다. 건축에 책임을 진 석공들이 석조 작품에 새긴 그들의 표식이 로마네스크 양식이나 고딕 양식의 건물들에서 종종 발견되곤 한다.

쉬제 대수도원장

쉬제는 파리 부근에서 태어나 생 드니 대수도원에서 교육을 받고 그곳에서 수도사가 되었으며 1122년 대수도원장으로 선출되었다. 그는 수도원을 개혁하고 부속 성당을 다시 세웠는데 그것은 최초의 고딕 양식의 건물이 되었다. 그는 루이 6세(Louis VI)와 루이 7세(Louis VII)의 조언자로서 고딕 예술이 발전하는 데 공헌한 인물이다. 그의 저서 『루이 6세의 생애』는 당시 사람들의 견해를 알 수 있는 가치 있는 자료이다.

세인트 웬드레다 교구 교회 (잉글랜드의 마치, 16세기 초)
외팔들보 지붕은 가장 높은 지위의 건물에만 설치했다.
목재 외팔들보는 양쪽 옆에 부착되어 휘어진 버팀대에 의해 지지를 받는다.
이 현란한 건축물에는 모든 외팔들보의 끝 부분이 천사의 상으로 조각되어 있다.

높아지자 그들이 신이나 악마로부터의 도전을 부르는 것이 아닌가 하고 우려했으리라고 쉽게 상상할 수 있다. 무엇이 되었든 간에 그들은 성당을 환상적인 피조물들로 장식하였으며 특히 가고일(gargoyle)을 많이 장식했다. 가고일은 주로 네이브, 복도, 성가대석을 덮는 석조의 둥근 천장 위로 높이 솟아오르는 목조 지붕으로부터 물을 뽑아 내는 빗물 배수구 입구를 장식하고 있는데, 마치 환영받지 못하는 악마들을 쫓기 위한 것처럼 보인다. 이 고딕 양식의 피조물 장식을 만들어 낸 풍부한 상상력은 중세 성당들이 주는 즐거움 중 하나이다. 이를 보면 당대에 능력이 출중한 건축가나 석공장들이 있었다기보다는 장인들 개개인에게 어느 정도의 재량권이 있었음을 알 수 있다.

천국에 대한 희망

가장 정밀하다고 말할 수는 없어도 가장 매력적인 중세 교회들이 잉글랜드에 세워졌다. 그 이유는 잉글랜드인들이 성당을 프랑스인들이나 독일인들처럼 하나의 강력한 선언으로서 세웠던 것이 아니라 성당을 서로 연관된 공간을 하나로 연결한 것으로 보았기 때문이다. 따라서 전형적인 영국 성당의 평면도는 성당 집회소와 다른 예배당들이 모여 있는 작은 우주처럼 보인다. 이것은 천장을 덮어 줄 지붕이 필요하다는 것을 의미했으며, 세계 최고 수준이었을 잉글랜드의 목수들은 새로운 형태의 지붕을 만들었을 뿐만 아니라 내부나 외부 모두 화려하게 장식하고자 했다. 그리하여 그들은 멋진 목조 지붕을 널리 퍼뜨렸으며 이는 14세기 후반과 15세기에 거대한 외팔들보 지붕을 만들어 내면서 절정에 달했다.

사실 아무리 야심적인 설계를 하더라도 성당의 네이브 전체에 지붕을 얹으려고 하지는 않았는데, 웨스트민스터 대수도원의 성 스테파누스 홀만은 예외였다. 고대 로마 바실리카와 같은 잉글랜드 고딕 양식의 이 대회의장은 왕의 목수였던 휴 헐랜드(Hugh Hurland)가 설계하고 제작한 외팔들보 지붕을 얹음으로써 최고가 되었다. 휴 헐랜드는 외팔들보의 양쪽 끝에 거대한 천사상을 조각해서 지붕을 천상의 영역까지 끌어올렸다. 하지만 그 당시에 이미 이보다 더욱 재미있는 지붕들이 있었으며 잉글랜드 교구 교회들

맞았다. 장식 고딕 양식과 수직 고딕 양식이 그것인데 전자는 14세기와 15세기 초엽에 절정을 맞았으며 후자는 15세기와 16세기에 만개했다. 전자는 자연주의적이고 유려하며 급격한 굴곡과 곡선이 많은 반면 후자는 기하학적이고 세련되었으며 기계적이다. 두 고딕 양식 모두 아름다우며 잉글랜드 전역의 성당의 모습을 개선시켰다. 잉글랜드의 성당들은 독일과 프랑스에 있는 성당들과 비교해 볼 때, 건축가나 석공장들의 원대한 비전보다는 석공 개개인의 기술 덕을 보았다.

중세의 장인과 석공들은 건축물의 높이가 점점

가운데 가장 굳건한 사랑을 받고 있는 것은 케임브리지셔의 마치에 있는 세인트 웬드레다 교구 교회의 지붕이다. 이 지붕에는 벽과 지붕에서 막 날아가려는 것처럼 날개를 펴고 있는 천사들이 최소한 세 단 이상 조각되어 있고, 꼭대기 간에도 천사들이 천장에서 날아가려는 듯한 모습으로 조각되어 있다. 대담한 목수들의 또 다른 위대한 시도는 케임브리지셔 엘리 대성당 중앙 교차부를 덮고 있는 독특한 팔각형의 채광창인데, 만들어진 시기는 14세기 중반으로 거슬러 올라간다.

잉글랜드인들이 만든 대성당과 교구 교회 내부를 보면, 그들이 가장 재미있는 나무 조각과 돌 조각을 만든 이들이라는 것을 알 수 있다. 그들은 신도석의 끝 부분과, 긴 기도가 진행되거나 성가가 불려질 때 항상 서 있는 것처럼 보이기 위해 수도사들이나 설교자들이 사용하는 접의자인 미제리코드의 아랫부분에 세속적인 생활을 묘사한 분방하고 원초적인 모습을 조각해 놓았다. 노리치 대성당 수도원의 코벨(corbel)에는 재미있는 그림을 새겨 놓았는데, 무섭게 생긴 바다 괴물이 성자를 쫓고 있는 장면과 중세의 갖가지 유희들이 묘사되어 있다. 사람들이 이것을 보고 무엇을 느끼는지는 알 수 없지만, 성당에서는 방문객들을 위해 운영하는 트롤리에 거울을 부착해 놓았다. 이 때문에 위를 보다가 잘못되어 접골사의 신세를 질 염려는 없다.

목조 건축

고딕 시대의 뛰어난 건축물은 대개 석조 건축물이며, 네덜란드나 벨기에 같이 석재가 부족한 저지대 국가들은 가끔 벽돌을 사용하기도 했다고 한다. 이러한 건물 내부에 화려한 효과를 내는 데 사용한 자재가 목재이다. 아직까지도 목재는 중요한 건물을 세우는 데는 많이 사용되지 않는다. 그것은 화재의 염려 때문이다. 하지만 몇몇 국가들은 건축의 역사에서 목조 건물을 지어 특별한 공헌을 했다. 전 국토가 숲으로 뒤덮여 있는 노르웨이, 스웨덴, 트란실바니아가 대표적인 예이다.

스칸디나비아의 목조 교회 중에서 가장 잘 보존되어 왔으며 가장 유명한 것이 송네 피오르드의 베르겐에 있다. 1150년경 건축된 이 교회는 다른 어떤 교회와도 공통점이 없다. 이 교회를 방문한 사람들의 눈에 처음 들어오는 것은 가파른 목조 타일을 얹은 맞배지붕과 용머리 조각으로 장식된 박공이다. 이 건물은 마치 어린이들에게 두려움을 주는 무서운 동화책 속에서 튀어나온 듯하다. 또한 바이킹들의 잦은 침공에 시달리던 지중해 연안 사람들이 이 교회를 보았을 때, 그들은 바이킹의 길쭉한 배가 눈앞에 나타난 것처럼 간담이 서늘해졌을지도 모른다. 그렇지만 이 교회는 실질적으로 비잔틴과 로마의 바실리카의 평면 설계를 응용해 지은 것으로, 열주와 기둥머리 등 모든 것들이 멋지게 조각된 나무로 만들어졌다.

이 교회보다 더욱 멋지게 장식된 것들이 같은 송네 피오르드에 있는 우르네스 목조 교회를 비롯하여 노르웨이

스토브 교회 (노르웨이의 베르겐, 1150년)
스토브라는 이 교회의 이름은 수직의 기둥이라는 의미의 노르웨이어 스토브(stav)에서 유래한 것이며 건물의 기초 구조를 세우는 데는 목조 기둥을 사용했다. 스토브 교회의 처마는 용머리 조각으로 장식되어 있다.

마르코 폴로

베네치아 출신의 상인이자 여행가이며, 작가인 마르코 폴로는 교역으로 부를 쌓은 상인 집안 출신이다. 실크로드를 따라 이루어졌던 유럽과 중국 사이의 교역은 마르코 폴로가 아버지와 삼촌과 함께 1275년 교역을 하기 위해 중국에 도착했던 무렵에도 지속되고 있었다. 그는 몽골 제국 황제의 총애를 받아 1292년까지 그곳에 머물렀으며 1295년 베네치아로 돌아와 3년 후 경쟁적인 관계에 있던 도시국가 제노바를 상대로 한 전쟁에 참가해 크루조라 해전에서 갤리선 한 척을 지휘했다. 그는 전투중 포로로 잡혀 제노바 감옥에서 1299년 여름까지 1년을 보낸 후 두 도시 사이에 평화 조약이 체결되자 석방되었다. 그는 1324년 죽을 때까지 베네치아에서 살았다.

전역에서 발견되고 있으며, 스웨덴의 룬트에는 초기 형태(1020년경 착공)의 교회가 있고, 용감한 여행자들이라면 오늘날의 헝가리와 루마니아의 국경 지대까지 가서 이러한 교회들을 볼 수 있다.

세속적인 고딕 양식

대성당이나 교회만 고딕 양식으로 지어진 것은 아니다. 중세 유럽에서는 대부분의 사람들이 가난하고 비위생적인 집에서 살았지만, 도시의 부를 과시하기 위해서 멋진 공공건물들이 건축되었다. 이러한 건물 중에서 가장 혁신적이고 주목할 만한 것이 시청과 직물 회관이었다. 네덜란드와 벨기에가 축적한 부의 상당 부분은, 잉글랜드가 양모를 통해서 얻은 것과 마찬가지로 직물을 통해 얻은 것이다. 중세 유럽의 훌륭한 공공건물 중에서 대표적인 것이 이프르와 브뤼주의 직물 회관으로, 둘 다 벨기에에 있다.

그 규모와 철저하게 규칙적으로 반복되는 파사드가 감탄을 자아내는 이프르의 직물 회관은 19세기에 고딕 복고 양식(148-49쪽 참조)이 시작되면서 빅토리아(Victoria) 여왕 시대에 건설된 수많은 도시 회관에 영감을 준 건물이다. 아쉽게도 이 중세의 걸작품은 제1차 세계대전(1914-18년) 중에 파괴되어 버렸지만, 그 후 곧바로 복원된 건물이 세워졌다. 브뤼주의 직물 회관은 크게 피해를 입지 않고 보존되었는데, 1282년에 세워진 이 회관은 옛 부뤼주의 촘촘하게 짜여진 거리 위로 80미터 높이로 솟아오른 벽돌탑으로 유명하며 1282년 세워졌다.

이만큼 인상적인 건물들로는 탑과, 총안이 있는 흉벽을 갖춘 이탈리아의 시청 건물들을 들 수 있다. 13세기에 세워진 피렌체, 시에나, 몬테풀치아노, 페루자의 시청 건물들은 방어용 건축이 쇠퇴하기 직전의 모습을 보여 주고 있다. 가장 개성 있는 세속의 고딕 건물은 베네치아의 산 마르코 광장 옆에서 대운하를 마주 보고 있는, 베네치아 공화국의 지도자인 도제의 관저인 팔라초 두칼레일 것이다. 조반니(Giovanni)와 바르톨로메오 부온(Bartolomeo Buon)이 설계한 관저의 일부는 화재 때문에 여러 번 재건축되고 개수되었다.

이 건물이 현재의 모습을 갖추게 된 것은 16세기 무렵으로, 중세에 세워진 1층과 2층의 화려한 회랑 위쪽에 3층이 추가되었다. 이 때문에 세 개의 계단 위에 단을 놓고 그 위에 1층을 만들었는데도 불구하고 기둥들이 지하로 가라앉은 것처럼 보여서 위쪽이 무겁게 보이는 건물이 되고 말았다. 다른 베네치아 건물들과 마찬가지로 이 건물 역시 독특하다. 그 시기에 이탈리아 다른 도시들이 르네상스 시대를 맞아 고전적인 건축을 하고 있을 때임을 생각해 보면 그것은 더욱 두드러진다. 특히 지붕을 보면 이 건물은 이슬람적인 요소까지 가지고 있다. 베네치아는 비잔틴 제국과 긴밀한 관계를 맺고 있었으며 실크로드를 통해서 멀리 인도와 중국과도 교역을 하고 있었다. 마르코 폴로(Marco Polo) 역시 베네치아 사람이다. 개방형의 긴 회랑과, 연꽃

이프르의 직물 회관(1202-1304년)

이 회관은 처음에는 플랑드르의 모직 산업과 교역하기 위한 용도로 건설되었으며, 중세 유럽에서 가장 아름다운 건물 가운데 하나였다. 1915년 파괴되었고 지금의 건물은 복원된 것이다.

팔라초 두칼레(베네치아, 1309-1424년)

14세기 건물인 팔라초 두칼레의 파사드 길이는 152미터에 달한다. 잘 짜여진 아케이드와 개방형 석조물은 주로 핑크색과 백색의 대리석으로 만들어져 화려한 색채의 파사드를 받쳐 주고 있다.

아치 모양의 고딕 창은 베네치아 양식의 독특한 특징이다. 이 양식은 빅토리아 여왕 시대의 저명한 비평가 존 러스킨(John Ruskin, 154-55쪽 참조)의 영향으로 19세기 말엽에 화려하게 부활했다. 그의 저서인 『베네치아의 돌(*The Stones of Venice*)』의 첫 장인 "고딕 양식의 본질에 대하여"는 러스킨에게 영감을 준 많은 건물들처럼 뛰어난 글이다.

에스파냐의 안마당 저택

에스파냐에서는 귀족 출신 무관들의 힘이 점점 강력해지고 있었다. 카스티야의 페르난도 2세와 이사벨 1세의 기치 아래 무슬림들에 대항하는 최후의 십자군을 이끈 사람들도 그들이었다. 그들은 자신들을 위해 고상한 석조 저택들을 건축했다. 이 건물들은 1세기 후 에스파냐령 아메리카로부터 돌아온 정복자들이 세운 저택에 비해서는 매우 간소했지만, 그 근본적인 간소함은 플랑부아양 고딕 양식의 현란함으로 상쇄되었다. 이 건물들 가운데 변함없이 사랑받고 있는 것이 살라망카에 있는 카사 데 라스 콘차스(1475-83년)로, 탈라베라 말도나도(Talavera Maldonado)의 저택이다. 그는 산티아고 기사단의 단장이었으며, 그의 저택의 벽면 전체를 장식하고 있는 조가비는 산티아고 기사단의 상징물이다.

카사 데 라스 콘차스(살라망카, 1475-83년)
에스파냐의 이 시골 궁전에는 조가비 모양의 돌출물이 열을 맞춰 외벽 전체를 장식하고 있다. 파사드에는 가문을 상징하는 문양이 새겨진 방패가 조각된 출입구가 있으며 두 마리의 사자가 프랑스 왕가의 문양인 백합을 받치고 있다.

목조 건축

목조 건축은 유럽 전역에서 주택이나, 상대적으로 덜 중요한 건물을 짓는 데 광범위하게 사용되었다. 마을에는 항상 화재 위험이 있었다. 그러나 오늘날에도 목조 주택은 여전히 많이 남아 있다. 나중에 특히 잉글랜드를 중심으로 목조 주택의 파사드를 석재나 치장 벽토를 이용해 장식하는 경향이 있었다.
교회를 건설했던 사람들은 잉글랜드식 목재 주택 구조, 즉 크럭 프레임(cruck frame)에 큰 영향을 미쳤다. 이것은 목재 보가 안쪽으로 굽으며 고딕의 첨탑처럼 올라가 지붕의 끝과 만나는 구조로, 목조 선박을 뒤집어 놓은 것 같은 모습이다. 독일의 드레스덴이나 뉘른베르크에 있는 목조 주택의 구조가 가구식 구조인데 비해, 크럭 프레임은 잉글랜드 고유의 것으로, 잉글랜드의 뛰어난 조선 기술로부터 유래한 것으로 여겨진다. 조선 기술 역시 중세 성당 건축의 중요한 요소였던 것이다.

뒤러(Durer)의 제분소(부분도, 1489-90년)

크럭 프레임은 V자를 뒤집어 놓은 모습이다.

휴턴 르 홀(노스 요크셔)

크럭 프레임 이야기

크럭 프레임은 잉글랜드인들에게 언제나 흥미를 불러일으켰다. 뛰어난 건축 역사학자였던 존 섬머슨(John Summerson) 경은 20세기 초반까지도 잉글랜드 건축사에 빠지지 않고 나타나는 크럭 프레임 구조의 집에 대해 사진을 보면서 이야기하기를 좋아했다. 섬머슨이 어느 집을 방문했을 때 아주 기이하면서 흥미로운 사실을 발견했는데, 그것은 그 집에는 모든 것이 다 있었지만 크럭 프레임이 없다는 것이었다.

성
요새화된 거주지

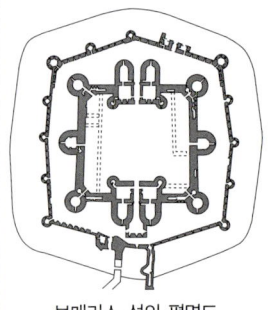

보매리스 성의 평면도
보매리스 성의 대칭적으로 구성된 평면도를 보면 방어를 위해 동심원을 염두에 두고 만든 것임을 확실히 알 수 있다. 2개의 거대한 누대와 6개의 탑으로 구성된 안쪽의 방어선은 약간 낮은 바깥쪽 요새로 둘러싸여 있으며 바닷물이 채워진 넓은 해자를 건너야 접근할 수 있다.

고딕의 세계라고 하면 성당들뿐만 아니라 궁정의 사랑, 기병대, 십자군 그리고 성을 떠올리게 된다. 이 시대는 말을 탄 기사들의 시대로 그들이 화려한 갑주를 갖추기 위해 지출해야 했던 비용은 오늘날 최고급 페라리 자동차의 가격과 맞먹는다. 이 시기는 또한 켈트인들처럼 유럽 사회의 주류에 끼지 못하고 그 가장자리에서 살던 사람들에 대한 끔찍한 억압이 행해지던 시기이며, 에스파냐에서는 이슬람 정복자들을 내쫓고 그리스도교도들이 국토를 수복하고 있었으며, 성지를 수복해 로마 교황의 교회에 돌려주기 위해 싸워 이기려고 했던 시기이다. 그렇다면 대성당을 제외하고 당시 가장 값비싼 건물이 바로 성이었다는 사실은 별로 놀라운 일이 아닐 것이다. 가장 장엄하고 인상적인 성은 시리아, 웨일스, 에스파냐에서 찾을 수 있다. 모든 성 가운데 가장 멋진 것은 크락 데 슈발리에 (1142-1200년, 그 이후)이다. 이 성은 현재 시리아에 있으며, 트리폴리 백작 레몽(Raymond)이 1142년에 성지까지 가는 순례자들을 보호해 왔던 구호 기사단에게 기증한 것이다. 성의 중심부는 경사가 심한 거대한 벽면 위에 세워졌으며, 기초가 되는 벽의 길이는 25미터에 이른다. 이 성은 돌출한 방벽 위에 솟아 있으며 그 아래쪽에는 수많은 둥근 탑들이 있다. 13세기 무렵 완성된 이 성에는 고딕 양식의 로지아(loggia)가 있으며, 실내 장식이 화려해서 군의 주둔지로는 이례적인 곳이었다. 이 성은 아랍군의 포위 공격을 열두 번이나 견디어 냈으며, 1271년 기사단이 적의 계략에 속아 성에서 나오는 바람에 함락되었다. 때문에 이 성은 절대로 잊어서는 안 되는 패배의 상징으로 남아 있다.

영국제도

가장 복잡하면서 우리의 상상력에 부응하는 성들 중 몇 개는 에드워드 1세(Edward I)가 웨일스 지역의 켈트족을 굴복시키기 위해 전쟁을 벌였을 때 잉글랜드와 웨일스 국경을 따라 건설되었다. 이 성들 가운데 가장 인상적인 것은 바다를 마주 보고 있는 콘웨이 성(1283-89)이지만, 가장 복잡하게 설계된 성은 방어를 위해 이중 방벽으로 둘러싸인 정교한 대칭 구조로 지은 보매리스 성(1283-1323년)이다. 이 성을 지은 사람은 세인트 조지의 제임스(James)이다. 켄트의 딜 성이나 월머 성(1540년경)과 같은 훨씬 후대의 영국 성들에는 혹시 있을지도 모르는 에스파냐, 프랑스, 네덜란드의 침략자들에 대비해 포대를 만들어 놓았다.

외부의 침입이나 내란의 가능성이 점차 줄어들면서 성 자체도 쇠퇴하기 시작했다. 작은 성들은 13세기 말 잉글랜드에서 장원으로 대체되기 시작했다. 슈롭셔의 스톡세이 성(1285-1305년)이 이러한 형태의 대표적인 예로, 높은 지붕이 있는 커다란 홀과, 탑과, 누대로 이루어진 아주 매력적인 성이다. 링컨셔의 태터셜 성(1436-46년)은 멋진 5층 벽돌 탑으로서 성에 대한 기억이 어떻게 유지되고, 후일 성이 어떻게 화려한 모습으로 바뀌어

태터셜 성 (잉글랜드의 링컨셔, 1436-46년)
30미터 이상의 높이인 태터셜 성은 요새화된 장원으로, 예전에 성이 있던 장소에 세워졌다. 5층의 탑은 12세기의 망루와 비슷하다.

고딕 양식

카르카손 (프랑스)
언덕 높이 자리 잡은 중세 도시 카르카손은 멋진 요새와 방벽으로 둘러싸여 있다. 내부의 누벽은 서고트인들이 쌓은 것으로 그 기원은 485년으로 거슬러 올라간다. 바깥쪽의 방벽은 루이 9세(Louis IX)의 치세 때 건설되었다.

> **태피스트리**
> 교회나 성의 벽을 장식하는 데 사용되었던 태피스트리는 중세의 장식품 가운데 가장 화려하다. 태피스트리 기예에는 12세기에 고딕 시대가 개막되자 유럽 전역에서 유행했으며 주요 작업장은 플랑드르 지방의 아라스, 투르네, 브뤼셀 그리고 프랑스의 파리와 앙제에 있었다.

는가를 보여 주는 곳이다.

에스파냐 북부의 성들은 수수하지만 남부의 성들은 려하다. 그리스도교도가 이베리아 반도를 재탈환 후에도 15세기에 만들어진 세고비아의 코카 성은 에스파냐에 었던 무슬림인 무데하르 장인들의 기술로 돈 알론소 데 세카(Don Alonso de Fonseca)에 의해 건립되었는데 려한 색의 향연으로 미루어보아 방어 목적 이외에 환락을 한 왕궁으로 세워진 것임을 알 수 있다. 15세기 말에 르러 성이 건축의 중심이 되는 시대는 끝이 났다. 하지만 많은 마을과 도시들은 성과 비슷한 방어 제를 갖추고 있으며 총안이 난 방벽을 계속 세워 나갔다. 그 멋진 예가 프랑스 남부 랑그도크 지역에 있는 카르카손이다. 오늘날 이 동화처럼 아름다운 도시를 볼 수 있는 것은 19세기의 고딕 복고 양식 건축가인 비올레 르 뒤크(Viollet-le-Duc, 149쪽 오른쪽 그림설명 참조) 덕분이다.

코카 성 (세고비아, 15세기)
벽돌로 쌓은 웅장한 코카 성은 무데하르 장인들의 뛰어난 기술을 보여 주고 있다. 안은 짙은 붉은색 벽돌로 표시되어 있으며 방벽은 좀더 밝은 붉은색 벽돌을 교대로 쌓아 올려 만들었다.

후기 고딕 양식
보석함처럼 화려한 유리 장식

16세기에 들어와 유럽에서 르네상스 건축이 만개하고 있을 때에도, 고딕 양식은 계속 발전해 나가고 있었으며 영국과 에스파냐에서는 대단한 성공을 거두고 있었다. 사실 고딕 양식 건축은 17세기까지도 계속되며, 특히 영국의 심장부인 코츠월드에서는 주목할 만한 성과를 거두었다. 하지만 이 시기에 이르면 고딕 양식은 더 이상 혁신적인 양식이 아니었다. 따라서 가장 상상력이 풍부한 건축가들조차도 당대의 건축을 고대 그리스와 로마, 이집트의 건축과 연계해서 고전 건축의 부활 가능성을 탐색하게 된다.

수직 고딕 양식

16세기 잉글랜드에서 뒤늦게 개화한 고딕 양식은 우리에게 고금을 통틀어 가장 멋진 작품들을 선사했다. 이 가운데 케임브리지의 킹스 칼리지 예배당(1446-1515년)과 웨스트민스터 대수도원의 헨리 7세(Henri VII) 예배당(1503-19년)이 두드러진다. 이 두 건축물은 중세 교회 유리 장식의 화려함의 극치를 보여 준다. 킹스 칼리지 예배당의 벽면은 전부 유리로 만들어진 듯하며 이를 지지하기 위한 석재는 거미줄처럼 보인다.

이 예배당의 거대한 창은 건축가인 존 웨이스텔(John Wastell)이 설계한 부채꼴 천장(fan vault) 때문에 만들어질 수 있었다. 돌을 조각해서 정교한 부채꼴로 만든 천장은 예배당 양쪽 벽면으로부터 퍼져 나와 꼭대기에서 만나는데, 이 네이브에는 이음새가 전혀 없다. 천장이 주는 인상은 매우 강렬해서 마치 야자나무 가로수들이 줄지어

킹스 칼리지 예배당
(잉글랜드의 케임브리지, 1446-1515년)
거대한 수직 고딕 양식 창을 통해 빛이 들어오는 이 예배당은 석공장 존 웨이스텔이 만든 부채꼴 천장으로 유명하다. 천장은 1512년에서 1515년 사이에 만들어졌다.

서 있는 길을 걸어가는 듯한 느낌을 준다. 수직 고딕 양식의 이 예배당은 초기 잉글랜드 고딕 양식 건축물들과는 전혀 다르다. 리듬감과 일관성이 있고, 기계적으로 반복되는 스타일의 이 예배당은 고전주의 건축에 가깝다. 초기 잉글랜드 교회와 성당들에서 볼 수 있는 혁신적인 조각술이나 고유한 특성이 결여된 대신, 그 전 세기에는 없었던 순수한 비전을 통해 이와 같은 걸작이 창조되었다.

튜더 왕조의 보석함

웨스트민스터 대수도원의 헨리 7세 예배당은 잉글랜드 고딕 양식에 르네상스 건축 양식을 받아들여 만들어진 것이다. 이국적인 돌과 유리로 장식한 이 예배당은 잉글랜드의 건물들 가운데 드물게 내부뿐만 아니라 외부에도 화려한 장식을 한 건물이다. 화려한 보석함처럼 아름다운 이 예배당을 보고 있으면 기술적이고 기능적인 관점에서 이 건물이 얼마나 훌륭한가를 평가하고 싶어지지 않는다. 이 예배당은 내부에 헨리 7세의 무덤이 있으며, 피렌체의 예술가 피에트로 토리지아니(Pietro Torrigiani)에 의해 설계되고 건축되었다. 1509년에 세워진 이 예배당은

세비야 대성당(에스파냐, 1402-1519년)
세비야 대성당의 규모는 놀라운 것이다. 사각형인 전체 부지는 11,020평방미터에 달하며 중세의 성당 중에서 가장 넓고, 중앙의 네이브는 40미터 높이에 달한다. 제단의 장식은 세계에서 가장 큰 것이며 고딕 양식의 목조 조각품 중 가장 아름다운 것 가운데 하나이다.

잉글랜드 고딕 양식 최후의 걸작이자 진정한 르네상스 양식으로 세워진 최초의 건물이다.

에스파냐의 고딕 양식

세비야 대성당(1402-1519년)은 후기 고딕 양식 중에서 매우 이질적인 건축물이다. 섬세한 면이 하나도 없는 이 대성당은 가톨릭 교회와 군주제의 힘을 상징하기 위해 의도적으로 거대하고 각이 지게 설계된 듯하다. 이 성당은 그리스도교도들이 세비야를 수복하기 전에, 이곳에 서 있던 이슬람 모스크의 부지 전체를 덮기 위해서 그렇게 거대하게 설계된 것이며, 그 결과 하나가 아니라 두 개의 넓은 복도가 네이브 양 옆에 붙게 되었다.

이 건물은 중세의 성당 중에서 가장 큰 규모의 건물이지만, 과장되고 공격적인 느낌을 주며, 기술과 예술 면에서 혁신은 전혀 보여 주지 못한다. 그나마 우아함을 주는 것이라고는 기랄다라고 불리는 종탑밖에 없지만 이 탑은 유수프 이븐 타슈핀(Yūsuf ibn Tāshufin)에 의해 12세기에 건축된 이슬람식 미나레트를 개조한 것에 불과하며, 이것 역시 그 규모가 거대하다. 탑 꼭대기까지 이르는 계단은 말과 기수들에게 맞게 설계된 것이다.

헨리 7세 예배당(런던의 웨스트민스터 대수도원, 1503-19년)
튜더 왕조 최초의 군주였던 헨리 7세는 개인적인 용도로 이 교회를 건축했다. 내부는 수직 고딕 양식으로 화려하게 장식되어 있으며 부채꼴 천장과 옆 통로를 가지고 있다. 중앙부는 화려한 원형 천장으로 되어 있으며 튜더 왕가의 휘장과 조각된 펜던트로 장식되어 있다.

존 웨이스텔

석공장이었던 존 웨이스텔은 뛰어난 석공이었던 사이먼 클락(Simon Clerk) 아래에서 베리의 세인트 에드먼드 수도원과 케임브리지의 킹스 칼리지 예배당 건축 작업을 했다. 그는 킹스 칼리지 예배당을 위해 일한 석공 가운데 최후의 인물이자 가장 뛰어난 인물이었으며 이 예배당을 멋지게 장식하는 일을 책임진 네 명의 석공장 가운데 한 명이었다. 웨이스텔은 1508년 책임을 맡았으며 1512년에서 1515년까지 식섭 석공으로 일했다. 이 기간 동안 아름다운 부채꼴 천장이 만들어지고 예배당이 완공되었다. 그는 캔터베리 대성당의 석공장이기도 했으며, 15세기 중반에 착공되어 16세기 초반에 완공된 피터버러 성당의 동쪽 예배당의 건설 책임을 맡기도 했다.

르네상스

고전적인 가치와 고전적인 건축의 재탄생은 그리스 신화에서 지혜의 여신인 아테나가 신들의 아버지인 제우스의 머리에서 태어난 것과는 달리 갑자기 일어난 일이 아니고, 이탈리아에서 한 세기 이상에 걸쳐서 천천히 형성된 것이다. 화가, 과학자, 그리고 건축가들은 인간을, 절대로 만족시킬 수 없는 신에게 봉사해야 하는 볼모가 아니라 만물을 판단하는 척도로 보기 시작했다. 신이 아니라 그들이 디바이더들고 나침반을 이 세계의 표면에 맞추어 놓고 마을과 도시, 그리고 건축물들을 표시하기 시작했다. 새로운 합리주의의 열풍은 로마의 건축물을 재발견하도록 했고, 사람들은 새롭게 정립된 투시도법에 매료되었으며 고대 세계의 영광을 재창조하려는 열정에 들떴다.

도서관 (오스트리아의 멜크 수도원)
976년 설립된 멜크의 베네딕투스 수도회 수도원은 1702년에 일어난 화재 후 재건축되었다. 오스트리아 바로크 예술의 걸작품인 이 도서관(1702-14년)은 100,000권의 서적과 1,100부의 필사본을 보유하고 있다.

이탈리아의 르네상스
현대의 시작

> **요하네스 구텐베르크**
> 14세기의 마지막 10년 중에 태어난 구텐베르크는 초기에는 대장장이와 기능공 일을 했다. 그의 불후의 발명품인 활자는 인쇄된 책의 생산을 가능하게 만들었다. 인쇄와 관련한 그의 주요 작업은 성서와 『시편』을 발행하는 일이었지만, 인쇄술의 발명은 르네상스와 그 사상을 널리 퍼뜨리는 데 중요한 추진력 가운데 하나가 되었다. 알베르티의 저술과 같은 건축학 보고서가 유럽 전역으로 배포되었기 때문에 건축가들이 건물을 짓는 데 혁명을 일으키게 되었다.

> "자연이 만들어 내는 모든 것은 조화의 법칙을 따르고 있다."
> — 레온 바티스타 알베르티

건축의 역사에서 분수령이 되는 르네상스의 특징은 교역로가 새롭게 열리고, 금융 산업이 발달했으며, 새로운 지식이나 재발견된 지식이 확산된 데 있다.
구텐베르크(Gutenberg)가 1450년에 갈아 끼울 수 있는 활자를 발명하여, 인쇄술이 새로운 지식을 급격히 확산시키고 있을 때, 1425년경 건축가 브루넬레스키(Brunelleschi)가 처음 발견했다고 하는 투시도법은 건축학의 중대한 변화를 가져 왔다. 이 시기는 책과, 문학과, 지식과, 관념이 성직자들 이외의 사람들에게 퍼져 가던 때였다. 이것은 가톨릭의 정통성에 대한 도전을 야기했으며, 종교 개혁 운동으로 정점에 달해 프로테스탄트 교회가 창립되었다.

암흑 시대를 악마의 영토였고 중세의 세계를 신의 영역이었다고 한다면, 르네상스 시대에는 인간의 냄새가 나며, 인간은 그리스의 철학자 프로타고라스(Protagoras)의 경구처럼 "만물의 척도"였다. 르네상스 건축은 브루넬레스키의 작품에서 시작되었다고 하며 그가 1420년에서 1436년까지 피렌체 대성당에 설치한 돔을 그 효시로 본다. 르네상스 건축은 크게 주목을 받아, 고대 로마 시대 이후 처음으로 발행되는 건축 연구서의 출간과 함께 급속도로 전 유럽으로 퍼져 나갔다. 레온 바티스타 알베르티(Leon Battista Alberti)는 1452년 건축에 관한 첫 책을 썼지만 유명한 『건축론(*De re aedificatoria*)』은 1485년에야 발간되었다. 그는 그 이듬해에도 1세기경에 살았던 로마 시대의 건축가 비트루비우스(32쪽 왼쪽

『건축론』
알베르티의 생산적인 건축학 보고서는 로마 시대의 건축 원칙들을 가져와 15세기 피렌체에 적용시킨 것이다.

그림설명 참조)에 관한 글을 발표했다. 알베르티의 책은 하나의 계시였으며 엄청난 영향을 끼쳤다. 그는 건축의 기본 요소인 정사각형, 육면체, 원, 구 등에 대해 구체적으로 수리적인 의미를 부여했고, 꼭 따라야 하는 이상적인 비율을 발표했다. 이 비율은 음악과 자연과의 조화뿐만 아니라 이상적인 인간 신체의 비율이기도 했다. 인간은 신의 형상으로 창조되었기 때문에, 건축가들이 수학적 비율의 논리를 따르기만 한다면 창조주의 이미지를 건물을 통해서 나타낼 수 있다는 것이다.

이 성스러운 기하학은 르네상스적인 정신을 만들어 낸 중요한 요소였다. 인간은 더 이상 전지전능한 신 앞에서 무력한 존재가 아니라 예술을 통해서 신의 뜻을 전달할 수 있는, 신의 대리인이 된 것이다. 건축가들의 역할과 그들의 이미지는 향상되었다. 그들은 더 이상 고딕 시대의 이름 없는 설계자 겸 석공이 아니라 신의 대변인이 된 것이었다.

그 밖에도 1537년에는 세바스티아노 세를리오(Sebastiano Serlio)의 책이, 1562년에는 자코모 다 비뇰라(Giacomo da Vignola)의 저서가 연이어 출간되었다. 알베르티의 저서와 비트루비우스의 번역서

팔라초 두칼레의 패널화 (우르비노)
피에로 델라 프란체스카의 것으로 추정되는 이상적인 도시의 풍경은 알베르티의 보고서가 끼친 영향력을 보여 준다. 15세기 후반부 내내 우르비노에 있는 페데리코 다 몬테펠트로 공작의 궁정은 배움의 중심지가 되었다.

다음으로 영향력이 컸던 책은 가장 위대한 건축가 중 하나인 안드레아 팔라디오(Andrea Pallladio)의 『건축 4서(*I quattro libri dell'architetttura*)』였다. 영어로 쓰인 첫번째 건축 서적은 존 슈트(John Shute) 경이 1563년 출판한 『건축학에서 가장 중요한 기초들(*First and Chief Groundes of Architecture*)』이었다. 인쇄술의 발명으로 건축에 대한 아이디어가 널리 퍼질 수 있었다. 책이 인쇄되면서 사람들은 알베르티가 제안한 것처럼 규모를 비교하고 평면도와 절개도와 입면도를 보여 주기 위해 건물들을 그리고 싶다는 열망을 품게 되었다. 이것은 건축물에 대한 아이디어가 건축가 자신과는 무관하게 어디든지 갈 수 있는 의미인 동시에 건축가도 그 건물이 지어진 장소에 더 이상 얽매이지 않는다는 뜻이다. 그것은 대단한 축복인 동시에 그만한 저주이기도 했다.

이성과 인간

르네상스의 건축과 도시 계획은 우르비노에 있는 팔라초 두칼레의 패널화에서 볼 수 있듯 이성적이고 인간적인 것을 지향했다. 이것은 피에로 델라 프란체스카(Piero della Francesca)가 그렸다고 추정되는 유명한 그림으로, 여러 면에서 중요하다. 첫째 그것은 새로운 건축학이 이상적인 구성을 어떻게 보고 있는가를 보여 준다. 둘째 사람이 그려지지 않았다는 사실에서 건축가들이 건축물들을 어떻게

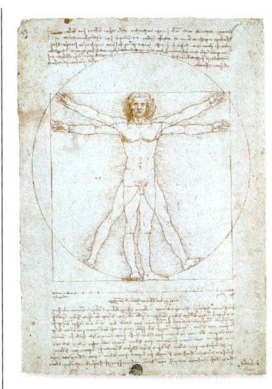

인간 신체의 비율
레오나르도 다 빈치(Leonardo da Vinci)의 유명한 그림 "비트루비우스적 인간"에서는 인간의 신체가 완벽하게 균형 잡혀 있음을 보여 준다. 이 비율은 르네상스 건축의 척도가 되었다. 레오나르도 다 빈치가 성기 르네상스 건축가들에게 미친 영향은 심오한 것이었으며 그의 노트에는 건물들에 대한 평면도와 입면도가 가득 채워져 있다. 그렇지만 우리가 알고 있는 한 그의 설계가 실현된 적은 한 번도 없었다.

르네상스 양식의 확산

건축학적으로 르네상스는 1420년경 피렌체에서 시작되었으며 다음 10년 사이에 이탈리아의 각 도시로 퍼져 나갔다. 이 운동의 선구자들은 15세기 후반과 16세기 초 로마에 자리를 잡았다. 이 무렵에는 르네상스 양식이 유럽 전역으로 퍼져 나가 빈을 거쳐 멀리 모스크바와, 헝가리 왕과 나폴리 공주의 결혼으로 헝가리까지 이르렀다. 이탈리아 전쟁(1491-1530년)과 프랑스 왕이나 합스부르크 가문 출신 황제의 이탈리아 침공으로 인해 새로운 건축 아이디어와 그 옹호자들은 끊임없이 확산되어 갔다.

묘사하고 있는가를 알 수 있다. 이것은 사람들의 모습이 그림의 정경을 망치게 될 것이라는 이유 때문이 아니라 르네상스 건축의 기본인 알베르티의 신념, 즉 건물 자체가 인간들과 신의 이미지를 나타낸다는 것 때문이다. 인간과 신은 이상적인 마을 정경을 이루는 건물들의 일부이고, 동시에 그와 한 덩어리인 것이다. 이 그림이 중요한 또 다른 이유는 그 역할이 구분되지 않아 예술가의 역할을 겸했던 건축가들이 도시 계획을 어떻게 시작했는가를 보여 주기 때문이다. 이때부터 급속도로 이탈리아의 전 국토에 격자 모양, 방사형, 또는 별 모양이 나타나기 시작한다.

초기의 주요 건물들은 돌과 대리석으로 만들어졌다. 피렌체의

팔라초 스트로치(피렌체, 1489-1539년)
거칠게 다듬은 석조 파사드는 수평의 띠와 2층과 3층에 나 있는 아치형의 창, 그리고 1층의 네모난 창이 특징이다. 주 출입구는 석공이며 건축가였던 폴라이우올로(Pollaiuolo)가 설계한 중앙 마당으로 이어진다.

파치 가문 예배당(피렌체, 1429-61년)
파치 가문을 위해 브루넬레스키가 만든 피렌체의 산타 크로체의 프란체스코회 수도원 내에 있는 예배당으로, 르네상스 건축물의 규범과 제약을 잘 보여 주고 있다. 유리를 끼운 테라코타 원반은 루카 델라 로비아(Luca della Robbia) 등의 작품이다.

산타 크로체의 프란체스코회 수도원 내에 있는 파치 가문 예배당(1429-61년), 브루넬레스키와 파넬리(Fanelli)가 지은 팔라초 피티(1458-66년), 미켈레초(Michelozzo)가 지은 팔라초 메디치 리카르디(1444년 이후), 그리고 시뇨렐리(Signorelli)와 폴라이우올로(Pollaiuolo)가 지은 팔라초 스트로치(1489년과 그 이후) 등이 대표적인 예이다. 이 세 궁전은 그 기본 정신에서 비슷한데, 파사드 뒤쪽에 숨겨진 안마당은 제왕에 버금가는 힘과 부를 가진 상인들이 모여들던 곳이다. 눈길을 끄는 것은 이 15세기의 궁전들이 여전히 요새화되어 있으며, 또한 브루넬레스키의 다른 설계들처럼 로마식인 동시에 로마네스크적이라는 점이다. 그들이 고대 작품들로부터 뽑아 낸 세부적인 면─팔라초 스트로치의 예에서

르네상스

초창기의 작품들을 만들어 냈다. 이 교회는 단순한 형태의 네이브와 성가대석을, 통나무로 만든 원통형 천장과 돔으로 덮어 대리석을 입히는 방식으로 설계되었다. 이것 역시 세부적인 처리가 로마식보다는 로마네스크 양식에 더 가깝긴 하지만, 비슷한 규모와 지위에 있던 동시대의 다른 고딕 양식의 성당들과는 구분된다. 르네상스는 베네치아에 늦게 찾아왔지만 피렌체나 로마와 비교할 경우에만 그런 것이며, 이 도시는 15세기 중엽 새로운 양식의 중심지가 되었다.

> **도시 계획**
> 르네상스는 새로운 형식의 건축물뿐만 아니라 새로운 형태의 도시까지 계획한 시대였다. 도시 계획에도 합리적인 원칙이 적용되었다. 도로가 확장되었고 성곽이 도시의 일부가 되었다. 또한 기념물과 연못을 중심으로 모든 계획이 수립되었다. 그 결과로 권력의 집중화가 더욱 가속화되었다. 그 후 유럽의 도시들도 군사적으로 더욱 정교하게 꾸며진 이런 형태를 흉내 내어 재구성되기 시작했다.

포르타 델라르세날레(베네치아, 1460년)
안토니오 감벨로(Antonio Gambello)가 만든, 베네치아 조병창으로 들어가는 아치형 입구는 로마식을 기초로 하고 있으며 이 도시 최초의 르네상스 양식 건축물로 자주 인용되고 있다.

나타나듯 피렌체의 하늘과 석조 파사드의 경계를 짓는 멋진 코니스처럼(로마의 트라야누스 광장에서 차용한 것임)—을 자랑스럽게 여긴다고 해도 그것은 합리적인 차용도 아니었으며 반 세기 후에 로마의 브라만테가 만든 작품들과는 달리 광선에 적합한 차용도 아니었다. 그러나 파치 가문 예배당에서 브루넬레스키가 회색의 코린트 양식 기둥을 백색 회벽에 대비시켜 만들어 낸 사랑스러운 리듬은 유럽 전역으로 퍼져 나갔다.

베네치아

피렌체의 건축가들은 여행을 하거나 책을 저술하여 새로운 건축술을 이탈리아 반대쪽까지 매우 빠르게 전파시켰다. 베네치아의 르네상스 건축은 포르타 델라르세날레 문이나 베네치아 공화국 대조선소에 이르는 관문처럼 1460년경에 이미 나타나며, 피에트로 롬바르도(Pietro Lombardo)가 지은 산타 마리아 데이 미라콜리 교회(1481-89년)와 같은

산타 마리아 데이 미라콜리 교회(베네치아, 1481-89년)
종종 보석함에 비유되는 이 놀라운 교회는 니콜로 디 피에트로(Nicolo di Pietro)의 그림을 봉헌하기 위해 세워졌다. 그의 작품 "처녀와 아이"가 기적적인 힘을 가지고 있다고 믿었기 때문이다. 현재 이 교회는 베네치아에서 예식장으로 가장 인기가 있는 곳이다.

성기 르네상스
로마의 영광

브라만테
도나토 브라만테는 1444년에 태어났으며 성기 르네상스 시대 최초의 위대한 건축가였다. 그는 루도비코 스포르차를 위해 밀라노에서 많은 건축물의 설계를 했으나 프랑스가 밀라노를 침공하자 로마로 와서 새로운 후원자인 교황 율리우스 2세를 만나게 되었다. 그는 성 베드로 대성당과 바티칸을 위해 방대한 평면도를 그렸으나 그중 일부만이 미켈란젤로의 의해 사용되었다. 그가 수행했던 다른 작업은 로마의 산타 마리아 델 포폴로 성당과 로레토의 산타 카사 등이다. 그는 1514년에 죽었다.

성기 르네상스는 16세기 초 로마의 도나토 브라만테(Donato Bramante)로부터 시작되었다. 이 시기에 고대 로마의 건축은 엄밀하고 세밀하게 분석되고 재해석되었다. 르네상스인들은 과거의 건축물들을 모방하려고 했던 것이 아니라 그것들로부터 배움을 얻고자 했다. 때문에 르네상스는 혁신과 풍요의 시대였고, 한때 화가, 조각가, 시인, 군사 기술자, 군인 또는 극작가였던 건축가들은 전설적인 인물들이 되었다. 이제는 앞을 향해 도약하기 위해서 과거를 살펴보았던 새롭고 대담한 건축학에 대해 말할 때이다.

브라만테는 템피에토(1502년)를 로마의 몬토리오에 있는 산 피에트로 성당 안에 세웠다. 고대 로마의 베스타

라파엘로
라파엘로는 1483년 우르비노에서 태어나 페루지노(Perugino) 밑에서 그림을 공부했다. 그는 교황 율리우스 2세의 후원으로 1508년 로마로 건너와 여러 궁전을 설계했으며 1515년에는 로마 고미술품의 감독관으로 임명되었다. 이 직위는 그의 설계에 큰 영향을 미쳤다. 그의 작품은 브라만테의 영향을 받았지만, 고전적주의적인 설계로 영역을 확대해 나갔다. 그는 상갈로(Sangallo), 조콘도(Giocondo)와 함께 성 베드로 대성당의 건축가로 지명되었다. 그는 1520년에 죽었다.

템피에토 (로마의 산 피에트로 성당, 1502-10년)
브라만테는 고전 작품들의 모티브를 단순하게 반복하지 않고 원근법과 질감에 대한 지식을 이용해 우아하고 조화로운 건축물을 창조해 냈다.
그는 주변에 있는 마당 역시 다시 설계했지만, 그의 계획은 실현되지 못했다.

성 베드로 대성당 (로마, 1506-1626년)
브라만테가 최초로 계획을 세웠지만 상갈로가 수정했으며, 다시 미켈란젤로의 손으로 넘어갔다. 미켈란젤로는 브라만테가 처음 세웠던 계획으로 되돌아갔다. 미켈란젤로의 설계에서 통합적인 요소인 돔은 델라 포르타가 시공했다.

신전을 본뜬 템피에토는 작지만 완벽한 형태의 건물이며 후대에 미친 영향은 헤아릴 수 없다. 이것으로부터 영감을 받은 작품으로는 성 베드로 대성당의 돔뿐만 아니라, 크리스토퍼 렌(Christopher Wren)이 세운 세인트 폴 대성당의 돔, 워싱턴에 있는 미국 국회 의사당의 돔, 혹스무어(Hawksmoor)가 만든 요크셔에 있는 하워드 성의 영묘, 파리의 팡테온, 기브스(Gibbs)가 만든 옥스퍼드의 래드클리프 카메라 등이 있다.

첫번째 교황이었던 베드로가 순교한 장소를 표시하고 보존하기 위해 만든 템피에토의 설계는 계단식 원형 대좌, 도리스 양식 열주, 난간 등으로 이루어져 있으며 드럼과 돔으로 마무리된다. 이곳에서 수백 년 후 누군가가 고전적인 열주 사이로 비치는 이탈리아의 햇살을 즐길 수 있을 것이다. 템피에토는 공포와 종교적인 위압감에서 벗어나 이성과 겸손함을 느끼게 해 주는 건물이다. 물론 종교가 여전히 위세를 떨치고 있었지만, 16세기가 시작되면서 건축은 교회로부터 하달된 명령보다는 개화된 세상을 반영하는 데 초점을 맞추고 있다. 로마의 성 베드로 대성당에 있는 지름 42미터의 돔은 미켈란젤로(Michelangelo)가 1546년에 설계했으며 자코모 델라 포르타(Giacomo della Porta)가 1588년부터 1591년까지 세운 것으로, 성기 르네상스 건축의 절정이다. 그렇지만 이것은 지나치게 크고 장식이 많아 방문객들이 모두 소화하기는 어려운 구조물이다.

이것은 바로크 양식에 가까운 조각 작품으로서 대리석으로 덮여 있는 건물 전체의 수준도 함께 떨어뜨리고 있다. 성 베드로 대성당은 런던에 있는 세인트 폴 대성당을 안에 집어넣고도 충분한 공간이 남을 정도의 규모로, 세계에서 가장 큰 건물 가운데 하나이다. 그것은 또한 르네상스 시대의 교황, 특히 16세기 초반 무렵에 대단한 예술 후원자였던 교황 율리우스 2세(Julius II)의 야심과 부에 대한 기념비로 남을 것이다. 이 건물은 최소한 아홉 명의 천재적 재능을 가진 건축가들이 힘을 합쳐 지은 것이며, 그 아홉 명 중에는 브라만테, 라파엘로(Raffaello), 미켈란젤로가 포함되어 있었다. 공사 기간은 모두 120년이었다.

성 베드로 대성당에서 나와, 로마에서 하루 거리에 있는 성기 르네상스 시대의 빌라 몇 채를 보는 것은 일종의

미켈란젤로

성기 르네상스 시대의 인물로 개성이 강했던 미켈란젤로 부오나로티의 첫번째 건축물은 그의 고향인 피렌체에서 시공되었으나 그는 1534년 로마로 떠나 의사당을 재건축하는 일을 맡았다. 그는 초기 르네상스의 고전적인 영향을 받아들였지만 그의 천재성은 곧 이것을 뛰어넘었다. 예를 들자면 건물 두 개의 층 높이의 기둥을 만드는 어려운 작업을 시도하는 것이 그가 하던 일이었다. 이 때문에 1564년에 죽을 때까지 그는 그의 작업 가운데 중요한 것은 아무것도 완성하지 못했지만 그럼에도 불구하고 그의 영향력은 절대적이었다.

르네상스의 돔

피렌체에서 브루넬레스키가 만든 돔에서 출발해서 르네상스 시대의 건축가들은 로마 시대 이후 알려지지 않았던 건축 기술을 재발견했다. 그들은 다양한 기술과 형태를 활용하여 큐폴라가 바깥쪽으로 미는 힘을 견딜 수 있도록 건축물을 만들었고 버트레스나 거대한 돔을 지탱했다. 앵발리드는 예외이지만, 다른 돔들은 그것들이 건축된 도시의 상징이 되었으며, 그 돔의 건축 일시는 그곳에서 르네상스 양식이 건축의 주류가 된 시기를 알려 주고 있다.

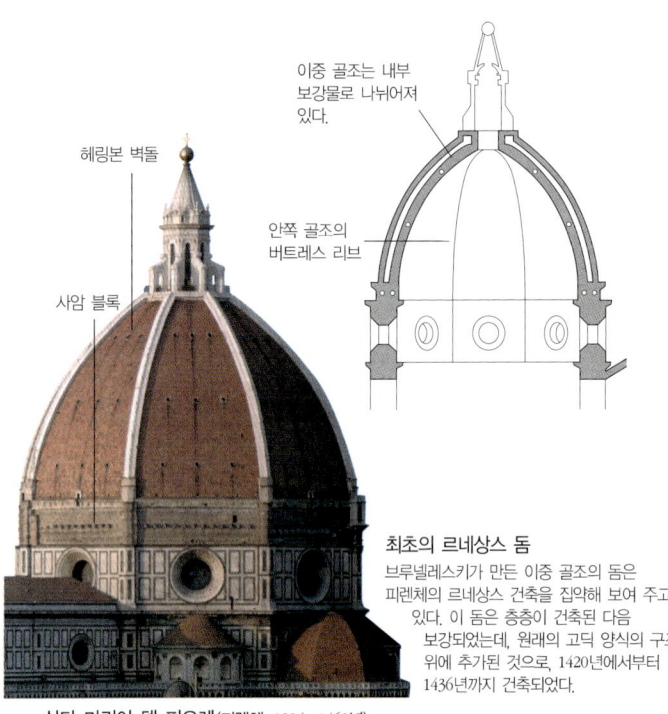

최초의 르네상스 돔
브루넬레스키가 만든 이중 골조의 돔은 피렌체의 르네상스 건축을 집약해 보여 주고 있다. 이 돔은 층층이 건축된 다음 보강되었는데, 원래의 고딕 양식의 구조 위에 추가된 것으로, 1420년에서부터 1436년까지 건축되었다.

산타 마리아 델 피오레(피렌체, 1294-1462년)

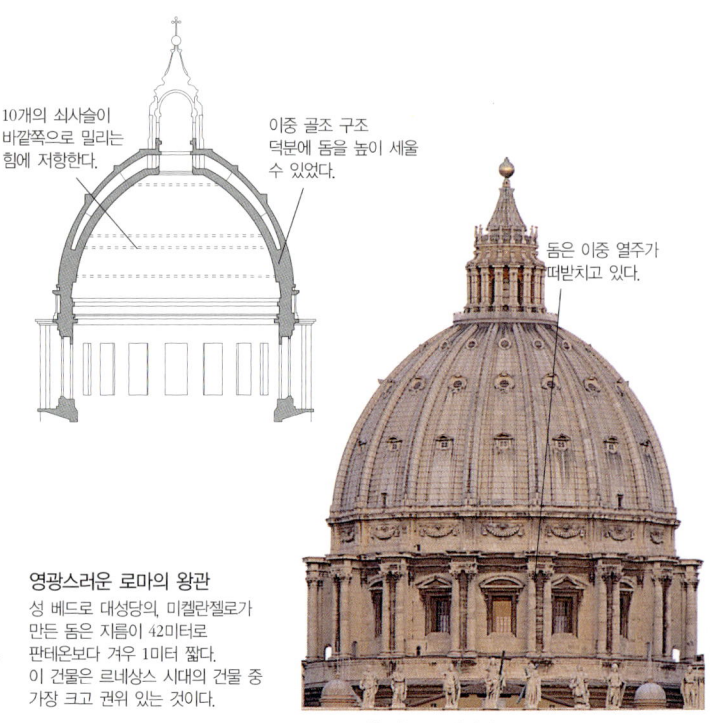

영광스러운 로마의 왕관
성 베드로 대성당의, 미켈란젤로가 만든 돔은 지름이 42미터로 판테온보다 겨우 1미터 짧다. 이 건물은 르네상스 시대의 건물 중 가장 크고 권위 있는 것이다.

성 베드로 대성당(로마, 1506-1626년)

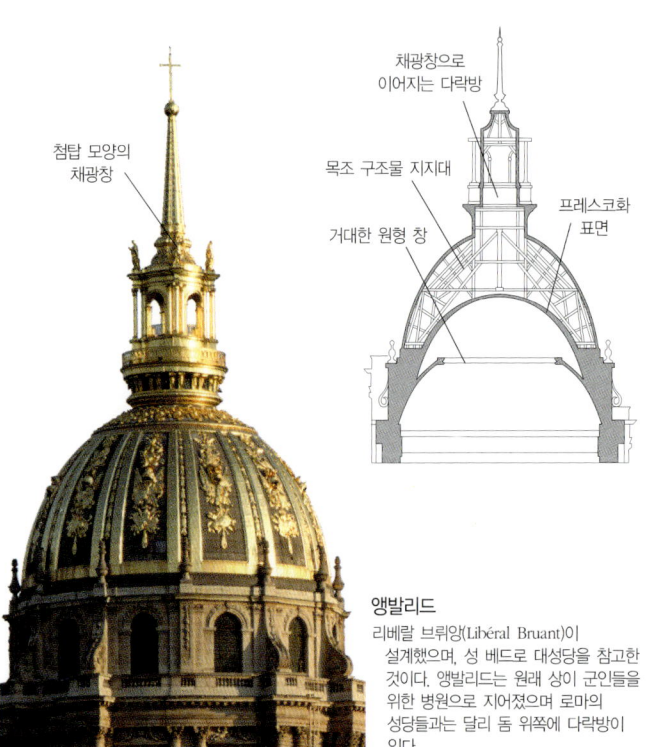

앵발리드
리베랄 브뤼앙(Libéral Bruant)이 설계했으며, 성 베드로 대성당을 참고한 것이다. 앵발리드는 원래 상이 군인들을 위한 병원으로 지어졌으며 로마의 성당들과는 달리 돔 위쪽에 다락방이 있다.

앵발리드(파리, 1670-1708년)

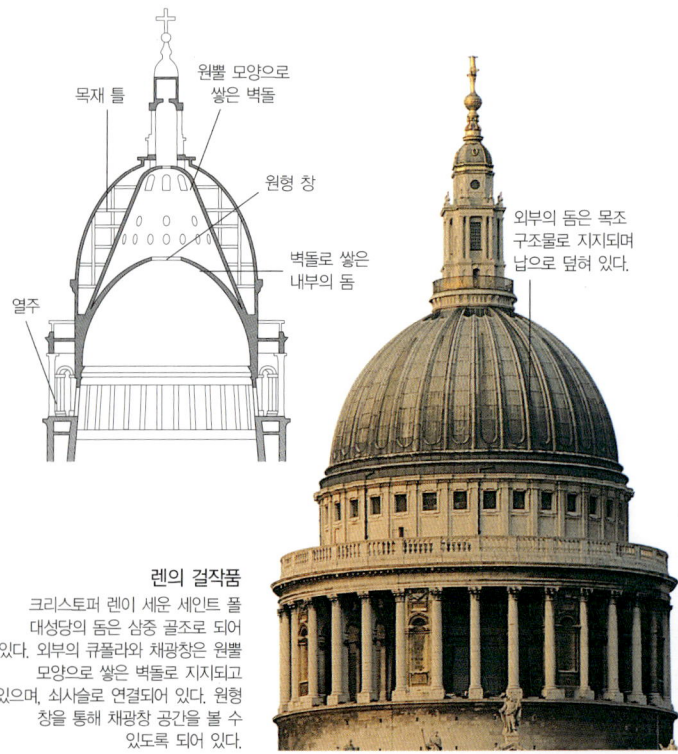

렌의 걸작품
크리스토퍼 렌이 세운 세인트 폴 대성당의 돔은 삼중 골조로 되어 있다. 외부의 큐폴라와 채광창은 원뿔 모양으로 쌓은 벽돌로 지지되고 있으며, 쇠사슬로 연결되어 있다. 원형 창을 통해 채광창 공간을 볼 수 있도록 되어 있다.

세인트 폴 대성당(런던, 1675-1710년)

계단식 정원(바냐이아의 빌라 란테, 1566년부터)
화려하게 조각된 분수는 16세기 로마의 형태이지만, 화려한 폭포와 복잡한 수로가 설치된 부유한 사람들의 빌라에서 이런 분수는 사치의 모델이 되었다.

구원이다. 이 많은 빌라들이 특별한 것은 건물 배치에서 정원을 가장 중요하게 생각했기 때문이다. 그중에서 가장 아름다운 것은 바냐이아에 자코모 다 비뇰라가 지은 빌라 란테(1566년부터)의 정원으로, 분수가 건축물과 무수한 유희를 벌이고 있다.

리고리오(Ligorio)가 지은 티볼리의 빌라 데스테(1565-72년) 역시 아름다운 정원이다. 이곳에서 우리는 셀 수 없을 정도로 많은 분수들 이외에도 고대 로마를 축소해 놓은 로메타와 그곳을 관통해 흐르는 티베르 강의 축소판을 보게 된다.

마니에리스모 양식

성기 르네상스 시대의 건축가와 그들이 봉사하던 왕자, 주교, 제독, 교황, 공작, 은행가, 그리고 상인들은 그들의 선조들이 1,500년 전에 그랬던 것처럼 건축을 즐기는 방법을 배웠다. 이 시대의 건축은 자코모 다 비뇰라와 줄리오 로마노(Giulio Romano)의 작품들로 대표되고 특징지워지는데, 그들은 마니에리스모 양식에 빠져 있던 사람들이었다. 그 당시라면 이렇게 말하는 것은 험담이다. 그렇지만 오늘날 우리는 미국에서 생겨 1960년대에서부터 1990년대까지 전 세계의 건축학을, 이미 알고 있는 게임과 시각적인 속임수와 익살로 뒤흔들어 놓았던 포스트모더니즘에서 비슷한 예를 볼 수 있다.

마니에리스모 양식에 빠진 사람들은 건축을 일종의 고도의 게임으로 취급하는 사람들이며, 로마노가 만토바의 팔라초 델 테(1525년부터)에서 벌였던 게임 이상의 것을 찾기 어렵다고 말하는 사람들이다. 그곳에 가면 여러분은 고전적인 요소와 세부 요소들이 모두 뒤섞여, 역사적인 진실성을 기준으로 하든, 비트루비우스의 견해를 기준으로 하든, 그 어디에도 해당되지 않은 독특한 형식의 건축물을 발견하게 될 것이다. 건축은 공공기관이나 교회에서 시작되어 점차 개인적인 영역으로 확대되면서 가벼워진다. 16세기부터 건축가들은 건축을 즐기기 시작한 것이다.

이탈리아 광장(루이지애나의 뉴올리언스, 1978년)
찰스 무어(Charles Moors)가 세운 포스트모던적인 원형 광장으로, 뉴올리언스의 이탈리아인 사회를 위해 건축된 것이다. 고전적인 주제를 차용했지만 코린트 양식이나 도리스 양식 기둥들의 금속성 받침대처럼 역설적인 형태로 표현되었다. 전체적인 인상은 즐거움이 넘친다는 것이다.

팔라초 델 테(이탈리아의 만토바, 1525년부터)
줄리오 로마노가 곤차가(Gonzaga) 공작을 위해 건축한 이 독특한 왕궁은 이 가문의 빌라형 은둔지였다.
로마노는 곤차가 공작의 궁정 화가이자 건축가였다.
로지아 디 다비데에서 보듯이 과장된 실내 장식은 그의 작업실에서 만든 것이다.

안드레아 팔라디오
가장 많이 모방된 건축가

안드레아 팔라디오는 시대를 뛰어넘어 가장 위대하고 영향력 있는 건축가 가운데 한 사람이다. 그가 비첸차 부근에 지은 장려한 전원 주택과, 그가 설계한, 유례를 찾아볼 수 없는 베네치아의 교회들, 그리고 그의 저서인 『건축 4서』는 발행된 순간부터 러시아나 미국, 영국과 같이 멀리 떨어져 있는 나라들의 건축 설계에까지 심대한 영향을 미쳤다.

또한 팔라디오는 최초의 현대 건축가로 간주되고 있다. 그는 벽돌공이나 아마추어 애호가가 아니었다. 그는 파도바에서 석공 훈련을 받던 중, 부유하고 지적인 후원자인 잔 조르조 트리시노(Gian Giorgio Trissino)의 도움을 받아 로마로 가게 되었다. 그는 이곳에서 고대 기념물들에 대해 깊이 있게 공부한 후 비첸차로 돌아갔다. 그는 알베르티가 쓴 건축학 보고서나 비트루비우스나 다른 사람들이 쓴 책을 읽었다. 그가 1550년대에 베네토에서 전원 주택들을 설계하게 되었을 때, 그는 건축업자, 기술자, 골동품 수집가, 학자로서의 기술을 모두 발휘할 수 있었다.

미켈란젤로, 라파엘로, 알베르티와 같은 신화적인 르네상스인과는 달리 건축은 그가 심혈을 기울이는 대상인 동시에, 비록 당시에는 아무도 그렇게 표현하지 않았지만 그의 직업이었다. 이렇게 해서 팔라디오의 생애와 경력은 건축사에서 하나의 전환점이 되었다.

안드레아 팔라디오
팔라디오란 이름은 그의 후원자가 지혜와 지식과 시와 연극과 미술의 여신인 팔라스 아테나의 이름을 본떠 붙여 준 것이다.

빌라와 성당

그의 주요 건축물은 크게 두 가지 부류로 분류되는데, 베네토의 전원 주택들과 베네치아의 교회들이 그것이다.

그는 비첸차에 바실리카(팔라초 델라 라조네, 1549년)나 고대 이후 최초의 상설 극장인 올림피코 극장과 같은 공공건물을 짓기도 했다. 그가 지은 가장 멋진 주택 중에는 그가 농장의 건물들을 하나로 모아 기념할 만한 구성으로 만든 가정용 주택인 마세르의 빌라 바르바로(1550년대)와 엄청나게 모방되고 있는 비첸차 교외의 빌라 로톤다(혹은 빌라 카프라, 1550-59년)가 포함되어 있다. 이 사각형의 빌라는 모든 면의 전면이 로마식 신전의 박공벽으로 이루어져 있어 완전히 새로운 형태의 주택이 되었다. 그러나 그것이 이 빌라가 실용적이라는 의미는 결코 아니다. 팔라디오의 빌라는 부유한 신사가 바쁜 도시 생활에서 벗어나 시간을 내서 찾아와 책을 읽고 와인을

빌라 로톤다(1550-59년)
르네상스는 고전적인 양식에 대한 흥미를 되살렸을 뿐만 아니라 도시 생활로부터 우아하게 도피할 수 있는 '빌라 수르바나'의 개념까지 되살려 놓았다.

"아름다움은 형태와 전체의 조화에서 나온다."

안드레아 팔라디오

마시면서, 이 집의 네 방향 모두에서 볼 수 있는 아름다운 풍경을 즐기기 위한 장소였다.

이 설계는 영국의 건축가들, 특히 『비트루비우스 브리탄니쿠스(*Vitruvius Britanicus*)』의 저자이기도 한 콜린 캠벨(Colen Campbell)에 의해 채택되어 켄트에 메러워스 성(1722-25년)이 세워졌으며, 영국 팔라디오 건축 학교의 지도자인 벌링턴(Burlington) 경은 런던에 치즈윅 하우스(1723-29년)를 세웠다. 미국의 경우에는 버지니아 샬러츠빌에 토머스 제퍼슨이 세운 몬티첼로(1770-1809년)의 모델이 되었다(124쪽 참조).

팔라디오는 베네치아에 주목할 만한 두 개의 성당, 즉 산 조르조 마조레 성당(1565년부터)과 일 레덴토레 성당(1577년부터)을 설계했다. 산 조르조 마조레 성당은 한 폭의 그림 같다. 이 성당은 마치 작은 섬처럼 솟아올라 베네딕투스 수도회 수도원의 심장부를 이루고 있다. 이 성당은 바실리카의 본체와, 두 개의 서로 교차하는 웅대한 박공벽을 조합시켜 고대 로마 건축에 그 기원을 두고 있다는 것을 보여 주는데, 돔은 석호 건너편에 있는 이국적인 비잔틴풍의 산 마르코 성당에 대해 목례를 하고 있는 듯한 형상이며, 종탑은 산 마르코 광장 건너편에 서 있는 종탑에 경의를 표하고 있는 듯하다. 성당의 내부는 합리성, 선명함, 그리고 채광 등 모든 것을 갖추고 있으며, 회색과 백색의 색 배합은 브루넬레스키가 한 세기 전에 피렌체의 파치 가문 예배당에서 선보인 것이다.

일 레덴토레 성당은 무시무시한 역병이 무사히 지나간 데 대한 감사의 표시로 베네치아 정부가 건축한 것으로, 대단한 걸작이다. 주데카에 자리 잡고 운하 쪽 광장 맞은편에 있는 이 성당이 주는 첫인상은 고도로 충만되었고, 고도로 압축되었으며, 고도로 복잡한 건축물이라는 것이다. 따라서 누구든 감히 이 성당에서 눈을 뗄 수가 없다. 이 성당의 전면은 최소한 5개 이상의 로마식 신전 스타일의 박공벽이 교차하고 있는 듯하지만 팔라디오의

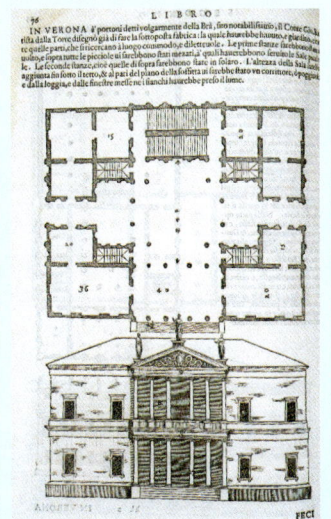

『건축 4서』
1570년 출판된 『건축 4서』에는 건축가 팔라디오의 20년 경험이 실려 있다.

팔라디오의 주요 작품들
바실리카(팔라초 델라 라조네, (비첸차, 1549년)]
빌라 바르바로(마제로, 1550년대)
빌라 로툰다(빌라 카프라, (비첸차, 1550-59년)]
산 조르조 마조레 성당(베네치아, 1565년 이후)
일 레덴토레 성당(베네치아, 1577년 이후)
올림피코 극장(비첸차, 1580년)

작품치고는 간결해서 마니에리스모 양식 특유의 속임수에 불과한 듯이 보이기도 한다. 그러나 팔라디오는 파사드에 배인 깊은 멋으로 우리를 돔과 작은 탑으로 장식된 이 성당으로 발길을 옮기게 만든다.

베네치아의 전함

파르테논 신전이 대리석으로 표현한 전투용 선박으로 보일 수 있는 것처럼, 이 성당도 주데카에 열 맞추어 서 있는 집들 사이로 정박하러 오는 베네치아 전함을 건축으로 표현한 것이다. 내부는 산 조르조 마조레 성당보다 음침하다. 교회 뒷편 수도원의 정원에서는 수도사들이 야채를 열 맞추어 재배하고 닭을 키운다. 팔라디오의 이 위대한 성당을 뒷편에서 보면 그의 빌라들로 장식된 시골을 보고 있는 것 같은 기분이 든다.

팔라디오는 도시와 시골의 가치, 즉 고대의 건축과, 그가 살던 시대에 베네치아가 필요로 했던 가치를 결합시키는 데 매우 뛰어난 대가였다.

건축에 대한 그의 접근 방식이 귀족주의적인 영국, 민주주의적인 미국, 제국주의적인 러시아와 같이 다양한 사회의 욕구를 충족시켰다는 사실은 팔라디오라는 현실적인 공상가가 강조한 범세계적인 정신을 대변해 준다.

일 레덴토레 성당
7월 구세주의 날에 고위 인사들은 거룻배를 타고 '기억'이라는 뜻의 이름을 가진 성당 입구까지 올 수 있었다.

이탈리아의 바로크 양식
감각적인 형식

프란체스코 보로미니
건축가 프란체스코 보로미니는 이탈리아 북부에서 태어났으며 밀라노에서 기술을 배웠다. 그는 1620년에 로마로 와서 건축가 카를로 마데르노(Carlo maderno)와 잔 로렌초 베르니니를 위해 일했지만 1633년부터 독립해서 건축가로 일했다. 보로미니가 지은 중요한 건축물에는 성 카를로 알레 콰트로 폰타네 성당과 산 이보 델라 사피엔차 성당이 있다. 그는 특히 공간 효과의 연출과 구조의 혁신으로 주목받았다. 현대에는 위대한 바로크 예술가의 한 사람으로 간주되지만 그가 생전에 가졌던 영향력은 미미했다.

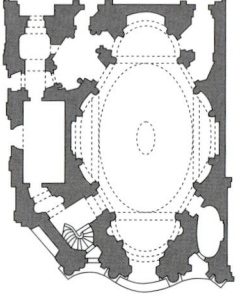

산 카를로 알레 콰트로 폰타네 성당의 평면도
산 카를로 알레 콰트로 폰타네 성당의 평면은 기본적으로 타원이며, 좁은 쪽으로 입구가 나 있다. 평면은 마름모꼴을 만드는 2개의 이등변 삼각형에서 시작해서 그 안에 두 개의 원을 집어넣어 타원형을 만들었다. 네 개의 부속 예배당이 돌출해 있기 때문에 평면은 끝이 볼록한 그리스 십자형 평면으로도 보인다. 가장 주목할 만한 요소는 곡선과 역곡선으로 만들어진 굴곡진 외형인데, 이로 인해 중앙의 타원형 네이브는 네 개의 부속 예배실과 중복되어 있다.

17세기가 시작될 무렵 이탈리아의 예술과 건축에는 충만의 정신이 깔려 있었다. 1630년대에 갑자기 등장한 이 양식에 대해 19세기의 장식가들이 바로크 양식이라고 이름 붙였는데 그것은 지나치게 장식적이란 뜻이다. 따라서 로마의 산 카를로 알레 콰트로 폰타네 성당(1634-82년)은 얼핏 보면 뒤틀리고 약간 혼란스럽게까지 보인다. 비좁은 도시 한가운데 억지로 끼어든 것같이 자리 잡고 있는 이 작품은 프란체스코 보로미니(Francesco Borromini)가 설계한 것이다. 로마에서 석공으로 명성을 얻은 그는 미친 사람으로 여겨졌고 결국 자살로 생을 마감했다. 산 카를로 알레 콰트로 폰타네 성당의 특이한 외장과, 곡선을 고집한 실내 장식은 종종 보로미니의 미궁 같은 심리 상태나 연극적인 상상력과 동일시되곤 한다. 확실히 그 이전까지 이와 비슷한 건축물은 없었으며 직접적인 관계를 찾아내는 것도 어렵다. 그리스 십자형 평면과 타원형 평면이 결합된 내부와, 돔까지 휘어진 채 올라가는 벽면은 우리를 최면 상태로 몰아넣는다.

연극적인 양식

보로미니와 동시대의 인물로 그의 경쟁자였던 잔 로렌초 베르니니(Gian Lorenzo Bernini)가 만들어 낸 것은 연극 스타일의 새로운 건축으로, 극장과 오페라 하우스가 거리에 생기기 시작한 그 시대의 정신에 부합되었다. 성당은 연극과 오페라가 보내는 메시지에 재빨리 부응했다. 성당이 가톨릭 미사에 사람들을 끌어들이고, 프로테스탄트를 막아 내자면 최소한 일요일이나 축제날에라도 사람들에게 극장이나 오페라 하우스에서 느낄 수 있는 것과 같은 즐거움을 주어야 했다. 그리고 실제로 그렇게 되었다. 가톨릭의 우위를 되찾으려는 반종교개혁 운동을 통해서 성당은 이처럼 새로운 양식의 화려한 건물을 건축했다. 이 양식은 유럽의 가톨릭 국가에 빠르게 전파되었다. 독특한 형태로 발전되기는 하지만 심지어

산 카를로 알레 콰트로 폰타네 성당 (로마, 1634-82년)
보로미니가 세운 이 교회는 로마의 바로크 양식 건축의 걸작 가운데 하나이다.
굽이치는 파사드는 1630년대에 설계되었지만 보로미니가 죽을 때까지 완성되지 못했다.

코르나로 예배당 (로마의 산타 마리아 델라 비토리아 성당, 1645-52년)
"성녀 테레사의 법열"은 코르나로 가문의 예배당 내에 있으며 바로크 시대의 위대한 작품 중 하나이다. 베르니니는 성녀 테레사의 조각상을 타원형 제단 가운데 놓았다. 천사가 가슴을 황금 화살로 찌르자 성녀가 환희에 찬 눈길을 보내는 모습을 형상화한 조각이다. 코르나로 일가의 흉상들은 예배당 한쪽 면을 파고들어 간 두 개의 대리석 발코니에 놓여져 있다. 숨겨진 곳에서 나오는 빛이 이 조각상을 더욱 극적으로 만든다.

프로테스탄트 국가인 영국에까지 퍼졌다(84-85쪽 참조).

보로미니가 석공으로 훈련받고 있는 동안, 베르니니는 조각을 하고, 오페라와 연극을 썼으며, 무대 장치까지 설계하고 있었다. 그는 모든 재능을 쏟아 이탈리아의 바로크 양식을 절정에 도달하게 했으며, 그 증거가 로마의 산타 마리아 델라 비토리아 성당(1645-52년)에 있는 코르나로 예배당이다. 여기에서 그 유명한 베르니니의 "성녀 테레사의 법열"을 볼 수 있다. 성녀가 절정의 환희를 느끼는 모습을 회당 한쪽에 있는 코르나로 일가의 조각상들이 발코니에 앉아 바라보고 있다. 영화의 한 장면처럼 빛줄기가 성녀에게 쏟아진다. 그런데 신성모독적인 생각일지 모르겠지만 몸부림치는 성녀의 모습에서 고급 춘화를 떠올리지 않기란 대단히 어렵다. 바로크 양식은 서구의 건축 양식 중 가장 감각적이다.

후기 베르니니

베르니니는 많은 연극적 공간들을 창조해 냈다. 로마의 성 베드로 대성당에 있는 광장(1656년 이후)도 그중 하나이다. 이곳에서는 휘어진 형태의 도리스 양식 열주가 있는데, 어머니의 두 손처럼 군중을 성모 성당의 자궁 안으로 끌어들이고 있다. 그가 교황 알렉산데르 7세(Alexander VII)를 위해 설계한 바티칸의 의식용 계단 스칼라 레지아(1663-66년)는 계단이 끝없이 계속되는 것처럼 보인다. 실제로는 계단 위로 올라갈수록 양쪽 벽면이 가까워지면서 좁아지기 때문에 그렇게 보이는 것이다. 또한 층계의 중간 부분에 틈새를 만들어 햇빛이 들면 빛줄기가

잔 로렌초 베르니니

로마 바로크 양식 예술에서 걸출한 위치를 차지하고 있는 잔 로렌초 베르니니(1598-1680년)는 원래 조각가였으며 화가이자 시인이며 건축가이기도 했다. 그는 대부분의 시간을 로마에서 보냈으며 1623년 교황 우르바누스 8세(Urbanus VIII)의 후원을 받았다. 그는 1624년 성 베드로 대성당 안의 청동 닫집 설치에 대한 책임자였으며, 조각가와 건축가로서 죽기 직전까지 성당과 광장 주변 열주에 대한 작업을 계속했다. 그가 책임을 맡았던 대표적인 건물은 로마의 팔라초 몬테 치트리오와 팔라초 바르베리니이다. 그의 건축물과 조각은 반종교개혁의 영광과 열기를 표현하고 있다.

층계를 가로질러 비스듬히 떨어지도록 만들었으며, 그 빛줄기의 각도가 하루 내내 계속 변하도록 했다. 베르니니는 바로크 양식의 대가였지만 보로미니처럼 외곬도 아니었고 비정상도 아니었다. 그는 실용적인 해결 방안과 극적인 제스처 사이에서 균형을 잡을 줄 알았다. 그런 균형 감각은 바로크 시대의 다른 건축가들이 대규모 도시 계획을 통해 만들어 낸 델 포폴로 광장과 같은 작품들에서도 찾을 수 있다. 로마의 델 포폴로 광장(1622-79년)은 카를로 라이날디(Carlo Rainaldi)가 교황 알렉산데르 7세를 위해 로마에 들어오는 북쪽 진입로로 설계한 것이다. 라이날디는 세 개의 큰 길을, 그가 직접 설계한 돔을 설치한 두 개의 바로크 양식 성당—산타 마리아 디 몬테 산토 성당과 산타 마리아 데이 미라콜리 성당—옆을 지나 광장에서 만나도록 배치했으며 세 길이 만나는 지점에 이집트의 오벨리스크를 세웠다.

이탈리아의 바로크 양식은 더욱 야심 차고 환상적인 것을 향해 나아갔다. 베네치아에서, 발다사레 론게나(Baldassare Longhena)는 무서운 역병을 이겨 낸 것을 감사하기 위해서 쌍둥이 돔을 올린 산타 마리아 델라 살루테 성당의 건축 책임을

스칼라 레지아 (로마의 바티칸, 1663-66년)
성 베드로 대성당과 교황의 처소를 연결하는 이 계단은 베르니니의 가장 빛나는 업적 중 하나이다. 계단 양 옆에 줄지어 서 있는 기둥들은 위로 올라갈수록 좁아져서 계단의 길이가 길어 보이게 하는 효과를 자아낸다.

델 포폴로 광장 (로마, 1662-79년)
카를로 라이날디가 설계한 이 광장은 로마로 들어오는 가장 북쪽의 관문 바로 옆에 있다. 가스파르 반 비텔(Gaspar van Wittel)이 그린 이 그림은 광장 남쪽을 향하고 있으며, 멀리 보이는 것이 돔으로 장식된 산타 마리아 디 몬테 산토 성당(왼쪽)과 산타 마리아 데이 미라콜리 성당(오른쪽)이다.

맡았다. 이 성당은 거대한 돔이 위를 덮고 있는 팔각형의 로비를 통해 들어가도록 되어 있으며 거대한 드럼은 파도 문양이 새겨진 석조 기둥에 의해 바깥쪽에서 지지되고 있다. 이 성당은 사방이 물에 둘러싸여 있어 연극적인 양식과 잘 어울렸다.

구아리노 구아리니

보로미니의 작품들을 제외하고, 가장 독창적이면서도 무절제했던 바로크 양식 실험은 테아티노 수도회의 성직자였던 구아리노 구아리니(Guarino Guarini)에 의해 이루어졌다. 토리노에 있는 그의 성의(聖衣) 성당(일 신도네 성당, 1624-83년)은 환각을 일으키는 구조와 마술 같은 장식으로 이루어져 있다. 두 개의 긴 계단을 통해서만 입구에 이를 수 있는 이 성당은 정사각형 안에 있는 원형의 건물이다. 이곳에 그리스도로 여겨지는 한 남자가 무덤에 누워 있는 모습이 그려진 성의가 보관되어 있다. 그 위로 일종의 계단식 돔이 성당 꼭대기까지 올라간다. 그 모습을 완벽하게 머릿속에 담기란 어렵다. 구아리니는 철학자이자

르네상스

성의 성당(토리노, 1667-90년)
구아리니의 성당은 토리노의 성의를 봉헌하기 위해서 지어졌다. 돔은 위로 올라가면서 점점 작아지는 아치의 열로 이루어져 있으며 모든 틀 안에는 창이 하나씩 나 있다. 여러 육각형이 겹쳐서 이루어진 원뿔 모양의 구조물이 성령의 이미지를 지닌 채광창을 향해 솟아 있다.

이탈리아의 바로크 음악

바로크 시대에는 모든 예술이 크게 발전했다. 음악 분야에서는 베네치아의 작곡가 클라우디오 몬테베르디(Claudio Monteverdi)가 새로운 형태의 작품을 발표하기 시작했다. 몬테베르디는 "오르페우스"에 이어 "오디세우스의 귀환", "포페아의 대관식"과 같은 작품들을 통해 오페라를 궁정에서 끌어내려 대중적인 예술로 만들었다. 몬테베르디는 오페라의 연극적인 잠재력과 음악적인 잠재력을 동시에 발전시킨 최초의 작곡가였다. 후기 바로크 시대에는 바이올린의 대가이자 작곡가인 안토니오 비발디(Antonio Vivaldi)가 가장 영향력 있는 기악곡 작곡가 가운데 한 사람이었다. 그는 독주법을 발전시킨 음악가로 유명하다. "사계(四季)"로 알려진 비발디의 바이올린 협주곡은 바로크 음악 중에서 가장 널리 알려진 작품일 것이다.

성직자이면서 저명한 수학자였던 것을 이런 복잡한 구조로 과시하고 싶었던 모양이다.

바로크 양식은 절정에 이르렀을 때 기하학과 원근법의 현란한 조합을 보여 주었으며 전반적으로 감각이었고, 구조적으로 건전한 건축 양식이었다. 놀랍게도 구아리니는 이 정신을 토리노의 팔라초 카리냐노(1679년) 같은 공공건물의 건축에도 적용했다. 이 건물은 미완성인 것처럼 보이면서도 건축학적으로나 기하학적인 영감을 준다. 금욕적인 마음가짐으로는 결코 이해할 수 없는 건축물이다.

이탈리아 밖의 바로크 양식
조화와 장관

네포무크의 장크트 요하네스 교회 (뮌헨, 1733-46년)
네포무크의 장크트 요하네스 교회는 아잠 형제의 거주지와 붙어 있어 종종 그들에 대한 경의의 표시로 '아잠 키르헤'로 불리기도 한다. 이 형제들이 설계에서 시공까지 모든 것을 관리한 까닭에 바로크 양식의 이상형에 대한 예술적 정수를 완벽하게 보여 주고 있다. 건축과 회화와 조각이 모두 조화되어 완벽한 하나를 이루고 있다.

왕가 사이의 결혼, 전쟁, 그리고 여행 등이 늘어남에 따라서 바로크 양식은 전 유럽으로 빠르게 퍼져 나갔다. 곡선적이며 대담한 이 양식은 가톨릭 영향권 아래에 있는 유럽 지역에서 융성했지만 특히 남부 독일과 오스트리아에서 가장 환상적인 모습으로 나타났다. 바이에른에서는 전문화된 장인 그룹과, 그들과 분리할 수 없는 건축 사무실이 함께 성장해 갔다. 뮌헨 한복판의 좁은 틈을 비집고 서 있는, 네포무크의 장크트 요하네스 교회라는 걸작을 남긴 에기트 퀴린 아잠(Egid Quirins Asam)과 그의 형인 코스마스 다미안 아잠(Cosmas Damian Asam)의 사무실은 바로크 정신을 가장 충실하게 표현하고 있다. 수수께끼의 마법 동굴 같은 네포무크의 장크트 요하네스 교회를 해독하려면 상당한 시간이 필요하다. 이 교회에서 직선을 찾아보기는 어렵다. 모든 표면에는 엿보기 좋아하는 천사들(심지어는 해골 얼굴을 하고 있음)이 장식되어 빈 공간을 찾아볼 수 없을 정도이며, 화려하게 도금되어 있거나 은과 같은 귀한 재료가 입혀져 있다. 파사드가 모험하듯 지표면에서부터 솟아 있는 모습은 마치 지하의 광맥이 드러나 있는 듯이 보인다.

감각을 위한 건축

바이에른의 바로크 양식은 대단히 감각적이며, 즐거움을 주는 건축이다. 호기심을 자아내도록 복잡하고 유쾌하게 장식되어 있는 순례교회 피어첸하일리겐(1743-72년)은 위대한 발타자어 노이만(Balthasar Neumann)이 설계한 것으로, 상당히 수준 높은 바로크 건축물이다. 그러나 바로크 양식은 드레스덴의 츠빙거(1709년 이후)가 설계되었을 때야 비로소 그 절정에 도달했다고 말할 수 있다. 그것은 마테우스 다니엘 푀펠만(Matthäus Daniel Pöppelmann)이 설계한 것으로, 주마등처럼 변화무쌍한 느낌을 주는 여러 개의 파빌리온으로 이루어진 즐거움의 장소이다. 이곳에서 웅대한 건물을 울리는 요한 제바스티안 바흐(Johan

멜크 수도원 (오스트리아, 1702-14년)
멜크에서 프란타우어는 바로크 양식의 영광스러운 걸작을 만들었다.
두 개 탑이 있는 건물의 파사드가 보인다.

여러 예술의 융합 (퓨전)
바로크 양식은 개개의 요소보다 전체적인 효과를 중요시했다. 이 원칙의 좋은 예가 건축가였던 아잠 형제, 즉 프레스코화 화가이기도 했던 형인 코스마스 다미안 아잠과 조각가이자 상감 세공 기술자였던 동생 에기트 퀴린 아잠의 작업실이다. 그들은 한 팀이 되어 바이에른 성당의 설계와 시공 책임을 여러 번 맡았다. 로르에 있는 베네딕투스 수도회 성당도 그중 하나이다. 이 수도원의 제단 부분은 에기트 퀴린 아잠이 제작한 것으로, 승천하고 있는 성처녀 마리아의 조각상은 실물 크기이다.

오스트리아 역시 멋진 바로크 양식 건물들의 고향이다. 다뉴브 강 기슭에 높이 솟아올라 빈과 부다페스트 사이를 오가는 유람선을 탄 사람들의 눈길을 붙잡는, 베네딕투스 수도회에 속해 있는 멜크 수도원은 야코프 프란타우어(Jakob Prandtauer)의 걸작이다. 이 수도원은 바위가 많은 산 꼭대기에 서 있으며 하늘에 닿을 듯한 돔과 작은 탑이 있다. 내부는 아주 고압적이라고 할 정도로 유쾌하다.

이 수도원만큼 인상적인 것이 피셔 폰 에를라흐(Fischer von Erlach)가 빈에 세운 카를스키르헤로, 바로크 양식의 도시형 설계의 훌륭한 예이다. 이 성당은 네이브와 측량을 합친 넓이의 두 배에 달하는 파사드 뒤에 자리 잡고 있다. 코린트 양식 포르티코가 매우 장식적인 두 개의 로마식 원주 사이에 자리 잡고 있다. 이 두 원주는 로마의 트라야누스 원주와 마르쿠스 아우렐리우스(Marcus Aurelius) 원주를 기초로 한 것이다. 이 원주와 측면에 있는 한 쌍의 개선탑을 세우고, 고매한 돔을 왕관처럼 씌워 마무리했다.

폰 에를라흐가 고고학을 바탕으로 정확하게 로마 제국의 기둥들을 재창조하려고 했던 것은, 그 후 반 세기 만에 바로크와 로코코 양식을 압도하며 유럽에서 유행할 그리스 복고 양식을 예고하는 것이다. 그 후 거의 한 세기 동안 고대 로마와 그리스의 건축물을 정확하게

Sebastian Bach)나 그 시대 작곡가들의 음악을 듣지 않기는 힘들다.

카를스키르헤 (빈, 1716년 이후)
카를 6세(Karl VI)의 감독 아래, 카를스키르헤는 유례가 없을 정도로 바로크적인 로마 요소와 고전적인 로마 요소가 혼합되었다.
로마의 트라야누스 원주나 마르쿠스 아우렐리우스 원주와 마찬가지로 부조가 조각된 기둥들은 승리를 상징하는데, 이번의 승리는 1713년에 발생한 역병에 대한 믿음의 승리였다. 탑에는 역병이 돌았을 때 헌신한 성자, 산 카를로 보로메오(San Carlo Borromeo)의 일생이 조각되어 있다.

후기 바로크 음악
후기 바로크 시대 음악은 요한 제바스티안 바흐와 게오르크 프리드리히 헨델(Georg Friedrich Handel)의 작품들로 대표된다. 그 둘은 모두 독일의 같은 지방에서 태어났으며 종교적으로도 똑같이 루터파 신자였지만 음악적인 행로는 달랐다. 바흐는 교회의 영향을 많이 받아 200편이 넘는 칸타타를 포함해 주로 신앙의 색채가 강한 작품들을 작곡한 반면 헨델은 이탈리아에서 보낸 시간 동안 받은 영감으로 인해서 그가 영국으로 간 1712년 이후 주로 오페라와 세속적인 작품을 썼다.

세인트 폴 대성당의 평면도
새로운 세인트 폴 대성당에 대한 렌의 초기 계획은 팔각형 돔을 씌운 그리스 십자형 평면이었다. 그러나 수석 사제와 참사회는 보수적인 라틴 십자형 평면을 원했다. 이렇게 해서 1673년 렌이 긴 네이브와 성가대석 측량을 가진 '보증 설계'를 만들었다.
이 도면은 돔으로 대체된 첨탑만을 제외하면 전부 렌의 의도대로 만들어진 것이다. 돔이 들어서서 받게 되는 하중을 교각 위에서 둥글게 연결된 아치들과 중앙 교차 부분의 네 귀퉁이로 분산시켜 받도록 했다.

> "기념비를 찾고 있다면, 주위를 둘러보라."
>
> 렌의 아들이 세인트 폴 대성당에 명각함.

세인트 폴 대성당 (런던, 1675–1710년)
세인트 폴 대성당의 서쪽 파사드에서는 쌍으로 자유롭게 세워져 있는 포르티코의 기둥들을 볼 수 있다. 조각상들이 눈에 잘 띄도록 높게 세워져 있으며, 성 바울 상은 포르티코 중앙에 서 있고, 왼쪽에는 성 베드로 상이, 오른쪽에는 성 요한 상이 있다. 포르티코의 박공벽에는 성 바울의 개종 이야기가 묘사되어 있다.

연구해서 다시 만들려고 하는 사조는 일종의 편집증처럼 되었다.

영국의 바로크 양식

영국에서 바로크 양식은 독특한 스타일로 발전되어 갔다. 그것은 완전히 다르다고는 할 수 없지만 이탈리아, 독일, 오스트리아의 바로크 양식과는 많은 차이가 있었다. 영국의 바로크 양식이 달랐던 가장 중요한 요인은 영국이 프로테스탄트 국가였다는 점에 있었다. 바로크 양식은 교황청의 선전 수단인 삼차원 무기로 간주되었기 때문이다. 1660년의 왕정복고 이후, 대륙의 국가들에 비해 훨씬 절제된 모습이었지만 결코 뒤떨어지지 않았던 영국의 바로크 양식은 크리스토퍼 렌에 의해 시작되었다. 뛰어난 수학자이자 천문학자였던 렌은 런던에 세인트 폴 대성당을 새로 건축하는 책임을 맡게 되었다. 여기에서 그는 모든 돔 중에서 가장 우아한 돔, 멋지고 차분하고 인상적인 돔을 만들었다. 하지만 그는, 중세 잉글랜드 성당의 전통을 따라 긴 십자형 건물을 짓기를 고집하는 보수적인 성직자들의 요구를 극복해야만 했다. 따라서 렌의 설계는 일종의 타협안으로 만들어지기는 했지만 빛나는 걸작이다. 그의 완벽한 돔은 건축물 곳곳에서 드러나는 모든 근본적인 예술의 결점을 상쇄하고 있다. 렌이 세인트 폴 대성당의 주 자재로 선택한 것은 흰색의 포틀랜드 석재였다. 이 자재는 그의 후계자들에 의해서도 성공적으로 사용되었다. 런던에 세인트 메리 울노스 교회(1716–27년)를 비롯한 많은 성당을 세웠던 니콜라스 혹스무어가 렌의 대표적인 후계자이다. 이 성당에서 혹스무어는 자신이 영국 건축의 보로미니라는 사실을 입증이라도 하듯이 모든 직선을 곡선으로 대체했다. 또한 그가 지은 예수회 성당 스피털필즈(1714–29년)에는 팔라디오풍의 거대한 '베네치아 양식'의 창문을 정면에 만들었고 그 위로 종루와 하늘을 찌르는 첨탑을 세웠다.

많은 멋진 왕궁들과 저택들과 공공건물들을 설계한 사람들 중에는 렌과 혹스무어 이외에 존 밴브루(John Vanbrugh)가 있었다. 그는 첩자라는 혐의로 체포되어 바스티유 감옥에 수감된 적이 있는 군인이자, 『성난 마누라(The provok'd Wife)』를 쓴 극작가이자, 상인이자, 인도에서 상당한 시간을 보낸 여행가였는데, 일시적인 기분에서 건축가가 되었다. 당시 가톨릭 세력권 내에 있던 유럽 대륙의 건축가들과 비교해 볼 때, 영국 건축가들이 지은 건물은 바로크 양식 설계의 오페라적인 특성에 영국만의 고유한 요소를 집어넣은 것이다.

노스 요크셔에 있는, 밴브루와 혹스무어가 지은 하워드 성(1699–1712년)에서 보듯이 거대한 돔과 부속 건물이 딸려 있는 건축물은, 굽이치는 구릉, 구름이 잔뜩 낀 하늘, 양 떼가 모여 있는 모습으로 표현되는 전형적인 영국의 시골에 즐겁게 앉아 있는 것처럼 보인다. 영국의 바로크 양식은 웅장한 규모보다는 작은 규모의 건물에서 진가를 발휘했다. 토머스 아처(Thomas Archer)가 지은 도싯의 체틀 하우스(1710–20년)가 그 증거이다. 기념비적이나

체틀 하우스 (잉글랜드의 도싯, 1710-20년)
영국의 바로크 양식 건축가 토머스 아처는 1710년 조지 샤핀(George Chaffin)에 의해 앤(Anne) 여왕의 장원의 건축 책임자로 임명되었다. 영국 바로크 양식으로 이 붉은 벽돌 건물을 세웠는데, 이 장원에는 2헥타르 크기의 정원이 있다.

우아함이 부족한, 렌이 설계한 왕립 병원(1682-89년)과 스코틀랜드 건축가 제임스 기브스가 세운 세인트 마틴 인 더 필즈 교회(1721-26년) 등도 주목할 만한 건물이다. 기브스는 가톨릭 신자로, 로마에서 카를로 폰타나(Carlo Fontana) 아래에서 공부했으며(렌은 프랑스밖에 가 보지 못했고, 혹스무어는 영국 밖으로 나가 본 적이 없음), 아메리카 식민지와 새로 탄생한 미국 건축에 열정적으로 뛰어들었다. 때문에 뉴잉글랜드에서는 세인트 마틴 인 더 필즈 교회의 닮은꼴을 많이 볼 수 있다.

렌은 근본적으로 웅장하고 과장된 바로크 양식을 작지만 아주 효율적인 규모로 만드는 데 재능이 있었다. 1666년 런던 대화재 이후 많은 성당들이 다시 건축되었는데, 이것들 가운데 유럽 건축사에서 후기 르네상스 양식에 속한 보물들이 있다. 이 중에서 빠지지 않는 것이, 세인트 폴 대성당의 이상적인 내부 배열을 축소해 표현한 성 스테파누스 월브룩 성당(1672-87년)과 네포무크의 장크트 요하네스 교회와는 정반대의 정신을 보여 주는, 아잠 형제가 설계한 성 메리 교회(1681-86년)이다.

혹스무어도 하워드 성의 영묘(1729년)에서 그 능력을 입증해 보였다. 그는 깊은 감동을 주는 이 원형 건물을 통해서 웅장함으로 압도하는 거대한 규모의 건축물뿐만 아니라 작은 건축물에도 감각적인 표현이 가능하다는 것을 동시대의 유럽인들에게 증명해 보였다.

세인트 마틴 인 더 필즈 교회 (런던, 1721-26년)
기브스가 설계한 이 교회는 18세기에 가장 큰 영향력을 미친 설계 중 하나였다. 외부에는 측면 입구를 표시해 주는, 뒤로 물러선 기둥들과, 박공벽으로 이루어진 포르티코가 있었다. 지붕 위로 솟아오른 첨탑은 사각형 기단에서 시작되어 점차 가늘어지면서 오목한 면을 가진 꼭대기 부분으로 마무리된다.

영묘 (요크셔의 하워드 성, 1729년)
니콜라스 혹스무어가 설계한 이 영묘는 1729년 착공되었다. 내부에 예배당이 있으며 그 아래로 죽은 사람들을 위해 만들어진 64개의 벽감으로 둘러싸인, 둥근 천장의 납골당이 있다.

로버트 훅
1662년 왕립 학회의 창설에 함께 참여한 크리스토퍼 렌과 로버트 훅(Robert Hooke)은 과학 분야에서 선도적인 인물들이었다. 대화재 이후, 그들은 서로 협력하여 런던의 재건설 사업을 추진했다. 로버트 훅은 베들레헴 왕립 병원 무어필즈, 몬타규 하우스, 블룸스버리의 책임을 맡았다. 그는 버킹엄셔 윌렌에 고전주의 양식의 성당을 설계하기도 했다.

존 밴브루 경
극작가이자 바로크 양식 건축가인 존 밴브루 경은 런던에서 태어났다. 그는 군인으로 활동한 적이 있고, 극작가로서 『성난 마누라』와 같은 희극을 쓰기도 했으며, 후에는 건축에도 관심을 기울이기 시작했다. 그는 1702년 작업청의 검사관이 되었으며 하워드 성과 블렌하임 궁전의 감독관으로서 명성을 얻었다.

절대주의
장엄한 궁전

에스파냐의 펠리페 2세
신성 로마 제국 황제 카를 5세와 포르투갈의 이사벨(Isabel) 사이에서 태어난 펠리페 2세는 1556년 에스파냐 제국의 황제로 등극했다. 1559년 그는 네덜란드에서 에스파냐로 돌아온 이후 마드리드 근교의 엘 에스코리알 궁에서 42년 동안 통치했었다. 그의 재위 기간 동안 에스파냐는 프로테스탄트 국가들과 관계가 악화되어 고통받았으며 네덜란드의 반란(1568-1609년)에 직면했다. 1558년 영국을 다시 가톨릭 국가로 만들겠다는 그의 열망으로 인해서 양국은 전쟁에 돌입했고 에스파냐의 무적함대는 격파되었다.

르네상스 양식의 건축은 알프스 산맥 이남의 유럽 지역으로 급속히 퍼져 나갔으나 프랑스와 저지대 국가들, 그리고 영국에는 상당히 늦게 들어왔다. 16세기에야 이탈리아의 르네상스 양식은 이러한 국가들에서 세부적인 면이 일부만 소화되어 어설픈 형태로 받아들여지기 시작했으며, 그 예를 프랑스의 성들이나, 자코뱅 당 시대와 엘리자베스(Elisabeth) 여왕 시대의 시골 주택 등에서 찾아볼 수 있다. 이러한 저택들은 대개 장엄한 편이다. 프랑스에서는 루아르 강을 따라 세워진 슈농소 성(1515-23년)이나 샹보르 성(1519-47년) 같은 성들이 유명하며, 잉글랜드의 경우에는 노팅엄의 울러턴 홀(1580-85년)과 로버트 스미슨(Robert Smythson)이 세운 더비셔의 하드윅 홀(1590-97년) 등이 유명하다.

에스파냐의 르네상스

에스파냐는 르네상스 양식의 정수만을 걸러서 받아들였다. 이것은 에스파냐에서 비교적 일찍 정점에 도달했는데, 그라나다의 카를 5세(Kark V)의 왕궁(1527-68년)은 이 양식으로 건축되었다. 라파엘로와 브라만테의 영향을 받은 이 왕궁을 설계한 건축가는 페드로 마추아(Pedro Machua)와 그의 아들 루이스(Luis)였다. 거칠게 다듬어진 외벽으로 둘러싸인 이 왕궁에서 가장 강조된 곳은 중앙부에 있는 에스파냐식 안마당인 원형 파티오로, 그 모습은 우리를 놀라게 한다. 아래쪽은 도리스 양식이며 위쪽은 이오니아 양식인 환형의 열주가 이 파티오를 둘러싸고 있으며, 그곳에 앉아 있으면 어느덧 시간이 흘러가 버리는 관조적인 곳이다.

그러나 에스파냐의 르네상스는 금욕주의자였던 펠리페 2세(Felipe II)의 절대 왕권 강화와 함께 아주 독특한 특성을 띠게 된다. 펠리페 2세는 멀리 칠레까지 제국을 확대한 통치자였지만, 다소 수도사 같은 삶을 살았다. 그가 마드리드 뒤편에 세운 수도원 같은 궁전은 세계에서 가장 위압적이면서도 당당한 왕궁 중 하나이다. 후안 바우티스타

엘 에스코리알 궁전(마드리드 근교, 1562-82년)
노르스름한 회색 화강암으로 지어진 이 검소한 기념비적인 건축물은, 1557년 에스파냐가 프랑스를 상대로 생 캉탱 전투에서 승리한 것을 기념하여 세워졌다. 이 광대한 복합 건물 안에는 왕궁, 수도원, 대학, 교회가 들어서 있다.

헤 톨레도(Juan Bautista de Toledo)와
후안 데 에레라(Juan de Herrera)가
건축한 엘 에스코리알 궁전(1562-
82년)은 규모가 거대하며, 감옥처럼
보이는 벽에는 장식이 하나도 없다.
그 벽면 안쪽에 있는 닫혀진 세계에는
십여 개의 뜰과 으스스한 수도원, 대학,
궁궐, 그리고 성 로렌스에게 봉헌된 탑과
돔으로 이루어져 있는 성당과 같은
건축물들이 있다. 그 후 엘 에스코리알
궁전은 에스파냐 건축의 이정표가
되면서, 한때 감각적이고도 엄격하며
보수적이면서도 표현력이 풍부했던
이 나라의 건축을 완전히 물들였으며,
그것은 오랫동안 지워지지 않는
에스파냐 건축의 특징이 되었다.

프랑스의 고전주의 건축

프랑스는 왕조의 힘이 전례 없이 강해져
가기만 하던 '태양왕' 루이 14세(Louis
XIV)의 길고—그의 통치는 1643년부터
시작되었다— 찬란한 통치 기간 동안
르네상스 양식을 완전히 받아들였다. 프랑스는 "짐이 곧
국가다."라고 선언한 절대 권력자 한 사람의 손가락 위에
있었다. 강력한 힘을 휘두른 권력자에게 어울리는 건축
양식은 17세기의 프랑스의 상황과 거울을 보는 것처럼
비슷했던 로마 제국이 만들어 낸 양식뿐이었다. 루이 14세의
건축가들이 유럽의 모든 왕궁 중에서 가장 큰 베르사유 궁을
착공하기 전, 파리에도 자크 르메르시에(Jacques
Lemercier)에 의해 발 드 그라스 성당(1645-47년)이
세워지면서 이탈리아의 르네상스 건축이 소개되었다. 이
성당에도 성 베드로 대성당의 것을 그대로 모방한 남성적인
돔이 얹혀졌다.

그러나 베르사유 궁(1661-1756년)은 전혀 다른
것이었다. 이 엄청난 규모의 왕궁은 앙드레 르 노트르
(André Le Notre)가 조경한 광대한 정원 안에 자리 잡고
있다. 노심에서 떨어진 왕궁의 주요 건물은 주로 루이 르
보(Louis Le Vau)와 쥘 아르두앵 망사르(Jules Hardouin
Mansart)가 설계한 것이며, 프티 트리아농처럼 약간 격이
떨어지는 건물은 앙주 자크 가브리엘(Ange Jacques
Gabriel)의 작품이다. 완성되지 못할 것으로 여겨졌던
거대한 왕궁—1666년 프랑스는 왕궁을 베르사유로
옮김—은 한 세기 후에 마리 앙투아네트(Mari
Antoinette)가 트리아농에서 농부 차림을 하고 목동 놀이를
하며 지냈던 것을 마지막으로 그 영광의 시절을 끝내야

피에르 파텔(Pierre Patel)의 베르사유 궁과 정원(파리의 거리 쪽에서 본 모습, 1668년)
루이 14세의 이 유명한 왕궁은 복합 건물로 1624년 그의 아버지가 사냥용 숙소로 세운 성에서 시작되었다. 1660년대 루이 르 보가 그 건물을 중심으로 궁을 확장하면서 두 개의 별관을 덧붙이는 동안에 조경가인 앙드레 르 노트르는 포장도로와 숲과 운하가 있는 기하학적으로 설계된 정원을 만들었다.

했다.

베르사유 궁은 왕과 조금이라도 가까이 있으려고
몰려든 수천 명의 조신들에게는 무척이나 불편하고 애정을
쏟기 힘든 곳이었다. 1930년대 말 히틀러의 건축가
알베르트 슈피어(Albert Speer)가 유명한 거울의 방을
베를린의 법원청사에 그대로 옮겨 놓았다는 사실(180-81쪽
참조)은 의미심장하다. 요컨대 베르사유 궁은 절대 군주나
권력에 미친 독재자들에게 안성맞춤인 집이란 뜻이다.

루이 14세 양식은 나중에는 차갑고 단조로워졌지만
처음에는 아주 인상적인 형태였으며 파리 루브르 궁의 동쪽
파사드(1667년 이후)에서 완성되었다. 의사이자 예술
애호가인 클로드 페로(Claude Perrault)와 화가인 샤를
르 브룅(Charles Le Brun)의 도움을 얻어 르 보가 세운
것이었다. 쌍으로 세워진 코린트 양식의 기둥들이 박공벽의
파사드를 따라 반복해서 세워진 형태는 다음 세기 프랑스의
고전주의 건축의 이정표가 되었다. 이리하여 프랑스 궁전
건축은 불과 반 세기 전에 앙리 4세(Henri IV)의 의뢰로
세워진 루아얄 광장(오늘날의 보지 광장)처럼 산뜻하고
인간적인 아치형 회랑의 공공 건물 스타일에서 점차 멀어져
갔다. 앙리 4세는 그 광장에 있는 공동 주택 중 하나에서
살았다. 그 아케이드는 정원 광장을 끼고 세워져 있었다.

샤를 르 브룅
프랑스의 화가이자
디자이너이며 예술
이론가인
샤를 르 브룅(1619-
90년)은 루이 14세 시대의
프랑스 예술을 주도했다.
그는 파리에서 교육받은
후 1642년 로마로 가서
니콜라 푸생(Nicolas
Poussin) 밑에서 일했다.
그는 1648년 프랑스 회화
조각 협회를 설립하는 데
공헌했으며, 1663년 고블랭
태피스트리 공장의 작업을
감독했다. 1667년에는
고블랭 왕립 가구 공장의
설립을 감독했다.
1668년부터 1683년까지는
루이 14세에게 고용되어
베르사유 궁의 장식을
감독했다.
르 브룅은 베르사유 궁을
장엄하게 장식하는 데
재능을 발휘했다. 베르사유
궁에 남긴 작품 중에는
거울의 방(1679-84년)과
대층계(1671-78년)
1752년 허물어짐) 등이
있다.

로코코 양식
후기 바로크 양식의 만개

르네상스 건축은 예술적인 작업인 동시에 공학과 기술의 위업으로, 브루넬레스키가 피렌체 대성당의 크로싱을 돔으로 덮는 해결 방안을 내놓으면서 시작되었다. 이것은 팔라디오의 수학적 완벽성을 거쳐 바로크 양식의 연극적인 구조와 장식으로 발전했다. 18세기에 들어서자 바로크 양식은 관점에 따라 다르겠지만, 지나치게 치장을 해서 쓸모없는 장식이 넘치는 스타일이나, 매우 호사스러운 스타일의 두 방향으로 나아갔다.

로코코 양식은 바로크 양식이 달콤한 방향으로 발달해 나간 것으로, 환상적이고 변덕스러운 느낌을 주는 건축으로 만개했다가, 얼마 후 신고전주의에 밀려 종말을 맞았다. 신고전주의는 유럽 건축학을 혁신시킨 순수주의로, 고전주의의 규범을 지키면서 그리스와 로마의 정신을 뒤따르려는 것이었다.

그러나 네로와 칼리굴라 황제가 지배하던 시절에는 로마 건축에도 로코코 양식의 정신과 일맥상통하는 것이 있었다. 1세기 무렵 장식이 점점 더 화려해졌고, 네로는 장식가들의 기술이 한계에 도달했다고 생각해서인지 황금을 입힌 식당 천장에 수십 톤의 장미 꽃잎을 매달게 했으며, 살아 있는 사람의 몸에 불을 붙여 정원을 밝히게 했다. 로코코 양식을 종말로 몰아넣은 신고전주의자 중 진지한 정신을 가진 사람들은 이 아름다운 양식의 퇴폐성이 건축학적으로나 윤리적으로나 올바르지 않은 네로의 실내 장식이나 정원 장식과 같은 것이라고 생각했을지도 모른다.

로코코 양식의 탄생

로코코는 회반죽으로 가리비나 조개 무늬를 만들어 사용한 프랑스식 치장 경향을 의미하는 로카유(rocaille)에서 파생된 단어로, 로코코 양식은 루이 14세의 궁정에서 태양왕을 위해 햇살 같은 스타일로 시작되었다. 이 양식으로 실내를 장식한 첫번째 방이라고 의견이 일치되고 있는 작품은, 1690년대에 루이 14세의 손자 가운데 한 명의 약혼녀인 13살 먹은 소녀를 위해 화가 클로드 앙드랑(Claude Andran)이 꾸며 놓은 샤토 드 라 메나즈리의 방 가운데 하나로, 그것은 새, 원숭이, 리본, 덩굴손, 가면, 그리고 다른 재미있는 것들로 장식된 환상의 세계였다. 그 후 몇 년 만에 이 양식은 18세기 파리에서 왕가나 귀족의 살롱으로 퍼져 나갔다. 어디에나 장식적인 요소와, 도금된 회반죽과, 거울이 있는 이 양식은 단순한 방에 생기를 불어넣었다. 장식적인 도구들이 제 역할을 하면서 다른 건축적인 기교는 별로 필요하지 않게 되었다.

거울의 방(뮌헨의 아마릴부르크 파빌리온, 1734-39년)
이 단층의 사냥용 오두막은 세속적인 로코코 양식의 가장 완벽한 예이다. 중앙의 등근 방에는 거울이 줄지어 설치되어 밝음과 변화를 준다.

르네상스

오토보이렌 대수도원 교회 (독일, 1737년 이후)
피셔가 장식한 오토보이렌 대수도원 교회의 화려한 내부 장식은 단순한 구조로 안정감을 준다. 네이브는 각 돔이 설치된 세 구획으로 나뉘며 가운데의 것이 크로싱을 이룬다. 돔은 환상적인 프레스코화로 멋지게 장식되어 있다.

빛으로 충만해 있어서 주변의 땅들이 눈에 깊이 파묻혀 있는 맑은 겨울에 가장 멋지게 보인다.

에스파냐와 포르투갈

로코코 양식은 에스파냐와 포르투갈에서 독특한 형태를 보여 준다. 에스파냐에서는 이 양식을 들여와 유행시킨 건축가 일가의 이름을 따서 추리게레스크라고 부르며, 화려한 장식은 어떤 면에서는 펠리페 2세의 엄격함에 대한 반항이라 할 수 있었다. 이 양식은 1680년부터 1780년까지 대략 세 번 정도 인기를 끌었다.

포르투갈의 경우에는 이 양식으로 짓지 않았다면 단순해 보였을 성당이나 궁전이, 브라질에서 들여온 금과 다이아몬드로 장식되어 현란한 아름다움을 빚어 냈다. 오포르토에 있는, 중세의 디자인으로 다시 작업한 사웅 프란시스코 성당 내부 장식은 강렬한 미학적인 구성을 보여 준다.

로코코 장식
장식적인 모티브는 주로 출입문과 창문 주변에 활용되었고, 벽면과 천장의 장식적인 구성 요소는 감추어졌다. 장식은 나무나 벽토를 이용해 만들었으며 전형적인 로코코 장식에는 C나 S 형태의 두루마리나 가리비 문양, 꽃, 양치류, 산호 등이 포함된다. 위의 사진은 프라하에 있는 주택으로, 조개 문양을 보여 주고 있다.

그러나 초콜릿 상자 같은 이 양식은 프랑스가 아니라 바이에른에서 절정기를 맞이하게 된다. 가장 밝고 화려한 실내 장식이 있는 건물은 뮌헨 근처의 님펜부르크 성에 있던 아말리엔부르크 파빌리온(1734-39년)이었다. 이 건물은 바이에른의 선제후 막시밀리안 2세 에마누엘(Maximilian II Emanuel)를 위해 그의 궁정에 있던 어릿광대 프랑수아 드 퀴빌리에(François de Cuvilliés)가 지은 것이다. 그는 1720년에 파리에서 건축 수업을 받은 어릿광대였다. 그는 이 치장 공사를 위해서 요한 바프티스트 치머만(Johann Baptist Zimmermann)과 함께 작업했다. 가리비 장식의 창문과, 금박을 입힌 거울이 교대로 설치되어 있고, 그 위로 금박을 입힌 나무들이 처마의 코니스까지 이르고 있으며, 금박을 입힌 새 모양 장식은 금방이라도 날아갈 듯하다.

독일의 로코코 양식

프랑스인들은 로코코 양식으로 교회의 윗부분을 장식하는 문제에 대해 심사숙고했지만 바이에른 사람들은 그러한 망설임이 없었다. 로코코 양식을 대표하는 두 건물은 요한 피셔(Johann Fischer)가 장식한 베네딕투스 수도회의 오토보이렌 대수도원 교회(1737년 이후)와 도미니쿠스 치머만(Dominicus Zimmermann)이 작업한 슈타인하우젠의 비스키르헤(1745-54년)이다. 후자는

사웅 프란시스코 성당 (포르투갈의 오포르토, 18세기)
이것은 포르투갈 로코코 양식의 장려한 대표작으로, 200킬로그램이 넘는 금이 사웅 프란시스코 성당의 조각과 실내 장식에 사용되었다.

장식 예술

로코코 양식의 정신은 장식 예술의 여러 분야에서 인용되고 있다. 화가나 조각가들이 태피스트리를 만들거나 도자기를 구워도 이상한 일이 아니었다. 퐁파두르(Pompadour) 후작 부인의 총애를 받았던 프랑스 예술가 프랑수아 부셰(François Boucher)가 좋은 예이다.
그는 루이 14세의 궁정 화가이자 고블랭 태피스트리 공장의 관리자였으며, 마를리 성과 퐁텐블로 성에서 오페라 공연을 위한 무대를 설계했으며, 손으로 짠 직물을 디자인하기도 했다.

저지대 국가들
그들만의 전원시

델프트 도자기
델프트 도자기는 흙으로 만들어 그 위에 주석을 입힌 것으로, 최초의 제품은 17세기 초반 네덜란드의 델프트에서 만들어졌다. 16세기에 이탈리아에서 네덜란드와 벨기에로 이주한 기술자들이 네덜란드 도시들에 정착하면서 네덜란드의 도자기 기술은 이 기술자들이 들여온 주석 처리 기술에 많은 영향을 받았다. 17세기 초 네덜란드 동인도회사를 통해 수입된 청색과 백색의 완리 도자기도 커다란 영향을 끼쳐 오늘날 델프트 도자기의 청색과 백색 양식이 탄생되었다.

네덜란드는 17세기에 프로테스탄트 건축이라고 말할 수 있는 독특한 건축을 발전시키기 시작했다. 그것은 근본적으로 주택을 위한 건축이었다. 또한 조용하고 우아하지만 지대가 낮아 언덕이 거의 없는 나라에 잘 어울렸다. 왕궁도 조금 규모가 큰 상인의 저택 수준일 정도였으며 알프스 산맥 남쪽 가톨릭 국가들의 성기 르네상스나 바로크 양식에서 발견되는 화려함과는 거리가 멀었다. 네모난 벽기둥들이 멋지기는 했지만, 단순한 벽돌로 만든 벽면에 세우는 것이 다반사였고, 열주나, 웅장한 박공벽과 포르티코 같은 것들은 거의 찾아볼 수 없었다. 이런 단순함은 네덜란드인의 검소한 기질이나 프로테스탄트 신앙 때문만이 아니라, 석재가 모자랐기 때문이기도 했다. 네덜란드에서는 벽돌이 일반적인 건축 자재였다.

그러나 헨드리크 데 카이세르(Hendrick de Keyser)나 "네덜란드의 팔라디오"라고 불리는 야코프 반 캄펜(Jacob van Campen)이 세운 바로크 양식의 교회에는 독창적이며 이국적인 첨탑에서 볼 수 있듯이 장식적인 요소가 풍부했다. 레이덴과 하를렘의 습기가 많은 하늘 위로 솟아오른 이 네덜란드 교회들의 첨탑들은, 오벨리스크와 꼭대기 장식, 박공처리된 창문, 연꽃 아치와 양파 모양의 돔과 함께 건물에 생기를 불어넣고 있다. 이러한 것들은 크리스토퍼 렌이 런던에 세운 성당들의 첨탑과 탑의 형태에 직접적인 영향을 미쳤다. 또한 17세기 암스테르담 중심지에 운하를 따라 세워진 높고 좁은 상가들의 벽면에서, 장식과 개성에 대한 열망을 읽을 수 있다.

소박한 건축

그 당시에도 전형적인 네덜란드 건축의 기저에 깔려 있는 특징은 소박하다는 점이었다. 집들은 밝고 화사했다. 당시 네덜란드에서 우리는 현대 가정을 위한 집—말쑥하고, 질서가 잡혀 있으며 깨끗한—에 대한 사고가 싹트고 있었음을 볼 수 있다. 이런 집들이 당시 네덜란드의 화가들—그중에서 유명한 사람은 베르메르뿐이지만—에게 영감을 주어 오늘날의 우리에게도 영향을 미치고 있는

얀 베르메르의 "델프트 풍경" (부분도, 1660-61년)
얀 베르메르(Jan Vermeer)의 이 걸작은 네덜란드 건축의 독자성과 조용한 질서를 보여 준다. 이 도시는 예술가들의 중심지였으며 특히 그들은 원근법과 빛과 색의 효과를 연구한 것으로 이름이 높았다.

르네상스

길드 하우스 (브뤼셀의 그랑 플라스, 1690년 이후)
박공벽으로 장식된 파사드들은 브뤼셀의 그랑 플라스를 향해 있으며 바로크 양식으로 세밀하게 장식되어 있다.
파사드들은 서로 다른 특색을 보여 주지만, 건물의 높이가 거의 같기 때문에 보조적인 장식들을 통해서 서로 연결되어 있는 것처럼 보인다.

가정의 이상과 목가적 분위기를 창조해 내게 했던 것이다. 이런 양식은 야코프 반 캄펜의 설계에서 볼 수 있듯이 팔라디오 양식과 혼합된 것이다. 그 대표적인 예가 1633년 어느 장군을 위해서 세운 헤이그의 마우리츠호이스이다. 이 건물은 여러 양식이 혼합된 형태로, 후일 조지(George) 양식의 테라스가 있는 주택으로 발전되어 도시 주택의 새로운 기준이 되었다.

벨기에는 훨씬 화려한 편이었다. 브뤼셀에 그랑 플라스 (1690년 이후)와 나란히 서 있는 바로크 양식 저택들의 파사드에서 우리는 동물, 꽃, 신, 원형 돋을새김, 소용돌이 장식 등이 조각된 것을 볼 수 있다. 이 양식이, 레이스나 과자를 만드는 기술이 오래 전부터 중요한 부분을 차지했던 사회에서 만들어 낸 것이라는 사실은 부정하기 어렵다. 이런 건축물들은 벨기에산 초콜릿 상자에 비견된다.

외국에 미친 영향

네덜란드는 미국의 초기 식민지 시대에 압도적인 영향을 미쳤으며, 남아프리카에 준 영향은 훨씬 더 컸고, 오래 지속되었다. 뉴저지와 뉴욕에는 네덜란드식 주택이 여러 채 있다. 그중에서 가장 오래된 것이 뉴저지 해큰색에 있는 에이브러햄 애커먼 하우스(1704년 철거, 1865년 개축)이며 가장 최근의 것은 뉴저지 앵글우드의 브리랜드 하우스(1818년)이다.

남아프리카에는 케이프타운의 성이 1679년 완성되고 정착자들이 안정을 찾으면서 네덜란드 식민지 스타일의 하얀 집들이 발달하기 시작했다. 최초의 공공건물은 1716년 세워진 버거 워치 하우스로, 1755년부터 1761년에 걸쳐 개축되었으나 건축가의 이름은 알려져 있지 않다.

그러나 네덜란드식 남아프리카 건축의 진수는 아름답고 단순한 전원 주택에서 볼 수 있다. 오늘날 그 나라의 유명한 포도밭 가운데 많이 서 있지만 가장 훌륭한 전원 주택들은 스텔렌보쉬에 있다. 아마도 세계 어디에서도 찾아보기 힘들 정도로 가장 살기 좋으며, 모두가 선망하는 집일 것이다. 이 집들은 단순하고 밝으며 통풍이 잘되기 때문에 오늘날에도 여전히 현대적으로 보인다.

네덜란드의 식민지주의

17세기 초 네덜란드는 발트 해에서 남부 유럽에 이르기까지 해상 무역을 지배했으며 동인도 지역에서 포르투갈이 가지고 있던 교역권까지 확보했다. 향료 무역의 확보는 네덜란드 공화국에 엄청난 부를 가져다 주었으며 그 나라를 국제 금융의 중심지로 만들었다. 이런 부의 축적으로 네덜란드는 화가와 작가를 끌어들여 회화와 건축의 '황금 시대'를 열었다.

스텔렌보쉬 (케이프타운, 19세기 초)
19세기 초에 지어진 남아프리카의 네덜란드식 전원 주택에는 대부분 한가운데 현관이 있고, 바로 양 옆으로 두 개의 반창문이 나 있으며, 두 개에서 네 개 정도의 창문이 양쪽 공간에 배치되어 있다.

아메리카

에스파냐가 아메리카를 지배하기 이전에 있었던 이 땅의 강력한 문명들은 마야, 아스텍, 잉카 문명이었다. 그들은 각자 단순한 양식을 기초로 해서 피라미드처럼 강력하면서도 단순하고 규모가 큰 건축을 발전시켜 왔다. 다양한 크기의 피라미드를 세웠던 아스텍인들에게 이 신성한 건축물은 인간과, 자연과, 우주를 연결해 주는 인공적인 산이었다. 중앙아메리카나 남아메리카의 이 기념비들이 외부인들에게 가끔 사악하게 느껴지거나 낯설게 느껴진다면, 아마도 그것들이 피를 흘리고 있는 제물이나, 입에 담기 어려운 종교적인 의식이나 신앙을 떠올리게 하기 때문일 것이다. 에스파냐와 포르투갈 침략자들은 찬란한 바로크 양식을 아메리카에 가져와 쿠바의 산티아고에서 칠레의 산티아고까지 이 양식을 꽃피웠다.
그리고 그들과 함께 들어온 의식이나 종교는, 그들이 대체하려고 했던 의식이나 종교 이상으로 많은 피를 쏟게 만들었다.

마추 픽추(페루)
페루 안데스 산맥의 장려한 모습이 그곳에 있던 왕궁 요새를 압도했다.

고대 중앙아메리카
기념비적인 건축

찰치우툴리쿠에
이 아스텍 여신은 새로 태어나는 아이들과 결혼을 보호해 주기 때문에 숭배된다. 그녀는 흐르는 물의 여신이며, 샘과 시냇물의 여신이고, 산과 비와 샘의 신인 틀랄록의 자매 혹은 부인이다. 아스텍 사회는 농경 사회였고, 그래서 많은 신들은 날씨와 관련이 있었으며, 땅에서 수확을 거두려면 신들을 잘 달래야 했다. 예를 들면 틀랄록에게는 갓난아이를 제물로 바쳤다.

마야 문자와 기술
마야인만이 콜럼버스 이전에 문자를 알았던 유일한 아메리카 원주민이었다. 그들의 상형문자는 20세기 후반까지는 해석되지 않았으나 그 시기부터 많은 마야의 건물들이 발견되면서 일부는 해독되기 시작했다. 우리가 해독하고 있는 문자의 대부분은 건물에 새겨진 것들이다. 마야의 필사본은 단 3개만 전해진다고 한다. 에스파냐인들이 이교도의 것이라는 이유로 전부 파괴했기 때문이다. 문자는 마야인들이 농사의 결과를 기록하고 계획을 세울 수 있도록 만들어 주었다. 그들은 뛰어난 농부이자 천문학자였다. 현대의 인류학자들은 중앙아메리카인들이 바퀴를 사용하지 않았던 이유는 길들여서 바퀴 달린 수레를 끌게 할 만한 짐승이 그 지역에 없었기 때문이라고 추정하고 있다.

에스파냐 정복자들이 그들의 배를 불태워 버리고 죽음 아니면 영광이라는 정신으로 멕시코의 심장부를 향해 진격했을 때, 그들은 어처구니없을 정도로 거대한 규모의 건축물과 도시를 보고 경악했다. 테오티우아칸은 넓은 광장으로 연결된 간선도로를 따라 건설된 계획 도시였다. 이 도시에는, 꼭대기에 신전터가 있는 거대한 계단식 피라미드들이 있다. 이 신전들은 대담한 에스파냐인들조차 몸서리를 쳤던 암울한 사연이 있는 곳이다. 매일 신이 원하는 만큼 인간을 제물로 바치는 곳이었던 것이다. 펄떡거리는 신선한 심장을 하늘로 높이 들어 올린 후 축복받은 젊은이의 몸뚱이를 피라미드 밑으로 던지지 않는다면, 태양이 분노해서 다음날 뜨지 않을 것이라는 믿음 때문이었다. 건축가이자 역사학자인 패트릭 넛갠스(Patrick Nuttgens)가 기록한 바에 따르면, 정복자들이 도착하기 5년 전에, 테오티우아칸의 대사원은 "10,000명에서 80,000명 정도로 추정되는 수많은 제물들로 인해서 신성해졌다. 의식에 따라 한 번에 네 명씩 죽임을 당했으며, 의식은 해가 뜰 때부터 해가 질 때까지 나흘 동안 계속되었다."고 한다. 물론 20세기 유럽에서는 이보다 더 나쁜 일도 일어났지만, 그래도 이것은 끔찍한 학살이었다.

피라미드

테오티우아칸에서 가장 인상적인 기념물인 태양의 피라미드(50년경)는 이 도시의 운하들과, 다리들과, 넓은 만남의 장소들을 관통하는 간선도로인, 죽은 자의 거리 동쪽에 세워졌다. 피라미드의 형식은 물론 이집트의 것과 유사하다. 그렇지만 청동기 시대에 이러한 생각이 북아프리카에서 중앙아메리카까지 바다를 건너온 것인지, 아니면 아스텍, 올멕, 마야, 사포텍, 그리고 톨텍족의 피라미드가 모두 독립적으로 생겨난 것인지는 심사숙고해야 할 문제이다. 태양의 피라미드는 확실히 인상적이다. 밑변의 길이는 약 217미터, 아직까지 남아 있는 높이만 57미터이다. 그것은 그 전에 세워진, 최소한 두 개 이상의 피라미드 위에 건설된 것이며 꼭대기에는 사원 건물이 서 있었다. 태양의 피라미드의 거대한 규모와, 셀 수 없을 정도로 많은 부속 사원에서 알 수 있는 사실은, 이것이 거리의 중심부를 완전히 차지하고 있었다는 점이다.

피라미드 형태는 기원전 200년경부터 북아메리카와 중앙아메리카 양쪽 모두에서 나타났다. 많은 피라미드들이 이 지역에 최소한 800년 동안 세워져 있었다. 가장 최초의 설계는 마야인들의 것이었다. 길고 가파른 계단을 올라가면 그 꼭대기에는 수탉의 깃털, 아니 차라리 성직자나 전사의 머리를 닮은 기묘하게 생긴 돌로 만든 장식물로 꾸며진 사원 건물이 세워져 있었다. 최근 들어서 몇몇 고고학 팀이 나무 막대기로 찔러 가며 확인한 바에 따르면, 잡초가 수북한 농지 아래에 고대의 사원들이 발견되기를 기다리고 있다고 한다. 모든 사원들은 태양이나 달이나 별과 같은 천체의 위치에 따라서 배열되어 있다. 마야의 달력은 정확한 것으로 유명하다. 그러나 이 종족들 가운데 그 누구도 바퀴를 사용하지 않았다는 사실은 정말 이상하다. 건물이 자리한 곳은 지력이 이미 소모되어 버린 장소임이 틀림없다.

그 지역의 사원들은 대부분 돌로 세워졌으며, 대개 벽토를 입히고 광채가 나도록 윤을 냈다. 선택된 색은 항상 붉은색이었다. 그 이유는 붉은색을 황토에서 쉽게 얻을 수 있었기 때문이 아니라, 가혹한 의식이 끝난 다음 사원의 벽과 긴 계단으로 흘러내리는 피만으로는 부족했던 문화가 지배하는 사회에서 붉은색이 피를 의미하는 것이기 때문이었다.

독특한 구조

아스텍인이나 마야인은 언제나 바깥에서 생활했다. 따라서 중앙아메리카의 건축에는 창문 역할을 하는 것들이 거의 만들어지지 않았다. 대부분의 건물들은 입구가 채광 역할을 하도록 되어 있었으며, 복잡한 실내 장식이 있었다는 증거도 없다. 우리는 아스텍의 건축에 대해서 몇 가지 중요한 것들 이외에는 잘 모른다. 알려진 것들 가운데는 사원, 통치자들의 왕궁, 환상적인 구기 경기장 등이 있다. 구기 경기는 일종의 실내 축구 경기로, 그 연대는 기원전 8세기나

죽은 자의 거리 (멕시코의 테오티우아칸)
테오티우아칸은 격자형 구조로 건설되었으며, 산 후앙 강에서 물을 끌어들이는 운하에 의해 관개가 이루어지고 있다. 죽은 자의 거리 왼편에 높이 57미터에 달하는, 태양의 피라미드가 있다.

역법
마야인들과 아스텍인들은 공통점이 있는 복잡한 역법을 사용하고 있었다. 마야력은 1년이 365일로 되어 있고, 종교적인 날로 정한 260개의 날이 있으며, 52년 만에 역법은 한 바퀴를 완전히 돌게 된다. 또한 20일씩으로 이루어진, 이름이 있는 18개 달과 다섯 번의 '재수 없는 날'이 있었다. 이런 특징은 아스텍의 역법에도 있었다. 그런데 모든 지역에서 한 해가 같은 날에 시작되지는 않았다. 모든 역사적인 기록들의 관계를 나타내기 위해, 정해진 날짜부터 계속해서 일수를 세는 긴 달력이 존재했다. 아스텍 역법은 숫자 1에서 13까지의 주기로 구성되어 있으며 각 주기마다 20개 날짜의 이름이 있었다. 신들이 숫자와 관련이 있었는데, 밤의 속성을 나타내는 신도 아홉이나 있었다. 역법은 일을 시작할 때나, 길일을 잡거나, 중요한 자연 현상을 읽어 내거나 생일과 같은 행사에 사용했다. 매 52년 주기가 끝나는 날이면 집에서는 가정용품들은 전부 버리고 다시 장만했으며 신전은 개조를 시작했다.

통치자의 궁전 (멕시코의 욱스말, 900년경)
오늘날의 멕시코 땅인 유카탄 욱스말에 있는 통치자의 궁전은 인상적인 구조물이다. 건물 크기는 180×150미터이며 궁전 자체의 길이는 96미터, 폭은 11미터이다. 서로 연결되지 않는 수많은 방들이 있고, 문을 통해 빛이 들어오며 창문은 없다.

그 이전으로 거슬러 올라간다. 이러한 경기장 가운데 과테말라와의 국경 바로 너머 온두라스의 코판과, 멕시코 유카탄의 치첸 이트사에 있는 두 경기장이 잘 보존되어 있다. 치첸 이트사의 경기장 벽면에는 벽화가 그려져 있는데, 그 내용은 어떤 종교 의식의 일종인 경기에서 진 팀의 선수들이 제물로 바쳐진다는 것이다. 반면에 요즘의 사치스러운 축구선수들은 경기에 졌을 때 '얼굴이 홍당무같이 붉어진 채 화를 낼 뿐이다.' (온두라스에는 사실 축구 선수들이 많음).

유카탄 욱스말에 있는 폐허가 된 고대 마야인의 도시는 600년에서 900년 무렵의 전형적인 마야 건축을 보여 준다. 주거 시설 이외에도 이곳에 있는 중요한 건물로는 통치자의 궁전, 거대한 피라미드 꼭대기에 있는 마법사의 신전, 사각형의 수녀원, 그리고 중앙의 마당을 둘러싸고 있으며 성직자들의 숙소였을 것으로 추정되는 네 개의 직사각형 건물이 있다. 고대 아메리카 건축물의 각 방은 서로 연결되지 않았던 것으로 여겨진다. 그 이유는 기후가 따뜻한 편이어서 어떤 방이나 장소에서 밖으로 걸어 나와 다른 곳으로 가는 일이 그다지 불편하지 않기 때문일 것이다. 욱스말에 있는 통치자의 궁전은 정교하게 주조된 판유리로 장식되어 있다. 이 판유리들은 석재 모자이크 위에 부조로 조각한 뒤 그 위에 상감으로 아로새겨 만든 것이다. 이 위로 햇살이 비추면 장관이 연출된다. 주조된 판유리는 거의 1,000년 후에 장식용 콘크리트 구조물로 바뀌어, 유명한 북미의 건축가 프랭크 로이드 라이트(Frank Lloyd Wright)가 설계한 주택과 종교적인 건물에 사용되었다.

마추 픽추

정복당하기 전 아메리카에 세워진 기념물 가운데 가장 인상적인 위치에 자리 잡고 있는 것이 마추 픽추로, 돌 성벽으로 둘러싸여 요새화된 도시가 두 개의 산봉우리 사이에 가랑이를 벌리고 앉아 한참 아래쪽의 우루밤바 강을 굽어보고 있다. 약 1500년경에 완성된 마추 픽추는 건축의 질보다는 그 위치 때문에 더욱 가치가 있다. 일련의 복합적인 테라스 위로 집, 왕궁, 상점, 사원, 묘지의 잔해들이 보인다. 모두가 돌로 견고하게 지어진 것이다. 어떻게 이 안데스의 성채가 500년 전에 지어질 수 있었는가를 명확하게 설명하기는 어렵지만, 장식에서나 구조에서나 화려함은 거의 찾아보기 어렵다. 멀리 떨어져 있는 북쪽의 건축물들과는 달리 대다수의 건물들에 창문이 달려 있다는 사실로 미루어보아 눈 덮인 봉우리 아래에서의

치첸 이트사의 구기 경기장
마야인과 톨텍인 모두에게 중요한 종교적인 중심지였다.
구치첸은 마야 양식으로 지어졌다.
유적 내에 계단식 피라미드와
145미터 길이의 경기장이 있다.

홀리혹 하우스 (로스앤젤레스, 1917년)
석유 부호의 상속녀 에일라인 반스달(Aline Bansdall)을 위해서 프랭크 로이드 라이트가 지은 이 멋진 주택은 프리즈를 두른 바깥쪽 벽과 건물 자체의 피라미드적인 구조에서 볼 수 있듯 명확하게 마야 건축의 영향을 받았다. 이 건물은 중앙의 마당을 둘러싸고 세워졌다.

있다.

고대의 종말

초기에 많은 정착자들이 있었던 지역인 미시시피 계곡 내 카호키아에 있는, 수도승의 언덕이라 알려진 웅장한 사원 단지가 있기는 하지만, 북아메리카에는 초기 피라미드 건축이 거의 남아 있지 않다.

우리는 미국 남서부 푸에블로 유적지에 대해서 알고 있기는 하지만, 실질적으로 아메리카의 고대 건축은 멕시코와 과테말라, 그리고 잉카 유적이 남아 있는 남아메리카의 페루에서 찾아볼 수 있다. 도시와, 건축물과, 사람과, 문화와, 종교는 자연에 의해 우연히 파괴되었고, 에스파냐인들에 의해 의도적으로 파괴되었다. 오늘날 멕시코에서 가장 가난하고 학대받는 사람들인 아스텍의 후손들은 1994년에 일어난 치아파스 봉기 이후, 사파티스타 민족 해방군의 기치 아래 비폭력적인 방법으로 그들의 권리를 되찾으려고 하고 있다. 그들은 오두막에서 살고 있으며, 그들에게는 사원이 없다.

잉카

잉카 제국은 북쪽으로는 오늘날의 에콰도르에서 시작해 남쪽으로는 칠레 중앙부의 마울레 강까지 뻗어 나갔다. 잉카인들은 12세기에 쿠스코에 수도를 세우고 15세기 초부터 다른 종족들을 정복해 나갔다. 그들은 황제가 관료 조직의 도움을 받아 제국을 다스리는 복잡한 정부 형태를 발전시켰다. 주민은 대부분 농부였으며 금속 가공과 석공에 특히 뛰어난 기술을 가지고 있었다. 석공 기술의 뛰어남은 쿠스코에 있는, 잉카인이 만든 벽을 통해 명확하게 입증된다. 잉카 문명은 에스파냐의 침략으로 멸망했으며, 주민들과 제국은 에스파냐의 지배를 받게 되었다.

삶은 우리가 판단하는 것보다 훨씬 문명화된 삶이었을지도 모른다. 어쨌든 인간과 자연이 하나로 연결되어 있는 유령의 도시, 마추 픽추는 세계적인 불가사의 가운데 하나로 남아

세 개의 창을 가진 사원 (페루의 마추 픽추의 신성한 광장)
이 사원은 잉카인들이 그들의 기원이라고 믿었던 세 개의 창이 있는 동굴을 나타낸 것이다.
다른 잉카 유적지와 마찬가지로, 이 구조물의 놀라운 점은 건축 양식이 아니라 교묘하게 모서리를 맞춘 석공 작업이다.

식민지 아메리카
새로 발견된 땅

아메리카에는 수천 년 동안 계속된 원주민들의 역사가 있다. 크리스토퍼 콜럼버스는 1492년 카리브 해를 항해해 아메리카로 들어갔을 때 아메리카를 '발견한' 것이 아니었다. 이 제노바 출신 항해사는 아메리카를 유럽의 식민지로 만드는 문을 열어 준 것이었다. 엄청난 고통과 질병과 노예 생활의 대가로 아메리카는 열대 기후, 산악 기후, 우림 기후에 어울리게 번성한 마을 몇 개와 얼마 안 되는 건축물들을 얻었을 뿐이다.

요새화

초기 식민지 건축물 중 일부는 성곽이나 요새 같은 형태이다. 이것은 경쟁 관계에 있던 다른 유럽 국가의 해군과 육군, 그리고 해안의 해적들을 방어하기 위해서였다. 카리브 해의 멋진 도시 아바나도 1519년에 세워진 이래 이런 식으로 발전해 왔다. 구아바나에 특별한 매력을 500년 동안이나 불어넣고 있는 웅장한 에스파냐 요새에는 바르톨로메 산체스(Bartolome Sanchez)가 세운 카스티요 데 라 레알 푸에르사, 조반니 바티스타 안토넬리(Giovanni Batista Antonelli) 부자(아버지와 아들의 이름이 같음)와 크리스토발 데 로다(Cristobal de Roda)가 함께 지은 포르탈레사 데 산 살바도르 데 라 푼타(1660년 완공)와 카스티요 델 모로(1587-1630년), 카스티요 데 산 카를로스 데 라 코바나(영국이 아바나를 기습 점령한 그 이듬해인 1766년에 착공하여 1776년에 완공) 등이 있다. 다른 유럽 국가와의 경쟁에서 승리한 후 에스파냐는 훌륭한 건축물을 많이 남겼다. 플라자 데 아르마스에 있으며 오늘날에는 시립 미술관인 팔라시오 데 로스 카피타네스 게네랄레스(1772-76년)는 아메리카 대륙 전체에서 가장 아름다운 건물 가운데 하나이다. 짙은 산호색 대리석으로 지어진 이 건축물은 커다란 안마당을 따라 아케이드를 둘러 마치 하나의 도시처럼 보인다. 지붕의 조각 장식과, 코린트 양식 기둥들과, 띠를 두른 커다란 창문틀로 이루어진 파사드의 뒤쪽에 있는 안마당은, 새 소리와 낭상엽수와 야그루마 나무로 아름답게 장식되어 있다. 도시를 연구하는 역사가들의 고향인 이 궁전은 코벤토 데 산타 클라라에서 수행된 재건 사업과 더불어 아바나의 인상적인 재건축 사업의 핵심이다.

재건

1970년대부터 시작된 쿠바의 주요 재건 사업에는 수년 간 지속된 빈곤과, 무지와, 혁명의 시대에도 온전하게 보존된 에스파냐 식민지 마을인 트리니다드 전체에 대한 재건이 포함되어 있었다. 트리니다드는 건축학적으로나 역사학적으로 많은 관심을 끄는 장소 중

> **크리스토퍼 콜럼버스**
> 크리스토퍼 콜럼버스는 이탈리아 제노바 출신으로, 세계에서 가장 뛰어난 항해사 가운데 한 사람이다. 그의 항해는 신세계에 대한 탐험과 식민지화의 길을 열었다. 서쪽으로 계속 항해하면 동양에 닿을 수 있다고 굳게 믿은 그는 에스파냐의 이사벨 1세와 페르난도 2세의 재정 지원을 받아 1492년 출항했다. 산타 마리아 호가 이끌던 세 척으로 이루어진 그의 소함대는 33일 만에 바하마 군도를 발견하였고 계속해서 쿠바와 아이티를 방문했다. 1498년에 시작된 세 번째 항해에서 그는 남아메리카 본토를 발견했다.

카스티요 데 라 레알 푸에르사 (쿠바의 아바나, 1558-82년)
바르톨로메 산체스가 세운 이 군사 요새는 해적들로부터 에스파냐의 재산을 지키기 위해 세워진 초기 요새의 대표적 건물이다. 기본적인 설계는 사각형이지만 네 모퉁이에 삼각형의 보루가 붙어 있다.

마나우스 오페라 하우스 (브라질, 1888-96년)
고무 교역의 가장 중요한 기념비 중 하나인 마나우스 오페라 하우스의 내부는
이국적인 동식물의 벽화와 프리즈로 관람객에게 에펠 탑 아래에 있는 것 같은 인상을 준다.

하나로, 유네스코는 이곳을 세계 문화 유산으로 지정해 트리니다드와 구아바나를 재건하는 자금을 지원하고 있다. 1519년 아바나에서 출발해서 아스텍 땅에 상륙한 에르난 코르테스(Hernan Cortes)가 이끄는 에스파냐인들은 멕시코 아래쪽 중앙아메리카와 남아메리카로 내려가며 장식이 많은 현관과 진입로를 강조한 육중한 바로크 양식 건축물들을 발전시켰다. 프란시스코 히메네스(Francisco Jimenez)가 멕시코에 세운, 상당히 과장된 사카테카스 성당(1612년 이후), 현란하게 장식된 입구와 한 쌍의 유럽식 탑이 있는 탁스코의 산 세바스티안 성당과, 산타 프리스카 성당(1751-81년) 등이 그 대표적인 예이다. 이렇게 풍성한 장식을 사랑하는 것은 아메리카의 문화적 풍토이다. 멕시코의 시골에서는 이달고인이든, 푸에블로인이든, 틀라스칼라인이든, 인디오들이 지면에서 지붕 꼭대기까지 짚으로 이은 나무 집을 지어 태양에 말린 호밀, 용설란의 줄기, 야자수, 풀, 선인장 등으로 복잡하고 보기 좋게 층을 만들어 지붕을 장식하고 있다.

마나우스 오페라 하우스

현란한 바로크 건축은 에스파냐와 포르투갈 출신의 탐험가, 상인, 식민주의자들에 의해 남아메리카 전체로 퍼져 나갔다. 그 시대에 세워진 경이로운 건축물 가운데 하나가 브라질 아마존 우림의 한가운데에 있는 마나우스 오페라 하우스이다. 그 지역의 토착민 마나우이족의 이름을 따 붙인 마나우스 오페라 하우스는 프란시스코 도 모타 팔코(Francisco do Motta Falco)에 의해 17세기 초에 아마존 강으로 약 6마일 정도 흘러 들어가는 네그로 강의 둑 위에 세워졌다. 이곳의 기후는 습해서 일 년 중 절반 동안 폭우가 쏟아진다. 흰개미, 습기, 그 밖의 벌레들이 건물을 맛있게 먹어치우는 곳에, 세계 어느곳에서도 볼 수 없는 오페라 하우스가 건설되었으며, 오늘날에는 아마조나스 극장이라고 불린다. 이 건물은 완공된 이후 1929년, 1960년, 1974년, 1990년 등 최소한 네 번 이상 개축되었다. 또한 이 건물은 도발적인 이탈리아 양식을 따른 것으로, 건물의 강철 골조는 스코틀랜드로부터 운송해 왔고, 덧댄 석재와 대리석과 샹들리에는 이탈리아에서, 타일과 청동 의장품은 프랑스에서 들어왔다. 1990년의 재건으로 건물은 처음 세워졌을 때와 마찬가지로 핑크색이 되었다. 전성기였던 20세기가 시작될 무렵에는 러시아 발레단이 이곳에서 공연했고, 제니 린드(Jenny Lind)는 75미터 돔 아래에서 노래했으나 위대한 테너 엔리코 카루소(Enrico Caruso)는 전염병을 겁내서 배에서 내리기를 거부했다. 마나우스 오페라 하우스는 연극적인 바로크 양식으로 지어진 대륙의 상징물이다.

퀘벡

북 아메리카의 식민지 시대의 건축물은 대단히 소박하다. 오늘날의 미국과 캐나다가 된 땅의 건축물은 이주자들이 신념과 고유한 작업 방식으로 세운 것이다. 캐나다에서 가장 눈에 띄는 거주지는 요새였던 퀘벡으로, 원래 프랑스 식민지 주둔군의 기지였으나 1759년 제임스 울프(James Wolfe) 장군에게 빼앗겨 영국에 귀속되었다. 상블리 요새(1709-11년)를 설계하고 시공한 사람은 캐나다의 수석 기술자였던 조쉬에 부아베르틀로 드 보쿠르(Josué Boisberthelot de Beaucourt)였다. 돌로 지어진 이 요새는 루이 14세의 군사 건축가이자 축성 기술자이던 세바스티앙 르 프레스트르 드 보방(Sébastien Le Prestre de Vauban)이 세운 프랑스의 요새들을 그대로 본떠 설계한 것이다.

중국과 일본

중국을 감싸고 있는 만리장성은 아마도 이 나라에서 가장 유명한 건축물일 것이다. 그러나 중국에는 장성이 세워지기 훨씬 전부터 강력한 건축 전통이 이어져 내려오고 있었다. 다른 문화에서 고립되어 있던 중국인들은 독특한 건축 양식을 만들어 냈다. 이 양식은 일본과 동남아시아로 퍼져 나갔으며, 실크로드와 향료 교역로가 열린 17세기나 18세기부터는 서쪽으로도 전파되었다. 외부의 영향을 전혀 받지 않은 수많은 시공 방식이 수백 년 간 시도되고 시험되었으며 건물의 설계는 고도로 의식화(儀式化)되어 갔다. 건축은 색과 나무의 이음새에 커다란 의미가 부여되면서 더욱 복잡해져 갔다. 20세기에 들어서는 일본 건축의 가장 세련된 형태인 젠 스타일의 단순함이 유럽과 미국의 현대 건축에 지대한 영향을 끼쳤다.

금각사 (일본의 교토)
이 선종 고찰은 14세기 말에 건립되었다. 1950년 방화로 소실되었으나 원래의 사찰과 똑같이 재건되었다. 마치 지붕 위에 있는 봉황이 영원히 사는 것처럼 말이다.

중국의 고전주의
균형과 연속성

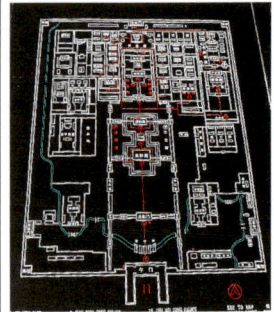

자금성의 평면도
자금성의 건물들은 모두 성벽 내에 있으며 8킬로미터에 달하는 남북의 축을 중심으로 배치되어 있다. 오문(아래 중앙)은 베이징 시내로 연결되는 정문으로, 이어지는 거대한 안마당과 오문의 경계를 짓는 해자(垓字) 위에 놓인 5개의 대리석 다리 북쪽에 있다. 앞으로 더 나아가면 주된 경내로 들어서는 입구인 태화문이 있다. 태화전은 자금성의 중앙에 있다.

금지된 도시 자금성은 거의 500년 동안 24명 황제의 집이었다. 그러나 상자에 상자가 들어 있는 중국식 수수께끼 상자 같은 자금성은 오늘날 베이징을 지배하고 있다. 광대한 마당과 형형색색의 건물들이 차지하는 면적은 약 73헥타르에 이르고, 960×760미터 크기의 벽에 둘러싸여 있다. 자금성은 그야말로 놀라운 장소이며 중국 고전주의 건축의 결정체이다.

20세기에 중국을 분열시켰던 정치적·사회적 봉기들을 생각해 볼 때, 자금성이 온전히 보존된 것은 기적 같은 일이다.

황궁을 둘러싸고 있는 방벽은 그만큼 긴 시간 동안 중국이 세계의 다른 나라로부터 고립되어 있었다는 사실을 반영하고 있다. 비록 인도, 페르시아, 심지어 그리스까지 3세기 무렵부터 중국에 영향을 미치기 시작했지만, 바로 그 시기에 만리장성이 축조되었다. 이 장성은 적대적인 몽고의 기마병뿐만 아니라 외부 세계의 접근을 차단하기 위해 세워진 것이다. 중국은 서구와는 독립된 상태로 발전했다. 중국의 건축은 엄청나게 긴 시간 동안 서서히 발전해 왔다. 주택을 설계하고 시공할 때 지역적으로 차이가 있기는 했지만, 궁궐 건축도 주택 양식에서 크게 벗어나지 않았다. 요컨대 1103년에 출간된 『설계와 건축 방식』(103쪽 오른쪽 그림설명 참조)에서 리지에가 정리한 방법을 벗어나지 않았다.

궁궐

자금성은 자연 환경과의 조화를 추구하는 '과학'인 풍수의 법칙을 따르고 있다. 황제의 거실, 후궁들의 처소, 조신들의 숙소, 알현실 등 모든 건물은, 베이징을 관통해 남북을 가로지르는 약 8킬로미터 길이의 거대한 축을 따라 두 열로 양쪽에 배치되며, 여덟 개의 안마당을 통해 구획이 나뉘어 있다. 또한 금박을 입히거나 짙은 적색, 녹색, 황색, 청색의 단청을 칠했으며, 용이 하늘로 솟아오를 듯한 처마나, 유약을 입힌 기와 지붕 등 모든 것이 현란하고 환상적이다. 8미터 높이의 목조 건물들은 인상적인 대리석 기단 위에 자리 잡고 있다. 내부를 보면 천장은 화려하게 조각하여 금박을 입혔고, 목수들의 뛰어난 예술성을 입증해 주는 매우 복잡한 기둥머리나 까치발이 지탱하고 있는 기둥들과

자금성 (베이징, 1406-20년)
500년 동안 24명의 황제가 자금성에 거주하면서 중국을 통치했다. 정전인 태화전(오른쪽)은 대리석 난간이 장식되어 있는 8미터 높이의 3층 기단 위에 세워졌다.

연결되어 있다. 중국에는 석재가 부족하지도 않았으며 아치나 둥근 천장을 만들 수 있는 기술이 없는 것도 아니었다. 그들은 다만 그렇게 하지 않았던 것뿐이다. 나무를 좋아해서 건축 과정에서 너무 많은 나무를 베어 버렸기 때문에 한때 무성한 삼림이었던 곳이 벌거숭이가 되어 버리곤 했다.

베이징의 북서쪽에 명 왕조와 청 왕조의 황제들은 쾌적한 피서산장(1750년 이후)을 만들었는데, 이 피서산장에 대한 보고서가 당시 유럽에서 중국식 장식에 대한 커다란 관심을 불러일으키는 데 일조를 했다. 피서산장은 쾌적한 별궁들과 복잡한 정원들로 이루어져 있으며 약 2,900헥타르의 면적을 차지하고 있는데, 그중 4분의 3이 물이다. 베이징에서 외곽에 지어진 다양한 건물들은 총 760미터에 달하는 회랑으로 연결되어 있다. 자금성의 건물도 마찬가지이지만, 이곳의 모든 건물들은 내진 설계로 지어진 것이다.

황제가 다스리던 시절의 중국 사회가 고대의 의식을 중시한 것은 당연한 일이었다. 중국인들은 하늘과 조상을 공경했다. 천단은 하늘에 제사를 지내기 위해 설치한 제단으로, 280헥타르의 면적을 차지하며, 명 왕조와 청 왕조 때 세워졌다. 원형의 목조 제단의 높이는 32미터, 지름은 24미터에 이른다. 전체적으로 장엄한 색조로 채색되어 있다.

붉은색 문과 기둥과 창문, 그리고 녹색 대들보가 있는 건물에 짙은 청색의 기와 지붕을 얹었다. 이 사랑스러운 건물은 흰 대리석 난간으로 둘러싸인 삼층의 원형 기단 위에 세워져 있다. 오목한 원뿔형 지붕 위에 설치된 둥근 공은 금으로 도금되어 있다. 수세기 전의 사람들과 마찬가지로 오늘날의 방문객도 이런 중국의 건축물들이 놓여져 있는

천단 (베이징, 1420년)
명 왕조와 청 왕조의 황제들을 위해 지어진 건물 가운데 하나로, 풍요로운 수확을 기원하기 위해 설계된 건축물이다. 짙은 청색 기와를 올린 3층의 원뿔형 지붕을 가지고 있다.

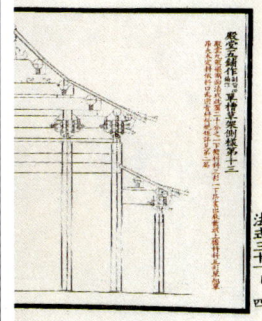

모듈 시스템
리지에는 삽화가 있는 그의 저서 『설계와 건축 방식』에서 모듈 공법을 창안했다. 그것은 일종의 비율 시스템으로 까치발의 수직 폭을 기준으로 기둥과 보의 크기와 위치를 정하는 방식이다. 이 책은 중국 건축의 교과서가 되었으며 모듈 시스템은 전 중국으로 퍼져 나갔다.

중국의 만리장성 (기원전 210년경)
고대 사회의 가장 위대한 건축 사업 가운데 하나인 만리장성은 적의 공격으로부터 중국을 방어하기 위해
진 왕조 최초의 황제였던 진시황에 의해 건설되었다.
현존하는 만리장성은 명 왕조 때 보강되어 다시 세워진 것이다.

병마 도용
중국 최초의 황제였던 진시황은 자신의 무덤을 직접 설계했는데, 이는 그의 제국의 영화를 지하 세계에서 다시 누리기 위한 것이다. 1만 개의 병마 도용들이 진짜 무기를 들고 무덤을 지키고 있다. 1974년 발견되었으며 궁수, 보병, 전차병 등 다양한 도용들이 있다. 병마 도용은 위대했던 진 왕조의 힘을 나타내고 있다.

광대한 공간뿐만 아니라 그 공간에 자리 잡은 건물 하나하나, 즉 도시와, 종교와, 궁궐이 하나의 커다란 계획 아래에서 밀접하게 연관되어 있는 것처럼 보인다는 점에서 놀라지 않을 수 없다. 중국의 문화적 동질성이 황제들의 건축에 그대로 반영되어 있는 셈이다.

진 왕조

중국인과 로마인은 서로 알지 못했겠지만, 로마인과 마찬가지로 중국인도 도로와 교량을 비롯한 여타의 구조물 건설에 높은 경쟁력을 갖추고 있었기 때문에 베이징에 앉아서도 멀리 떨어진 곳에 있는 사람에게 명령을 내릴 수 있었다.

그러나 위대한 두 제국이 국경선을 방어하는 방법은 상당히 달랐다. 로마인은 적국에 비해 우세한 보병단을 통해 국경선을 방어했지만, 중국인들은 제국의 끝에서 끝까지, 즉 보하이 만에서부터 간쑤 성 자위관까지 6,000킬로미터의 장성을 쌓았다. 호전적인 픽트족의 공격으로부터 브리튼을 방어하기 위해서 아일랜드쪽 해안에서 북해까지 건설한 하드리아누스 방벽은 만리장성에 비교해 보면 완전히 젖먹이 수준이다. 만리장성은 기원전 210년경 중국 최초의 황제인 진시황(秦始皇)이 건설한 것이다. 진시황의 능이 1970년대에 발견되었을 때 실물 크기로 만들어진 수천 개의 도용이 묻혀 있었다.

만리장성은 완공된 후부터 전설 같은 건축물로 받아들여졌다. 그 이유는 그것이 인류가 만들어 낸 위대한 성과물이기 때문이기도 하지만 건축학적 아름다움 때문이기도 하다.

만리장성은 15세기와 16세기 명 왕조 때 보수되고 표면이 석재로 다시 마감되었다. 장성 대부분의 구간이 7-8미터의 높이지만 가장 높은 곳은 14미터에 이르고, 폭은 아래쪽 기초 부분에서 6-7미터, 위쪽에서는 5미터 정도이다.

중국어로 '벽'이란 단어는 '도시'를 뜻한다. 멀리 있는 밭에 나가 일하는 농부들은 예외겠지만 모든 문명은 벽에 의존하고 있다. 인간은 누구나 어느 정도, 마을의 벽이건 도시의 벽이건 수도원의 벽이건 벽 뒤에서 살고 있다. 도시의 주택들은 얼굴 없는 벽 뒤에 숨어 있는 마당을 중심으로 모인 무수한 집들로서 설계된 것이었다.

포탈라 궁

만리장성을 제외할 때, 새로 들어선 공산주의 제국에서 가장 당당한 건물은 티베트의 라사의 깍아지른 듯한 산 위에 세워진 포탈라 궁일 것이다. 높은 산 위에 건설되어, 산맥으로 둘러싸인 듯한 광대한 평야 지대를 내려다보고 있는 포탈라 궁은 이 세계의 모든 건물들 가운데 가장 인상적인 곳에 자리잡고 있는 건물들 중 하나이다. 건축 자체는 그렇게 복잡하지 않은 편이지만 흰색, 적색, 황금색으로 장식되어 있는 거대한 규모의 포탈라 궁은 위압적인 느낌을 준다. 매우 신비롭지만 사람들에게 잘 알려져 있지 않은 곳 가운데 하나인 티베트에 세워진 거대하고 으스스한 느낌을 주는 건축물이 여기에서 그 위용을 내보이고 있는 것이다.

중국인들은 다리를 세우는 데에도 대가들이었다. 그 다리들은 베이징 피서산장의 호수를 가로지르는 묘한 모양의 다리에서부터 허베이 성 자오셴에 있는 안제교(605-17년)처럼 실용적인 것까지 아주 다양한 모습을 띠고 있다. 안제교는 수 왕조 시대에 건설된 삼각소간을 가진 아치 형태의 교량으로, 세계 최초의 것이며, 유럽에서 최초로 세워진 같은 형태의 다리보다 무려 700년이나 앞선 것이다. 안지교에는 무려 28개의 석조 아치가 설치되었고 교각의 간격은 37미터에 달한다.

이 다리는 구조공학적인 측면에서만 뛰어난 것이 아니라 오늘날의 기준에서도 매우 우아하게 장식되어 있으며, 기능적인 부분들까지 멋진 감각으로 만들어진 듯하다. 고대 중국의 다른 구조물들과 마찬가지로 안제교도, 중국인은 자신이 필요할 때만 흐름에서 벗어날 뿐이며, 다른 때에는 매우 느리게 발전하는 건축의 전통에 만족하며 즐겁게 살아간다는 사실을 입증하고 있다. 이렇게 끈끈이 이어져 온 전통은 20세기에 들어서 전쟁과, 일본의 침략과, 혁명으로 인해서 산산이 부서져 버렸다.

> **명 왕조**
> 명 왕조(1368-1644년) 시대의 주요 업적은 도자기와 회화 분야에서 일어났다. 전통적인 제품뿐 아니라 새로운 형태의 도자기들이 개발되었으며, 도자기류가 석조품을 대체하기에 이른 것이었다. 이 시기는 유약을 입히기 전에 코발트 블루 빛깔을 내는 안료로 그림을 그려 넣은 청화백자의 황금 시대였다. 이 시기에 갖가지 실험이 행해졌으며 그 뒤를 계승한 에나멜 유약을 사용하는 기술이 청 왕조로 이어져 발달되었다.

포탈라 궁(티베트의 라사, 1645-94년)
달라이 라마의 처소이자 사원으로 세워진 이 궁전은 언덕에서부터 200미터나 솟아 있다. 궁의 내부는 9층으로 되어 있다.

일본
의식(儀式)과 세련미

사무라이
12세기부터 19세기까지의 대부분의 기간 동안 쇼군들이 일본을 지배했다. 무사인 사무라이들은 1192년 쇼군을 중심으로 한 막부 정권을 탄생시켰다. 사무라이는 다이묘들에게 절대적으로 충성하는 무사이다. 그들은 단도와 장도, 두 개의 칼을 갖고 다녔으며, 충성과, 명예와, 기꺼이 죽음을 대면할 수 있는 용기를 기본으로 하는 무사도라는 엄격한 윤리 강령을 준수했다. 17세기부터 그들의 군사적 의무는 형식적인 것이 되어 갔으며 1867년 마지막 쇼군이 물러났을 때 메이지 시대의 개혁가들은 1870년대에 그들의 직위를 없애 버렸다.

히메지에 있는 히메지 성(1601-14년)은 일본 달력에 독일의 노이슈반슈타인 성이나 영국의 윈저 성만큼이나 자주 등장하고 있다.

이 성은 빼어나게 아름다운 건축물이다. 그러나 성치고는 지나치게 한적해 보인다. 이 성은 일본인들의 마음속에서 그들의 역사에서 매우 중요한 시대였던 16세기, 즉 오다 노부나가(織田信長)와 도요토미 히데요시(豊臣秀吉)에 의해 일본이 재통일되었던 시대를 상징하는 건축물이다.

또한 이 성은 일본 건축을 대표하는 것으로서 한 번 보면 잊기 어려우며, 서구 건축으로부터 완전히 독립된 채 발전한 건축 정신이 담겨 있다.

일본에서 농업은 기원전 3세기경 시작되었다. 초기 일본의 건축물들은 임시적인 것이었고 한 번 사용한 자재를 재사용할 수 있는 형태였다. 서양의 기준에 따르면 대단히 뒤떨어진 것도 아니지만, 일본인들은 상당히 늦은 시기에 목재보다 석재를 이용해 영구적인 건축물을 만들기 시작했다. 경쟁 관계에 있는 씨족이나 부족 사이의 끊임없는 투쟁으로 인해 12세기경에 권력의 중심이 천황에서, 무사들의 우두머리인 쇼군으로 옮겨 갔다. 쇼군은 법령을 제정하고 고도로 훈련받은 사무라이들을 통해 이를 집행할 수 있었다. 19세기까지 지속된 막부 체제하에서 사무라이들은 논과 산을 너머 멀리 보이는 곳까지 호령하는 히메지 성 같은 웅장한 요새들을 만들었다. 백성들은 그 아래에서 옹기종기 모여 살았다.

요새화된 거주지

히메지 성을 비롯한 일본의 성은 서양인들에게 그 특유의 흰색과, 마치 동화의 한 장면을 떠올리게 하는 아름다움으로 주목받았다.

또한 사무라이의 갑옷, 무기, 의식(儀式)도 마찬가지로 아름다워 보인다. 히메지 성은 완벽한 상태로 보존된 유일한 일본식 성이다. 이 성의 장려한 6층 망루는

히메지 성의 망루
(히메지, 1601-14년)
히메지 성의 망루는 16세기에서 17세기 초반까지 지어진 요새화된 거주지 중에서 가장 인상적인 것이다. 밀폐된 지붕과 곡선으로 이루어진 처마를 가진 6층 건물이다.

바위로 만든 기반 위에 목재로 벽을 올리고 흰색 회칠을 하여 마감했으며, 양측 날개의 박공은 아래쪽 해자에 반사된다. 이 성은 금방이라도 양쪽 박공을 펴고 공중으로 날아오르려고 하는 것처럼 보인다. 그래서 일본인들은 이 성을 '백로'라고 부른다. 망루는 침입자들에게 혼란을 주기 위해 만든 미로 같은 안마당 가운데 서 있다. 이런 점에서 마치 일본의 스시가 비프 스테이크와 다른 만큼이나 일본의 성은 중세 유럽의 성들, 예를 들면 에드워드 1세가 지은 성과 다르다.

일본은 중국과 한국을 통해 건축술을 받아들였다. 중국의 건축 역사는 기원전 1000년경까지 거슬러 올라간다. 그렇지만 서구에 주목할 만한 영향을 끼친 것은 바로 일본 건축이었다.

그러나 비교적 최근까지도 일본은 서구인들에게 읽을 수 없는 책과 같았다. 포르투갈, 에스파냐, 네덜란드의 선교사들과 상인들이 16세기에 일본에 도착하기는 했지만, 1630년대에 모든 외국인들, 이른바 '털복숭이 악마'들은 가차없이 추방되거나 죽임을 당했다. 하지만 일본의 쇄국은 토착 문화의 쇠퇴가 아니라 오히려 융성을 가져왔다. 외국인을 철저히 추방한 시기부터 일본이 외부 세계와의 연결 고리를 복구해 나가던 1850년대 사이에 하이쿠가 발전했으며, 토착 건축도 세련되고 개화된 형태로 발전하며 절정을 맞았다.

일본이 다시 문호를 열면서 세계에 내보인 문화는 오랫동안 동양의 중심 국가였던 중국의 것과는 엄청나게 달랐다.

신사(神社)

일본 고유의 종교는 신도이다. 처음에 신전은 임시적인 건축물이었다. 신들은 지상에 가끔 짧은 시간 동안만 방문하기 때문에 그들을 위해 영원한 집을 마련해 놓을 필요가 없었다.

7세기에 천황가를 위해서 태양의 여신 아마테라스에게 거대한 성소를 봉헌한 이후에야 임시적으로 지어진 성소들이 나타나기 시작했다. 그 후 천황가는 계속 전국을 돌아다니다가 710년에야 나라에 정착하게 된다. 그 동안 아마테라스는 국가의 여신으로 승격되었으며 우지야마다에 있는, 목재로 지은 그녀의 신사는 최초로 봉헌된 이후 20년마다 개축되고 있다.

일반적으로 신사는 20년마다 완전히 새로 지어진다. 따라서 건축물의 보존에 대한 일본인들의 견해는, 보존을 중요하게 생각하는 서양인들의 견해와는 상당한 차이가

이세 신사의 주 사당 (우지야마다, 8세기 이후)
이세 신사는 태양의 여신인 아마테라스 오미카미에게 봉헌된 신사이다. 이 신사는 20년마다 허물고 장소를 바꿔 다시 세우는 일을 반복하고 있다. 여기에는 빗과 거울을 포함해 천황과 관련된 물건들이 보관되어 있다.

있다. 가령 기원전 5세기에 지어진 걸작인 파르테논 신전을 완전히 다시 개축하겠다고 한다면 미친 생각으로 받아들여질 것이다. 그러나 이세 신사는 1,300년 전에 처음 세워진 모습 그대로이다. 이 신사는 단순한 목조 구조물로, 창고를 상징한다. 왜냐하면 지역민들이 창고에 쌀과 다른 곡식을 가득 차게 해 달라고 신에게 기도했기 때문이며, 이런 이유에서 신사의 건축 형태가 결정되었다고 추정된다. 신사는 창고와 마찬가지로 땅 위에 기둥을 세우고 건물을 올렸다. 지붕은 갈대를 엮어 덮었으며, 양쪽 끝의 박공널은 지붕에서 위쪽으로 튀어나와, 이세 신사 이후의 신사를 특징짓는 한 쌍의 쇠스랑 모양 장식과 교차된다.

신사는 단순하면서 상징적인 관문인 도리이를 통해서 출입하도록 되어 있다. 요즘 도리이를 본뜬 입구를 만든 술집이나 햄버거 가게가 자주 눈에 띈다. 도리이는 한 쌍의 나무 기둥을 세우고 그 위에 한 쌍의 나무 들보를 올려 교차시키는 구조이다. 이세 신사에서 볼 수 있듯이 들보는 원래 직선 형태였으나, 후기에 들어서면서 아시아 전체의 전통적인 지붕에서 볼 수 있듯이 양쪽 끝이 위쪽으로 약간 휘어지게 되었다.

> **노**
> 노는 일본의 가장 전통적인 연극 형식 가운데 하나로 엄격하게 양식화된 말과 행동으로 이루어진다. 노는 춤과, 무언극과, 가면극으로 구성되어 있는, 거의 움직임이 없는 연극 형식이다. 주제는 주로 신, 전사, 그리고 초자연적인 존재들의 이야기이다. 노는 원래 12세기에서 13세기에 신소나 사찰에서 축제 연극으로 생겨난 것이지만 현재 공연되는 대부분의 노는 무로마치 막부 시대(1338-1513년)에 시작된 것이다.

상징적인 출입문
일본 가마쿠라의 도리이는 보행자들에게 쇼핑 장소로 들어왔다는 것을 알려 주기 위해 세운 것으로, 전통적인 건축 요소가 어떻게 현대 건축에 활용될 수 있는가를 보여 준다.

기요미즈테라의 본당 (교토, 1633년)
이 불교 사찰은 교토의 동쪽 산기슭에 세워졌다. 기둥 같은 기단 덕분에 건축가들은 주변의 나무들을 베어 내지 않아도 되었다.
부속 건물들과 계단은 가구식 구조로 지탱된다.

신도

일본의 토착 종교는 신도이다. 이 신앙 체계의 중심에는 성스러운 힘인 가미[神]가 있다. 일본에는 많은 가미가 존재하며, 가미는 자연 어디에서나, 예를 들어 산이나 바위나 나무나 폭포에서도 찾을 수 있다. 신도와 관련된 최초의 문헌은 8세기 무렵에서 찾을 수 있는데, 천황의 혈통이 태양신 아마테라스까지 올라가는 반(半)신화적인 역사가 포함되어 있다. 가미에게 봉헌된 신사를 일본 전역에서 찾아볼 수 있는데, 특히 자연 경관이 아름다운 곳에 자리 잡고 있다.

신사는 긴 시간을 두고 천천히 발전해 왔다. 현존하는 신사 중 가장 오래된 것 가운데 하나가 시마네 현에 있는 이즈모 신사인데, 1744년에 마지막으로 다시 세워진 것이다. 이 신사에서 우리는 약 1,000년이란 긴 시간 동안에도 신사의 설계가 거의 변하지 않은 것을 확인할 수 있다. 가장 야심적이고 규모가 큰 신사는 오카야마 현의 기비쓰 신사(1425년)이다. 복잡한 형태의 박공 지붕, 깊은 처마, 그리고 천장과 안쪽 지붕의 복잡한 흐름이 이 신사의 특징이다. 그러나 여기에서도 아주 먼 옛날까지 그 기원이 거슬러 올라가는 건물뿐만 아니라, 지진에 시달려 온 사람들답게 모듈화된 목재 부품을 사용한 전통을 반영한 건축 양식을 엿볼 수 있다. 목조 건물은 쉽게 분해해서 다른 곳에 옮겨 지을 수 있을 뿐 아니라 내진성이 있어 설사 무너졌다고 해도 금방 다시 지을 수 있다.

선종의 건축

일본에 불교가 전래된 시기는 1세기에서 5세기 사이이다. 7세기에 최초의 불교 사찰인 호류지(현존하는 목조 건물 가운데 세계에서 가장 오래된 것)가 세워지면서 불교가 공인되었다. 신사와 달리 불교 사원은 사원 건물들이 복잡하게 모여 복합 단지를 이루는 형태이다. 그중에서 가장 중요한 요소인 건축물은 탑, 강당(講堂)인 고도, 그리고 본전(本殿)인 곤도이다. 승려들은 휴게실과 목욕탕이 딸려 있는 기숙사에서 생활한다. 목욕탕이 딸려 있었던 이유는 일본 문화에서 목욕이 중요했기 때문이다. 의식을 위한 목욕 시설은 터키, 북아프리카, 에스파냐 남부 이슬람 사회의 하맘에 견줄 만하다.

불교 사찰들은 지난 1,000년 동안 점점 복잡해지고 야심적이 되어 왔는데, 16세기와 17세기 초에 절정을 이루었다. 교토(고찰로 유명한 이 바둑판 모양의 도시는 794년에 설립됨)의 산자락 동쪽 능선 높은 곳에 자리 잡고 있는 기요미즈테라의 본당은 이 시기에 세워진 아름다운 건축물 가운데 대표적인 작품이다. 이 건물은 와요 양식에 따라 설계되었다.

기요미즈테라가 지어진 시대에 사찰의 본당은 안팎으로 다른 건물에 둘러싸인 거대한 이음지붕과 박공으로 이루어져 있었다. 기요미즈테라의 본당이 특히 인상적인 이유는 건물이 가구식 구조의 목탑 위에 세워졌다는 점 때문이다. 따라서 건물은 자연에 더욱 가까워져 마치 자연의 일부처럼 보인다.

자연과 인간이 만든 세계가 조화되는 경지는 선종이

미타 신앙
이 거대한 아미타(관세음) 불상은 일본에서는 가장 훌륭한 것으로 여겨진다. 미타 신앙은 인간이 자신을 스스로 구원할 수 없으므로 반드시 부처의 자비에 의존해야 한다고 한다. 이 불상은 오노 고로에몬이 1252년 청동으로 주조한 것으로, 높이는 11미터 무게는 450톤 정도이다. 제3의 눈이 영적 인식을 명확하게 해 준다.

퍼져 나가면서 일본 건축가들이 도달하고자 하는 목표가 되었다. 선종은 단순성과 조화와 규율을 추구하는 불교의 한 종파로, 수도승과 지식인들뿐만 아니라 개화된 사무라이들도 선종에 깊이 심취했다. 단순함과 조화에 대한 이러한 열망은 일본의 수도를 오늘날의 도쿄인 에도로 옮기던 해인 1615년에 도량형을 표준화시키는 법령을 제정하는 데까지 이르렀다. 그렇게 하여 고대 일본 전통의 진수와 선종의 영향이 결합된 건축이 세련미까지 갖추게 되었다.

평온과 참선

선종의 정신은 다도(茶道)를 위해 설계된 깔끔하게 정돈된 작은 방에서 가장 정교한 형태로 표현되었다. 표준화된 에도 도량형 체계에 따라 다실은 다다미 두 장에서 넉 장 반 정도의 크기로 만들어졌다. 다다미는 볏짚으로 만드는 일본의 전통 매트로 규격은 1.8×0.9미터이다.

다도는 원래 밤을 새우며 참선하는 동안 항상 깨어 있기 위해 차를 마셨던 선종의 승려들에 의해 만들어졌다. 차를 마시는 것을 일종의 의식으로 승화시키겠다는 생각은 반투명한 한지를 통해 들어오는 햇빛만이 비치는 작은 방에서 시작되었다(예전부터 미닫이는 일본식 집의 특징이었음). 방안에는 가구나 화로—당시 유럽의 모든 집에 있었던 장식품—와 같은 어떤 장식품도 없었다. 즉 시선이 닿는 곳에 주의를 흐트러뜨리는 물체가 없어야 했다.

실내 건축에 대한 이런 식의 접근은 20세기 유럽과 미국의 현대 디자인에 엄청난 영향을 끼쳤으며, 교육받은 중산층 가운데 일부는 빅토리아 여왕 시대의 혼잡한 장식과 지나친 소비주의에 대해 반발했다. 일본의 건축은 이런 문제에 대한 해답을 가지고 있는 듯했다.

17세기 일본의 '시골 집'은 완벽했다. 좋은 예가 교토의 가쓰라 궁(1620-58년)을 구성하고 있는 집들이다. 이 주택들은 관료나 전사들을 위한 빌라였는데, 한지를 바른 미닫이로 공간을 구획하는 구조로, 날씨가 추운 겨울에는 미닫이를 닫아 놓고 여름에는 활짝 열어 햇빛과 신선한 공기로 집 안을 가득 채웠다. 외부 형태는 비대칭이었다.

그리고 모든 집에는 잘 꾸민

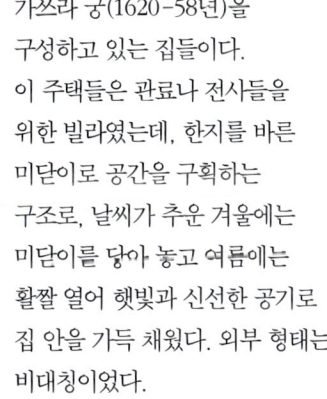

다실(교토의 금각사, 14세기)
다도는 평온함을 요구한다. 다실에는 주의를 분산시키는 어떠한 장식도 없으며, 나무 기둥은 단순한 형태이다.

가쓰라 궁(교토, 1620-58년)
가쓰라 궁은 통나무로 틀을 잡은 개방된 베란다가 있는 건물들로 이루어져 있으며 정원이 내려다보인다. 정원은 호수, 다리, 돌을 깔아 손질한 길, 짧게 다듬어진 나무, 그리고 인공 언덕으로 이루어져 있다.

정원이 있었다. 일본인들에게 정원은 축소된 자연을 의미하기 때문에 매우 중요한 것으로, 집 안에서 바라보기만 할 뿐 걸어 들어갈 수는 없게 만들어져 있다.

역사적으로 일본은 고유한 건축 양식을 발전시켜 왔을 뿐만 아니라, 19세기 중엽 현대 산업과 서구 문물이 물 밀듯이 들어올 때까지 굳이 그 건축 양식을 변화시킬 필요가 없었다.

서구 건축의 역사가 끊임없는 변화의 역사였다고 하면, 좁은 땅과 잦은 지진의 위협이라는 자연적 조건과 의식(儀式)의 조화로운 결합이 일본 건축의 독특한 양식을 만들어 냈다고 할 수 있다.

다도
다도는 1191년 중국에서 시작되었지만, 일본에서 14세기에서 16세기 사이에 하나의 의식으로 발전되어 갔다. 지난 수세기 동안 다도만큼 일본 문화에 영향을 준 것은 없다. 이것은 차를 마시게 되면 긴 철야 참선중에도 깨어 있게 된다는 사실을 알게 된 승려들에 의해 시작되었기 때문에, 불교 선종의 영향을 많이 받았다. 다도는 단순성과 고도로 절제된 동작을 기본으로 하며, 조화와 순수함을 강조한다. 이런 정신은 일본의 전통 예술과 건축에도 반영되었다.

아시아

인도와 동남아시아 지역의 사람들은 대부분 무덥고 푹푹 찌는 날씨 때문에 가능한 한 바깥에서 생활하려고 했다. 집이 필요한 가장 큰 이유는 작열하는 태양을 피해 쉴 곳을 마련하고 계절풍 기간 동안 비를 피하기 위해서였다. 특히 인도에서는 사원들이 생겨나고, 종종 관능적으로 조각되기도 한 화려한 기념물들이 건축되기 시작했다. 식물과 동물, 신들, 그리고 상상할 수 있는 인간의 모든 성교 체위를 조각했다. 이러한 것들은 외부를 장식하고 있었다. 내부는 가끔 금박을 입힌 장식물과, 가구와, 조각으로 채워졌지만 대개는 단순하고 소박했다. 이국적인 인도의 장식은 무굴 제국의 인도 침입 이후 완전히 변했고, 서방 제국들이 19세기에 아시아의 남쪽을 점령했을 때 다시 한 번 변형되어 인도의 건축은 그 원형으로부터 아주 멀어졌다.

앰버 포트의 방 (인도의 자이푸르)
자이푸르는 그 벽의 부드러운 색조 때문에 '핑크 시티'라 불렸다. 1592년 만 싱 1세(Man Singh I)의 감독 아래 앰버 포트의 내부는 힌두 양식과 무굴 양식의 아름다운 결합체로 꾸며졌다.

인도
신성한 건축

자연의 정령
주요 종교 이외에도, 인도에는 자연의 정령들을 숭배하는 다양한 종파들이 있다. 남신과 여신—야크샤와 야크시—을 숭배한, 다산(多産)을 예찬한 종파들은 쿠샨 왕조(1-3세기) 시대에 조각 분야에서 위대한 상징물들을 남겼다. 이런 남신과 여신들에 관한 뛰어난 조형(造形)은 훗날 부처나 다른 신들에 대한 조각을 발전시키는 데 중요한 역할을 했다. 위에 보이는 나무의 여신은 마투라의 스투파(2세기)에 있는 것이다.

마드라스 남쪽, 마하발리푸람에 있는 팔라바 왕조의 사원들과 기념물들은 연대가 7세기나 8세기로 거슬러 올라가는 힌두 건축의 훌륭한 유적들이다. 건축물이 위치한 바닷가나, 성소를 장식하는 부조에서 볼 수 있는 부드러움을 느끼고도 이 사랑스러운 폐허를 만들어 낸 문화의 따뜻하고 감각적인 특성에 감동하지 않을 사람은 없을 것이다.

동굴 사원 안에는 송아지에게 젖을 물리고 있는 성스러운 암소들과 이 해안 사원을 수호하는 시바의 난디들이 조각되어 있다.

서구인의 눈에 마하발리푸람의 사원은 혼란스럽게만 보인다. 중심은 어디인가? 바라보고 있는 것의 의미는 무엇인가? 모든 것이 왜 이렇게 화려하게 장식되어 있는가?

이런 의문에 대한 해답은 인도의 종교와 문화를 이해하는 데 있다. 힌두교는 고대 인도의 브라만교에서 나왔다. 불교는 이 대륙에서 최초로 내구성 있는 자재를 사용해서—기원전 3세기경 돌을 사용함—성소를 세운 최초의 종교였다. 그 전까지 인도의 성소나 사원들은 진흙과, 나무와, 대나무로 만들어지고 있었다. 힌두교는 세상의 모든 것, 심지어 무생물까지도 신들과 이어져 있다고 믿었다. 요컨대 모든 존재가 신성한 것이었다. 그래서 마하발리푸람의, 높고 계단식으로 되어 있는 시카라(하늘 높이 솟아 있는, 여러 층으로 이루어진 사원)는, 그곳에 조각된 황소부터 왕과 신까지, 모든 것들이 함께 살아 있는 곳이었다.

사원의 조각

이런 식으로 사원을 장식하는 경향은 벵골 만에 사원들이 세워지고 300년에서 500년 정도의 시간이 흐른 후에 절정에 도달한다. 이러한 인도의 사원들은 너무나 많은 조각으로 뒤덮여 있어서 그 구조를 이해하기가 쉽지 않다. 그러나 건축가들도 사원의 구조적인 측면을 중요하게 생각하지 않았다. 사원은 처음부터 조각으로 설계되었고 사람들이 사원 밖에서 보고 느끼면서 깨달으면 그만이었다. 내부는 대개 어두운 동굴과 별반 다르지 않아서 많은 것을 기대한 사람들을 실망시키곤 한다. 화려한 조각들 사이로 빛과 그림자를 만드는 태양을 쫓다 보면 야릇한 즐거움이 느껴지며, 사원의 구조물들 또한

해안 사원(마하발리푸람, 8세기)
세 개의 성소가 하나로 모여 구성된 이 해안 사원은 석재로 세워졌다. 처음에는 부조로 덮여 있었지만 바닷물에 많은 부분이 부식되어 버렸다.

마치 살아 있는 듯하고 즐거워하는 것처럼 느껴진다. 힌두교 사원들은 그 구조와 목적이 중세 성당들과는 완전히 다르다. 힌두교 사원은 신성의 즐거움을 드러낸 것이다. 그것은 매우 인상적이지만 고딕 성당처럼 위압적인 둥근 천장에 짓눌린 참회의 모습을 나타낸 것이 아니다. 우리가 고딕 성당 안에서 고개를 들어 하늘을 향해 솟은, 돌로 만든 천장을 보듯이, 마하발리푸람에서는 밖에 서서 인간의 존재에서부터 신들이 머무는 스물일곱 곳의 천국까지, 존재의 여섯 단계를 상징해 주는 시카라의 계단식 탑을 감상하면 된다.

스투파

현존하는 인도의 웅장한 기념물 중에서 가장 연대가 빠른 것은 인도 중부 산치에 있는 대스투파이다. 이 불교의 성소는 마우리아 왕조의 아쇼카(Aśoka) 왕이 기원전 273년에서 기원전 236년 사이에 세운 것으로, 오늘날 우리가 볼 수 있는 것은 원래의 형태에서 핵심 부분만을 남기고 개축한 것이다.

오늘날 남아 있는 스투파는 대부분 기원전 1세기경에 세워진 것이다. 영국인들은 인도 점령 기간 동안 호기심에서 스투파를 조각조각 뜯어 보았다. 그렇게 해서 우리에게는 19세기에 영국인들에 의해 재건된 성소가 남게 되었지만, 그 성소는 영원한 인도 건축의 근원을 우리에게 보여 준다.

독특한 형태의 스투파는 지름 40미터의 원형 기단 위에 세운, 얇은 벽돌로 만든 돔으로 이루어졌고, 이것이 다시 돌로 만든 울타리에 둘러싸여 있으며, 봉인된 신성한 단이 스투파의 정상에 자리 잡고 있다. 화려하게 조각된 네 개의 출입문, 즉 토라나(일본 신사 도리이의 원형으로, 이곳에서 시작되어 네팔, 중국, 한국을 거쳐 일본으로 전해졌음)를 통해서 출입할 수 있다. 멋진 조각 기념물인 스투파는 대단히 견고하다. 스투파는 이 세계를 상징하며, 소원을 빌기 위해서 또는 열반이나 영적인 깨달음에 이르는 길을 표시하기 위해서 세워진 것이다. 이 세상의 축을 상징하는 기둥은 돔 한가운데에 솟아 있으며, 돔은 불교의 삼보인 불·법·승을 상징하는 세 겹으로 된 천개로 이루어진다. 스투파는 네팔, 스리랑카, 미얀마에도 세워졌다. 아쇼카 왕은 불과 3년이라는 기간 안에 84,000개의 스투파와 다른 성소들을 세웠다고 하는데, 그가 실제로 얼마나 많은 스투파와 성소를 세웠든 간에 산치에 있는 것만큼 인상적인 스투파는 없을 것이다.

스투파 이외에도 고대 이집트처럼 인도에도 바위를 뚫고 들어가 사원을 짓는 전통이 있었다. 다른 사원들은 대개 나무로 지어졌다. 따라서 돌로 대체되는 경우에 석공들은 목수들의 작품을 흉내 내기만 하면 되었다. 따라서 후기 힌두교 사원의 겹겹으로 쌓은 층은 고대

케샤바 사원 (솜나트푸르, 1268년)
비슈누에게 봉헌된 케샤바 사원은 세 개의 성소로 구성되어 있으며 벽으로 둘러싸여 있다. 낮은 탑과 정교한 조각이 건축 양식을 감추고 있어 구조를 분명하게 드러내 주지 않는다.

구조에 더욱 가까이 가려는 열망을 반영한 것이다. 라자스탄 바돌리에 있는 가테슈바라 신전(10세기)의 지나치게 장식적인 시카라가 이런 발전 과정을 명쾌하게 보여 주고 있다. 10세기가 되기 훨씬 전에 불교는 인도에서 쇠퇴했고 힌두교가 인도의 주도적인 종교가 되었다. 지역적인 차이가 있기는 했지만 더욱 정교하고 사치스러우며 에로틱한 조각으로 장식된 사원이 극단적으로 화려한 작품으로 발전해 가는 것을 볼 수 있다. 이런 발전은 여러 번의 전성기를 맞았으며, 그 영향으로 인도 남부의 솜나트푸르에 있는 케샤바 사원처럼 상상조차 할 수 없을 정도로 놀라운 수준에 도달한 사원을 쉽게 찾아볼 수 있다. 남부에서는

> "다른 종파를 공격하는 것은 금지된다. 진정한 신자는 존중받을 가치가 있는 것을 존중해 주는 사람이다."
>
> 아쇼카 왕

대스투파 (산치, 기원전 3–기원전 1세기)
기원전 1세기에 덧붙여진 토라나는 우주의 네 부분과 관련된다. 순례자들은 동쪽 입구로 들어가 성소가 항상 자신의 오른쪽에 있도록 시계 방향으로 돈다.

무굴 왕조의 미술
아주 독특한 형태의 예술이 무굴 왕조(16-19세기) 시대에 발달했다. 원래 궁중 예술에서 출발한 이 양식은 후마윤에 의해 시작되었으며 초기에는 페르시아의 영향을 받았다. 주로 책에 실린 삽화와 세밀화 위주였던 무굴 미술은 악바르(1556-1605년)의 통치 시절 최정점에 올랐다. 이 세밀화는 아불 파즐(1595-미상)의 『악바르 나마(Akbar Namah)』에 있는 것으로 악바르가 코끼리를 타고 아무나 강을 건너는 장면을 묘사하고 있다.

사원의 규모가 확대되면서 강의실, 숙소, 식당, 물 저장고, 곡물 창고, 일반 창고 등을 포함하게 된다. 사원의 규모가 확대됨에 따라 탑도 더 크고 눈에 띄게 만들 필요가 있었다. 이렇게 해서 사원이, 근처에 몰려 있는 세속적인 건물들을 압도하게 된 것이다. 그 좋은 예가 칸치푸람의 에캄바레슈바라 사원(1509년 이후)이다. 북부에서는 무굴 제국이 들어서면서 이슬람식 표현 기법과 닮아 가고 융합되는 과정이 점진적으로 진행되면서 더욱 복잡해진다. 그 덕분에 13세기와 14세기에 돔과 뾰족한 아치가 힌두교 사원에 나타나기 시작해서 인도의 건축을 더욱 풍요롭게 만들어 주었다.

도시 계획의 전형적인 원칙들에 맞추어 건설된 도시 가운데 가장 성공적인 사례는 라자스탄의 자이푸르이다. 이 격자형 도시의 건설을 명령한 사람은 앰버의 자이 싱(Jai Singh) 마하 라자였다. 그는 1727년 수도를 앰버 부근에서 이곳으로 옮겼다. 화려한 핑크빛의 건축은 대단히 극적이지만 동시에 독특한 절제감이 있었다. 상점들은 위로 테라스가 보이는 회랑에 배치되었고, 도시 전체에 사암의 멋을 살리기 위해 핑크빛의 잡석 단 한 가지 재료만을 사용했다. 왕의 궁전은 도시 중앙에 있었다. 그런데 놀라운 것은 그 이후 275년이란 시간이 흐르는 동안 도시의 모습이 거의 바뀌지 않았다는 사실이다.

무굴 양식

바부르(Babur) 샤는 1526년 아프가니스탄에서 침입해 와 델리의 술탄 이브라힘(Ibrahim)을 격퇴시키면서 인도에 이슬람 건축의 황금 시대를 열었다. 오늘날의 파키스탄인 인도 북부에서 무굴의 통치자들은 인류 역사상 가장 감동적이고 가장 아름다운 건축물들을 세웠다. 세계적으로 유명한 타지마할도 그중 하나이다. 타지마할의 선조격인 델리의 후마윤(Humāyūn) 무덤(1564년 착공)은 위대한 무굴 제국 기념물들 중 최초의 것으로, 후마윤의 아들인 악바르(Akbar)가 건설하도록 명령한 것이다.

멋진 대칭형의 수경 정원 안에 세워진 이 무덤은 거대한 구조물로, 흰 대리석으로 만든 세부 장식과 멋진 조화를 이루는, 매력적인 붉은 사암 덩어리처럼 보인다. 이중 골조로 이루어진 돔은 네 개의 팔각형 탑 사이에 솟아 있으며, 팔각형 탑들은 장려한 아케이드로 둘러싸인 붉은 기단 위에 서 있다. 무덤이란 사실을 감안하지 않으면 동굴 같은 내부 공간이 완전히 비어 있다는 사실에서 이 건축의 위력이 더욱 실감나게 느껴진다.

타지마할(아그라, 1630-53년)
뭄타즈 마할 여왕의 영묘로 건축된 타지마할은 샤 자한 시대 건축의 보석이다. 아른거리는 흰색 대리석 파사드는 벽돌과 잡석으로 공사한 부분을 잘 감추고 있다.

건물의 축선들은 정원의 소로와
운하의 연장선이다. 이 무덤은
언제나 사람들로 들썩대는
뉴델리의 소란에서 벗어날 수
있는 편안한 도피처이다.

악바르는 쾌적한 왕궁인 판치
마할과, 세 개의 돔이 있는
대모스크를 세웠고, 지금도
잘 보존되어 있는 파테푸르
시크리의 언덕
마을(1569-80년)도 세웠다.
왕궁의 유적에 남아 있는 장식적
요소들은 무굴의 통치자들이
이슬람 건축의 정수만을 선별해서
새 왕조의 정신과 요구에 맞게
적용한 방법을 잘 보여 준다.
악바르는 아그라 근처인
시칸다르의 장려한
무덤(1602-13년)에 묻혀 있다.
이 무덤은 엄숙함과 천상의
감각이 결합된 건물로, 대단한
걸작이다.

레드 포트(델리)의 조감도
델리의 화가가 그린 이 그림은 샤 자한 시대의 레드 포트의 모습을 잘 보여 주고 있다.
레드 포트는 샤 자한이 건설한 신도시, 샤자하나바드(구델리)의
일부로, 이곳을 둘러싸고 있는 붉은 사암벽에서 이름이 유래했다.

샤 자한의 건축

그러나 무굴 제국의 가장 유명한 건축물들은 전설적인
인물인 샤 자한(Shah Jahan)의 명령으로 세워진 것들이다.
그중에는 경이로움을 주는 델리의 레드 포트, 델리의
대모스크(1644-58년), 그리고 아그라의 유명한 타지마할
등이 포함된다.

야무나 강을 굽어보고 있는 레드 포트는 490×980미터
크기이다. 레드 포트는 위로 올라갈수록 점점 가늘어지는
탑들이 군데군데 서 있는 붉은색의 높은 벽으로 둘러싸인
왕궁이자 요새로, 방문객들이 정문을 통해서 안으로
들어오면 멋진 시장과, 왕궁 뒤편에 있는 정원이나 정자까지
볼 수 있도록 되어 있다.

왕궁 건물은 폐쇄식, 반폐쇄식, 개방식 공간의 절묘한
조화를 보여 주며 눈썹처럼 보이는 긴 처마 아래의
아케이드와 열주 사이에는 널찍한 공간이 있다. 그것은
여름철에는 아무것도 할 수 없을 정도로 무더운 델리의
기후에 어울리는 이상적인 배치이다. 온갖 형상이 조각된
기둥 사이로 물이 흐르고, 분수대로 장식된 정원은 운하와
연결되어 있다. 풀밭 위에는 여름 정자가 세워져 있다.
이것이, 이슬람의 군주들이 여러 세기 동안 갖가지 방법을
동원하여 다시 창조하려고 했던 에덴 동산의 모습이다.

대모스크는 어마어마한 규모로 유명하다. 그러나
겉모습은 약간 조악하게 보인다. 그런 면에서 대모스크는
샤 자한의 걸작인 타지마할과는 전혀 다른 모습이다.

세계에서 가장 유명하고 사진이 가장 많이 찍히는 건물
가운데 하나인 근사한 무덤 타지마할은 벽으로 둘러싸인
정원 안에서 흐르는 운하가 끝나는 지점의 한 축 위에 서
있다. 건물의 기반은 네 개의 이슬람식 미나레트에 둘러싸여
있으며, 미나레트의 크기가 작아 볼록한 돔의 모습이 더욱
두드러져 보인다. 이 건물의 중앙 부분은 후마윤의 무덤에서
표현된 주제가 더욱 발전한 것이지만, 돔을 둘러싸고 있는
탑들은 건물의 중앙과 짝을 이루면서 무덤이 나타내려고 한
통일감과, 단일성과, 죽은 아내를 향한 샤 자한의 사랑을
절실하게 표현해 준다.

하얀 대리석에 아른거리는 사랑스러운 빛은 말로
표현할 수 없을 정도로 경이롭다.

건물 안으로 들어가면 61미터 크기의 돔 아래에
보석들을 박아 넣어 정교하게 조각된 대리석 벽면 뒤로
왕가의 무덤이 있다. 어슴프레한 빛이 만들어 내는 효과는
감동적이다.

샤 자한
무굴 제국의 황제 샤 자한은
건축 분야에 남긴 업적으로
유명하다. 그는 많은
프로젝트들과, 신도시
샤자하나바드를 건설한 것과,
그의 부인 뭄타즈 마할을 위해
아그라에 지은 타지마할의
건축으로 유명하다.
"내 40대의 좋은 초상화"라고
적혀 있는 황제의 이 초상화는
1632년 궁정 화가인
비치트르(Bichitr)가
그린 것이다.

동남아시아
힌두교와 불교 건축

> **힌두교 사원의 상징주의**
> 힌두교 사원 가운데에는 단순한 탑 모양의 지붕으로 덮인 성소가 있는데 그것은 힌두교 신화에 나오는 성스러운 수메루 산을 상징하고 있다. 수메루 산은 이 세상의 중심이라고 여겨지며, 땅 아래로는 지옥까지 닿아 있고 위로는 하늘까지 뻗어 있다고 한다. 인도의 건축 전통이 동남아시아 전역에 퍼져 가면서 이 산의 상징성 역시 사원의 건축에 적용되었으며 동남아시아 사람들은 산꼭대기가 영혼과 신들을 위한 성스러운 숙소라고 믿었다.

> "그리스나 로마가 우리에게 남겨 준 그 어떤 것보다 장엄했다."
> 앙리 무오

인도의 건축 전통이 불교와 힌두교가 전파되면서 동남아시아에 소개되었고, 13세기에는 스투파, 계단식 피라미드, 연꽃 모양의 탑이 버마(미얀마)와 캄보디아, 타이와 인도네시아로 퍼져 나갔다. 이 지역의 종교 건축물과 왕궁 건축물 가운데 대부분이 500년쯤 전에 이것을 꽃피웠던 문명이 몰락한 후에 황폐해지기 시작했다. 그리고 대개의 경우 황폐한 상태로 방치되어 있다가 19세기와 20세기에 들어와서 비로소 재발견되고 보존되기 시작했다.

실제로 동남아시아 지역에서 가장 뛰어난 건축물인 캄보디아 앙코르에 있는 앙코르 와트는 숲속에 완벽하게 감추어져 있다가 1858년에야 비로소 프랑스 출신의 박물학자 앙리 무오(Henri Mouhot)에 의해 발견되었다. 앙코르 와트는 어떤 기준에서 보더라도 엄청난 규모를 자랑한다. 다섯 개의 연꽃 모양의 탑이 아름답게 서 있는 이 사원은 4킬로미터의 해자와 접해 있는, 여러 층으로 이루어진 벽 뒤에 있는 일련의 열주로 둘러싸인 기단 위에 세워져 있다. 힌두교의 창조 신화와 연관된 뱀 모양을 한 거대한 난간이 양쪽으로 둘러싸고 있는 방죽길을 따라 물을 건너서 이 사원에 접근할 수 있다.

이 사원은 크메르 제국의 황제 수리아바르만 2세(Suryavarman II)가 명목상으로는 힌두교의 신 비슈누에게 봉헌하기 위해 세운 것이지만, 실제로는 왕권의 강력함을 상징하는 것이며 파라오의 피라미드처럼 그 자신의 무덤이었다.

붉은 사암에 조각된 부조의 실루엣과 세밀한 묘사가 인상적이고 아름답다. 우리가 가까이 다가가서 보면 사원의 모습은 다르게 보인다. 낮은 기단이 있는 벽에도 부조들이 빠짐 없이 조각되어 있다. 인도의 전설적인 대서사시 『마하바라타(*Mahābhāratā*)』와 『라마야나(*Rāmāyaṇa*)』의 이야기가 800미터의 긴 부조로 표현되어 있다.

사원의 산

앙코르 와트는 인도 우주관에서 세계의 중심에 있다는 수메루 산을 상징하는 강렬한 기념물이긴 하지만 시공 방식은 아주 단순했다. 자야바르만 7세(Jayavarman VII)가 세운 거대한 해자가 있는 도시의 유적인 앙코르 톰과 같은 고전적인 크메르 건축물은 비록 시공 방식은 초보적이지만 기술적인 면에서는 완벽함을 보여 준다. 접착제 없이 석재를 쌓아 올렸고, 거대한 구조 그 자체가 전체의 균형을 잡아

앙코르 와트(캄보디아의 앙코르, 12세기)
길이 1,550미터, 폭 1,400미터의 앙코르 와트 힌두교 사원은 앙코르에 있는 거대한 크메르 왕국의 사원 가운데 가장 큰 사원이다.

보로부두르의 스투파 (자바 섬, 8-9세기)
'헤아릴 수 없이 많은 부처들의 사원'인 보로부두르는 세계에서 가장 큰 불교 사찰이다.
이 사찰은 사일렌드라 왕조(775-864년)가 통치하던 시절에 건설되었으며
850년경 최초의 설계에 따라 완공되었다.
그 후 아래쪽 행렬용 단에 대한 추가 공사가 한 번 있었다.

어우러진 장관을 배경으로 세워진 성스러운 산의 모습으로, 깨달음의 아홉 단계를 지나 열반의 경지에 이르는 영혼의 여행을 돌이라는 소재로 표현해 낸 것이기도 하다. 깨달음의 아홉 단계는 석재 단으로 상징적으로 표현되었다. 맨 아래의 다섯 단은 직사각형 모양의 닫힌 회랑 형태이다. 다음 세 단은 명상에 잠긴 불상을 감싸고 있는 72개의 종 모양 스투파(몇 개는 유실됨)로 에워싸인 열린 환형으로 지어졌다. 마지막 단은 눈과 영혼을 열반의 세계로 인도하는 중앙의 스투파로, 그 안쪽에는 회랑 안에 모두 1,200개에 이르는 조각된 판들이 부처의 생애와 전설에 대해 이야기하고 있다. 보로부두르와 같은 건축물은 자바 섬 어디에서도 다시 찾아볼 수 없으며 동남아의 다른 지역에서도 마찬가지이다. 학자들은 보로부두르와 그곳에서 행해졌던 예식의 의미에 대해 계속 연구하고 있다.

> **불교의 성소**
> 자바 섬 중부에 있는 불교 성소인 찬디는 단순한 예배의 장소가 아니라 복잡한 형이상학적 원리가 표현된 곳이다. 가령 보로부두르의 스투파의 다섯 개의 사각형 단은 땅의 영역인 바즈라 다투이고 세 개의 원은 가르바 다투로서 불완전한 깨달음의 상태를 나타내는 것이며, 순례자들이 여행을 통해서 도달해야 하는 궁극적인 영적인 깨달음의 경지는 꼭대기에 있다. 불교 성소의 벽에는 보통 그림과, 상징적으로 표현된 부조들이 연이어 새겨져 있는데, 전체가 연결되어 있는 이야기이므로 오른쪽에서 왼쪽 방향으로 읽어 가야 한다.

주었다. 고대 로마나 중세 유럽처럼 벽돌이나 돌로 만든 둥근 천장이 발달되지 않았으므로 돌출되게 쌓은 아치가 대신 사용되었다. 이런 형식은 크메르 왕들의 의식적(儀式的) 요구에도 잘 들어맞아 이 거대한 구조물 안에 작은 제례소가 만들어지기도 했다. 대부분의 인도 건축물처럼, 앙코르 와트나 앙코르 톰과 같은 야심 찬 건축물을 설계할 때에는 기후 때문에 건물 바깥에서의 감상을 우선적으로 고려했다.

불교 건축

양곤(랑군)에 있는 잊지 못할 슈웨 다곤 파고다와, 파간에 있는 대칭 구조의 거대한 아난다 사원(12세기)에서 볼 수 있듯이, 스투파 건축은 미얀마의 장식적인 측면에서 절정기를 맞았다. 슈웨 다곤 파고다의 연대는 붓다의 시대였던 기원전 6세기로 거슬러 올라간다.

반면에 아난다 사원은 고전적인 미얀마식 건축의 정점을 보여 준다. 흰 벽돌을 층층이 쌓아 올려 지은 사원을 서양의 건축가가 보았다면 나침반의 네 정점에 포르티코를 둔 그리스 십자형 평면이라 말했을 것이다. 여하튼 이 사원에는 스투파의 중심점에서 쌓아 올린 황금 첨탑이 있다. 안쪽에는 두 군데의 어둑한 회랑이 있는데, 방문객들은 한쪽에서만 9미터 높이의 부처님을 네 분이나 만나 볼 수 있다.

그러나 이 지역에서 가장 중요한 역사적 가치가 있는 건축물은 자바 섬의 보로부두르(8-9세기)일 것이다. 이 대승불교 사찰은 최고 수준의 건축, 조각, 그리고 조경 설계의 결합물이다. 전체적인 구성은 활화산과 우림이

아난다 사원 (미얀마의 파간, 12세기)
스투파와 사원의 특징들을 결합한 건물로, 탑묘(cetiya) 가운데 가장 뛰어난 작품인 아난다 사원은 인도의 스투파에서 기본적인 형태를 빌려 온 것이다. 그러나 돔을 지탱하고 있는 단이 있는 초석을 층계와 견고한 기초로 보강한 것은 지붕이 있는 신전을 만들기 위해서였다.

신고전주의

서유럽의 힘과, 세력과, 학문은 18세기와 19세기 전반에 신고전주의 건축 양식으로 표현되었다. 이것은 고대 그리스와 로마의 건축에 새로운 의지와 테크놀로지를 덧붙인 건축 양식이었다. 고대 세계의 문화가 계속해서 밝혀지고 자료화되어 전파되면서 초기와 성기 르네상스의 혁명적 건축은 고고학의 성과를 바탕으로 한 건축에 자리를 양보할 수밖에 없었다. 신고전주의는 독재 체제를 수립하려는 것이었든 아니면 민주 체제를 탄생시키려는 산고였든 간에 강력한 국가를 건설하려는 유럽 국가들의 야망과, 아우구스티누스 이전 로마의 공화주의적 이상과 아테네를 비롯한 그리스 도시국가들의 민주 체제를 결합시키려던 신생 국가 미국의 야망을 드러내기에 안성맞춤인 건축 양식이었다. 신고전주의는 모든 건축에 적용될 수 있었다. 잉글랜드 노스 요크셔의 시골집, 시청, 기차역뿐만 아니라 돼지우리에도 고결한 옷을 입혀 줄 수 있었다.

마들렌 성당 (파리)
마들렌 성당의 역사는 신고전주의 양식이 다양한 건축에 응용될 수 있다는 것을 보여 주는 예이다. 1806년 나폴레옹에 의해 그의 군대를 위한 사원으로 설계된 이 성당은 1837년에 파리의 최초의 기차역으로 사용될 예정이었지만 결국 1842년에 성당으로 헌정되었다.

신고전주의
그리스와 로마의 영향

피라네시
베네치아에서 태어난 조반니 바티스타 피라네시(Giovanni Battista Piranesi)는 건축과 공학을 공부했다. 로마의 유물과 건축에 대한 그의 판화는 훗날 존 손(John Soane)을 비롯한 신고전주의와 낭만주의 건축가들에게 많은 영향을 미쳤다. 손은 잉글랜드에서 가장 뛰어난 건축가 중 하나로, 장학생으로 이탈리아를 여행하던 중 피라네시를 만났다. 피라네시는 건축 이론가이기도 했지만 건축가로서는 단 한 채의 건물만을 완성했다.

유럽에서의 변화
18세기에 유럽 국가들 사이의 정치 판도가 완전히 바뀌었다. 이탈리아와 에스파냐가 몰락한 반면에 영국과 프랑스와 프로이센이 부흥하기 시작했다. 유럽의 프로테스탄트 국가들이 전성기를 맞은 반면에 태양왕의 부르봉 왕조는 세기말이 되기 전에 바스티유 습격 사건과 대혁명으로 종말을 맞게 되었다.

파리에 있는 영광의 성전, 즉 마들렌 성당(1804-09년, 118-119쪽 참조)은 프랑스 건축이 로코코 양식의 탄생 이후 한 세기 만에 얼마나 변했는가를 보여 주는 건축물이다. 이 나폴레옹의 성전은 1793년 공화국 건축 총감독으로 임명되었던 피에르 비뇽(Pierre Vignon)이 설계한 것이다. 그는 1세기경 로마 제국의 성전을 모델로 삼아 이 건물을 설계했다.

대여행

마들렌 성당은 신고전주의를 표방한 건축가들이 고대 그리스와 로마의 건축을 얼마나 열심히 연구했는가를 잘 보여 준다. 18세기 내내 일단의 건축가와 예술가 그리고 그들의 고객들은 로마와 그리스의 유적지들을 둘러보았다. 이것은 소위 대여행(Grand Tour)이라고 불리는 것이었다. 그들은 관광객이었다. 18세기 중반부터 건축가들은 역사적으로 유명한 건축물을 눈여겨보는 관광객처럼 행동하면서 그곳에서 본 것을 고향에 재현해 내고 싶어했다. 우리는 그리스와 로마 신전을 사진이나 비디오 테이프로 볼 뿐이지만, 18세기와 19세기 초 유럽과 미국의 건축가들은 그것을 실제로 건설했다.

영국에서는 바로크 양식(그리고 로코코 양식)에 대한 반발이 벌링턴 경을 중심으로 한 젊은 순수주의자 그룹에서 일어났다. 그들은 안드레아 팔라디오의 건축에 열광했기 때문에 팔라디오주의자란 이름으로 불렸다. 팔라디오의 『건축 4서』와 스코틀랜드의 건축가 콜린 캠벨이 영국 건축에 대해 쓴 『비트루비우스 브리탄니쿠스』는 그들에게 성서나 다름없었다. 캠벨의 건축 양식을 로버트 월폴(Robert Walpole)이 이끄는 휘그당 정부가 채택했다. 캠벨은 노퍽에 휴턴 홀(1722-26년)이라 불리는 그의 집을 설계했으며, 켄트에 메러워스 성을 설계해 팔라디오의 빌라 로톤다(76쪽 참조)에 경의를 표했다. 또한 벌링턴 경과 함께 런던에 치즈윅 하우스를 설계했다.

이 새로운 양식(내부는 화려하지만 절제된 멋이 있음)을 노퍽의 홀컴 홀의 소유자인 레스터의 토머스 코크(Thomas Cork) 백작도 받아들였다. 코크 백작은 농업과 조경에 대해 혁신적인 생각을 지닌 사람이었다. 벌링턴 경과 윌리엄 켄트(William Kent)의 지원을 받은 매튜 브레팅엄(Matthew Bretingham)은 장려한 홀컴 홀을 설계해 냈다. 팔라디오 양식을 기본으로 한 이 집은 박공이 있는 중앙의 건물과, 그와 연결된 네 부속 건물로 이루어져

홀컴 홀(잉글랜드의 노퍽, 1734-65년)
네 모퉁이에 탑이 있는 중심 건물은 네 부속 건물(예배당, 부엌, 도서관, 손님방)로 둘러싸여 있다. 각 부속 건물에는 지붕이 따로 있으며 부속 건물의 지붕은 중심 건물의 지붕보다 낮다.

배스의 전경 (잉글랜드)
로마의 목욕탕이 1755년에 재발견되었을 즈음 배스는 상당히 유명한 온천 마을이었다. 조지 양식의 우아한 초승달형 광장들이 멘딥 언덕 아래로 보인다.

더블린의 특징들
신고전주의는 아일랜드 해를 넘어서 더블린까지 전파되었다. 산뜻한 현관, 부채꼴 채광창, 현관 복도의 장식적인 벽토로 이루어진 소박하지만 우아한 집들은 생기가 있어 보인다. 더블린의 집들은 렌 스타일의 바로크 양식과 팔라디오 양식을 절묘하게 융합해 놓아서 흥미롭다.

있으며, 외부 장식이 거의 없고, 노란색 로마식 벽돌로 지어졌다. 간결하면서도 기하학적인 이 집은 실용성을 앞세운 이전의 영국식 주택과 전혀 달랐다.

팔라디오의 영향

팔라디오의 영향은 널리 확대되어, 18세기 동안 영국과 아일랜드의 주택 양식이 되었고 심지어 북아메리카의 건축 양식이 되었다.

여전히 정결한 형태이기는 했지만 배스와 에든버러의 정사각형, 초승달형, 원형의 광장들은 상당히 문명화된 고전주의풍으로 만들어졌다. 또한 런던의 주택업자들과 개발업자들도 거리와 광장, 그리고 영국의 모든 도시를 신고전주의 양식으로 건설했다. 이 시대의 대표작으로는 존 우드(John Wood)와 존 우드 2세가 설계한 로열 서커스(1754년)와 로열 크레센트(1767-75년), 로버트 파머(Robert Palmer)가 설계한 런던의 베드퍼드 광장(1776-86년), 그리고 제임스 크레이그(James Craig)가 설계한 에든버러 뉴타운(1766년 이후)이 있다.

그 후 로마와 에트루리아 장식에 대한 연구 성과가 팔라디오 양식에 더해지면서 신고전주의는 더욱 세련되게 변했다. 스코틀랜드의 건축가 로버트 애덤(Robert Adam)의 작품에서 그 특징이 잘 드러난다. 그 후 수많은 모방자들을 생겨나면서 세계 곳곳에서 부르주아 저택의 실내 장식에 영향을 미쳤지만 애덤의 작품에 비해 질이 현격하게 떨어졌다. 애덤의 대표작은 더비셔의 케들스턴 홀(1760년대), 에어셔의 컬진 성(1777-92년), 그리고 런던의 시온 하우스(1762-69년)의 실내 장식이다.

팔라디오 양식의 진수는 융통성에 있었다. 당시 사람들은 이 양식이 건물을 대량으로 짓는 데 적합하다고 생각하지는 않았지만 그 가능성을 간과하지는 않았다. 실제로 영국의 많은 주택업자들이 그랬듯이 이 양식은 규모의 차이를 떠나서 주택 설계에 그대로 적용할 수 있었다. 결국 산업화된 도시의 교외에 들어선 빈민가의 작고 초라한 집들에도 팔라디오가 영향을 미친 셈이다. 그러나 그것은 치즈윅 하우스의 시대를 초월한 듯한 우아한 멋과 홀컴 홀에 표현된 혁신적인 자신감과는 전혀 다른 모습으로 실현된 신고전주의였다.

마블 홀 (케들스턴 홀, 1757-70년)
제임스 페인(James Paine)이 설계한 마블 홀에는 신고전주의 양식의 모든 것이 담겨 있다. 웅장한 대리석 기둥, 고전주의 양식의 프리즈, 화려하게 장식된 모티브들, 게다가 벨베데레 궁의 아폴론 상을 복제한 조각까지 있다.

조경에서의 고전주의
픽처레스크 무브먼트

예술에서의 풍경
니콜라 푸생과 클로드 로랭(Claude Lorrain)이 그린 목가적인 풍경화는 픽처레스크 무브먼트에 커다란 영향을 미쳤다. 주로 종교적이고 신화적인 주제를 다룬 푸생과 로랭의 이상적인 풍경화는 영국의 정원 설계에 혁명적인 영감을 주었다. 18세기 중반부터 정원 설계사는 기하학적인 구도를 버리고 자연스런 풍경을 선호했다.

"자연은 직선을 혐오한다."
― 호레이스 월폴

18세기 동안 팔라디오 양식은 영국의 도시와 시골에 품격을 더해 주었다. 게다가 그림 같은 정원을 가꾸려는 픽처레스크 무브먼트(Picturesque Movement)가 있었다. 육중한 바로크 양식 건물이 반듯한 정원과 어울린다면, 우아한 팔라디오 양식의 건물은 변화무쌍한 낭만적인 풍경과 어울렸다. 두 가지 모두 완벽한 조화를 이루었다.

이상적인 풍경이 펼쳐져 있는 아름다운 전원에 집을 세우려는 생각을 처음 실현한 사람은 윌리엄 켄트였다. 그리고 '수완가' 랜슬러트 브라운(Lancelot Brown)은 설계로 대성공을 거두었다. 브라운은 농지와 마음에 들지 않은 풍경은 없애 버리고, 그곳을 매우 감미로운 고전주의적 풍경으로 탈바꿈시켰다. 호수와 정교하게 배치한 나무들로 만든 인공숲, 그리고 다리와 오벨리스크 등의 아름다운 장식물들이 있었다. 그 장식물들은 1720년대에 유행하던 것들이었다. 찰스 브리지먼(Charles Bridgeman)은 정원의 경관을 해치지 않기 위해 경계 도랑을 파서 만든 울타리인 은장(隱牆)을 처음 고안해 내 버킹엄셔 스토우의 정원에 설치했다. 이 교묘한 도랑은 시골집의 평범한 화단과는 달랐다. 은장은 정원과 정원 밖의 경관이 연결된 것처럼 보이게 해 주면서도 젖소와 양이 인근 밭에서 넘어와 비싼 돈을 주고 꾸민 돌집과 호수를 어슬렁대지 못하게 막아 주는 역할을 했다. 스토우 정원의 자랑거리는 마치 사원이나 동굴 같은 돌집, 그리고 다양한 양식으로 세운 다리였다. 콜린 캠벨은 이런 형태를 발전시켜 윌트셔의 스투어헤드에 호어 가를 위해 우화 같은 느낌을 주는 정원을 조성했다. 조경의 "아이네이스(Aeneis)"라 할 수 있는 목가적인 정원이었다.

극단으로 치달은 생각들

이런 생각은 두 방향으로 전개되었다. 첫째는 픽처레스크 무브먼트를 건축 양식으로 발전시키려는 것이었고, 둘째는 마을과 도시를 픽처레스크 양식으로 꾸미려는 것이었다. 건축 양식으로 발전시키려 한 것은 제임스 와이엇(James Wyatt)이 백만장자 딜레탕트로 작가이던 윌리엄 벡퍼드를 위해 지은 낭만적인 고딕 양식의 집에서 절정에 달했다. 갓 싹튼 고딕 복고 양식—낭만적인 고딕이 아닌 정통 고딕

스토우 정원 (잉글랜드의 버킹엄셔)
브리지먼이 창조해 낸 스토우 정원은 그 후 켄트, 밴브루, 기브스 등에 의해서 마치 사원이나 동굴 같은 돌집과 다리 등이 덧붙여져 한층 세련되게 변했다.

폰트힐 대저택의 상상도 (잉글랜드의 윌트서)
존 루터(John Rutter)의 "폰트힐의 풍경"을 판화로 제작한 이 그림은 1825년 우뚝 서 있던 탑이 허물어지기 전의 벡퍼드 저택의 웅장한 모습을 보여 주고 있다.

양식의 진지한 복원—의 정신에 입각해서 와이엇은 엘리 대성당을 모방해서 팔각형의 크로싱에서 곧바로 하늘로 치솟아 올라간 탑이 유난히 눈에 띄는 오만한 분위기를 풍기는 저택을 설계했다. 폰트힐 대저택(1796-1812년)의 특징은 까마득히 높은 계단, 화려한 내부 전경, 그리고 현기증을 일으킬 것만 같은 중앙탑이었다.

벡퍼드는 여기에서 유행을 좇는 사람들, 예절을 내세우는 사람들, 광기 어린 사람들, 그리고 사회에서 버림받은 사람들에게 둘러싸여 환상적인 삶을 살았다. 그러나 그것은 매우 외롭고 서글픈 삶이었다. 그는 완전히 미치기 전에 두 번째 저택으로 이사했다. 역시 와이엇이 설계한 집으로, 모든 면에서 극단으로 치달았지만 1825년에 허물어 버린 탑보다는 나았다. 요컨대 폰트힐 대저택은 픽처레스트 무브먼트가 18세기 말에 어디까지 치달았는지 보여 주는 좋은 예였다.

존 내시

픽처레스크 무브먼트는 존 내시(John Nash)에 의해 실용화되었다. 내시는 주택 개발업자이자 건설업자로도 활동한 성공한 건축가였다. 결코 신사라고는 할 수 없는 사람이었지만, 그는 대단한 걸작인 런던의 레전트 파크(1811-30년)를 설계하면서 픽처레스크 무브먼트의 개념을 빌려 왔다. 내시는 공원 주변을 환형으로 둘러싼, 테라스가 있는 우아한 집들을 고전주의풍의 하얀 궁전처럼 지었다. 이 집들의 정면은 반짝이는 치장 벽토로 마무리되었고, 뒤쪽에는 그저 벽돌을 조잡하게 쌓아 놓았을 뿐이다. 테라스가 지나치게 돌출된 느낌이 없지 않지만 공원과는 완벽하게 어울린다. 1950년대에 테라스를 허물려는 시도가 있었지만, 그 이후 처음보다 더 품위 있는 형태로 재건되어 이제는 런던의 자랑거리가 되었다. 픽처레스크 무브먼트의 관점에서 보았을 때 궁전에 버금갈 정도로 훌륭한 구조물은 컴벌랜드 테라스(1827년 이후)이다. 도시 계획의 관점에서 보면, 치장벽토로 전면을 처리한 이오니아 양식의 테라스가 달린 집들은, 반원형을 이루고 있는 파크 크레센트(1812년)와, 레전트 파크와, 내시가 설계한 포틀랜드 광장과, 동서로 이어져 있는 팔라디오 양식의 거리 풍경과 완벽하게 어울린다. 내시는 영국에서 가장 밝은 분위기의 턱없이 비싼 건물을 짓기도 했다. 그의 주요 고객으로, 훗날 조지 4세(George IV)가 된 섭정 황태자를 위해서 브라이턴에 세운 힌두식 호화 저택인 로열 파빌리온(1815-21년)이 그 대표적인 예이다.

영국식 정원

프랑스에서 픽처레스크 양식 정원의 가장 유명한 설계자는 리샤르 미크(Richard Mique)였다. 베르사유의 프티 트리아농 정원이 그의 대표작이다. 오늘날 이곳을 찾는 수백만 명의 관광객들은 사탕처럼 달콤한 사랑의 신전을 보게 된다. 물론 마리 앙투아네트가 농부처럼 차려입고 놀았다는 장난감 같은 작은 농장인 르 아모도 빼놓을 수 없다(그러나 농부들은 쉬는 시간에 거친 빵을 먹었지만 앙투아네트는 부드러운 케익을 먹었다). 르 아모는 월트 디즈니 만화영화의 배경 그림처럼 보인다. 비극이라면, 앙투아네트가 18세기에 만화영화의 주인공처럼 살았다는 것이다.

신고전주의 조각
고전주의에 영향을 받은 조각은 부자들에게 환영을 받았다. 부자들은 그러한 조각들로 실내와 정원을 꾸몄다. 안토니오 카노바(Antonio Canova)는 이 시기에 가장 뛰어난 조각가 중 하나였다. 베네치아에서 공부한 카노바는 1781년 로마에 정착하자마자 곧바로 인정받아서 교황 클레멘스 14세(Clemens XIV)의 무덤의 조각 작업을 의뢰받았다. 카노바는 경박한 로코코 양식을 거부하고, 단순하면서도 장엄한 맛을 추구했다. 위의 "이탈리아의 비너스"에서 볼 수 있듯이 그의 많은 작품은 고대 로마에서 주제를 빌려 온 것이다.

컴벌랜드 테라스 (런던의 레전트 파크, 1827년 이후)
내시가 설계한 레전트 파크에는 도시 풍경에 자연을 되찾으려는 열정이 스며 있다. 공원의 경계를 이루는 도로와 건물의 테라스를 정렬시켜, 내시는 고전주의와 픽처레스크 양식의 요소를 완벽하게 결합해 놓았다.

미국의 고전주의
단정한 파사드

토머스 제퍼슨은 한 세기 이상 동안 미국의 공식적인 건축 양식으로 여겨진 양식, 즉 고전주의를 정립했다. 독립선언문을 기초했으며, 미국의 독립 초기에 대통령이었던 제퍼슨의 영향력은 실로 대단했다. 그는 1780년대 프랑스 주재 대사로 베르사유 궁을 오가면서 건축에 대한 그만의 생각을 정립했다. 프랑스에 살면서 그는, 반 세기 전 영국을 휩쓸었고 프랑스에서는 맵시 있는 양식으로 받아들여진 팔라디오 양식의 건물을 보았다. 그리고 그는 팔라디오의 빌라 로톤다(76쪽 참조)에 대한 경의를 표시로 버지니아 샬러츠빌 근처의 몬티첼로에 직접 설계한 집(1770-1809년)에 그 흔적을 남겨 놓았다. 그는 메종 카레를 보기 위해 프랑스 남쪽의 님으로 여행을 떠났다. 그가 설계한 버지니아의 리치몬드에 있는 주(州) 의사당에서 그 영향을 찾아볼 수 있다. 사무실과 행정부서가 다소 비좁게 들어차 있는 의사당은 이오니아 양식 신전처럼 생긴 건물이다. 이 의사당은 그 후 미국 전역에 있는 관공서 건물의 전형이 되었다. 또한 중국 경제 성장의 심장부인 광둥 성의 신도시들마다 새롭게 포장되는 도로 옆에 늘어선 공장, 콘크리트 주택 단지, 사무용 빌딩에도 버지니아 주 의사당의 영향이 배어 있다. 이렇게 미국의 최초의 건물들이 세워진 이후로, 세계인들에게 존경할 만한 모습을 보여 주고 싶어하는 신생국들은 지금까지도 제퍼슨의 설계를 본뜨고 있다.

제퍼슨은 혁명기의 파리에서 목격한 신고전주의에 많은 영향을 받았다. 그래서 그는 땅을 개발하고 집을 확장할 때마다 그리스의 이상과 모티브를 몬티첼로에 융합시키려 애썼다.

팔라디오 양식

대통령 집무실, 즉 워싱턴 D.C.의 백악관(1792-1829년)도 팔라디오 양식으로 건설되었다. 백악관의 최초 설계자는 아일랜드 건축가 제임스 호번(James Hoban)이었다. 1807년부터 1808년에 걸쳐 벤저민 H. 래트로브(Benjamin H. Latrobe)가 곡선의 포르티코를 덧붙였다. 1812년의 전쟁 때 백악관이 심하게 파괴되자 복구 공사와 함께 확장 공사가 진행되었다. 나중에 덧붙여진 68미터 주철 돔 아래의 국회의사당도 팔라디오 양식의 건물이다. 원래 건물의 양쪽에 덧붙여진 부속 건물과 돔을 고려하지 않는다면 팔라디오 양식이 분명하다. 국회의사당은 원래 윌리엄 손턴(William Thornton)이 프랑스의 건축가 E. S. 알레(Hallet)의 도움을 받아 설계한 것이며, 제퍼슨이 미국에 소개한 양식에 어긋나지 않아 그에게 칭찬을 받았던 건물이다.

제퍼슨은 신고전주의 건축을 미국 전역에 퍼뜨리는 데 정열을 기울였다. 예를 들어 그는 샬러츠빌에 버지니아 대학교의 신축 건물을 설계하고 표본으로 삼아야 할

메종 카레(님, 1-10년)
토머스 제퍼슨이 설계한 버지니아 주 의사당은 님의 메종 카레로부터 영향을 받았다. 고전주의 신전의 형식은 학교나 은행 같은 다른 건물에도 적용되었다.

버지니아 주 의사당(버지니아의 리치몬드, 1789-98년)
메종 카레를 본뜬 건물이지만 규모가 훨씬 크고, 세로 홈 장식 기둥을 그대로 모방하지 않은 점에서 메종 카레와 다르다. 또한 한 지붕 아래 두 입법 기관이 공존한 최초의 구조물이기도 하다.

신고전주의

링컨 기념관 (워싱턴 D.C., 1911-22년)
헨리 베이컨이 설계한 링컨 기념관은 미국의 16대 대통령 에이브러햄 링컨을 기념하는 건축물이다. 내부는 세 공간으로 나뉘어 있다.
중앙홀에 다니엘 체스터 프렌치(Daniel Chester French)가 하얀 대리석으로 조각한 링컨의 석상이 있다.

토머스 제퍼슨
토머스 제퍼슨은 미국의 세 번째 대통령으로 독립선언문을 기초한 정치인이었다. 그는 정식 건축 교육을 받지 않았지만 팔라디오의 이론과 고대 로마의 건축물에 커다란 영향을 받아 새로운 미국을 상징해 줄 건축을 창조해서 전파하는 데 노력을 기울였다. 1809년 그는 몬티첼로로 은퇴한 뒤 버지니아 대학교 건립에 혼신의 힘을 다했다.

건물 설계도로 제시했다. 이런 맥락에서 이 대학의 심장부인 도서관은 직사각형의 잔디밭 끝에 당당하게 서 있다. 이 도서관은 로마의 판테온을 모방해서 설계한 것이었다. 도서관 옆에는 렌이 그리니치의 왕립 병원에 설치한 열주를 연상시키는 열주 뒤로 두 열의 기숙사가 서 있다.

이 사각형의 기숙사 뒤에 서 있는 집들은 원래 학생들의 노예들이 살았던 공간이다. "모든 사람이 평등하게 태어났다. 모두가 누구에게도 양도할 수 없는 권리들을 창조주에게서 부여받았다. 특히 생명과 자유와 행복의 추구권은 누구에게도 양도할 수 없는 것이다. 우리는 이런 진리를 자명한 것이라 믿는다."라는 정치적 선언을 했던 제퍼슨이 평생 노예를 두고 살았다는 사실이 흥미로울 뿐이다.

제퍼슨의 유산

제퍼슨의 고전주의에 대한 선호는 미국 관공서 건축에 오랫동안 영향을 미쳤다. 1922년에야 헨리 베이컨(Henry Bacon)이 도리스 양식으로 설계한 링컨 기념관이 세워지면서 고전주의가 막을 내렸다. 링컨 기념관은 1865년 남북 전쟁을 끝으로 노예 제도에 종지부를 찍었던 에이브러햄 링컨 대통령을 기념하기 위해 설계된 건물이기도 했지만, 세계에서 가장 높은 오벨리스크인 워싱턴 기념비와 국회의사당까지 이어진 더 몰 거리를 완성하기 위한 건물이기도 했다.

프랑스의 건축가 피에르 샤를 랑팡(Pierre Charles L'Enfant)이 1791년에 처음 제안했던, 워싱턴에 고전주의 양식으로 도로를 정비하는 계획을 훗날 다니엘 버넘(Daniel Burham)이 주도한 팀이 채택하여 더 몰 거리를 뜯어 고쳤다.

고전주의를 민주주의의 첨병으로 사용한 제퍼슨의 원대한 비전은 식민지 개척자들이 미국에 정착한 이후로 미국 전역에 꾸준히 세우고 있던 소박한 고전주의적 건물들과 완벽하게 맞아 떨어졌다. 뉴잉글랜드와 그 주변 지역에서 흔히 볼 수 있는 고전주의 양식의 미늘판은 주택에 우아하고 고상한 멋을 더해 주기도 하지만 쉽게 만들 수 있어 모두를 만족시키는 장식물이었다.

버지니아 대학교 (샬러츠빌, 1817-26년)
미국 최초의 주립 대학인 버지니아 대학교에 있는 아케이드는 중앙 잔디밭 주변의 건물들을 연결시킨다.
도서실이 있는 로툰다는 로마의 판테온을 모델로 삼은 것이다.

프랑스 혁명
꿈 같은 계획

자크 루이 다비드
혁명 기간 동안 신고전주의에 가장 가까웠던 화가인 자크 루이 다비드(Jacques Louis David)는 로마의 고전주의와 라파엘로의 작품으로부터 많은 영향을 받았다. 그는 사회적으로 성공한 최초의 화가였으며, 프랑스 대혁명을 적극적으로 지지했다. 그는 대혁명의 성격을 묘사하기 위해서 사실적 기법을 사용했다. 가령 "마라의 죽음"(위의 그림)은 살해당한 혁명가를 사실적으로 그린 것이다.

프랑스 혁명은 유럽 역사의 전환점이었다. 프랑스 혁명은 유럽에서 절대 왕권의 종말을 뜻했을 뿐만 아니라 귀족 계급을 위협하면서 민주주의와, 개인주의와, 부르주아 계급이 태동할 수 있게 했다. 폭풍처럼 몰아친 대혁명은 세상을 변화시켰다. 하지만 공포 시대답게 장래가 불확실한 새로운 정권에 대항하는 사람은 무차별적으로 길로틴으로 보내졌다. 이러한 정국의 불확실성은 필연적으로 나폴레옹 보나파르트(Napoléon Bonaparte)의 등장을 불러왔다. 나폴레옹은 정권을 장악한 뒤 스스로 황제가 되었다. 그 후에도 프랑스는 많은 우여곡절을 겪은 뒤에야 공화국으로 다시 태어날 수 있었다. 나폴레옹은 개성이 강한 건축 양식을 개발해서, 오늘날 기업 이미지를 제고할 때 쓰는 수법으로 그의 이미지를 드높였다. 건축가 샤를 페르시에(Charles Percier)는 나폴레옹의 총신으로, 엠파이어 양식의 개발에 핵심 역할을 하면서 오늘날 우리에게 전쟁 이외에도 보나파르트의 치세(1804-15년)를 기억하게 해 준다.

그러나 대혁명을 정의해 주는 양식(정확히 말하자면 정신이 있었지만), 즉 18세기 말 프랑스의 기념비적이며 과장된 양식을 개발한 주역 가운데 한 사람인 니콜라 르두(Nicola Ledoux)는 투옥되어 처형 직전까지 내몰렸다. 그는 1773년에 황제의 건축가로 임명되어 그 시대에 가장 유럽적인 건축물을 연이어 설계한 건축가였다. 그는 공화국을 위해서, 그 다음에는 나폴레옹의 제국을 위해서 그를 따랐던 사람들, 특히 그가 『신중한 건축(*L'architecture considérée*)』에서 환상적인 설계를 발표한 후에는 많은 건축가들에게 영감을 준 샘물 같은 사람이었다. 비록 그 책에서 언급된 많은 설계가 착공조차 되지 못하거나 도중에 공사가 중단되었지만 말이다.

원대한 꿈

르두의 대표작은 아르크 에 스낭에 지은 왕립 제염소의 한 부분이다. 그것은 도리스 양식으로 앞부분을 만든 당당한 공장이다. 르두가 초기 산업 시대에 이상적인 도시로 건설할 꿈을 키운 도시 쇼의 한복판에 세웠던 이 건물은 한때 바위 덩어리였고 동굴이었지만 건축물로 탈바꿈한 것이다.

당시는 과학과 수학과 철학의 시대였다. 상상력이 뛰어난 건축가들은 합리적인 인간이 살아 갈 이상적인 신세계를 꿈꾸었다. 그중에서 가장 환상적인 꿈을 꾼 사람은 에티엔 루이 불레(Etienne

왕립 제염소(아르크 에 스낭, 1774-79년)
르두는 자신이 계획한 도시 쇼의 한복판에 환형의 복합 건물을 세우려고 했지만 제염소의 일부만이 완공되었다. 포르티코 형식의 입구에는 세로 홈이 없는 도리스 양식 기둥들이 쐐기 모양 아치를 가로막고 있으며, 아치 너머에는 소박한 동굴이 있다.

신고전주의

에티엔 루이 불레의 "뉴턴을 위한 기념물" (1784년)
불레는 뉴턴 기념관을 150미터 높이의 구체로 설계했는데, 상단에 수백 개의 작은 구멍을 뚫어 별을 보는 듯한 환상을 일으키고, 내부를 "빛으로 반짝이고 어둠을 떨쳐 버리는 공간"으로 만들려 했다.

Louis Boullée)였다. 그는 실제로 건축된 작품은 거의 남기지 않았다. 하지만 그가 남긴 환상적인 설계들은 그 이후로 건축가들의 상상력을 끊임없이 자극했다. 특히 아돌프 히틀러와 알베르트 슈피어의 작품이 대표적인 예이다. 불레가 종이에 그려 낸 것은 규모와 야망에서 새로운 발견들―뉴턴의 중력의 법칙과 운동의 법칙, 그리고 인간이 모든 사물의 진정한 척도라는 생각―조차 무색하게 할 지경이었다. 그의 꿈은, 칼레에서 모스크바까지 제국의 땅을 확대하려는 꿈을 꾸었던 나폴레옹과 같은 정치인의 야심에 비견되었다.

불레가 남긴 가장 유명한 두 가지 설계는 국립 도서관과 뉴턴을 위한 기념물이었다. 그가 설계한 국립 도서관이 실현되었더라면, 인간의 정신을 함양시키기보다는 압도했을 엄청난 규모에 비해 열람자는 개미처럼 보였을 것이다. 한편 뉴턴을 위한 기념물은 두 단의 정육면체에서 솟아오른 거대한 공 모양이었다. 공은 우주를 상징했고, 뉴턴의 석관은 그 거대하고 으스스한 우주 속에 안치될 예정이었다. 적어도 불레는 그렇게 꿈꾸었다.

나폴레옹의 파리

이런 꿈들이 실현되었을까? 부분적으로는 실현되었다. 마들렌 성당(118-19쪽 참조)을 제외하더라도, 불레의 제자이던 J. F. T. 샬그랭(Chalgrin)에게 맡겨진 에투알 광장의 개선문이 거기에 포함된다. 엄청난 규모의 개선문은 1808년에 착공되었다. 이제 이 개선문은 커다란 규모와, 그것이 세워진 장소(파리)로 유명하다. 그러나 오늘날 이 개선문에는 후계자가 있다. 1980년대 프랑수아 미테랑(François Mitterand) 대통령이 시작한 '대역사(大役事)'의 일환으로 세워진 라 데팡스가 그것이다. 공허한 맛이 없지 않지만 두 영웅적인 기념물은 샹젤리제를 따라 콩코르드 광장까지 이어지는 일직선상에 있다. 이 광장은 1753년과 1775년 사이에 루이 15세를 위해 설계된 거대한 직사각형 광장이다. 한쪽으로 센 강 건너편에는 B. 푸아예(Poyet)가 설계한 나폴레옹의 하원

의사당이 서 있다. 코린트 양식의 기둥 열 개가 포르티코를 이루고 있어 웅장한 로마의 신전처럼 보인다. 또한 나폴레옹은 멀리 모스크바까지는 아니더라도 상당한 거리를 걸어야 할 것 같은 공동 주택 단지와 쇼핑센터를 고전주의 양식으로 세웠다. 이 거대한 건축물들을 설계한 건축가는 샤를 페르시에(Charles Percier)와 피에르 프랑수아 레오나르 퐁텐(Pierre François Léonard Fontaine)이었다.

이런 건축물들이 결국 하나의 양식이 되는 것일까? 아니다. 그것은 새로운 건축 양식이 아니었다. 정치 체제의 요구에 부응하기 위해서 방향을 선회한 건축이었을 뿐이다. 대부분의 건물 구조에서 혁명적인 것을 찾아볼 수 없었다. 대부분의 경우 고전주의 건축이 복합된 것이었다. 하지만 구조적으로는 믿기 어려울 정도로 간결했다. 그러나 진정한 실험에 세계 곳곳에서 행해지고 있었다. 산업혁명이 진행되고 있는 영국의 소규모 토목 사업에서, 그리고 초기 산업용 건물에서, 아직 대중의 눈에는 보이지 않았지만 19세기가 진행됨에 따라 나폴레옹의 기념물을 모두 합해 놓은 것보다 더욱 혁명적인 변화가 건축에서 일어날 조짐을 보이고 있었다.

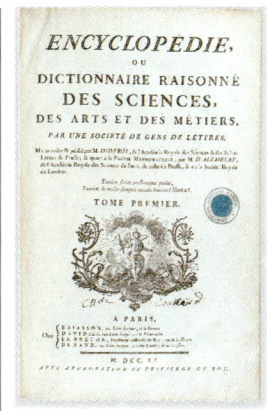

『백과전서(Encyclopedia)』
처음에는 체임버스의 백과사전을 번역할 의도로 작업을 시작했던 드니 디드로(Denis Didro)는 거대한 저작물의 첫 권을 1751년에 발간했다. 디드로의 책임하에 백과전서파는 계몽주의 시대의 새로운 지식을 분류해서 그 주제를 합리적 관점에서 설명했다. 『백과전서』는 전체 35권으로 발간되었으며 볼테르(Voltaire), 몽테스키외, 루소 등도 작업에 참여했다.

개선문 (파리의 에투알 광장, 1808년 이후)
파리의 조감도이다. 샹젤리제 거리가 나폴레옹의 개선문에 압도된 느낌이다. 1667년 앙드레 르 노트르가 설계한 튈르리 공원이 큰 도로의 끝에 보인다.

그리스 복고 양식
아테네의 이상적 목표

요한 빙켈만
'현대 건축의 아버지'인 빙켈만은 1717년 프로이센에서 태어났다. 그리스 문학을 읽었고 신학과 의학을 공부한 후에 바티칸의 사서가 되었다. 고전주의 예술, 특히 고대 그리스에 대한 그의 글은 신고전주의 운동에 많은 영향을 주었다. "우리가 위대해질 수 있는 유일한 길은 그리스인을 모방하는 것이다."라고 말했던 빙켈만은 1768년에 죽었다.

그리스는 서양 건축의 선구이자 뿌리로 여겨졌다. 18세기 중반경 고대 그리스의 건축은 일종의 성배처럼 여겨졌다. 기원전 5세기경 아테네의 건축만큼 완벽한 건축은 없었다. 새롭게 정비된 유럽 국가들의 열망을 대변해 줄 순수하고 고결하며 강력한 미학을 가진 것이 바로 그리스 건축이었다. 서양 건축의 뿌리에 대한 첫 논문은 로지에(Laugier) 신부의 『건축에 대한 소론(*Essai sur l'architecture*)』이었다. 로지에는 기본적 골격을 갖춘 최초의 건축물이 바로 '원시적인 오두막'이라 주장하면서, 책에 삽화까지 그려 넣으며 목재와 나뭇가지로 만든 원시적인 오두막이 그리스 신전의 원형이라고 설명했다. 발전된 석공술에 위대한 예술성이 덧붙여진 파르테논 신전은 그리스 복고 양식 건축가들에게 성지 중의 성지였다. 결국 가장 위대한 건축은 합리적이고 자연스런 것이었다.

그로부터 10년이 지나지 않아 '아테네인' 제임스 스튜어트(James Stuart)와 니콜라스 리베트(Nicholas Revett)가 오랫동안 그리스를 여행하며 연구한 결과물인 『아테네의 유물들(*Antiquities of Athens*)』을 발표했다. 그것은 스튜어트가 버밍엄의 해글리 홀 부지에 그리스 신전(1758년)을 세운 직후의 일이었다. 그 신전의 우아함에 모두가 찬사를 보냈다. 영국에서 그리스 기념물을 모방해서—나폴레옹 전쟁의 전몰자를 위한 기념물로 에든버러의 칼튼 힐 정상에 파르테논 신전을 재현하려는 시도가 있었다—성당, 시골 별장, 미술관, 박물관, 대학, 심지어 초기의 기차역까지 설계할 수 있다는 사실이 증명된 것이다. 필립 하드윅(Philip Hardwick)은 런던 유스턴 역의 거대한 입구를 도리스 양식으로 만들었다. 그러나 그 거대한 출입문은 1961년 보존주의자들과의 유명한 다툼 후에 철거되고 말았다. 유스턴 아치라고 알려진 것의 길 건너편에 윌리엄 인우드(William Inwood)와 그의 아들 헨리(Henri)는 그리스 신전을 모방한 세인트 팬크러스 교회를 세웠다. 성당 동쪽 끝 양 옆에는 아테네의

에레크테이온(아테네, 기원전 421년경–기원전 406년)
아테네의 전설적인 왕 에레크테우스의 신위를 모시기 위해 세워진 에레크테이온은 아크로폴리스의 북쪽에 있다. 여상주의 '처녀들'은 세례 의식을 행하던 젊은 여인들을 표현한 것이다.

에레크테이온을 모방해서 여상주(女像柱)로 장식된 포치가 세워졌다. 머리로 박공벽을 떠받치고 있는, 거의 벌거벗은 그리스 처녀들, 즉 여상주들은 축축하고 공해에 찌든 잿빛 하늘의 유스턴 거리를 바라보면서 무슨 생각을 할까? 게다가 그 교회는 아테네에 있는 바람의 신전을 모방해 지붕에 탑을 올려놓으면서 기교를 부렸다. 달리 말하면 인우드 부자는 유명한 그리스 신전들의 멋진 면들을 재배열해서 영국 교구의 교회를 지었던 것이다.

스코틀랜드의 고전주의

잉글랜드에서는 고대 그리스 건축을 취사선택해서 받아들이는 것이 유행이었다. 그러나 잉글랜드 국경 북쪽에서는 그 양상이 다소 달랐다. 스코틀랜드 사람들은 그들의 기후에서는 찾아볼 수 없는 따뜻한 가슴으로 그리스 건축을 받아들였다. 그래서 에든버러는 북쪽의 아테네로 알려지게 되었고, 고딕 복고 양식과 프리 스타일을 추구한 잉글랜드와 달리 스코틀랜드에서 그리스 복고 양식은 19세기까지 꾸준히 이어졌다. 에든버러에서 그리스 양식으로 세워진 유명한 건물은 토머스 해밀튼(Thomas Hamilton)이 설계한 로열 하이스쿨(1825–29년)이다. 이 학교는 에든버러를 굽어보고 있는 언덕 기슭에 당당하게 서 있다. 마치 아크로폴리스의 신전들이 아테네를 굽어보듯 말이다.

글래스고에서도 고향인 스코틀랜드를 한 발짝도 벗어난 적이 없었던 '그리스인' 알렉산더 톰슨(Alexander

세인트 팬크러스 교회(런던, 1819–22년)
아테네의 에레크테이온(오른쪽 위)에서 영향을 받은 여상주로 장식된 두 포치가 성당의 동쪽 끝 양 편에 서 있다. 북쪽 벽의 여상주들이 원래는 더 컸지만, 각 여상주는 포치 아래로 적절한 간격을 두고 떨어져 있다.

신고전주의

Thomson)을 필두로 하여 그리스 양식이 결정적이고 독창적인 방식으로 추구되고 있었다. 톰슨은 산뜻한 테라스가 있는 주택, 빌라, 창고를 지었고, 영원히 잊혀지지 않을 두 교회를 세웠다. 세인트 빈센트 스트리트 교회와 칼레도니안 로드 프리 교회(1856-67년)는 메소포타미아부터 그리스까지 이르는 지역의 건축을 섭렵한 다음 만든 모험적인 건축물이었다. 그에게는 남다른 재능이 있었다. 수십년 동안 그 재능은 평가받지 못했지만 이제 그는 건축의 판테온—파르테논 신전이라고 해도 괜찮지 않을까—에 모셔졌다.

프로이센에서의 그리스 건축

그러나 그리스 복고 양식이 만개한 곳은 프로이센이었다. 호호했지만 인자했던 프리드리히(Friedrich) 대왕의 철권 통치하에서 그리스 복고 양식 건축은 새로운 강국의 상징이 되었다. 수도 베를린에 들어서는 관문인 유명한 브란덴부르크 문도 그리스 양식으로 C. G. 랑간스(Langhans)가 설계한 것이었다. 프리드리히 길리(Friedrich Gilly)는 프리드리히 대왕을 위한 거대한 기념물을 설계했지만 착공하지는 못했다(1797년). 그는 베를린 심장부의 거대한 기단 위에 도리스 양식으로 웅장한 신전을 세울 예정이었다. 이 프로젝트가 시행되기 전에 길리는 죽었지만, 그 설계를 바이에른의 루트비히 2세가 채택하여 다뉴브 강을 굽어보고 있는 레겐스부르크 근교에 낭만적인 발할라(27쪽 왼쪽 글상자 참조)를 건설했다.

그리스 신전 스타일이 절정에 이른 때의 모습을 보고 싶다면 프로이센을 찾아야 한다. 길리의 동료이자 제자였던 레오 폰 클렌체(Leo von Klenze)는 그리스 양식을 뮌헨에서 시도했다. 그러나 그리스와 로마 조각의 전시관인 글립토테크(1816-30년)와 프로필라이움(1846-60년), 즉 쾨니그스플라츠의 관문을 지으며 그는 로마와 그리스 양식을

세인트 빈센트 스트리트 교회(글래스고, 1857-59년)
독특한 설계로 건물의 구석에 탑이 세워졌다. 그리스 복고 양식에 대한 톰슨의 확고한 지지 때문에 스코틀랜드는 고딕 복고 양식의 열풍을 한참 동안 이겨낼 수 있었다.

혼합시켜 19세기 중반 유럽에서 크게 성행한 양식—오늘날 퓨전이라 칭하는 양식—으로 가는 길을 닦아 주었다. 가장 분명한 예가 C. R. 코커렐(Cockerell)이 설계한 잉글랜드 옥스퍼드의 애쉬몰린 미술관(1841-45년)이다.

그리스 복고 양식은 하늘이 맑고 기후가 따뜻한 아테네와 델포이에서 오스트리아, 폴란드, 헝가리를 거쳐 멀리 북쪽의 스웨덴과 핀란드까지 퍼져 나갔다. 이탈리아에도 그리스 복고 양식 바람이 불었다. 주세페 자펠리(Giuseppe Japelli)가 파도바에 남긴 걸작인 카페 페드로치에서 어찌 커피 한 잔을 마시지 않을 수 있겠는가! 그렇게 그리스 복고 양식은 게르만의 영향을 받아 다시 그리스로 되돌아갔다.

신고전주의 모티브
로마, 그리스, 심지어 이집트 모티브를 차용한 예들이 18세기 동안 이 주제를 다룬 책들에서 소개되었다. 이런 모티브들은 건축가뿐만 아니라 공예가들에게도 영향을 미쳤다. 고전주의 모티브의 부활은 고전 학문에 대한 동경과도 깊은 관련이 있다. 따라서 그 시대의 장식물은 고상한 취향을 보여 주는 증거로 여겨졌다. 위의 그림은 피라네시의 작품이다.

브란덴부르크 문(베를린, 1789-93년)
아테네 아크로폴리스의 프로필라이온을 본뜬 도리스 양식의 웅장한 문은 운터 덴 린덴 거리의 종결점으로 여겨졌다. 최근 들어 이 문은 독일의 분단과 재통일의 상징으로 여겨진다.

카를 프리드리히 싱켈
최초의 기능주의자

카를 프리드리히 싱켈
19세기 가장 위대한 독일 건축가인 싱켈은 화가, 도안가, 무대 장식가이기도 했다.

가장 위대한 그리스 복고 양식 건축가는 프로이센의 카를 프리드리히 싱켈(Karl Friedrich Schinkel)이었다. 싱켈은 고대 그리스 건축을 받아들였지만 그대로 모방하지 않고 재해석했다. 그는 고대의 건축을 결코 맹목적으로 추종하지 않았을 뿐만 아니라, 새로운 건축을 창조하기 위해 교묘하게 건축 양식을 절충하는 방법을 택하지도 않았다. 그가 세운 건물들의 특징은 심원하면서도 근본적인 아름다움과 엄밀함에 있다.

싱켈은 뛰어난 그리스 복고 양식 건축가이기도 했지만, 진정한 의미에서 최초의 기능주의자였다. 따라서 그의 건물들은 기능 면에서 완벽할 뿐만 아니라 그 구조 또한 명확히 드러내고 있다. 게다가 그는 필요할 때마다 새로운 테크놀로지와 자재를 사용했다.

싱켈은 영국을 두루 여행했다. 그때 그를 가장 매료한 것은 아름다운 건물이 아니라 강철을 광범위하게 사용한 새로운 산업용 창고였다.

싱켈은 한 가지 양식의 노예가 아니었다. 그는 19세기 중반에 있을 절충주의를 예상하고 있었지만 그가 고딕 양식으로 전환한 것은 확실한 준비를 끝낸 다음 결정한 일이었다. 그것은 1830년부터 프로이센 공공사업부의 수장이었던 사람이 당연히 기대할 수 있는 변화였다. 길리의 제자였던 싱켈은 1810년부터 공공사업부에서 일했다. 말하자면 그는 새로운 유형의 건축가였던 셈이다. 즉 정부의 지원을 받는 공복(公僕)이었다. 다만 아주 충실한 공복이었다.

정확하고 박학한 이 프로이센인 사내에게서 우리는 건축사에 새로운 인물, 즉 건축행정가의 출현을 보게 된다. 팔라디오 이후 시대가 완전히 바뀐 것이다. 르네상스의 위대한 거장들이 석공으로 훈련받은 다음, 로마에 있는 기념물을 보면서 공부한 후에 장인들과 팀을 이뤄 자신의 건물을 세웠다면, 싱켈은 학문적으로 수련을 받은 후에 군인과도 같은 자세로 공무원으로서 자신의 길을 닦아 가고 있었다.

그는 포츠담의 카를로텐호프에 있는 궁전 정원사의 집과 같은 매력적이고 낭만적인 빌라에서부터 오늘날 20세기 독일의 전쟁과 억압에 희생된 사람들의 영혼을 달래 주는 기념관으로 사용되고 있는 베를린의 노이에 바헤(1816-18년)처럼 장엄함을 느끼게 해 주는 건물에

베를린의 구미술관(1923-30년)
싱켈은 베를린의 중요한 공공건물들 가운데 구 미술관을 지을 자리에는 기념비적 건물이 들어서야 한다고 생각했다. 미술관에는 18개의 이오니아 양식 기둥으로 이루어진 열주와 웅장한 계단이 있으며, 입구의 기마상이 눈에 띈다.

이르기까지 어떤 일이나 완벽하게 처리했다.
한편 베를린의 왕립 극장(1819-1821년)과 구미술관(1823-30년)도 그가 설계한 기념비적 건물들이다.

프로이센의 상징

베를린의 구미술관은 팔라디오의 빌라 로톤다만큼이나 후대에 영향을 준 건물이었다. 이 미술관은 두 가지 기능을 지니고 있다. 첫째는 프로이센의 상징으로서의 기능, 둘째는 미술관으로서의 기능이다.

이 건물의 특징으로는 여러 가지를 들 수 있다. 관람객의 눈에 처음 들어오는 것은 18마리의 독수리가 차례로 좌측과 우측을 돌아보며 감시하는 엔타블레이처 아래에 있는 긴 열주, 즉 이오니아 양식으로 세워진 정교한 18개의 기둥이다. 열주는 높은 기단 위에 세워져 있다. 가까이 다가서면 건물 입구가 뒤로 물러서 있는 듯한 느낌을 주며 두 층계 중 하나에 올라서야 입구가 보인다. 천장에 조명 시설이 있는 전시관—매우 현대적인 감각이 느껴진다—은 우측과 좌측으로 연결된다.

그러나 가장 놀라운 것은 아무런 장식이 없는 돔 아래에 두 단으로 나뉘어진 기둥들, 즉 열주가 있는 로툰다이다.

"마술 피리"를 위한 무대 장식 (부분)
1816년부터 싱켈은 42번의 무대 장식을 설계했다. C. F. 텔레(Thiele)의 아콰틴트 판화는 1816년 베를린에서 공연된 모차르트의 "마술 피리" 2막 7장을 위한 싱켈의 무대 장식을 재현한 것이다.

싱켈의 주요 작품
노이에 바헤(베를린, 1816-18년)
왕립 극장(베를린, 1819-21년)
구미술관(베를린, 1823-30년)
궁전 정원사의 집(포츠담의 카를로텐호프, 1829-31년)
건축 아카데미(베를린, 1831-36년)

세상에서 가장 아름다운 방 가운데 하나인 이 로툰다는 열주 위에 다락방처럼 세워진 상자와 한 덩어리가 된다. 하지만 미술관 앞 광장에 서 있는 사람에게는 이것이 보이지 않는다. 싱켈이 여기에서 창조해 낸 것은 모든 건축이 지녀야 할 기본 요소들이다. 로툰다는 정육면체 안에 들어 있는 구(球)로 보일 수 있으며, 이 구는 다시 직육면체—열주의 길이로 정해지는 박물관의 본체—안에 들어간다. 이때 직육면체의 비율은 구와 정육면체의 비율에 따라 결정된다.

베를린의 구미술관은 그리스 정신뿐만 아니라 모든 건축의 정신에 부응하는 합리적이고 낭만적인 기념물이다. 이 건물의 뒷면부터 본 사람들은 뒷면과 옆면이 평범하다고 말한다. 그러나 이 미술관에 담긴 사상은, 건물이란 도도한 기념물인 동시에 이웃들에게 군인처럼 활기차며 예절바른 친구가 되어야 한다는 것이다.

"건축적 장식과 설계, 즉 건축 예술이 구조적 형태를 가려서는 안 된다."

카를 프리드리히 싱켈

궁전 정원사의 집 (포츠담의 카를로텐호프, 1829-31년)
왕세자를 위해 건설한 카를로텐호프 궁의 부지에 세운 건물들 중 하나인 궁전 정원사의 집의 특징은 경사가 낮은 지붕, 깊은 처마, 그리고 이탈리아식의 탑에서 찾아볼 수 있다.

황제국 러시아
세계화된 고전주의

예카테리나 2세
예카테리나 2세는 프로이센의 슈테틴(오늘날의 폴란드의 슈체친)에서 태어났다. 1745년 그녀는 대공이자 러시아 제국의 상속자이던 표토르 3세(Pyotr III)와 결혼했다. 음모를 꾸며 표토르 3세를 폐위한 예카테리나 2세는 스스로 황제에 올랐다. 그녀의 치세는 러시아 제국의 역사에서 가장 융성한 시기 중 하나였다. 뛰어난 재능과 학문으로 명성이 자자했던 그녀는, 러시아에 프랑스 문화를 적극적으로 받아들이면서 볼테르나 디드로와 교분을 나누기도 했다. 또한 러시아 전역에 건물의 신축을 명령했으며 예술품의 수집에도 열중했다. 이 수집품들이 나중에 에르미타슈 미술관의 모태가 되었다.

18세기 초 표토르(Pyotr) 대제는 새로운 도시, 상트 페테르부르크를 건설하기로 결정했다. 유럽 여러 나라, 특히 이탈리아의 건축가들이 이반 3세(Ivan III) 이후 황제들의 초빙을 받아 러시아에서 일했지만, 표토르 대제는 강한 추진력으로 러시아 건축의 얼굴을 바꿔 놓았을 뿐만 아니라 세계에서 가장 환상적이고 기념비적인 건물을 우리에게 남겨 주었다. 그러나 러시아 건축을 규모나 화려함에서 서유럽의 수준으로, 아니 그 이상을 발전시킨 사람은 표토르 대제가 아니라 예카테리나 2세(Ekaterina II)였다. 실제로 그녀가 제위 기간 동안 세운 몇몇 건물들은 감동적인 만큼이나 독창적이다.

표토르 대제가 러시아인의 취향과 러시아 기후에 맞도록 서구 양식을 변형시킨 건물을 짓게 했다면, 러시아 건축의 규모를 엄청나게 확대한 사람은 바로 나폴레옹 보나파르트였다. 나폴레옹이 모스크바를 침공했다가 러시아의 혹독한 겨울을 못 견디고 한 달 만에 퇴각했다는 사실을 감안한다면, 이런 주장은 이상하게 들릴 것이다.

스몰니 성당 (상트 페테르부르크, 1748-57년, 1835년 완공)
푸른색과 흰색이 조화된 성당으로 그리스 십자형 평면의 구조이다.
라스트렐리가 엘리자베타 여제를 위해 지은 수도원 단지의 중심 건물이다.

그러나 나폴레옹이 침공하기 훨씬 전부터 러시아 황실은 프랑스의 모든 것을 흉내 내고 있었다. 심지어 귀족 계급은 프랑스어를 일상어로 쓸 지경이었다. 실제로 러시아 건축이 황금기를 맞은 때는 나폴레옹이 퇴각한 후였다. 예카테리나 2세 이전에도 중요하고 야심적인 건축 계획들이 있었다. 이탈리아 건축가 바르톨로메오 라스트렐리(Bartolomeo Rastrelli)가 엘리자베타(Yelizaveta) 여제를 위해 세운 스몰니 성당과 수도원 성당, 역시 라스트렐리가 엘리자베타 여제를 위해 푸른색, 흰색, 황금 장식의 로코코 양식으로 차르코예 셀로에 세운 대궁전(1749-52년)이 그 대표적인 건물이다. 물론 역시 라스트렐리가 엘리자베타 여제를 위해 세운 겨울 궁전(오늘날의 에르미타슈

대궁전 (차르코예 셀로, 1749-52년)
라스트렐리가 설계한 궁전으로 파사드 길이만 298미터이다.
기둥, 석상, 벽기둥 등 다양한 장식들을 지니고 있다. 18세기 후반에 예카레리나 2세는 이곳을 가장 즐겨 찾았다.

국립미술관)도 빼놓을 수 없다. 그러나 예카테리나 2세의 계획은 궁극적으로 러시아의 야망과 고전주의 양식을 융합하는 것이었다.

상트 페테르부르크의 타우리드 궁전(1783-89년, 그 이후 재건축)도 러시아 건축에서 중요한 위치를 차지한다. 이 궁전은 겉으로 보기엔 간결하고 엄격한 느낌을 주는 도리스 양식의 건물이지만 실제로는 예카테리나 2세가 정인인 그리고리 포템킨(Grigory Potemkin)을 위해 세운 호화로운 사저였다. 당시 일반적인 러시아 건축에 비하면, 불안하게 보일 정도로 평범한 파사드 뒤로 로마의 판테온을 흉내 낸 화려한 돔이 있는 로툰다와, 궁전의 안쪽에서부터 양쪽으로 돌출된 후진까지 확장된 그리스 양식의 거대한 홀이 있었다.

이 궁전을 설계한 건축가는 파리에서 수학한 이반 예고로비치 스타로프(Ivan Yegorovich Starov)로, 그는 니콜스코예의 장엄한 성당(1773-76)을 설계하기도 했다. 돔형의 도리스 양식 건물인 이 성당은 아테네에 있는 바람의 신전, 그리고 불레와 르두의 상상력으로부터 영향을 받은 것이었다.

신고전주의 기념물들

예카테리나 2세는 관대한 건축 후원자였다. 그녀는 이탈리아와 러시아의 건축가들뿐만 아니라 프랑스와 스코틀랜드의 건축가들도 고용했다. 찰스 캐머런(Charles Cameron)은 스코틀랜드 건축가로, 1779년에 상트 페테르부르크에 초빙되었다. 그는 차르코예 셀로의 대궁전(오늘날의 예카테리나 궁)에 장엄한 기둥들이 늘어선 카메론 전시관과 매력적인 파블로스크 궁(1782-86년)을 설계했다. 또한 노예 신분이었지만 파리와 로마에 보내져 교육을 받았던 A. N. 보로니힌(Voronikhin)이 설계한 상트 페테르부르크의 카잔 성당이 증명해 주듯이 비천한 태생은 건축가에게 아무런 장애물이 되지 않았다.

이러한 신고전주의 양식의 건물들 가운데 으뜸인 것은 카를 이바노비치 로시(Karl Ivanovich Rossi)가 불레와 르두에게 영감을 받아 상트 페테르부르크에 세운 총참모본부(1819-29년)와, 역시 파리와 로마에서 수학했던 아드리안 드미트리예비치 자하로프(Adrian Dmitrievitch Zakharov)가 세운 신해군본부 (1806-23년)이다. 신해군본부는 순수한 러시아 정신이 깃든 건물이다. 12개의 도리스 양식 기둥이 우뚝 서 있는 480미터의 파사드에 압도당하지 않을 사람은 없다. 게다가 중앙에 있는 아치형의

카잔 성당(상트 페테르부르크, 1801-11년)
A. N. 보로니힌의 거대한 성당은 카잔 성녀의 성상을 안치하기 위해 세워진 것으로, 네브스키 프로스펙트와 마주 보고 있다. 로마의 성 베드로 대성당과 팔라디오의 빌라 바도에르에 영향을 받아 고전주의 양식으로 세워진 이 수도원은 96개의 코린트 양식 기둥과 1개의 포르티코형 출입문으로 이루어진 반원형 구조이다.

입구는 불레가 꿈에도 그리던 것이었다. 이 거대한 아치 입구 위로 이국적인 탑이 솟아 있다. 고대 그리스의 할리카르나소스 영묘와, 바늘처럼 날카로운 고딕풍의 첨탑 같은 정탑(頂塔)을 덧씌운 바로크 양식의 돔이, 감각적으로 결합된 모습이다. 이것은 과거 비잔틴 양식에서 영향을 받은 양파 모양의 돔에서 벗어나 새로운 러시아 건축의 태동을 알리는 것이었다.

신해군본부(상트 페테르부르크, 1806-23년)
러시아의 신고전주의 건축가이던 아드리안 자하로프가 남긴 걸작인 이 거대한 건물에는 중앙 출입문 위의 황금 정탑을 지탱하는 중후한 누대가 있다.

에르미타슈 미술관

18세기에 들면서 유럽에는 공공미술관이 생겨나기 시작했다. 러시아에서는 예카테리나 2세의 후원으로 과학과 예술이 개화했다. 예카테리나 2세는 러시아 과학 학교와 미술 학교 같은 공공건물의 신축을 명령했을 뿐만 아니라 최초의 공공도서관을 세우기도 했다. 발랭 드 라 모트(Vallin de la Mothe)가 설계한 여제의 개인 미술관인 소(小)에르미타슈가 설립된 1764년, 예카테리나 2세는 요안 에르네스트 고초브스키(Johann Ernest Gotzouski)의 베를린 컬렉션 가운데 255점의 그림을 구입했다. 니콜라이 1세(Nikoly I)는 에르미타슈 미술관을 개축(1840-52년)하여, 1852년부터 대중에게 공개했다.

산업 사회

산업혁명이 일어나자 건축가의 역할이 수세기 만에 처음으로 바뀌게 되었다. 뉴커먼(Newcomen), 와트(Watt), 트레비식(Trevithick)을 비롯한 여러 발명가들이 영국에서 증기기관을 고안해 내어(그러나 2000년 전에 그리스의 헤론(Heron)이 먼저 발명했다고 함), 새로운 제품을 공장에서 대량 생산하는 것이 가능해졌고 다리에서 건물에 이르기까지 모든 것을 새로운 방식으로 제작할 수 있게 되었다. 특히 증기기관은 건축가의 예술성을 고취시키기보다는 공학적 측면에서 다양하게 사용되었다. 1851년에 만국박람회를 맞아 조지프 팩스턴(Joseph Paxton)이 설계해서 수주일 만에 조립해 낸 크리스털 팰리스는 역사적으로 가장 혁명적인 건축물이었다. 건축가들은 이 건물을 예술 작품이 아니라 조립품이라고 평가하면서 냉소를 보냈다. 그러나 그것은 건축가들의 커다란 판단 착오였다. 바야흐로 건축의 새로운 르네상스가 시작되고 있었다. 그러나 그것은 과거가 아닌 미래에 뿌리를 둔 르네상스였다.

크리스탈 팰리스 (런던)
미리 만든 부품들을 사용하고 19세기 영국의 선진 산업 및 운송 인프라를 활용함으로써 건축에도 혁명적인 변화의 바람이 불었다. 이것은 다가올 시대에 대한 예언이었다.

산업혁명
변화의 동력들

이점바드 킹덤 브루넬
영국의 산업혁명 시대에 가장 뛰어난 토목 기술자로 평가받는 이점바드 킹덤 브루넬은 1806년에 유명한 토목 기술자의 아들로 태어났다. 클리프턴의 현수교를 비롯한 브루넬이 남긴 업적에는 고속 철도 여행을 할 수 있게 해 준 광궤 철도의 도입과 대서양을 정기적으로 횡단한 최초의 증기선인 '그레이트 웨스턴(1938년)'호의 설계와, 대서양을 횡단하는 최초의 전신 케이블을 설치한 증기선 '그레이트 이스턴(1958년)'호의 설계 등이 있다. '그레이트 이스턴'호는 그 후 40년 동안 세계에서 가장 큰 선박이었다. 브루넬은 1859년에 사망했다.

산업혁명은 1750년대에 영국에서 시작되었다. 영국은 증기기관을 생산 시스템에 적용하고 증기선으로 상품을 전 세계에 실어 날랐다. 산업 발전에 따라 자본가 계급이 새롭게 부상하면서 영국은 최초의 산업 국가로 발돋움했다. 그 결과는 다양하게 나타났다. 산업혁명은 노동을 착취하는 공장에 기대어 살 수밖에 없는 가난한 사람들을 더욱 힘겹게 만들었으며, 도시로 인구가 집중되어 시민들은 더 이상 쾌적한 공간에서 살 수 없었다. 또한 공해와 새로운 유형의 사고와 질병이 만연했다. 그 반면에 초창기에 산업혁명은 많은 혜택을 사람들에게 안겨 주기도 했다. 하지만 기계를 이용한 설계를 못마땅하게 여긴 건축가들에게는, 산업혁명은 그다지 반가운 현상이 아니었다. 그것은 그들이 기계를 건축 설계에 어떻게 이용할 수 있는지 깨닫지 못했기 때문이기도 하다. 그러나 산업혁명은 건축이 기계화될 수 있는 길을 열어 주면서 장인의 위치를 위협했다. 이런 두려움에는 충분한 근거가 있었다.

하지만 산업혁명 초기에 건설된 건축물들은 상당히 아름다웠다. 슈롭셔의 콜부룩데일에 있는 세번 강을 가로지르는 우아한 철교를 필두로 해서 많은 건축물들이 건축가들의 미학적 손길에서 멀리 벗어나 있었다. 산업 시대의 초기 건축물들은 주로 토목 기술자들이 건설한 것이다. 오랜 세월이 지난 후에야 건축가들은 토목 기술자들이 세계에서 가장 아름다우면서 경제적인 건축물을 설계해 내고 있다는 사실을 인정하기 시작했다. 그 동안 건축가들은 난해한 건축 양식 전쟁을 벌이고 있었다.

클리프턴 현수교(브리스톨, 1830-63년)
깊은 협곡과 연결된 브루넬의 현수교는 전체의 길이가 214미터이다. 처음 설계에서는 거대한 탑문에 스핑크스를 얹고 상형문자로 장식할 생각이었다.

광물의 이점
18세기 중반쯤 영국의 숲은 벌거숭이가 되었고 당시의 기술로는 더 이상 아래로 파내려 가 석탄을 캘 수 없었다. 그런데 이 즈음 증기 양수기가 발명되면서 탄광을 더 깊게 파내려 가 석탄을 남김 없이 캐낼 수 있게 되었다. 또한 새로운 채굴술과 코크스를 사용해서 철을 녹일 수 있는 방법이 발견되어 철과 석탄의 채굴이 가속화되었다. 석탄과 철광이 같은 지역에 매장되어 있는 천연적 이점이 영국의 산업 발전을 가속화시킨 원동력이었다.

이 다툼은 제1차 세계대전이 발발할 때까지 계속되었다. 제1차 세계대전은 산업 혁명 이후 어리석은 경쟁에 돌입한 유럽 국가들이, 공장에서 만들어 낸 야만적인 물건으로 유럽의 심장부를 갈기갈기 찢어 놓은 전쟁이었다.

토목 공학이 남긴 업적들

새로이 부상한 토목 공학이 남긴 업적 가운데 건축가들에게도 영향을 준 작품들로는 이점바드 킹덤 브루넬(Isambard Kingdom Brunel)이 브리스톨에 세운 클리프턴 현수교와, 그 양 끝에 이집트 양식으로 세운 장엄한 탑문에 매달려 있는 우아한 철 구조물, 리버풀의 신항만인 앨버트 독에서 3헥타르 면적을 차지하는 철 구조물 창고와, 그 창고를 떠받치고 있는, 제스 하틀리(Jesse Hartley)가 만든 도리스 양식의 주철 기둥들, 그리고 셔니스에 있는 해군 공창의 선박보관소 등이 있다. 이 중에서 선박보관소는 철 구조물로 세워진 최초의 복층 건물이며, 1세기 후의 공공건물들처럼 외벽을 나무판이 간결하게 둘러싸고 있다.

산업혁명이 도래하기 전까지 건물들의 벽에는 그 자체의 미학적 아름다움이 있었다. 그러나 산업 시대가 되면서 건축가나 토목 기술자에게 벽은 그저 외피에 지나지 않았다. 물론 오래 전에 사하라 사막 아래 지역에서 벽이 이런 식으로 지어진 적이 있었다. 그러나 주철과, 1856년 헨리 베세머(Henri Bessemer)가 발명한 제강법으로 생산한 강철은 목재와 대나무보다 훨씬 강했다. 해군 본부의 토목과 건축 관련 부서의 책임자였던 고드프리 토머스 그린(Godfrey Thomas Greene)이 설계한 셔니스의 선박보관소를 얼핏 보면, 독특한 구조 때문에 그 건물이 끝없이 확장될 수 있을 것 같은 생각이 든다. 말하자면 불확정성의 건축이 탄생한 것이다. 대부분의 건축가들이 염려한 최악의 상황이 현실로 나타난 것이다.

뛰어난 토목 기술자들은 이런 건축 방식을 19세기의 철도역과 그 시대의 성당들에 적용했을 뿐만 아니라, 전설적인 프랑스의 공학자인 귀스타브 에펠(Gustave

선박보관소(셔니스의 해군 공창, 1858-60년)
이 실리적인 건물은 64×41미터 크기이며, 건물 중앙 꼭대기 위에 설치된 '네이브'를 통해 빛을 받아들인다. 영국의 산업이 다른 나라에 비해 월등했던 마지막 10년 동안에 세워진 복층 철골 구조 건물 가운데 하나이지만 훨씬 나중에 세워진 것으로 보인다.

제레미 벤담

런던 태생의 제레미 벤담(Jeremy Bentham)은 철학자이자 경제학자였으며 법리에 밝은 저술가였다. 사회 문제를 과학적으로 해결하려던 그의 시도는 19세기의 사상에 영향을 미쳤다. 벤담은 건축 분야에서 파놉티콘(원형 감옥)에 대한 설계(1787년)를 남겼다. 파놉티콘은 중앙의 로툰다에서 항상 죄수를 감시할 수 있도록, 모든 방이 안쪽을 향하게 설계되어 있었다. 이 모델은 병원, 학교, 감옥의 설계에 커다란 영향을 미쳤고, 훗날 감시를 목적으로 하는 건물 설계의 원형이 되었다.

국립 도서관(파리, 1859-67년)
열람실의 밝고 경쾌한 분위기는 새로운 건축 자재의 이점을 보여 준다. 전에는 종교적인 건물에서만 볼 수 있었던 거대한 규모로 세속적인 건물을 지을 때 그 구조를 어떻게 만드는지 잘 보여 준다.

20세기 공공건물의 두 원형은 미국이 새로운 강자로 부상하기 훨씬 전에 세워졌다. 그것은 바로 존 베어드 1세(John Baird I)가 글래스고의 자메이카 스트리트에 세운 원예업자의 창고(1855-56년)와 피터 엘리스(Peter Ellis)가 리버풀에 세운 오리엘 체임버(1864년)이다. 원예업자의 창고의 주철로 만들어진 골조가 베네치아 양식으로 클래딩되어 있다. 오리엘 체임버는 벽의 안팎이 모두 주철로 처리되어 있다. 흔히 볼 수 있는 장식적인 난간이 달려 있기는 하지만, 활 모양의 내달이창이 달린 오리엘 체임버의 형태는 전례를 찾아볼 수 없는 것이었다.

철을 두른 증기선을 건조하고 정박시킨 도시들에 지어진 상대적으로 소박한 건축물들에서 우리는 양식만을 중시하는 환상과 미망에서 벗어난, 새로운 건축이 서서히 태동되는 것을 확인할 수 있다.

철의 사용

피에르 프랑수아 앙리 라브루스트(Pierre François Henri Labrouste)가 설계한 파리의 국립 도서관의 내부는 비잔틴 양식이지만, 주철과 금속을 과감하게 사용하고 있다. 라브루스트는 1840년대에 파리의 성 주느비에브 성당 도서실에도 주철을 사용해서 성공적으로 마무리지은 적이 있지만 국립 도서관은 새로운 건축 자재의 활용 가능성을 극명하게 보여 준 예였다. 주 열람실에는 테라코타로 만들어진 삼각 궁륭의 돔 9개가 있다. 각 돔마다 가운데에 설치된 커다란 창(판테온의, 유리를 끼우지 않은 돔과 같음)을 통해 열람실에 햇살이 스며들게 되어 있지만, 해질녘의 강렬한 햇살이나 겨울철의 반사되는 눈[雪] 빛과 같이 강렬한 빛에 독서객들이 방해받지 않도록 설계되어 있다. 가느다란 주철 기둥과 아치가 돔을 떠받치고 있다. 전체적으로 연약한 느낌을 주며 텐트 안에 있는 듯한 기분을 안겨 준다. 책꽂이도 주철로 만들어졌고 서고 바닥에는 얇은 금속이 깔려 있어 구석진 곳까지 햇살이 스며든다. 서고의 중앙은 금속으로 만든 격자형 다리들로 연결되어 있다. 1세기 후의 건축가들이 프랑스와 영국에서 이러한 구조를 다시 채택하기 시작했다.

Eiffel)이 1851년 런던의 만국박람회에 뒤이어 파리에서 열린 만국박람회의 기념물로 설계한 두 건물, 즉 기계관(1889년)과 에펠 탑(1887-89년) 같은 기념비적 건축물에도 적용되었다. 기계관은 토목 기술자 빅토르 콩타맹(Victor Contamin)과 건축가 샤를 뒤트르(Charles Dutert)가 협력해서 만들어 낸 성공적인 작품으로, 그 후 건축가와 토목 기술자가 긴밀하게 협조하여 건축이 나아갈 방향을 제시해 주었다.

건축가의 반응

산업혁명이 가져다 준 기회와 새로운 도전에 건축가들은 어떻게 반응했을까? 앞에서 잠깐 언급했듯이 대부분의 건축가는 기계와 건축을 접목시키는 것이 어렵다고 생각했으며, 심지어 그것이 불가능하다고 생각하는 건축가들도 있었다. 그러나 기계라는 새로운 건축 언어를 받아들여 새로운 목소리를 내려고 한 건축가들도 있었다.

> **새로운 학습**
> 산업화가 촉진됨에 따라 지식의 확산도 뒤따랐다. 지식은 더 이상 성직자나 문화 엘리트의 전유물이 아니었다. 대중에게도 지식이 널리 보급되었다. 따라서 런던의 대영박물관(1820년 착공)과 파리의 국립 도서관처럼 대중을 위한 지식 보급소가 연달아 세워졌다. 미국의 보스턴 공공도서관(1887-93년)을 그 운영자들은 "민중의 궁전"이라 불렀다.

루이 오귀스트 부알로(Louis Auguste Boileau)가 설계한 파리의 생 외젠 성당(1854-55년)의 외형은 고딕 양식이지만, 내부의 기둥과 기둥머리와 둥근 천장과 아치는 놀랍게도 모두 강철로 만들어졌다.

중세 세계를 재현해 내려는 의도에서 고딕 양식의 부활을 꿈꾼 건축가들에게는 강철의 사용이 충격이었겠지만, 강철은 강하면서도 우아한 멋을 살린 실용적인 해결책이었다. 그러나 비록 그 강도가 뛰어나더라도 주철은 내부 자재로는 적합하지만 외부 자재로는 적합하지 않다고 여겨졌다. 실제로 주철은 건물의 골조로만 주로 사용되었으며, 벤저민 우드워드(Benjamin Woodward)가 설계한 옥스퍼드 대학에 있는 산뜻한 대학박물관에서 보듯이 외벽에는 주로

자가 발전 건물(누아지엘 쉬르 마른의 므니에 초콜릿 공장, 1871-72년)
솔르니에가 설계한 경이로운 철골 구조의 건물은 커다란 창들과 철골의 바깥쪽을 장식해 주는 벽돌로 만들어진 커튼 월(curtain wall)까지 감안한 자립형 구조로 건축되었다.

석재를 사용했다.

이 박물관에는 공룡뼈 전시관이 있다. 공룡뼈들은 주철로 만든 운치 있는 둥근 천장 아래에, 그리고 일부러 그렇게 설계한 것처럼 공룡뼈를 닮은 주철 기둥들 사이에 배치되어 있다. 그러나 건물의 외벽은 베네치아풍의 고딕 양식(글래스턴베리에 있는 중세 수도원의 식당도 같은 양식임)으로, 빅토리아 시대를 풍미한 평론가 존 러스킨(154-55쪽을 참조)의 찬사를 받았다. 러스킨은 산업화와, 산업화에 편승한 새로운 건축을 맹렬히 비난한 평론가였다.

건축의 분류

건축가들은 새로운 자재를 어떻게 활용할 것인가를 진지하게 고민했다. 이런 고민의 흔적이 그 시대에 건설된 건물들에 남아 있지만 대개의 건물들은 산뜻한 멋을 지니고 있다.

쥘 솔르니에(Jules Saulnier)가 설계한 누아지엘 쉬르 마른의 므니에 초콜릿 공장(1871-72년)을 예로 들어 보자. 이 공장은 겉보기에는 초콜릿 상자처럼 생겼지만 건축가는 여기에다 장식 디자인과 구조의 독창성을 훌륭하게 결합해 놓고 있다. 공장의 골조인 철로 만든 십자형 지주가 외부에서도 보일 것 같지만, 색상은 다양하지만 무늬는 똑같은 벽돌로 가려져 있다. 실제로 이 건물은 초콜릿을 만드는 데 완벽한 장소라 할 수 있다. 또한 장식적인 멋도 있으며, 현대적 개념으로 말하자면 에너지 효율성도 높은

대학박물관(옥스퍼드 대학, 1854-60년)
우드워드가 설계한 강철 아치가 만들어 내는 공복(拱腹)은 잎 무늬로 장식되어 있다. 아케이드의 머릿부분은 다양한 식물 모양으로 장식되어 있는데, 그것은 이 건물의 교육적 목표를 분명히 드러낸다.

초기의 공장들
방직 공장이 최초의 실질적인 '공장'이었다. 공장들은 두툼한 목재를 깐 바닥과 보가 있는 벽돌 건물 형태였다. 기계는 가장 윗층에 놓여졌다. 넓은 공간을 확보하기 위해서 무거운 기계를 떠받치는 데 필요한 지지 기둥을 세우지 않은 대신 목재 트러스를 사용했다. 주철 기둥을 사용한 최초의 공장은 더비셔의 클레이버 밀(1785년)이었지만, 이 건물도 목재 보를 사용해서 돌로 된 담의 하중을 지탱했다. 완전히 철골 구조를 사용한 최초의 공장은 벽돌 아치를 철재보로 지탱하는 형식으로 1796년에 세워졌다.

유리공업

유리 판매에 부과된 과도한 세금 때문에 팩스턴이 크리스털 팰리스의 공사를 시작했을 때 영국에서 유리 생산은 뒷걸음질치고 있었다. 팩스턴은 30만 장의 판유리를 급히 필요로 했지만 영국에서 그 많은 판유리를 모두 구할 수는 없었다. 그는 유리 생산에 총력을 기울이던 프랑스로 눈을 돌렸다. 품질은 문제가 아니었다. 무엇보다 숙련된 기능공의 기술이 필요했다. 유리를 실린더 안의 불에 넣는다. 식으면 실린더가 쪼개지면서 열리고 그 다음 다시 불에 넣는다. 그리고 나서 녹으면 실린더가 열리면서 납작한 판을 만들어 낸다. 이렇게 해서 프랑스 유리 기술자들과 버밍엄에 세운 유리 공장에서 만들어 낸 판유리가 식으면 곧바로 증기 기관차를 이용해서 런던으로, 그리고 다시 크리스털 팰리스의 공사 현장까지 운반했다.

건물이다. 강을 가로지르는 돌 교각 위에 세워져 있으며, 교각들 사이의 아치 아래로 흐르는 물이 건물 내의 기계를 움직이는 동력을 만들어 낸다.

철골 구조 건물은 본래 토목기술자의 몫이었다. 19세기말이 되면서, 엑토르 기마르(Hector Guimard)가 설계한 파리의 지하철 역사를 필두로 하여 건축가가 설계한 철골 구조 건물이 세워지기 시작한 후에도 철은 여전히 장식물로만 사용되는 것이 대세였다.

크리스털 팰리스

건축사에서 가장 혁명적이고 중요한 건물 중 하나인 크리스털 팰리스는 산업혁명 시대의 판테온이었다. 유리와 철을 사용한 이 위대한 신전이 1936년에 화재로 소실된 것은 안타까운 일이다. 처음에는 런던의 중심부인 하이드 파크에 세워졌다가 나중에 런던 남쪽 근교인 시든엄으로 옮겨져 85년 동안 그 자리에 서 있던 크리스털 팰리스에 비하면 판테온은 30배나 오랜 수명을 누리면서 돌과 대리석이 강하지는 않더라도 건축 자재로의 내구성이 뛰어남을 우리에게 증명해 주고 있다.

크리스털 팰리스는 정원사로서 1840년대에 더비셔의 채츠워스 가문의 정원에서 수련과 작은 종려나무용 온실들을 설계하고 건설한 경험을 바탕으로 조지프 팩스턴이 창조해 낸 걸작이었다. 이 건물은 1851년 만국박람회의 전시실로서 마지막 순간에 설계되어 완성되었다. 600만 명의 관객이 방문한 이 만국박람회는 영국인들이 한 세기 전에 시작된 산업혁명의 결실을 과시해 보일 기회였다.

팩스턴은 크리스털 팰리스의 설계에서 당시의 발명품이던 판유리를 최대한 활용해서, 약 30만 장의 판유리가 건물을 짓는 데 사용되었다.

이 건물은 반숙련공이 가능한 한 신속하게 조립할 수 있도록 설계되었으며, 역사상 최초로 만들어진 대형 조립식 건물이었다. 따라서 이것은 메소포타미아에서 19세기의 영국에 이르기까지 건축을 지배해 온 양식과 자재에서 탈피해서 건축이 나아갈 새로운 방향을 제시해 준 대표적인 예였다. 실제로 크리스털 팰리스는 20세기 후반에 대형 유리를 사용한

크리스털 팰리스 (1850-51년)
250개의 설계 중에서 팩스턴이 선택한 것으로 만든 거대한 구조물은 길이만 564미터(1851피트로 완공된 해를 상징했음)이다. 2,000명의 노동자가 동원되어 세운 이 유리 건물은 3개월 만에 비계를 사용하지 않고 완공되었다. 산업 시대의 기적이었던 셈이다.

산업 사회

로이드 빌딩 (런던, 1978-86년)
리처드 로저스 사가 설계한 로이드 빌딩의 아트리움은 팩스턴의 크리스털 팰리스를 본뜬 것이다. 아트리움에 로이드 빌딩의 중심축이 있으며 그 축을 중심으로 12개의 층이 올라간다. 비상 계단 등의 시설과 엘리베이터는 바깥쪽에 있다. 20세기 말에 로저스가 돈으로 치장한 이 하이테크 건물은 철재와 유리를 어디까지 사용할 수 있는가를 보여 준 좋은 예이다.

채츠워스(Chatsworth) 가문의 정원에서 커다란 수련의 잎 구조를 연구했다. 수련 잎은 어린아이가 그 위에 가만히 서 있을 수 있을 정도로 강했다. 성당의 네이브의 천장을 둥글게 만들기 위한 가장 적합한 방법을 찾아 낸 중세의 석공처럼, 그가 경험적으로 터득한 것은 수련 잎이 물 위에 떠있을 때 가장 강한 힘을 발휘한다는 것이었다. 따라서 그는 건물에서 철과 유리도 똑같은 방식으로 강력한 힘을 발휘할 수 있도록 설계할 수 있었다.

철도
그 밖에도 팩스턴은 주조소에서 건설 현장까지 다양한 건축 자재를 빠른 속도로 운반하기 위해서 철도를 최대한으로 활용했다. 인류 역사상 최초로 증기기관차가 달리는 간선철도가 1830년에 리버풀에서 맨체스터까지 놓여졌다. 크리스털 팰리스의 주요 부품들이 제작된 버밍엄은 1837년에 런던의 유스턴 역과 연결되어 있었다. 당시 크리스털 팰리스는 모든 면에서 새로운 형식의 건축물이었다. 산업 시대에 발명된 새로운 자재와 스타일을 도입했을 뿐만 아니라 새로운 산업 사회를 최대한 반영한 건축물이었다. 이런 점에서 크리스털 팰리스는 영국 산업혁명의 소산이었다.

> "가장 웅장한 성당의 볼트보다 훨씬 고원하고 광활하게 보이는 화려한 아치가 관람객들 위에 떠 있다."
> 『타임스』

건물들, 즉 아트리움(중앙홀)이 있는 건물들과 쇼핑몰의 선조였다.

그러나 1851년 그 당시의 대다수 건축가들은 크리스털 팰리스를 건축에 대한 위협으로 받아들였고, 미래를 내다보는 혜안이 없었기 때문인지 건축물이 아니라 거대한 온실 정도로 치부했기 때문에, 그 건축 기법이 도입되는 데는 오랜 시간이 걸렸다.

크리스털 팰리스는 20세기 건축을 주도한 강철 및 유리 구조물의 표본이 되었을 뿐만 아니라 미래를 내다본 건축가들의 마음에 깊이 새겨졌다. 리처드 로저스(Richard Rogers)가 설계한, 런던에 있는 로이드 빌딩의 장엄한 아트리움이 크리스털 팰리스로부터 영향을 받은 대표적인 작품이다.

이 건물은 125년 전에 세워진 팩스턴의 거대한 온실에서 많은 것을 빌려 왔다. 그러나 팩스턴의 크리스털 팰리스는 새로운 테크놀로지를 도입하기는 했지만 자연에 뿌리를 두고 있다. 그는

공사중인 크리스털 팰리스
이 건물은 공장에서 미리 제작된 수백만 개의 부품을 조립해서 건설한 것이다. 파이프를 거미줄처럼 사용해서 구조의 안정을 꾀했다. 기둥들은 규칙적인 간격으로 그야말로 순식간에 세워졌다.

철도
증기기관 시대

선(線)의 건축
공학자들은 다리와 터널과 육교를 로마의 수로 같은 모습으로 건설하거나, 몸을 감추고 화살을 쏘는 구멍이나 총안이 있는 중세의 흉벽을 연상시키는 형태로 지었다. 런던과 브링턴 구간을 잇는 철도가 통과하는 클레이턴에 세워진 이 육교와 터널은 중세의 성처럼 웅장한 모습이다. 철도회사들은 토목 공학을 동원해서 화려함을 과시했다.

초기의 철도 건설은, 토목의 영역과 건축의 영역이 명확하게 구분되지 않아 일어난 19세기의 혼돈상을 그대로 반영하고 있다. 철도회사들이 초기에 당면한 난점은 고객을 어떻게 끌어들이고, 증기와, 연기와, 묵직한 피스톤 소리에 익숙하지 않은 사람들을 어떻게 문명화시키느냐는 것이었다. 지금 생각하면 낭만적으로 여겨지겠지만 초기의 기관사들은 기관차를 그리스와 로마 시대의 장식물로 아름답게 꾸몄다. 높은 굴뚝은 홈이 있는 도리스 양식 기둥처럼 장식되었고 기관차 위의 돔은 로마의 베스타 신전이 연기를 뿜어 내고 있는 것처럼 보였다. 그러나 기관사들은 증기 기관차의 빠른 속도만큼이나 신속하게 원래의 자리로 돌아갔다. 또한 그들은 기관차가 있는 그대로도 아름답게 보인다는 사실을 깨달았다. 실제로 시간이 흘러가면서 기관차는 무척 사랑받았고, 오늘날에는 많은 사람들이 그리워하는 풍경의 일부가 되었다.

기차역, 그리고 다리와 터널 같은 토목 구조물은 어떤 모습이어야 했을까? 초기 철도 건축가들은 이런 문제에 대해 무척이나 신중한 입장을 지켰다. 기차역을 비롯한 주요한 건물들에 온갖 건축 양식이 도입되었다. 게다가 경영진도 기차역 건물이 평범한 모습으로 지어지는 것에 만족하지 않았다. 따라서 기차역은 그리스 신전, 로마의 목욕탕, 중세의 성당, 시골의 오두막, 대형 공공건물처럼 건설되어, 겉보기에는 전혀 철도역으로 보이지 않았다. 철도회사는 이처럼 기발한 건축물로라도 승객을 끌어들이고 싶었던 것이다. 어쨌거나 그렇게 해서 종종 놀라운 건축물들이 만들어졌다.

영국의 기차역

철도는 영국에서 처음 건설되었다. 콘월 출신의 기술자 리처드 트레비식은 런던 앤드 버밍엄 철도회사가 1837년 런던 유스턴 가의 현재 위치에 그리스 양식으로 역사를 건설하기 훨씬 전에 순회 선로에서 기관차의 시운전을 성공적으로 마쳤다. 그때 그 기관차의 이름은 "나를 잡을 수 있으면 잡아 보라(Catch me who can)"였다. 그들은 도리스 양식(나중에는 그리스와 로마 양식으로 개축되었는데, 1967년에 개축된 현재의 유스턴 역은 그리스 양식도 로마 양식도 아닌 개성 없는 건물일 뿐임)을 택했다. 한편 그레이트 노던 철도회사는 1852년에 동쪽으로 수백 미터 떨어진 킹스 크로스에 아무런 장식도 없지만 아케이드로 이루어진 아름다운 역사를 지었다. 로마의 다리와 수로가 지닌 기능성을 강조하며 노란색 고급 벽돌로 외벽을 둘렀다. 루이스 큐비트(Lewis Cubitt)의 역작으로, 1860년대 중반 킹스 크로스와 유스턴 사이에 미들랜드 철도회사가 세운 고딕 양식의 세인트 팬크러스 역에 비하면 언제나 초기 기능주의자들에게 찬사를 받았던 건축물이었다.

사실 세인트 팬크러스 역은 토목 공학술의 승리였다. 이 때문에 윌리엄 발로(William Barlow)는 많은 찬사를 받았던 기관고를 조지 길버트 스콧(George Gilbert Scott) 경이 설계한 그랜드

세인트 팬크러스 역의 기관고(런던, 1864-68년)
사진의 전경에서 우리는 발로의 기관고를 분명히 볼 수 있다. 약간 뾰족한 형태의 아치는 고딕 양식을 떠올리게 한다. 기초 부분에서 아치형 천장을 8센티미터의 로드로 단단히 고정했다. 멀리 보이는 왼쪽에 있는 건물은 스콧이 설계한 그랜드 미들랜드 호텔이다.

산업 사회

빅토리아 역 (인도의 봄베이, 1887년)
프레더릭 스티븐스가 설계한 이 건물은 유럽의 고딕 양식과 토착 건축 양식―여기에서는 인도 사라센 양식―을 혼합하려고 한 스티븐스의 성향을 잘 보여 준다.

앤드 휘트모어 사가 설계한 그랜드 센트럴 역(1903-13년)이었다. 두 역은 고대 로마의 바실리카와 황제의 목욕탕에서 영감을 얻은 것으로, 정교한 건축술과 토목술과 도시 계획이 만들어 낸 경이로운 창조물이었다.

속도 경쟁

철도의 탄생으로 건축가와 건축업자는, 그들의 아이디어와 설계도와 건축 자재를 엄청나게 빠른 속도로 다른 나라나 다른 대륙에 전파할 수 있었다. 이런 신속한 전파에는 순기능도 있었지만 역기능도 있었다. 즉 훌륭한 건축가들이 고용되어 과거에는 경시되었던 도시들에 들어서는 건물의 수준을 높였지만, 모든 건물들이 비슷비슷하게 보이는 단점도 간과할 수 없었다. 특히 빅토리아 여왕 시대의 영국에 많이 지어졌던 붉은 벽돌집은 철도의 발달 덕으로 급속히 퍼져 나갈 수 있었다.

카라칼라 목욕탕 (로마, 212-216년)
이 거대한 복합 건물에는 한꺼번에 1,500명을 수용할 수 있었고, 그 밖에도 체력 단련실, 도서실, 전시관, 정원 등이 있었다. 카라칼라 황제가 세운 이 목욕탕은 300년 이상 동안 그 역할을 제대로 해 냈다.

미들랜드 호텔(1865-71년) 뒤로 눈에 띄지 않게 건설해야만 했다. 발로가 철과 유리로 만든 기관고는 장엄했다. 건물의 폭은 74미터이고 높이는 30미터이며, 세계에서 가장 큰 경간(徑間)을 자랑했다. 웅장한 천장은 플랫폼 아래에 있는 철봉에 의해 완벽하게 지탱되었다. 수십 년 동안 진보적인 건축가들은 기능성을 살린 발로의 걸작과 스콧의 환상적인 고딕 양식의 호텔이 빚어 내는 부조화에 안타까워했지만, 오늘날 우리 눈에는 두 건물이 잘 어울리는 것처럼 보인다.

그 이후의 고딕 건축물들

이런 환상적인 건물들은 19세기 동안은 물론이고 20세기에도 계속 지어졌다. 1887년에 문을 연 봄베이의 빅토리아 역은 프레더릭 스티븐스(Frederick Stevens)가 인도 사라센 양식과 고딕 복고 양식을 적절하게 섞어서 창조해 낸 건축물로, 그곳을 드나드는 여행객들에게 미소를 자아내게 만들었다. 그러나 역사적인 건축 양식을 가장 성공적으로 재현해 낸 역사들은 제1차 세계대전 직전에 줄지어 탄생했다. 대표적인 두 역사가 모두 미국, 정확히 말해서 맨해튼에서 탄생했다. 바로 매킴 미드 앤드 화이트 사가 설계한 펜실베이니아 역(1963년에 불분명한 이유로 해체되었음)과, 리드(Reed)와 스템(Stem), 그리고 워런

중앙 홀 (뉴욕의 펜실베이니아 역, 1902-11년)
고대 로마의 공공건물로부터 영향을 받은 것이 분명하다.
단순하지만 거대한 규모의 중앙 홀은 역의 다른 공간으로 쉽게 이동할 수 있도록 기능적인 면을 살려서 지었다.
또한 이 중앙 홀은 뉴욕에 들어서는 입구이기도 했다.

산업화된 도시들
노동자들을 위한 집

> **"만국의 노동자여, 단결하라!"**
> 프로이센 태생의 사회주의 철학자 프리드리히 엥겔스(Friedrich Engles)는 현대 공산주의 창시자 가운데 한 사람으로 평가된다. 1842년부터 그는 인생의 대부분을 맨체스터에서 보냈다. 이곳에서 그는 『영국 노동자 계급의 조건』을 썼다. 1844년부터 그는 카를 마르크스와 공조 관계를 맺기 시작했다. 그들은 1848년 『공산당선언』을 공동으로 발표했다.

위대한 건축물, 즉 건축술을 한 단계 발전시키고 우리 사회와, 믿음과, 규범과, 가치관을 상징적으로 보여 주는 건축물들에 대한 이야기가 건축의 역사에서 중심이 되어 왔다. 대부분의 인류가 살아 온 평범한 건물들은 잊혀지거나 고고학의 관심사로나 여겨질 뿐이다. 흙으로 지은 움막, 진흙과 잔가지로 지은 오두막, 짚으로 지은 움막, 통나무집 등이 그런 것들이다. 그러나 19세기에 이르면서 평범한 주택도 건축의 역사에서 빼놓을 수 없게 되었다.

산업혁명으로 노동자들이 대규모로 시골을 떠나 도시로 이주하기 시작하면서 건축업이 활기를 띠었다. 주택을 대량으로 공급하는 방법은 하나뿐이었다. 산업 노동자들을 위한 주택 건설에 대량 생산 방식을 도입하는 것이었다. 이때에도 철도가 한몫을 했다. 테라스가 있는 조그만 붉은 벽돌집들이 줄지어 늘어선 집단 주거지가 기차역 옆에, 도로 옆에, 운하의 둑을 따라서, 그리고 연기를 내뿜는 공장의 그늘 안에 세워졌다. 영국을 필두로 해서 유럽과 미국, 나중에는 전 세계의 도시 풍경이 완전히 변해 버렸다.

빈민가 정비

빈민가도 급속히 확산되었다. 철도가 보급된 순서대로 빈민가도 영국을 필두로 해서 유럽과 미국으로 확대되어 갔다. 물론 빈민가가 들어서면서 발생한 문제는 건축가들이 해결할 수 있는 것이 아니었다. 상하수도와 전기 시설, 대기 오염 문제 등 공중 위생을 고려하지 않은 채 집단 주거지가 건설된 까닭에 산업화된 도시들은 콜레라와 같은 전염병들에 무방비 상태였다.

결국 새로운 유형의 설계자가 필요하게 되었다. 도시가 어떻게 기능하고, 시민들이 건강하게 살 수 있는 쾌적한 공간을 어떻게 만들어 가야 하는지 머릿속으로 그릴 수 있는 사람, 즉 도시 계획가가 필요하게 되었다. 그 시기에 도시 계획가의 역할은 발전의 속도를 가능한 한 늦추는 것이었다. 그동안 찰스 디킨스(Charles Dickens)처럼 사회 의식이 강한 소설가와, 비평가, 박애주의자가 한 목소리로 산업 쓰레기 속에서 살아 가야 하는 저주받은 사람들의 생활 수준을 높일 수 있는 실질적 개선 방안을 요구했다. 그리고 도시 공학자들이 처음으로 하수 시설과 급수 시설이 필요하며 빈민가를 정비해야 한다고 주장하고 나섰다.

모든 기업가가 노동자들이 처해 있는 열악한 환경을 인식하지 못한 것은 아니었다. 물론 19세기에는 대부분의 노동자가 저임금에 시달렸지만 숙련공은 공장의 기계만큼이나 소중한 존재였다. 가령 산업혁명의 견인차였던 기관차의 구조가 점점 복잡해지면서 철도회사들은 단순 노동력뿐만 아니라 숙련된 노동력을

토드모던(잉글랜드의 웨스트 요크셔)
목화 산업이 발전하면서 토드모던도 확장되었다. 로치데일 운하(1804년)와 맨체스터와 리즈 구간을 잇는 철도(1841년)를 이용하여 증기 직조기를 가동할 석탄을 운반했다.

산업 사회

로우어 로드(체셔의 포트 선라이트 빌리지, 1888년 착공)
윌리엄 헤스케스 레버(Willam Hesketh Lever)가 자신이 직접 운영한 비누 공장에서 일하는 노동자들의 문화적 욕구, 스포츠에 대한 욕구, 가정에 대한 욕구를 만족시켜 주기 위해서 직접 설계한 건물이다.

오노레 도미에
풍자만화가, 화가, 조각가였던 오노레 도미에(Honoré Daumier)는 19세기 프랑스 사회를 풍자한 만화와 데생으로 유명했다. 그는 40년 동안 파리에서 풍자만화가로 활동하면서 4,000장의 석판화와, 같은 수의 데생을 제작했다. 그는 자본가 계급을 풍자하면서 가난 때문에 일어난 비정한 사건들을 주로 그렸다. 그는 산업화의 부정적인 면을 부각시키는 데 중요한 역할을 했다.

워울 필요하게 되었다. 여기에 종교적 믿음이 가세하면서 많은 기업가들이 노동자들을 위한 안락한 공간을 마련하기 위해서 건축가들을 고용하기 시작했다.

영국의 섬유 사업가 타이테스 솔트(Titus Salt)는 요크셔의 솔테어 빌리지에 그의 직원들을 위한 이탈리아식 빌라를 지어달라고 록우드(Lockwood)와 모슨(Mawson)에게 의뢰했다(1851년). 같은 해 앨버트(Albert) 공은 만국박람회 건설 계획의 일환으로 런던에 노동자들을 위한 이상적인 주택 건설을 의뢰했다. 한편 1859년 자일스 길버트 스콧(Giles Gibert Scott) 경은 요크셔 주 할리팍스의 애크로이드에 제분 공장 노동자들을 위한 아담한 주택 단지를 설계해 달라는 의뢰를 받았다. 그 이후에도 기업가들의 의뢰는 줄을 이었다. 가령 퀘이커교도로 초콜릿 공장을 운영한 로운트리(Rowntree)와 캐드버리(Cadbury)는 요크의 뉴 이어스위크(1902년)와 부언빌(1895년)에, 비누 공장을 운영한 레버(Lever)는 체셔의 포트 선라이트에 직공들을 위한 이상적인 주택 단지를 세웠다. 끝으로 지방 자치 단체들도 지역민을 위한 쾌적한 주택 단지 건설에 동참했다.

도시 중심부의 저소득층 거주 지역

1890년대에 새로이 창설된 런던 시의회에 속한 젊은 건축가들은 존 러스킨과 윌리엄 모리스(William Morris)의 글에 심취하면서 저소득층을 위한 그 시대 최고의 주택 단지 개발을 추진했다. 미술 공예 운동(Arts and Crafts Movement)의 우아한 기법을 살린 최초의 주택 단지가 런던 동부에 있는 쇼어디치의 바운더리 아스테이트에 세워졌다. 영국만이 이런 조치를 취한 것은 아니었지만 당시 영국은 산업혁명에 따른 문제가 처음 제기되고 거론되는

용광로였다. 19세기 말경, 노동자는 어떻게 살아야 하고 건강한 현대 도시는 어떤 모습이어야 하는가가 건축가들의 화두였다. 그 시기에 취해진 가장 혁신적인 조치는 사회 개혁가로서 인구 35,000명 정도의 자족 도시들로 영국을 재설계하는 꿈을 키운 에벤저 하워드(Ebenezer Howard)가 창시한 전원도시였다. 전원도시의 건설로 런던, 버밍엄, 맨체스터와 같은 대도시들의 성장을 억제할 수 있다.

허트포드셔의 레치월스가 이렇게 해서 건설된 최초의 이상적인 전원 도시였다(1903년 착공). 그러나 이 도시는 방사형으로 건설되지 않아 처음에는 샌들을 신고 작업복을 입은 사람들, 윌리엄 모리스의 게르만 신화를 즐겨 읽는 사람들, 그리고 채식주의자와 금주주의자와 자연식주의자에게나 낙원이었을 뿐이다. 런던 빈민가의 산업 노동자들은 대형 관광 버스를 타고 레치월스를 방문했지만 그곳의 주민들을 비웃으면서 그날로 그레이트 노던 철도를 이용해서 런던으로 돌아갔다. 지금 생각하면 우스운 모습이었지만, 집단 주거지와, 폭발적으로 성장하는 산업이 발달된 도시들을 포용하는 문제는 20세기 벽두부터 많은 건축가들의 주 관심사가 되었다.

레치월스(잉글랜드의 허트포드셔, 1903년 착공)
전원 도시인 레치월스에서 공공건물과 녹지, 기차역은, 교외의 빌라에서부터 노동자들의 주택까지 시민들의 거주 지역으로 둘러싸인 중앙 고지대에 자리 잡고 있다.

오거스터스 퓨진
인간의 감정을 폭발시킨 사나이

"나는 언제나 사방을 돌아다니는 그런 기관차이다." 오거스터스 웰비 노스모어 퓨진(Augutus Welby Northmore Pugin)은 1830년대 후반부터 유럽에서 꿈틀대기 시작해서 급속도로 확대되어 범세계적인 건축 양식으로 부상한 고딕 복고 양식 건축을 주도한 사람이었다.

하지만 신이 시기한 탓일까? 퓨진은 젊은 나이에 미쳐서 죽었다.

프랑스 혁명기에 고향을 떠나 런던으로 피신해서 존 내시의 수석 보좌관이 된 오거스터스 찰스 퓨진(Augustus Charles Pugin)의 아들인 그는 중세의 세계, 무엇보다 가톨릭 세계를 재창조하려는 열정에 불탔다(헨리 8세 치하에 지하로 숨어들었던 가톨릭은 1829년에야 공식적으로 인가되었다).

A. W. N. 퓨진
퓨진은 야망이 컸던 만큼 파란만장한 삶을 살았다. 그는 20년 동안 세 번이나 결혼했다.

퓨진은 산업혁명을 경원시하지 않았다. 오히려 그는 새로운 철도를 이용해서 영국 전역을 돌아다니며 가톨릭 공동체가 원하는 곳마다 성당과, 신부 사택과 수도원과, 주택을 세웠다.

공식적으로 인가받기 전까지 억압을 받았던 까닭에 가톨릭 공동체는 해결해야 할 일이 산적해 있었고 때문에 퓨진은 가톨릭 건축의 투사가 되었다.

그는 고딕 양식의 성당을 계속해서 세웠다. 그러나 종종 지나치게 짧은 작업 기간과 예산 부족 때문에 그는 낭만적이고 원대한 계획을 완벽하게 펼칠 수 없었다.

그의 작품 중에서 고딕 복고 양식의 발전에 절대적인 영향을 미친 최고의 작품으로는 치들의 세인트 자일스 성당(1841-46년)과 램스게이트의 성 아우구스티누스 성당(1745-51년)이 있다. 세인트 자일스 성당은 우뚝 솟은 첨탑이 있는 장식 고딕 양식의 성당으로, 내부는 알라딘의 동굴을 연상시키는 고딕 양식의 마법 같은 공간들이 연결되어 있으며 다양하고 눈부신 장식물로 뒤덮여 있다. 찰스 배리(Charles Barry)와 함께 1836년부터 건설한 웨스트민스터 궁의 내부와 외부 장식에서 볼 수 있듯 퓨진은 사소한 것도 소홀하게 다루지 않았다.

고딕 양식의 선봉장

가구, 천, 의상, 성기(聖器), 도자기, 스테인드글라스 등의 뛰어난 도안가이기도 했던 퓨진은 열정적인 저술가이기도 했다. 『그리스도교의 진정한 원리 혹은 뾰족한 건축물(True Principles of Christian or Pointed Architecture)』을 비롯한 그의 저서들은 고딕 복고 양식 건축물뿐만 아니라, 19세기 말의 미술 공예 운동과 20세기의 근대화 운동에도 커다란 영향을 미쳤다.

퓨진은 건축물의 구조와, 편의와, 용도의 측면에 군더더기가 있어서는 안 된다고 생각했다. 또한 장식은 건물의 기본적인 구조에 한정되어야만 했다. 따라서 그는 모든 허식을 배제하면서, 그가 젊은 시절에 보았던 겉만 번지르르한 비현실적인 건축물들을 비웃었다. 즉 중국, 이집트, 그리스, 로마, 인도의 건축물과 그로테스크한 고딕 건축물을 조롱했다.

그로테스크한 고딕 건축은 퓨진이 찬양한 순수한 고딕 복고

중앙 로비 (런던의 웨스트민스터 궁)
퓨진은 웨스트민스터 궁 파사드의 외부 장식과 내부 인테리어뿐만 아니라 벽지와 잉크스탠드 같은 조형물까지 책임졌다. 그의 설계는 오늘날까지 그대로 보존되고 있다.

"과거의 느낌과 감정을 되살릴 때, 오직 그럴 때에만 고딕 건축을 복원시킬 수 있다."

오거스터스 웰비 노스모어 퓨진

퓨진의 주요 작품
웨스트민스터 궁(런던, 1836-68년)
세인트 월프리드 성당(잉글랜드 맨체스터의 훌름, 1839-42년)
세인트 자일스 성당(스태포드셔의 치들, 1841-46년)
노팅엄 대성당(잉글랜드, 1842-43년)
더 그레인지(켄트의 램스게이트, 1843-44년)
성 아우구스티누스 성당(켄트의 램스게이트, 1845-51년)

더 그레인지(1843-44년)와 성 아우구스티누스 성당(켄트의 램스게이트, 1845-51년)의 스케치
퓨진의 스케치의 왼쪽에는 그의 집과 더 그레인지, 오른쪽에는 성 아우구스티누스 성당이 그려져 있다.
그의 비대칭적 설계는 빅토리아 여왕 시대의 건축에 지대한 영향을 미쳤다.

양식보다 앞선 고딕 건축 양식으로, 호레이스 월폴(Horace Walpole)의『오트란토 성(The Castle of Otranto)』과 윌리엄 벡퍼드의『바테크(Vathek)』를 절대 진리처럼 신봉한 문학 운동의 부산물이었다. 반면에 퓨진이 찬양한 순수한 고딕 복고 양식은 종교적 감정에서 비롯된 건축 실험이었고, 그 당시 무력증에 빠져든 신고전주의에 대한 반동이었다.

퓨진이 웨스트민스터 궁을 고딕 양식으로 설계한 출품작이 주목을 받게 되면서 고전주의자이던 배리를 도와 주라는 요청을 받았을 즈음, 고딕 복고 양식은 절정에 도달해 있었다.

15살에 조지 4세를 위해서 윈저 궁을 장식할 고딕풍의 가구를 설계해 주면서 경력을 쌓기 시작한 퓨진은 곧이어 코벤트 가든을 설계했다.

1831년에 가톨릭으로 개종한 그는 첫 부인인 앤(Anne)과 자취를 감추고는 웅장한 중세풍의 성당이 있는 솔즈베리 근처의 올더베리에 그의 첫 보금자리인 성모 마리아의 집(1835-36년)을 지었다.

그 후 그는 램스게이트로 이주해서 그곳에 더 그레인지를 지었다. 바다를 마주 보고 있는 이 집은 건축 양식이나 이론에 구애받지 않고 가족의 필요에 맞추어 설계한 집이었다. 이 집은 19세기 후반 주택 구조의 발달에서 결정적인 역할을 했다. 이곳에서 퓨진은 가톨릭교도로서 이상적인 삶을 살았다.

항해를 무척이나 즐겼던 그는 파도에 흔들리면서도 건축 설계에 열중하며 끊임없이 새로운 것을 추구했다. 그는 항해를 할 때마다 주로 프랑스를 찾았고 중세의 골동품을 수집했다.

재치 있고 정열적이었으며 유머 감각이 뛰어났지만 황소 고집이었던 퓨진은, 다채로운 삶을 살면서, 중세의 석공처럼 그가 마음놓고 말하고 글로 뜻을 전해 줄 수 있었던 사람들, 즉 인간의 감정이 어디로 향하는가를 본능적으로 이해하는 듯한 기능공들과 건축업자들과 하나가 되어 부지런히 일했다.

옥좌(하우스 오브 로즈, 1847년 완성)
퓨진은 십대에 이미 윈저 성의 가구를 디자인해서 훗날 옥좌의 디자인을 의뢰받을 정도로 신뢰를 얻고 있었다.

눈병을 치료하기 위해 사용한 수은의 부작용으로 정신이 이상해진 퓨진은 베들럼(정신병자들을 치료해 주는 베들레헴 병원의 약칭으로, 오늘날에는 런던의 왕실 전쟁박물관으로 변해 있음)에 갇혔지만, 세 번째 부인의 도움으로 집으로 돌아올 수 있었다.

그리고 한 성당의 첨탑을 장식해 줄 풍향기를 설계한 후 그는 세상을 떠났다. 그때 그의 나이는 40살이었다.

고딕 복고 양식
빅토리아 여왕 시대의 건축 양식

> "참된 건축을 하는 두 가지 방법이 있다. 첫째는 계획을 충실하게 따르는 것이며, 둘째는 제대로 된 건축 방법에 따라 성실하게 작업을 하는 것이다."
>
> 비올레 르 뒤크

고딕 복고 양식은 세계 각국으로 퍼져 나갔다. 이 양식은 가톨릭이 공인되면서 활력을 되찾았으며, 빅토리아 여왕 치세의 대영 제국의 전성기를 대표하는 건축 양식이 되었다. 가톨릭 선교사가 가는 곳마다 고딕 복고 양식도 뒤따랐다. 그 덕분에 뉴 사우스 웨일스의 멜버른에서도 퓨진풍의 세인트 패트릭 성당(1858년)을 만나 볼 수 있다. 또한 상하이와 봄베이, 심지어 일본의 나가사키와 한국의 서울에도 복고풍의 고딕 건물이 세워졌다.

그러나 퓨진의 뒤를 이은 건축가들은 고딕 복고 양식을 종교적 의미 이상의 것으로 받아들였다. 이 양식에는 그 시대의 젊은 설계자들을 구속하던 고전주의 양식에서 벗어나겠다는 자유 의지가 담겨 있었다. 물론 글래스고의 '그리스인' 톰슨과, 리즈의 시청을 독창적으로 설계한 커스버트 브로드릭(Cuthbert Brodrick)과 같은 건축가들이 고전주의의 전통이 결코 사라지지 않았다고 증명해 보이고 있었기 때문에 고딕 복고 양식도 건축의 여러 흐름 가운데 하나였을 뿐이다. 그러나 17세기에 뉴턴(Newton)이 증명한 운동의 제3 법칙처럼 모든 운동에는 동일한 힘의 반작용이 따르기 마련이다. 고딕 복고 양식은 영국에서 시작되었다는 이유로, 역사와 예술의 수준에서 프랑스와 이탈리아에 대해 열등감을 느끼던 영국의 젊은이들에게 자부심을 안겨 주는 것이기도 했다.

당시 영국은 세계 최강국이었다. 미국이 세기말경에 패권을 인계받을 때까지 영국은 세계에서 가장 넓은 제국을 지배하는 최강의 국가였다. 때문에 잉글랜드의 역사는 물론이고 웨일스와 스코틀랜드와 아일랜드의 역사까지도 새롭게 평가되었다. 따라서 1840년대와 1850년대의 젊은 건축가에게 솔즈베리 대성당은 안드레아 팔라디오가 설계한 어떤 성당이나 저택보다 훌륭하게 여겨졌다.

새로운 유형의 건물

부활한 고딕 양식은 성당 건축에만 한정된 것이 아니었다. 19세기에는 새로운 유형의 건물들이 줄지어 건설되었다. 시청, 오페라 하우스, 법원, 기차역, 호텔 등이 대표적인 예였다. 퓨진이 증명했듯이 고딕 양식은 유연성 있는 설계가 가능했기 때문에 어떤 형태의 건물 설계에도 무리 없이 적용될 수 있었다. 조지 에드먼드 스트리트(George Edmund Street, 법원 건설에 적극적으로 참여한 것이 그의 죽음을 앞당겼음)가 설계한 런던의 왕립 재판소는 유럽 전역에 퍼져 있던 14세기 고딕 건축물의 정수를

왕립 재판소(런던, 1874-82년)
1866년 설계 공모전에서 스트리트가 당선되었다. 빅토리아 여왕 시대인 고딕 양식 전성기의 것으로, 법정들이 거대한 둥근 천장의 중앙 홀을 중심으로 집결되어 있다. 중앙 홀은 특히 인상적이다.

모아 놓은 것이다. 다시 말해 왕립 재판소는 고딕 양식의 결정체라고 할 수 있다. 앨프레드 워터하우스(Alfred Waterhouse)가 설계한 맨체스터의 웅대한 시청 또한 인상적이다. 삼각형 대지에 탑, 포탑, 첨탑을 독창적으로 배열해 놓은 것이 특히 시선을 끈다. 화장실의 세면대에 이르기까지 사소한 것들 하나하나를 정확하게 계산해서 배치한 것이다. 사무실들은 건물 전체를 둘러싸고 있는 복도를 따라 늘어서 있으며, 뾰족한 아치와 구불구불한 계단 그리고 무늬가 있는 대리석 마감재가 어우러져 복잡하면서도 아름다운 경관을 만들어 낸다.

온갖 유형의 건물에 원용되기는 했지만 빅토리아 여왕 시대의 고딕 양식은 주로 성당 건축에 사용되었다. 또한 대다수의 건물이 평범하게 설계되었지만 그렇지 않은 건물도 많았다. 윌리엄 버터필드(Wiliam Butterfield)는 잉글랜드에서 가장 창의적인 고딕 건축가로 평가된다. 버터필드는 퓨진의 열성적인 신봉자였지만, 채색된 돌과 벽돌을 사용해서 줄 무늬를 넣고 내부도 다양한 색상의 대리석과 모자이크로 장식한 성당을 건축하여 '다색 장식 건축(structural polychromy)'의 선봉장이 되었다. 버터필드와 그의 동료들은 이탈리아의 북부 지역의 성당에서 많은 영향을 받았다. 특히 스트리트는 그에 대한 글을 많이 남겼다. 좁은 대지를 오밀조밀하게 활용하고 높은 탑으로서 런던의 마거릿 스트리트에 있는 모든 성자를 위한 영국 가톨릭 성당(1849-59년), 그리고 누구나 걸작이라 평가하는 옥스퍼드의 케블 칼리지(1867-83년)가 버터필드의 대표작이다.

영국 밖의 고딕 건축물

고딕 복고 양식은 영국 밖으로도 확산되었지만, 영국 이외의 곳에서는 그다지 활발하게 전개되지 않았다. 프랑스의 건축 이론가 비올레 르 뒤크는 유럽에 고딕 양식을 소개하고 퍼뜨리는 데 핵심적인 역할을 한 논문들을 발표해서 이름을 남겼지만, 정작 그가 설계한 건축물들은 파리의 생 드니 드 레스트레 성당(1864-67년)처럼 무디거나 정반대로 루르드의 순례 성당처럼 극단적으로 뾰족한 형태이다.

독일과 오스트리아에서도 마찬가지였다. 하인리히 폰 페레스텔(Heinrich von Ferstel)이 설계한, 빈에 있는 보티브키르헤의 대못처럼 생긴 첨탑을 보면, 마치 오스트리아 감옥에 갇힌 장기수가 성냥개비를 쌓아 조립한 성당을 보고 있는 듯한 느낌이 든다.

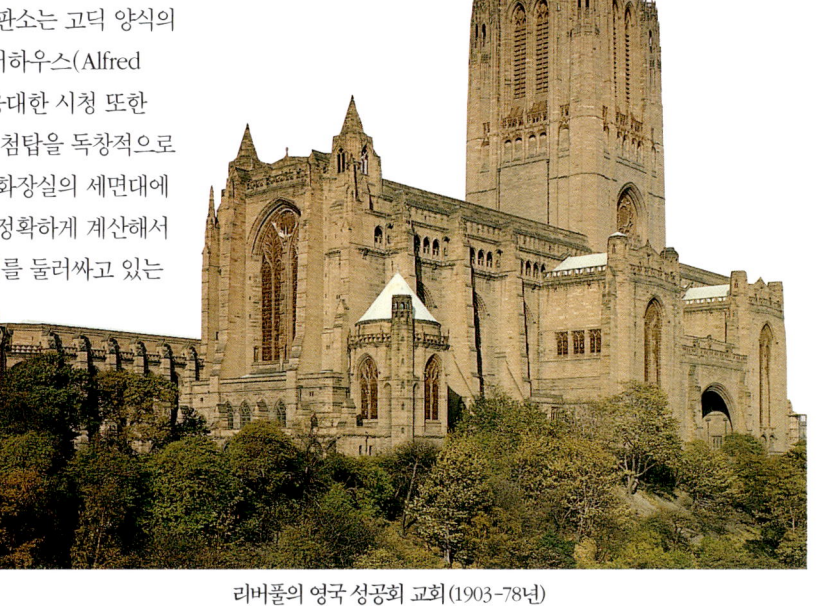

리버풀의 영국 성공회 교회(1903-78년)
스콧 경이 설계한 성공회 교회이다. 고딕 리바이벌 양식의 후기를 대표하는 건축물이다. 이중의 수랑과 그 사이의 공간에 세워진 높은 정탑이 독창적인 특징이다.

고딕 복고 양식은 20세기에도 면면이 이어졌다. 자일스 길버트 스콧 경이 설계한 리버풀의 영국 성공회 교회는 고딕 복고 양식의 최후를 아름답게 장식해 준 건축물로 여겨진다. 이 교회는 산처럼 우뚝 솟은 붉은 사암으로 만든 외벽과, 에스파냐 건축물에서 많은 부분을 차용했으며 경외심을 자아내는 내부로 유명하다. 그러나 이 교회에서 중세 건축물이 주는 따뜻함은 느낄 수 없다. 독창적이고 인상적이기는 했지만, 스콧 경이 20세기 중반에 런던의 배터시와 뱅크사이드에 세운 발전소들과 엇비슷한 모습이다. 어쨌거나 완공되었을 때 리버풀의 영국 성공회 교회는 역동적인 그리스도교의 본산이 되기를 의도했던 대로, 신도수가 눈에 띄게 줄어들고 그리스도교가 분파되면서 공동체의 중심 역할을 못하던 시내와 과감히 맞서 눈부신 성과를 이루어 냈다.

비올레 르 뒤크
프랑스의 건축가이자 저술가인 비올레 르 뒤크는 중세 건축을 복원하는 데 뛰어난 능력을 보였다. 그는 성으로 둘러싸인 도시인 카르카손과 아미앵의 랑 성당(위의 그림), 그리고 노트르담 성당의 복원을 계획하고 감독했다. 그는, 고딕 양식은 리브 볼트와, 플라잉 버트레스, 그리고 버트레스에 기반을 둔 합리적인 건축법이라고 생각했다.

보티브키르헤(빈, 1956-79년)
하인리히 폰 페레스텔이 설계한 보티브키르헤는 프란츠 요제프 황제에 대한 암살 기도가 실패했을 때 하나님께 감사하기 위해서 세워진 것이다. 이 성당은 꽃봉오리 모양으로 장식된 첨탑이 있으며, 높고 날씬한 탑으로 이루어져 있다.

데카당스의 시대
환상 여행

바이에른의 루트비히 2세
1845년에 막시밀리안 2세(Maximilian II)와 프로이센의 마리(Marie) 사이에서 태어난 루트비히 2세는 프로이센과 연합하여 프랑스와 대적했고, 1870년에는 비스마르크(Bismark)의 충고를 받아들여 독일 제후들을 설득해 독일 제국을 설립했다. 그는 연극과 오페라, 그리고 바그너(151쪽 오른쪽 글상자 참조)의 후원자로, 일련의 호화로운 성들을 세웠다. 린데르도르프 성, 헤른 인젤(베르사유를 모방함), 그리고 노이슈반슈타인 성이 유명하다. 점점 광기에 빠져 나중에는 은둔 생활을 했으며 1886년에 투신 자살했다고 한다.

19세기 후반 들어 새로운 재원과 건축 방식이 개발되면서 형식에 구애받지 않은 변칙적인 건물들이 봇물처럼 쏟아졌다. 한 세기 전에는 정통 건축의 곁가지로 취급받던 거대한 건축물이 이제는 건축 그 자체처럼 되었다. 이처럼 터무니 없이 거대한 건축물 중 하나가 역사상 가장 낭만적인 성으로 여겨지는 노이슈반슈타인 성이다. 그 이후 이 성은 동화에 나오는 성의 모델이 되었을 뿐만 아니라, 월트 디즈니의 만화 영화 "잠자는 숲속의 미녀"에 나오는 성과 디즈니랜드에 지어진 성의 모델이 되었다. '백조의 새로운 성'이란 뜻의 노이슈반슈타인 성은, 젊고 부자였지만 미치광이었던 바이에른의 루트비히 2세의 의뢰로 에두아르드 리델(Eduard Liedel)과 게오르그 폰 돌만(Georg von Dollmann)이 설계한 성이었다.

인기가 있었지만 방탕한 지배자였던 까닭에, 루트비히 2세가 사망했을 때, 그의 사인이 매우 의심스러웠다. 그는 화려한 의상을 즐겨 입었으며, 리하르트 바그너(Richard Wagner)의 오페라의 주인공이자 전설 속의 백조 왕자인 로엔그린(Lohengrin)처럼 행동했다. 게다가 루트비히 2세는 바그너의 강력한 후원자이기도 했다. 어쨌든 노이슈반슈타인 성은 엄청난 비용을 들여 지은 것이다. 이 성은 함박눈이 내릴 때 절경을 이루며, 오늘날 독일에서 가장 많은 관광객들이 찾는 명소가 되었다.

윌리엄 버지스(William Burges)가 뷰트(Bute) 후작 부인을 위해서 복원한 카디프의 코흐 성은 노이슈반슈타인 성에 비하면 규모는 훨씬 작지만, 아름다움과 화려함에서는 조금도 뒤지지 않는다. 버지스는 19세기의 가장 창의적인 고딕 건축가 중 한 명이었으며, 산뜻하고 정교한 가구를 디자인하기도 했다. 그가 설계한 인테리어는 어린아이들에게 많은 사랑을 받고 있으며, 코흐 성은 어린아이가 상상하는 성의 모습을 그대로 재현해 낸 듯하다. 또한 중세의 『성시집』이나 『성무일과서』(삽화가 그려진 기도집)의 삽화에 나오는 성과 가장 비슷해 보인다. 갑옷을

노이슈반슈타인 성 (바이에른, 1869-81년)
11세기의 삶을 그린 바그너의 〈탄호이저〉의 무대였던 튀링겐의 바르트부르크 성에서 영향을 받은 노이슈반슈타인 성은 루트비히 2세가 처음으로 건설한 동화 나라의 성이었다.

잠자는 숲속의 미녀 성
(캘리포니아의 디즈니랜드, 1955년)
루트비히 2세의 노이슈반슈타인 성과, 월트 디즈니의 테마 파크에 있는 잠자는 숲속의 미녀 성은 동화 속의 성 같다는 점에서 무척이나 유사하다. 이 성은 판타지랜드에 있다.

산업 사회

산업 사회에서 신음하던 사람들의 운명을 개선해 주기 위해 노력한 사람들 중에 루트비히 2세의 가까운 친척이자 빅토리아 여왕의 근면한 남편이었던 앨버트 공이 있었다. 그가 장티푸스로 42살에 죽었을 때 빅토리아 여왕은 조지 길버트 스콧 경에게 남편을 기념해 줄 불후의 기념물을 설계해 달라고 의뢰했다. 그렇게 해서 탄생된 런던의 앨버트 메모리얼(1863-72년)은 화려하게 장식된 첨탑을 씌운 고딕 양식의 천개로 덮여 있으며, 기초부터 꼭대기까지 앨버트 공과 같은 시대를 살았던 위대한 인물들의 모습이 부조로 장식되어 있다. 스콧 경은 물론이고 퓨진의 얼굴까지 그곳에서 찾을 수 있다.

그 밖의 기념물들

서로 적대시하며 경쟁을 벌이던 공국(公國)과 후국(侯國)이 병합되면서 통일된 민족국가들(1871년에 통일된 독일과 이탈리아)이 새로이 등장하면서 유럽에는 기념물 건축 열풍이 불었다. 이 시대에 세워진 많은 기념물은 상당히 우스꽝스러운데, 주세페 사코니(Giuseppe Sacconi)가 설계한 로마의 비토리오 에마누엘레 2세(Vittorio Emanuele II) 기념관은 그 극치를 보여 준다. 이 기념관은 이탈리아 통일을 이룩한 왕에게 경의를 표하기 위해 세워진 것으로, '타자기'라고 불린다. 그만큼 우스꽝스럽다는 뜻이다. 이 기념관은 건축이 지나치게 과장된 시대에 종말을 고하며, 소박하고 수수한 건축의 시대로 회귀하려는 진지하고 도덕적인 미술 공예 운동의 태동을 불러일으킨 데카당스 시대의 기념비적 건축물이다.

코흐 성의 내부 (카디프 인근, 1875-91년)
버지스가 설계한 코흐 성의 화려한 내부는 중세의 공예와 장식에 대한 19세의 열정을 잘 보여 준다. 대조적으로 튼튼한 탑, 원뿔형 지붕, 그리고 매끈한 벽돌로 처리된 외부는 상당히 단순한 편이다.

입은 기사나, 슬픔에 싸인 처녀는 어느덧 사라지고 오늘날에는 내리닫이 격자문과 나지막한 돌담을 넘나드는 관광객들만이 눈에 띄는 것이 아쉬울 뿐이다. 그러나 아름다운 장식 때문에 우리는 비디오 카메라에서 눈을 떼고 원숭이와, 공작과, 극락조가 수놓아진 천장에 시선을 고정시키게 된다. 가난한 사람들의 노고 덕분에 풍요롭게 살았던 빅토리아 시대의 부자들은 산업 사회의 암울한 현실에서 탈출하고 싶어했다. 그들의 그런 심정을 노이슈반슈타인 성보다 확연히 보여 주는 것은 없다.

리하르트 바그너

19세기 독일을 대표하는 작곡가인 바그너는 악극을 만들어 오페라의 역사에 커다란 업적을 남겼다. 대표작 "니벨룽겐의 반지"에서 그는 기존의 오페라와 완전히 다른 새로운 스타일의 음악인 악극을 창시했다. 바그너 작품에 나타나는 낭만적인 면과, 인간의 감정과 심리에 호소하는 면은 그의 후원자이던 루트비히 2세의 건축 프로젝트에 그대로 반영되었고, 루트비히 2세는 바그너 작품에 나타난 장면들로 성들을 장식했다. 바그너가 루트비히 2세에게 미친 영향은 아무리 강조해도 지나치지 않다. 그러나 루트비히 2세가 없었더라면 바그너의 말년 작품들은 대부분 쓰여지지도 못했을 것이다.

비토리오 에마누엘레 2세 기념관 (로마, 1885-1911년)
'타자기' 또는 '웨딩 케이크'라고 불리는 이 기념관은 통일된 이탈리아의 첫 왕을 기리기 위해 세운 건물로, 1871년 이탈리아의 통일로 연결된 부흥이란 뜻의 리소르지멘토 운동을 기념한 박물관이 입주해 있다.

프리 스타일
건축 양식의 경연장

장 루이 샤를 가르니에
1825년 파리에서 태어난 가르니에는 에콜 데 보자르에서 공부한 후 이탈리아를 여행했다. 1860년 파리 오페라 극장 설계 공모전에서 당선되었다. 이 프로젝트는 1870년 전쟁으로 중단되었다가, 15년에 걸쳐 완성되었다. 가르니에는 예술 운동의 선도자를 자임했으며, 리비에라 해안에 후대에 영향을 미친 건물들을 설계했다. 1889년 파리 만국박람회 때 인간의 거주지를 주제로 한 전시관을 설계하기도 했다. 훗날 이것을 주제로 책을 발표하기도 했다. 가르니에는 1898년 파리에서 숨을 거두었다.

19세기 후반에 들면서 생각, 자재, 사람 등 모든 것이 급속도로 널리 퍼져 나갔다. 모든 것이 가능한 것처럼 보였고, 실제로 많은 건축가들은 무엇이나 할 수 있었다. 고전주의가 쇠퇴하고 고딕 복고 양식이 다양한 형태로 발전되면서 수많은 건축가들이 나름대로의 몫을 찾기 시작했다. 그들은 돔, 뾰족한 아치, 도리스 양식의 기둥, 이집트의 탑문, 인도의 스투파, 메소포타미아의 지구라트 등 모든 건축물을 뒤섞었다. 그들이 건축 양식과 전통을 융합시킨 것은 그나마 무난했다. 반면에 그들은 푸딩 그릇에 딸기잼을 집어넣고 휘어대는 어린아이처럼 극악무도한 짓을 저지르기도 했다. 그 결과는 불을 보듯 뻔했다. 정체를 알 수 없는 건축물이 난무했다. 하지만 건물을 지을 때 어떤 양식이라도 자유롭게 선택할 수 있었던 19세기 중반에 건축가들이 건축 양식의 경연장에서 한 가지 양식만을 특별히 고집할 이유가 어디에 있었겠는가?

퓨전

브뤼셀의 법원청사(1866-83년)는 건축 양식의 퓨전, 정확히 말하자면 혼란스런 결합을 잘 보여 준다. 돌을 어마어마하게 높이 쌓아 올린 이 건물은 19세기의 지구라트인 셈이며, 21세기의 눈으로 봐도 비합리적인 건물로 보일 뿐이다. 이 건물은 마치 T자가 아니라 바이스로 설계한 것처럼 고전 양식의 기념비적 요소들을 집약해 놓은 조셉 포에라르트(Joseph Poelaert)의 작품이다. 이 건물과 이와 비슷한 많은 건물들, 가령 암스테르담의 레이크스 미술관(1877-85년)과 베를린의 의사당(1884-94년)의 가장 이상한 점은 비현실적일 정도로 거대하다는 점이다.

장 루이 샤를 가르니에(Jean Louis Charles Garnier)가 설계한 파리의 오페라 극장은 마찬가지로 규모가 지나치게 큰 건물이지만 그래도 상당히 매력적이다. 웨딩 케이크를 보는 것 같다고 말해도 지나친 과장이 아니다. 실제로 진부한 형태의 입구에 들어서면 내부는 가장 멋지게 치장한 과일 케이크보다 더 화려하다. 이 오페라 극장은 바로크 양식이 극단으로 치달은 예이다. 그러나 휘황찬란한 샹들리에 때문에 실내에서도 선글라스를 써야 할 정도로 사치스럽게 장식되었지만, 그곳에서 공연되는 오페라의 정신과는 완벽하게 어울리는 듯하다. 설탕으로 범벅을 해 놓은 듯한 화려한 건물에서 놀라운 정도로 작은 부분을 차지하는 관객석에 가서 앉으려면 한참을 걸어야 한다는 사실 자체가 이곳에서 공연되는 오페라처럼 비극이 아니겠는가!

몽마르트르 언덕에서 그 모습을 어렴풋이 드러내는 사크레쾨르 대성당(1875-1919년)은 오페라 극장처럼 화려하지는 않지만 천박하고 괴상한 건물이다. 하얀 아케이드, 박공벽, 종탑, 돔이 의미 없이 연결되어 있을

명예의 계단 (파리의 오페라 극장, 1861-74년)
가르니에는 대중을 돋보이게 해 주는 무대라는 설정으로 호화로운 계단을 설계했다.
그는 "사람들로 붐비는 널찍한 계단의 풍경은 화려함과 우아함이 빚어 내는 쇼이기도 하다."라고 말했다.

뿐이다. 폴 아바디(Paul Abadie)가 설계한 이 성당은 멀리서 보아야 제격이다. 한편 존 프랜시스 벤틀리(John Francis Bentley)가 설계한, 웨스트민스터 대성당은 비잔틴 건축 전통을 최대한 반영한 건축물이었다. 외벽을 옅은 붉은색 벽돌로 장식한 우아한 자태의 종탑과 엄숙한 분위기를 자아내는 실내—까마득히 높이 솟아 성스런 어둠 속으로 사라지는 납작한 돔형의 천장 아래에 있는 네이브—는 런던과 파리에서 멀리 떨어져 있는 세계인 비잔틴의 예술을 되살리려는 노력을 역력하게 보여 준다.

밴프 스프링스 호텔(앨버타 주의 밴프, 1886-88년)
캐나다의 로키 산맥에 있어 처음에는 기차를 타고 찾아오는 휴양지로 세워진 이 호텔은 마을을 굽어보고 있다. 1903-14년과 1926-28년에 증축되었다.

귀족풍의 건축물

런던과 밴프에서 프리 스타일 시대를 대표하는 두 건축물을 찾을 수 있다. 두 건물 모두 중세 스코틀랜드의 위풍당당한 건축물에서 영향을 받은 것으로 보인다. 리처드 노먼 쇼(Richard Norman Shaw)가 설계한 웨스트민스터의 뉴 스코틀랜드 야드(1887-90년)는 품위를 갖춘 역작이다. 단단한 화강암을 기초로 템즈 강변에 세워진 이 런던 경찰국은 엘리자베스 여왕 시대부터 바로크 시대까지 애용된 창문을 사용해서, 따뜻한 색조의 평범한 붉은 벽돌집 스타일에서 조금이나마 변화를 가미했다. 화강암 기반 위에 세워진 네 개의 탑은 건물 전체를 굽어보고 있으며, 각 탑마다 경찰국에 어울리는 납지붕이 씌워 있어 쇼의 탑에 상큼한 멋을 더하였다. 바로크 양식의 박공, 오벨리스크, 층을 이룬 지붕창, 높은 굴뚝으로 이루어진 쇼의 지붕들은 산뜻한 멋을 풍긴다. 그 모든 것이 하나로 결합되어 멋진 풍경을 이루고 있다.

캐나다의 건축 회사인 브루스 프라이스(Bruce Price)사가 설계한 앨버타 주 밴프의 밴프 스프링스 호텔도 아름다운 절경을 만들어 낸다. 캐나다에는 스코틀랜드에서 건너온 사람들에게 고향에 온 듯한 느낌을 주는 곳이 꽤 있는데, 스코틀랜드 사람들은 이곳에서 19세기부터 정착해서 살고 있었다. 따라서 이 웅장한 휴양 호텔이 스코틀랜드 성의 분위기를 풍기는 것도 놀라운 일은 아니다. 이 호텔은 소나무로 둘러싸인 산악 지대를 배경으로 서 있는 건물의 자태를 뚜렷이 드러내기 위해서 여러 양식을 독창적으로 혼합시켜 만든 결정체이다. 당시 유럽을 풍미하던 허식과 예술적 제약으로부터 벗어나려는 자유 의지를 상징하는 새로운 형태의 건물인 것이다. 이 시기는 건축 양식이나 건물의 안락함과 상관없이, 도시에서 분주하게 살아 가면서도 자연으로 돌아가려는 전문직 종사자들 덕분에 휴양 호텔이 전성기를 누리던 때였다. 퀘벡에서 밴쿠버까지 철도가 놓이면서 이처럼 야심적인 캐나다의 호텔들이 세워질 수 있었고, 그 후로도 철도를 따라 더 많은 건물들이 모습을 드러내기 시작했다.

웨스트민스터 대성당(런던, 1895-1903년)
벤틀리는 웨스트민스터 대성당을 설계할 때 전형적인 고딕 양식을 버리고 비잔틴 양식을 택했다. 동굴 같은 내부는 벤틀리의 원래 의도대로 대리석과 모자이크로 장식되었다.

리처드 노먼 쇼
1831년 에든버러에서 태어난 쇼는 영국의 주택 개조를 주도한 대표적인 건축가 중 한 사람이다. 그는 고딕 복고 양식부터 16세기의 장원과 영국식 팔라디오풍의 건축을 재해석해 낸 퀸 앤 양식까지 다양한 양식의 건물을 세웠다. 특히 퀸 앤 양식은 1920년대와 30년대에 영국 정부 건물의 기준이 되었다. 쇼의 주택 설계는 미국의 싱글 양식에 영향을 미쳤다. 그는 1912년에 영국에서 숨을 거두었다.

도덕과 건축
산업화에 대한 저항

윌리엄 모리스
디자이너, 공예가, 저술가, 그리고 사회주의자였던 모리스는 런던 월삼스토우의 부유한 집안에서 태어나 말버러 스쿨과 옥스퍼드의 엑서터 칼리지에서 수학했다. 라파엘 전파의 예술가들, 특히 화가 에드워드 번 존스(Edward Burne-Jones)와 시인 단테 가브리엘 로세티(Dante Gabriel Rossetti)와 교류를 가졌다. 1861년 모리스 마셜 포크너 앤드 컴퍼니를 창립해서 벽지, 섬유, 스테인드글라스, 가구를 설계하고 제작했다. 1890년 모리스는 켐스콧 프레스를 설립했으며, 서체를 개발하고 장식적인 표지를 디자인했다.

"쓸모가 없거나 아름답다고 여겨지지 않은 것이라면 어떤 것도 당신 집에 두지 마라."
— 윌리엄 모리스

19세기의 건축에 무엇인가 새로운 것이 있었던 것은 분명하다. 그러나 난방, 조명, 하수 등의 시설 면에서는 발전이 있었지만 건축 자체는 쇠퇴하고 있었다. 앞선 시대들에서 건축 양식은 편의성 위주로 발전되어 왔다. 새로운 테크놀로지가 개발되었기 때문에, 또는 사용 가능한 자재가 많아졌기 때문에, 그리고 고대 멕시코나 이집트 시대처럼 조용히 한 곳에 머물고 싶은 욕망 때문에, 혹은 그와 반대로 앞으로 끝없이 전진하고 싶은 욕구 때문에, 건축 양식이 변해 왔다. 한 번도 뒷걸음질친 적이 없었다.

르네상스 시대의 건축가들은 과거를 탐구했지만 과거를 바탕으로 새로운 것을 창조해 냈다. 19세기의 건축가와 건축주들도 과거를 돌아보면서 과거의 유산을 재창조해 내려 노력했다. 페리클레스의 그리스뿐만 아니라 아서 왕과 원탁의 기사들이 활약한 잉글랜드의 역사까지, 그들은 과거의 모든 것에 관심을 기울였다. 게다가 그들에게는 기술력과 자금력이라는 판도라의 상자가 있어 원하는 것은 무엇이나 할 수 있었다. 앞에서도 언급했듯이 그들은 기상천외한 것을 상상해 냈고 그 생각을 실현시켰다. 그렇게 해서 흥미롭기는 하지만 저급한 건물들이 봇물처럼 쏟아졌다. 오늘날에는 모든 시대의 건축 양식이 나름대로 가치를 지니기 때문에 함부로 평가해서는 안 된다고 말하는 것이 일반적인 추세이다. 그러나 이런 주장은 비겁할 뿐만 아니라 탁상공론이나 마찬가지이다. 우리는 지성으로 판단하듯이 눈과 느낌으로도 판단할 수 있다. 그것이 바로 존 러스킨과 윌리엄 모리스가 주장한 것이고, 그들이 빅토리아 여왕 시대에 가장 격정적인 비평가로 손꼽혔던 이유이다. 그들의 비평이 완벽하지는 않았지만, 비평이 성숙 단계에 접어들 수 있었던 것은, 이 두 낭만주의자들 덕분이다. 물론 사회적 분위기가 무르익은 것은 아니었다. 비평이 어떤 역할을 하는지에 대한 이해가 필요한 시기였다.

고딕 복고 양식

러스킨과 모리스는 둘 다 유복한 집안에서 태어났다. 모두 옥스퍼드 대학에서 교육을 받았으며 산업화를 지극히 경멸했다. 퓨진에게는 친구였던 증기기관차가 두 고매한 예술가이자 저술가에게는 원수처럼 취급받았다. 사실 러스킨은 퓨진에게 많은 영향을 받았다. 그러나 퓨진은 첫째 가톨릭교도였고, 둘째 그는 러스킨이 생각하던 사상을 처음으로 천명한 사람이었으며, 셋째 미치광이가 되었기 때문에 러스킨을 얕잡아 보았다. 퓨진은 건축과 도덕 사이에 직접적인

모리스와 그의 동료들이 디자인한 인테리어
윌리엄 모리스가 디자인한 직물과 벽지가 잉글랜드 울버햄프턴의 와이트빅 장원에서 사용되었다. 이 방의 벽들은 모리스가 인동 덩굴을 프린팅한 아마포로 장식되었으며, 가구는 그의 동료들이 설계한 것이다.

관계가 있다고 암시적으로 주장하기도 했다. 그가 그리스와 로마 건축을 혐오한 이유도 종교적 믿음의 차이 때문이었다. 즉 영국은 그리스도교 국인데 반해 그리스와 로마는 비그리스도교 국가였기 때문이었다. 주택, 은행, 시청, 기차역이 아니라 신전처럼 보이도록 건물을 짓는 당시의 건축 풍조를 퓨진은 불성실하고 부도덕하다고 비난했다. 또한 모든 건물이 불필요한 장식으로 뒤덮여 있었기 때문에 퓨진은 그것을 타락한 건축이라고 생각했다.

러스킨은 퓨진의 이런 생각에 동의했다. 처음에는 베네치아와 그곳의 전설적인 화가들, 특히 틴토레토(Tintoretto)에 대한 애착 때문에 러스킨은 당시의 젊은 건축가들에게 베네치아 양식을 본받아 설계하라고 부추겼지만 나중에는 그 양식을 매우 싫어하게 되었다. 그가 추구한 것은 중세의 석공들이 빚어 낸 건축물에서 보았던 정직함이었다. 그가 『베네치아의 돌』의 제2권에서 쓴 "고딕의 성격에 대하여"라는 장에 있는, 천사가 쓴 듯한 아름다운 산문체의 글은 고딕 복고 양식의 발전에 도움을 주었다. 또한 그는 라파엘 전파의 화가들과 공예가들, 특히 윌리엄 모리스를 글과 금전으로 지원했다.

모리스는 공예가들의 대의를 앞장서서 옹호해 주면서 직조술과, 수작업 인쇄와, 프레스코 벽화의 부활, 그리고 게르만족의 전설에 근거한 모험담의 기록에 열중했다. 모리스는 필립 웹(Philp Webb)에게 켄트의 벡슬리히스에 선의와 정직함으로 건축한 집, 레드 하우스를 설계해 달라고 의뢰했다. 이 집은 다음 세대에 시작된 미술 공예 운동 스타일로 만든 주택을 예고하는 것이었다. 러스킨과 모리스는 급진적인 편이었다. 그래서 1880년대에 모리스는 정치와 사회 개혁을 요구하는 민중 시위에 참여했으며, 결국 마르크스주의자가 되었다. 한편 러스킨은 산업화의 폐해를 맹렬하게 비난하면서 사회주의 색채가 농후한 소책자, 『최후의 사람에게(Unto This Last)』를 발표했다. 이 글에서 그는 자본주의 사회의 정치와 경제를 살갗과 근육, 그리고 영혼마저 빼앗긴 해골에 비유했다.

빅토리아 여왕 시대의 유산

모리스와 러스킨은 대단한 유산을 남겼다. 그들은 미술 공예 운동에 참여한 건축가와 디자이너와 공예가뿐만 아니라, 산업 노동자들을 위해서 유럽 전역에서 집을 짓던 건축가들, 그리고 르 코르뷔지에를 위시한 20세기의 가장 위대하고 혁신적인 건축가들의 사상과 작품에 영향을 미쳤다. 19세기의 건축은 순수한 멋을 상실해 버렸다. 마니에리스모 양식이 16세기 이탈리아에서 절정에 이르렀을 때도 볼 수 없었을 정도로 건축가들의 자의식이 강하게 드러난 건축의 시대였던 셈이다. 무엇이든 할 수 있었기 때문에 오히려 모든 것을 중단하고 '진정으로 중요한 것은 무엇인가?'라고 생각할 여유도 가질 수 있었다. 또한 '건축은 사회에 어떻게 봉사해야만 하는 것일까? 더 나은 사회를 만들 수 있다면 건축은 그런 사회의 건설을 위해 무엇을 할 수 있을까?'라는 의문은 20세기에 들면서 건축가들이 대답해 보려 애썼던 문제들이었다. 러스킨과 모리스가 제기한 문제들이기도 했지만 아직까지 그 누구도 대답을 찾아 내지 못하고 있다.

존 러스킨
영국의 작가이자 비평가인 존 러스킨은 런던에서 태어나 개인 교습을 받았다. 1836년 옥스퍼드의 크라이스트 처치 칼리지에서 수학하면서 시를 써서 뉴디게이트 상을 수상했다. 대학을 졸업한 직후 J. M. W. 터너(Turner)를 만났고, 그의 책 『근대 화가론』에서 터너를 극찬했다. 또한 『건축의 칠등(七燈)』과 고딕 건축을 옹호한 『베네치아의 돌』을 발표하면서 러스킨은 그 시대의 영향력 있는 예술 및 사회 비평가로 위상을 굳건히 했다. 1869년 옥스퍼드 대학의 미술 교수로 임명되었다. 노동자에게 보내는 시론, 강연, 편지를 모아서 『시간과 조류』라는 이름으로 발표했다.

레드 하우스(켄트의 벡슬리히스, 1859-60년)
필립 웹은 절친한 친구인 윌리엄 모리스를 위해서 이 집을 설계했다. 비대칭 구조로 이 지방 고유의 양식을 살린 집이다. 붉은 타일과 벽돌을 사용했기 때문에 레드 하우스라고 명명되었다.

기계의 시대

기계의 시대에 들면서 건축가들은 창조의 소용돌이에 빠져들었다. 새로운 건축술, 새로운 건축 자재, 새로운 목표가 그들에게 물밀듯이 밀려왔다. 유럽과 미국의 대다수 건축가들은 두 걸음 물러섰다가 한 걸음 전진하는 신중한 자세로 이런 변화에 대응했다. 겉만 화려하게 꾸며진 거짓된 세상에서 탈출하고, 끝없이 발전하는 산업의 굴레에서 벗어나고 싶었기 때문이었다.

미술 공예 운동은 중세 장인들의 디자인과 수공업을 되살리려 한 대표적인 운동이었다. 건축가들도 굵고 거친 손을 지닌 숙련공들의 솜씨에 찬사를 보내며 자신들을 중세에 성당을 쌓던 석공의 후계자로 생각했다.

화려하며 때로는 퇴폐적인 색채를 띤 '아르 누보(Art Nouveau)'도 과거의 복원을 시도한 운동이었다.

한편 안토니오 가우디(Antonio Gaudi)의 식물의 모양을 본뜬 듯한 찬란한 디자인은 인류가 우주에 첫발을 내딛은 세기의 초에 건축이 나아갈 방향을 제시해 준 것이었다. 그러나 기계의 시대에 건축이 이룩해 낸 최고의 것은 뉴욕과 시카고의 하늘을 수놓은 웅장한 마천루들일 것이다.

공사중인 에쿼터블 빌딩(뉴욕)
에쿼터블 빌딩의 엄청난 몸집 때문에 옆 건물에는 빛이 들지 않았다. 이 건물이 세워진 다음 해인 1905년, 지대 설정법이 통과되어 뉴욕의 초고층 건물들은 도로에서 일정한 거리 이상 떨어져야 했다.

노동을 위한 기계들
발가벗겨진 건물들

대량 생산
자동차 산업은 본격적인 대량 생산 기법을 도입해서, 테크놀로지의 발전에 혁혁한 영향을 미쳤다. 헨리 포드는 조립 라인 기법으로 상품의 생산에 혁명을 일으켰다. 1903년 포드와 그의 파트너들은 포드 자동차 회사를 세웠다. 포드의 기업 철학은 생산 단가를 줄이고 판매량을 늘리는 것이었다. 1908년에 T형 포드가 생산되었다. 그는 1913년에 도입된 대량 생산으로 단가를 줄여 '다수를 위한 자동차'를 생산했다.

거대한 역사의 수레바퀴에서 본다면 일시적인 휴전에 불과하겠지만 그래도 지루한 건축 양식 전쟁이 끝났다. 19세기 말과 20세기 초엽쯤이었다. 이런 변화가 닥친 이유가 무엇이었을까? 철골 구조, 1892년에 프랑수아 엔비크(François Hennebique)가 처음 사용한 철근 콘크리트, 전기를 이용한 엘리베이터, 커튼 월, 도시 지가의 상승 등으로 인하여 개발업자가 이익을 남기려면 고층 건물을 짓는 수밖에 없었다. 게다가 새로운 시대와 더불어 등장한 건물들은 오만하게 서 있는 것만으로도 충분히 멋지다는 생각도 고층 건물이 들어서는 데 큰 역할을 했다.

급속한 변화

제1차 세계대전이 발발하기, 30년에서 40년 전에 세계는 급속히 변했다. 철도는 더욱 빨라지고 안전해졌고 스크루를 장착한 증기선도 대서양을 순식간에 건널 수 있었다. 1903년에는 라이트(Wright) 형제가 동력 비행기를 발명했다. 기관총을 비롯한 신무기들이 전쟁의 추악한 얼굴을 변화시켰고, 무엇보다 상인 계급과 전문가 계급이 영국과 프랑스와 미국에서 권력을 움켜잡고 무력해져 가는 왕권을 뒤에서 조종했다. 따라서 제1차 세계대전이 끝난 후에 많은 나라에서 군주제가 폐지된 것은 당연한 일이었다.

이 시대에 중요한 건물은 교회, 성당, 왕궁이 아니라 사무실, 백화점, 그리고 무엇보다 공장이었다. 1908년 헨리 포드의 T형 포드가 만들어지면서 대량 생산의 길이 열렸다. 최초의 자동차는 1886년에 독일에서 만들어졌지만, 미국의 기업 효율성 제고 전문가 프레더릭 테일러(Frederick Taylor)가 제안한 과학적 경영 원리를 포드가 채택할 때까지 자동차는 부자들을 위해서만 수공업으로 제작되었다. 효율성을 높이는 것을 원칙으로 삼은 덕분에 포드는 850달러에 달하던 T형 포드의 생산비를 절반 이하로 낮출 수 있었다. 이렇게 해서 개인 운송 수단의 소유 시대가 열렸다.

미국은 이런 새로운 변화를 적극적으로 받아들이면서 유럽에 충격을 주었다. 1880년대부터 미국은 새로운 강국으로 부상하기 시작했고, 개인의 권리와 언론의 자유를 보장하며 총기 휴대가 자유로운 이 나라는 제1차 세계대전의 발발과 더불어 세계 경제의 리더가 되었다. 건축에서 과거와 냉정하게 단절하기 시작한 나라도 미국이었다. 물론 과거와의 단절은 쉬운 일이 아니었다. 1880년대와 1890년대에 건축가들은 옛 전통에 따라 교육받았지만 기둥과 코니스와 박공벽이 주가 되는 옛 전통에서 탈피한 새로운 건물 양식을 찾기 위해 몸부림치고 있었다. 시카고의 마셜 필드 호울세일

여객선
20세기 초는 대양을 넘나드는 여객선의 황금 시대였다. 또한 이런 선박을 만드는 공학자들과 기술자들의 시대이기도 했다. 벨파스트의 할랜드 앤드 울프 조선소에서 건조한 화이트 스타 사의 "RMS 올림픽"호(위의 사진)는 1910년 10월 진수된 여객선으로, 21노트의 속도를 낼 수 있었다.

보스턴 공공도서관(1887–93년)
매킴 미드 앤드 화이트 사가 설계가 보스턴 공공도서관은 '민중을 위한 궁전'으로 불렸다. 이 건물은 벽으로 하중을 지탱하는 전통적인 방법으로 세워졌다. 주 열람실에는 원통형의 둥근 천장이 있으며, 아름답게 조각된 석회암 발코니가 있다.

기계의 시대

웨어하우스(1885-87년, 현재 해체됨)와, 건물의 규모에 어울리는 남성적인 신로마네스크 양식을 창조해 낸 보스턴 공공도서관을 설계한 매킴 미드 앤드 화이트 사와 헨리 홉슨 리처드슨(Henry Hobson Richadson)을 비롯한 영향력 있는 건축가들이 등장했다. 그들이 남긴 건물들은 인상적이기는 했지만, 규모가 비대한 까닭에 급속히 시대에 뒤떨어진 건물로 낙인찍히고 말았다. 그리고 마침내 철골 구조와 20세기 건축의 기본 구조가 탄생했다.

마천루

1894년부터 1895년까지 다니엘 버넘(Daniel Burnham) 밑에서 일하던 찰스 B. 애트우드(Charles B. Atwood)가 시카고에 15층의 릴라이언스 빌딩을 세웠다. 그것은 마천루의 첫 세대가 탄생한 순간이었다. 1873년 시카고를 휩쓸고 지나간 대화재가 건축가들에게 새로운 자재와, 기술과, 발명품을 써 볼 기회를 제공해 준 이후로 시카고는 새로운 건축의 정신적 고향이 되었다. 그러나 기계의 시대가 시작되면서 새로운 건축 양식을 세계에 널리 퍼뜨린 주역은 뉴욕이었다.

릴라이언스 빌딩 (시카고, 1894-95년)
해골처럼 골조를 드러내고 있지만, 우아한 자태를 자랑하는 릴라이언스 빌딩은 철골 구조의 15층 건물이다. 퇴창들로 꾸며졌으며 공복에는 밝은 색의 테라코타를 덧씌웠다.

> "마천루는 자부심과 원대한 꿈이 가득한 건물이며 순수한 열정의 결집체이다."
> — 루이스 설리번(Louis Sullivan)

철골 구조 건물들

뉴욕이나 시카고 같은 도시에는 지가가 상승하면서 고층 건물을 지을 수밖에 없었다. 이런 필요성에 발맞추어 하중을 견디는 철골 구조물(구조적으로 외벽과는 별도)이 발전하면서 고층 건물을 건설할 수 있게 되었다. 철골 구조는 자체의 하중을 견딜 뿐만 아니라 벽과 바닥의 하중까지 견디는 것이었다. 외장재는 철골 구조에 대갈못으로 고정시킨 금속판이었다. 석재에서 철재로의 변화는 건물의 하중을 줄여 주었다. 전체적인 무게가 줄어들면서 커다란 유리의 사용이 가능해졌고 내부 공간도 훨씬 넓어졌다.

하늘을 향하여
맨해튼의 초고층 건물들

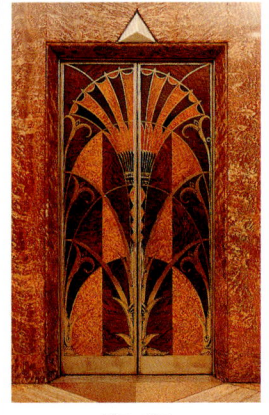

아르 데코
1920년대와 30년대에 장식 예술과 건축을 지배한 양식인 아르 데코는 1925년 파리에서 개최된 "국제 장식 미술 및 현대 산업 박람회"에서 그 명칭이 유래했다. 사치스런 자재, 양식화된 모티브, 유선형의 사용이 아르 데코의 특징이다. 건축에서 아르 데코는 마천루와 영화관에서 가장 빈번하게 활용되었다. 가장 유명한 예는 건물의 안팎을 아르 데코로 장식한 크라이슬러 빌딩이다. 엘리베이터 문의 장식 위의 사진은 구름 사이로 새어 나온 강렬한 햇살을 연상시킨다.

25년 동안 울워스 빌딩은 세계에서 가장 높은 건물이었다. 울워스 빌딩은 하늘로 치솟아 뉴욕의 스카이라인을 내려다보았고, 자유의 여신상 옆에서 대서양과 동부 해안으로 미국에 들어오는 방문객과 이민자들을 가장 먼저 맞았다. 그것은 아마도 굉장한 장관이었을 것이다. 중세풍의 가파른 지붕과 꼭대기에 정탑을 씌운 241미터 높이의 빌딩을 상상해 보라. 울워스 빌딩은 네 단으로 나뉘어 있는데, 위로 올라갈수록 좁아진다. 위엄 있게 서 있는 울워스 빌딩은 경제 대국으로서 자신감에 찬 미국의 모습을 대변해 주었다.

중세의 영향

캐스 길버트(Cass Gilbert)가 설계한 울워스 빌딩은 1910년에 착공되어 1913년에 완공되었다. 길버트는 새로운 테크놀로지와 자재를 사용했지만, 고딕 양식의 테라코타 외장재로 건물의 외벽을 덧씌웠다. 이런 조치는 두 가지 점에서 현명한 판단이었다. 테라코타는 비에 씻겨지기 때문에 진정한 의미에서 세계 최초의 마천루가 언제나 깔끔한 모습을 유지할 수 있고, 고딕 양식의 사용은 고층 건물에 대한 우리의 인식이 기사와 궁정의 사랑으로 상징되는 중세 세계에 기원을 두고 있음을 암시해 주기 때문이다. 그러나 비록 울워스 가문이 1910년대에 미국을 대표하는 재벌이었다고 해도, 울워스 빌딩은 부자들을 위한 궁전이 아니라 보통 사람들을 위한 상징물이었다. 말하자면 대중의 눈에 비친 울워스 빌딩은 물건 값이 싸며 쇼핑하기가 즐거운 상점이었다. 5센트와 10센트짜리 동전 몇 개만 있으면 충분했다. 이처럼 20세기에 우뚝 솟은 새로운 건축은 상식에 바탕을 두고 건설되었다.

그 후 수십 년 동안 중세 이탈리아의 도시들이 그랬던 것처럼, 재계의 거물들은 앞다투어 새로운 설계의 건물을 세우면서 하늘을 향해 올라갔다. 윌리엄 반 앨런(William van Alen)의 설계로 1930년에 문을 연 크라이슬러 빌딩이 울워스 빌딩의 높이를 추월했다. 그러나 1년도 지나지 않아 슈레브 램 앤드 하몬 사가 설계한 엠파이어 스테이트 빌딩이 크라이슬러 빌딩의 높이를 추월했다. 그 후 오랫동안 두 건물은 초고층 건물 설계의 정점으로 여겨졌다. 두 건물은 그저 높기만 한 게

산 지미냐노(이탈리아)
20세기 초에 뉴욕의 하늘로 높이 치솟은 마천루들은, 산 지미냐노의 그림 같은 스카이라인을 짓누르는 13채의 고층 건물을 떠올리게 한다. 이 도시의 고층 건물들은 경쟁 관계에 있는 두 귀족 가문인 아르딘겔리(교황파) 가문과 살부치(황제파) 가문이 12세기와 13세기에 앞다투어 지은 것들이다.

울워스 빌딩
(뉴욕, 1910-13년)
길버트는 세속적 관점에서 이 건물을 설계했다고 주장했지만, 그가 고딕 양식을 선택함으로써 이 건물은 "상업의 성전"이란 별칭을 얻었다.

아니라 엄청난 규모로 인한 압도감을 상쇄시켜 주는 우아한 멋을 풍긴다. 물론 과시용 건물이기는 하지만 울워스 빌딩처럼 단정한 멋 또한 풍긴다. 두 건물의 기초부는 그 자체로 거리의 명소가 되었다. 또한 울워스 빌딩처럼 옥상에는 단계마다 좁아지며, 겨울이나 흐린 날에는 구름 속으로 모습을 감추는 첨탑이 세워져 있다. 두 건물 모두 '아르 데코(Art Deco)' 양식으로 장식되어 있지만 지나치지는 않다. 또한 스테인레스 스틸과 크롬 도금과 같은 비바람에 견딜 수 있는 신소재가 사용되었다. 완공된 지 거의 75년이 지났지만 두 건물 모두 최근에 신축된 건물처럼 보인다. 게다가 미국 육군 항공대 소속의 항공기가 79층에 충돌했을 때 엠파이어 스테이트 빌딩이 너끈히 견디어 낸 것에서 알 수 있듯 두 건물 모두 무척이나 견고하다.

고층 건물들

두 건물은 경제 활동의 중심이며 수많은 관광객을 끌어들이는 명소이지만, "킹콩(King Kong)"과 "블레이드 러너(Blade runner)"와 같은 영화 덕분에 신화적 지위까지 얻게 되었다. 네덜란드의 건축가 렘 콜하스(Rem Koolhaas, 224쪽 왼쪽 그림설명 참조)는 『광란의 뉴욕(Delirious New York)』에서 삽화를 통해 두 건물의 끈끈한 관계를 재미있게 표현했다. 그것은 크라이슬러 빌딩과 엠파이어 스테이트 빌딩이 뉴욕의 한 아파트에서 오랫동안 사랑을 나눈 후에 침대에 나란히 누운 모습을 RCA 타워가 문틈으로 몰래 엿보는 모습이다.

엠파이어 스테이트 빌딩 (뉴욕, 1929-31년)
뉴욕의 마천루 모습은 1916년에 발효된 도시 계획법에 영향을 받은 것이다. 당시의 법에 따르면 인근 건물과 도로에 일조권을 보장해 주어야 했기 때문에 고층 건물들은 도로와 일정한 간격을 두고 건설되었다.

록펠러 센터

RCA 타워는 마천루를 한 단계 더 발전시킨 건물이었다. 크라이슬러 빌딩이나 엠파이어 스테이트 빌딩보다 높지는 않았지만 지상 70층의 적잖은 높이로 록펠러 센터(1929-40년)의 중심이었다. RCA 타워를 중심으로 9동의 고층 건물과 보행자를 위한 산책로, 쇼핑 센터, 스케이트장 등이 갖추어진 거대한 건물군이 바로 록펠러 센터이다.

록펠러 센터는 고층 건물들이 한 복합 지구에 모여 있는 최초의 건물군이었다. 따라서 RCA 타워는 홀로 반짝이는 별이 아니라 비슷한 별들 사이에서 찬란하게 빛나는 혜성 같은 건물이다. 그 후 록펠러 센터는 이런 복합 건물군의 모델이 되었다. 또한 1929년 월 스트리트의 붕괴와 더불어 시작된 대공황 때 이 복합 건물군의 공사가 시작되었다는 사실로부터, 우리는 하늘에 도전하는 마천루를 열정적으로 건축한 것이 물불을 가리지 않는 비합리적 도전이었다는 편견을 버리게 된다. 울워스 빌딩, 크라이슬러 빌딩, 엠파이어 스테이트 빌딩, RCA 타워의 예에서 보듯이 뉴욕인들은 '더 높이'를 추구했지만, 그것은 결코 값싼 열정을 만족시키기 위한 무모한 도전은 아니었다.

우상적 상징물
1931년 후버(Hoover) 대통령이 개장 테이프를 끊은 후 엠파이어 스테이트 빌딩은 대중의 상상력을 사로잡았다. 대중 문화의 상징물인 이 건물의 위상은 1933년 영화 "킹콩"으로 더욱 굳건해졌다. 위의 사진은 이 건물 꼭대기에 올라선 킹콩의 모습이다. 여주인공 페이 워레이(Fay Wray)는 이 건물 꼭대기에 매달려 발버둥치고 있고, 킹콩은 미공군의 쌍엽기 공격에 맞서 싸우고 있다.

"상업의 성전"

울워스 빌딩의 개장식에서 파크스 캐드먼 (Parkes Cadman) 목사

프랭크 로이드 라이트
그는 괴물이면서 천재였다

프랭크 로이드 라이트
아흔 살이 넘게 살았지만, 그가 중요한 주문을 꾸준히 받기 시작한 것은 마지막 20년 동안이었다.

그의 아내와 아이들은 살해당했다. 그의 집은 두 번씩이나 화재로 붕괴되었지만 그가 도쿄에 세운 호텔은 1926년에 일어난 대지진을 거뜬히 이겨 냈다. 그는 정부와 함께 프랑스로 달아났다. 그는 70여 년 동안 건축가로 활동했다. 그의 자서전은 언제나 베스트셀러였다. 아인 랜드(Ayn Rand)는 그의 삶을 영화 "더 파운틴헤드(The Fountainhead)"로 만들었다. 그는 역사상 가장 독특하고 혁신적이며 기억에 남을 만한 건축물들을 설계했다. 프랭크 로이드 라이트는 괴물이면서 천재였다. 초창기에 시카고의 오크 파크에 세운 전원 주택, 독창적인 설계로 무수한 건축 잡지에 소개된 펜실베이니아 베어 런의 낙수장, 그리고 지금까지 논란이 분분한 뉴욕의 솔로몬 R. 구겐하임 미술관으로 이름이 널리 알려진 건축가이다.

라이트는 토목 기사로 잠시 교육을 받은 후 루이스 설리번 밑에서 일했지만 곧 독립해서 1890년대부터 시카고에서 활동했다. 그는 1889년 시카고의 오크 파크에 그의 집을 세웠고, 이 집은 시카고 신흥 갑부들이 살고 싶어하는 집의 원형이 되었다. 라이트는 다양한 용도를 위해 칸막이를 최소한으로 줄인 건축 평면인 오픈 플랜(open plan) 기법을 창안해 냈다고 주장했고 실제로 그랬다. 오픈 플랜 기법은 그가 오랜 세월 동안 설계한 수많은 건물들, 즉 소박한 주택이나 야심적인 저택, 교회와 미술관과 관청 등에 일관되게 적용한 기법의 하나였다. 오픈 플랜 기법으로 인해 집이 따로따로 떨어져 있는 공간의 연속체라는 생각은 사라지고 공간의 흐름이란 생각이 새롭게 자리 잡게 되었다.

이런 점에서, 그리고 난방과 조명과 그 밖의 장식에서 최신 개발품을 사용했다는 점에서 현대적이었지만, 라이트의 주택은 건물이 세워진 지역에서 얼마든지 찾을 수 있는 자연 소재를 사용해서 건설되었다. 자동차를 사랑해서 1930년대에 첨단 자동차의 하나이던 코드를 운전할 정도로 새로운 테크놀로지에 거부감이 없었지만, 그는 자연과의 교감을 원하면서 내부 공간에 빛을 최대한 받아들일 수 있는 방법을 모색했다. 그가 초기에 세운 가장 대담한 집은 시카고의 로비 저택(1909-10년)이다. 이 저택의 침실들은 풀먼식 차량이나 유람선에서처럼 커다란 수평 지붕 아래에 나란히 배열되어 있으며, 연결된 흔적이 없는 창들이 달려 있다. 그러나 미술 공예 운동 스타일로 장식되어 있어, 전반적인 형태와 설계로 예측한 것보다 저택에 장식이 지나치게 많아진 것처럼 보인다.

자연과 건축

라이트가 남긴 가장 유명한 저택인 낙수장은 현대 건축과 자연을 조화시켜 시적이고 설득력 있게 표현해 낸 걸작이다. 이 저택은 작은 폭포 위에 돌을 쌓은 다음 콘크리트 단을 설치한 형태이다. 이 단들에 방들을 배열한 방식은 상당히 교묘해서 신비로운 맛을 자아낸다.

라이트가 그 무렵 처음 알게 된 것으로 추정되는 일본의 전통 주택처럼, 이 저택도 내부와 외부가 절묘하게 융합되어 있다. 따라서 자연을 정복한 현대인이 아니라, 자연과 조화롭게 살아 가는 현대인의 이미지를 떠올리게 한다. 낙수장은 고가의 집이었지만 그 시기에 라이트는 '유소니언 주택'이라 칭한 저택들을 많이 지었다. 이 저택들은 공장에서 미리 제작된 목재 샌드위치 패널을 조립해서 콘크리트 기초 위에 건설한 것이다. 라이트는 무척이나 거만하고 독선적인 사람이었던 것으로 알려져 있지만, 수입과 지출의 균형을 맞추려는 고객의 요구에는 결코 무관심하지

낙수장(펜실베이니아의 베어 런, 1936-39년)
라이트가 건축과 자연을 훌륭하게 융합시킨 걸작이다. 라이트는 이 집의 주인들에게 "낙수를 보는 것에 그치지 말고 낙수와 더불어 살라."고 충고했다.

라이트의 주요 작품
윌리엄 H. 윈슬로 하우스(일리노이의 리버 프로스트, 1893년) 프레더릭 C. 로비 저택(일리노이의 시카고, 1906년) 낙수장(펜실베이니아의 베어 런, 1936–39년) 존슨 왁스 빌딩(위스콘신의 레이신, 1936–39년) 탤리에신(애리조나의 스코츠데일, 1937–59년) 솔로먼 R. 구겐하임 미술관(뉴욕, 1943–59년)

솔로먼 R. 구겐하임 미술관(뉴욕, 1943–59년)
라이트는 형태들이 '조용히 중단되지 않는 파도'처럼 서로 융합되는 구조물을 만들고 싶었기 때문에 과거의 가구식 구조를 과감히 포기했다.

않았다.

낙수장을 세우던 시기에 라이트는 한 기업의 본사를 여지껏 본 적이 없었던 파격적이고 독특한 모습으로 설계했다. 바로 위스콘신의 레이신에 세운 존슨 왁스 사의 본사 건물(1936–39년, 탑은 훗날 추가로 덧붙여진 것임)이었다. 이 건물에도 오픈 플랜 기법이 사용되었다. 또한 모든 직원이 라이트가 디자인한 책상에서 일했다(퓨진처럼 라이트도 건물의 사소한 것까지 직접 설계하고 싶어했음). 유리를 끼운 지붕은 가늘지만 강도가 높은 콘크리트 기둥들에 의해서 지탱되며, 그 기둥들은 지붕을 뚫고 올라가 커다란 버섯 모양을 이루고 있다. 만약 화성인이 건물을 짓는다면 그들도 기둥을 이런 식으로 배열할 것이란 생각이 든다. 실제로 라이트가 이 시기에 설계한 건물들은 훗날 공상 과학 만화의 모델이 되었다. 특히 영국 어린이들에게 선풍적인 인기를 끌었던 "독수리(The Eagle)"에서 미래의 비행사 댄 데어가 비행기를 타고 발진하는 우주 항공 본부는 마치 라이트가 설계한 듯하다. 우주 시대를 상징적으로 표현한 유선형의 존스 왁스 빌딩은 모든 면에서 탁월하지만, 한 가지 눈에 거슬리는 단점은 직원들이 실내에서 밖을 내다볼 수 없다는 것이다. 직원들이 소중한 근무 시간에 다른 생각을 하는 것을 애초부터 차단하기 위해서였을까?

라이트의 유산

라이트는 애리조나 주 피닉스 근처의 사막에 자신의 집, 탤리에신 웨스트를 세웠다. 길고 나지막한 모양의 이 집은 광활한 사막에서 자연스럽게 솟아난 수정처럼 보이도록 설계되었다. 또한 이 집은 라이트가 젊은 건축가들을 가르치는 작업장으로 사용했다는 점에서 라이트의 영원한 유산으로 볼 수도 있다.

후기 작품에는 오클라호마 주 바틀즈빌에 세워진 신비로운 기운을 자아내는 프라이스 타워(1956년 완공)—외팔보가 있는 높은 콘크리트 건물—와, 무척이나 독특한 형태의 솔로먼 R. 구겐하임 미술관 등이 있다. 뉴욕의 솔로먼 R. 구겐하임 미술관은 1943년에 의뢰를 받았지만 시 당국과 심한 다툼을 벌인 끝에 라이트가 사망하고 6개월이 지난 1959년에야 완공되었다. 여기에서 라이트는 전통적인 미술관 형식에서 완전히 탈피했다. 독립된 갤러리들을 일률적으로 연결하는 대신, 라이트는 안쪽이 뚫려 있고, 천장으로부터 빛이 들어오며 위로 올라갈수록 점점 폭이 좁아지는 나선형의 경사로로 연결된 단일한 전시 공간을 만들었다. 구겐하임 미술관은 마치 거대한 콘크리트로 만들어진 조가비 같다. 어떤 점에서 구겐하임 미술관은 20세기 중반에 재창조된 판테온이었다. 이 미술관은 주변 거리의 풍경을 완전히 바꾸어 놓고 관객들에게 램프의 모퉁이에 서서 그림을 감상하도록 만들지만 신통치 않은 걸작일 뿐이다.

라이트라는 이름으로 진행된 마지막 프로젝트인 캘리포니아의 마린 카운티 시빅 센터(1964년 완공)는 저속한 작품으로, 천재의 전락을 보여 준 예이다. 언덕 기슭에 충돌한 외계인의 우주선 같은 이 건물은 거대한 규모밖에 볼 것이 없다. 알맹이는 없으며, 요란한 겉치레만 있을 뿐이다. 탤리에신 웨스트가 거둔 성공에도 불구하고 라이트의 건축 실험은 그다지 큰 반향을 일으키지 못했다.

> "모든 위대한 건축가는……
> 자신의 시대를 독창적으로 해석하는 사람이었다."
>
> 프랭크 로이드 라이트

미술 공예 운동
찬란한 공예

라파엘 전파
1848년에 창립된 라파엘 전파는 그 시대를 풍미했던 신고전주의에 반발한 예술가 그룹이었다. 그들은 라파엘 전파라 자칭하며 라파엘로 이전의 르네상스 예술을 지향한다는 것을 분명히 드러냈다. 이 그룹의 핵심 멤버는 왕립 미술원에서 함께 수학한 3인방인 존 에버렛 밀레이(John Everett Millais), 윌리엄 홀먼 헌트(William Homan Hunt) 그리고 단테 가브리엘 로세티였다. 그들은 존 키츠(John Keats)와 테니슨 경에게 영향을 받기도 했다. 로세티는 화가이면서도 뛰어난 시인이었다. 위의 그림은 로세티의 "생트 그라엘의 처녀"이다.

나는 컴퓨터 모니터와 주변의 감각적인 풍경을 번갈아 바라보며 이 책을 쓰고 있다. 내 오른쪽으로 히어포드셔의 아름다운 농토가 펼쳐져 있고, 멀지 않은 곳에 웨일스와 경계를 이루는 언덕들이 늘어서 있다. 그리고 이곳 히어포드셔의 콜월에 있는 페리크로프트라는 이름의 저택이 보인다. 그것은 찰스 프랜시스 앤슬리 보이지(Charles Francis Annesley Voysey)가 설계했으며, 미술 공예 운동 기법으로 장식된 정겹고 다정한 느낌을 주는 집이다. 낭만적인 풍경을 배경으로 높은 굴뚝들이 있는 가파른 지붕에서 튀어 나온 처마가 창문에 그림자를 드리우고, 창문은 흰색으로 애벌칠된 벽과 비스듬히 연결된 버트레스에 의해 지탱된다.

보이지의 스타일이 독특한 것이기는 하지만 미술 공예 운동은 그 시대의 정신을 반영한 것으로, 강렬하고 열정적인 믿음으로 통합된 건축 기법 가운데 하나이기도 하다. 나는 페리크로프트에서 이런 신념을 분명히 느낄 수 있다. 이 집에는 예스러운 기운이 어려 있지만 빅토리아 시대의 소란스러움과 단조로움에 대한 강력한 반발이 드러나 있다. 공간의 자유로운 흐름(이 점에서 보이지도 프랭크 로이드 라이트만큼이나 목표에서 신속히 벗어남), 햇살이 잘 드는 실내, 그리고 구조의 견고성과 손으로 만든 장식품들—창문 빗장, 문 손잡이, 벽난로—의 조화가 이 집의 자랑거리이다. 또한 이 집은 미술 공예 운동 기법으로 집을 장식한 건축가들이 추구한 '정직한' 집에 속한다. 쓸데없는 장식이 없고 안락하며, 집으로 돌아오는 즐거움을 주는 집이다. 창의적인 아이디어로 만들어졌다는 점에서 독특하기는 하지만 이 집은 그 자체로도 아름다운 경관의 일부이다. 이 집은 보이지에게 아주 중요했던 첫번째 주문이었다. 그는 고객을 자랑스럽게 만들어 주려고 했다. 보이지는 새처럼 날씬하고 몸집이 작았지만 고결한 정신을 지닌 사람이었다. 그는 옷까지 직접 디자인해서 입었으며 먼지가 끼지 않도록 접단이 없는 푸른색 양복을 즐겨 입었다. 게다가 매력적인 시론 『개성(Individuality)』을 발표하기도 했다. 이처럼 매력적인 사람이었던 그는 퓨진의 광적인 팬(모리스의 엄숙한 사회주의에는 동의하지 않았음)이었고 가구와 옷감과 벽지를 디자인했다.

전통적인 건축 기술

러스킨과 모리스의 후원에 힘입어 미술 공예 운동에 참여한 영국의 건축가들은 산업 사회를 증오하고, 중세의 건축을 기만하는 것에 불과한 철골 구조와 철근 콘크리트의 사용을 혐오했다. 그들은 대성당을 축조한 석공들의 후예인 정직한 장인들이 세운 영국식 주택과, 성당과, 시청과, 선술집을 원했다. 모든 것을 손으로 만들어야만 했다. 또한 그 지역에서 구할 수 있는 자재만을 사용해야 했다. 건물의 형태는 정직하게 표현되어야 했다. 이것이 새로운 고객, 즉 테니슨(Tennyson)의 시와 라파엘 전파의 그림에 심취하는 중산층 후원자들을 위한 새로운 건축 양식이었다. 그들에게

페리크로프트(히어포드셔의 콜월, 1893-95년)
멜번 힐스에 서 있는 집이다. 이 집은 L형 평면으로 지어졌으며 긴 수평 지붕과 넓은 앞문이 특징이다.
식당, 끽연실, 응접실이 주실의 남쪽으로 배치되어 있다.

기계의 시대

디너리 가든 (버크셔 주의 소닝, 1899-1902년)
루티엔스가 『컨트리 라이프』의 창간자인 에드워드 허드슨을 위해 설계한 집이다. 긴 지붕이 거실 창문의 추녀와 돌출된 굴뚝에 의해 단절되어 있다.

미술 공예 운동 스타일로 장식된 집은 산업화된 시대의 가혹한 현실에서 벗어나는 피신처가 되어 주었다.

특별히 정해진 양식은 없었다. 보이지의 하얀 집들은, 미술 공예 운동의 정신을 극단까지 몰고 가 작업 현장에서 구할 수 있는 자재만을 사용한 E. S. 프라이어(Prior)의 집들과는 사뭇 달랐다. 데번 주 엑스머스의 더 반(1896-97년)과 노퍽 주 홀트의 홈 랜드(1904-06년)가 프라이어의 독특한 스타일을 보여 주는 전형적인 예이다. 이런 생각들은 에드윈 루티엔스(Edwin lutyens)가 세운 영국의 시골집들에서 더욱 치밀하고 정교하게 표현되었다. 이런 생각들은 건축 양식과 그 특징에 폭넓게 스며들었지만 루티엔스가 초기에 세운 집들은 해당 지역의 자재를 사용하고 토속적인 건물 구조를 합리적으로 설계에 적용했다. 따라서 50만 파운드를 증권에 투자하고 50살에 일찌감치 은퇴한 주식 중개인 허버트 존슨(Herbert Johnson)을 위해 햄프셔 주 스톡브리지에 세운 하얀 집 마시 코트(1901-04년)와, 『컨트리 라이프(Country Life)』의 창간자였고 존슨을 루티엔스에게 소개해 준 사람이었던 에드워드 허드슨(Edward Hudson)을 위해 버크셔 주 소닝에 세운 붉은 벽돌집 디너리 가든은 이전의 집들과 완전히 다른 모습이었다.

유사한 운동들

20세기에 들면서 미술 공예 운동은 영국 시골집들을 세련되게 가꾸어 준 것 이외에도 교외에 지어진 평범한 집들의 설계에도 영향을 미쳤다. 대영 제국에 속한 지역은 물론이고 중앙 유럽, 특히 빈(166쪽 참조. 빈 분리파 운동은 미술 공예 운동과 밀접한 관련을 맺음)에 당당하면서도 소박한 집들이 연이어 세워졌다. 미국에서는 로드 아일랜드

주 브리스톨의 윌리엄 로 하우스(1887-88년)에서 보듯이 매킴 미드 앤드 화이트 사가 화려한 미늘창을 강조한 '싱글 양식'을 1880년대에 선보였으며, 찰스 S. 그린(Charles S. Greene)과 헨리 M. 그린(Henri M Green)은 북캘리포니아에서 미국의 미술 공예 운동에 참여했다.

스칸디나비아에서는 보이지, 프라이어, 루티엔스 등의 동년배들이 건축을 통해 국가의 정체성을 정의해 볼 생각으로 옛 전통을 되살리기 시작했다. 에스파냐, 정확히 말해서 카탈루냐에는 가우디가 있었다(166-169쪽 참조). 스코틀랜드에는 남다른 재능을 지닌 찰스 레니 매킨토시(Charles Rennie Mackintosh)가 있었다. 그가 설계한 글래스고 예술 학교는 역사가 얼마나 혁신적으로 해석될 수 있는가를 보여 주는 대표적인 건물이다. 미술 공예 운동에 참여한 건축가들이 빅토리아 시대의 과장된 장식을 벗겨내기는 했지만, 그들이 '모던 무브먼트(Modern Movement)'의 선구자는 아니었다. 그들은 본질적으로 빅토리아 시대에서 벗어나지 못했을 뿐만 아니라, 그들의 꿈은 산업혁명과, 증기기관과, 강철과, 철근 콘크리트를 상상조차 할 수 없던 시절, 즉 영국이 '동화 속의 나라'였던 먼 과거로 돌아가는 것이었다.

찰스 레니 매킨토시
스코틀랜드의 건축가이자, 디자이너이며, 화가였던 찰스 레니 매킨토시의 작품은 유럽의 건축과 디자인에 커다란 영향을 미쳤다. 건축가로서 남긴 걸작에는 글래스고 예술 학교가 있다. 또한 아내인 마거릿 맥도널드(Margaret Macdonald)와 공동으로 창작한 실내 장식과 가구 디자인으로도 유명했다.

글래스고 예술 학교(1897-1909년)
주 작업실들은 북쪽 파사드(위의 사진)를 따라 배치되었다. 그 밖의 교실과 사무실은 동쪽 부속동에 있으며, 공동 강의실과, 도서실과, 작업실은 서쪽 파사드를 따라 배치되어 있다.

아르 누보와 빈 분리파
나선과 소용돌이

미국인 사무엘 빙(Samuel Bing)이 1895년 파리에서 '아르 누보'라는 이름의 상점을 열었다. 그것은 단기간에 막을 내렸지만 화려한 표현이 특징인 스타일, 즉 건축보다는 실내 장식과 삽화에 더 적합했던 표현 양식의 이름이 되었다. 그러나 아르 누보는 그 정신에서 영국의 미술 공예 운동이나 미국 동부 해안의 싱글 양식과는 사뭇 달랐다. 그것은 새로운 시대에 맞는 새로운 표현을 찾으려는 시도였다. 그리고 조금은 퇴폐적인 색채를 띠었다.

엑토르 기마르가 아르 누보 양식으로 설계한 파리 지하철 역사의 입구를 보면 십중팔구 오브리 비어즐리(Aubrey Beardsley)의 에로틱한 삽화나 오스카 와일드(Oscar Wilde)의 글을 떠올리게 된다. 세기말에 연극 무대, 상점, 식당, 카페 등의 실내 장식으로 애호된 아르 누보는 건축적 관점에서 볼 때 현대적 사상이라 여겨졌지만 실제로 건축에는 그리 활발하게 적용되지 않았다. 그러나 부다페스트의 갤레르트 호텔(1912-18년)과 빅토르 오르타가 브뤼셀에 세운 건물들은 예외이다. 특히 타셀 저택은 식물과 꽃의 형상으로 화려하게 장식된 계단통을 중심으로 하여 바닥은 아름다운 모자이크로, 벽은 그림으로 장식되어 아르 누보 양식의 정수를 보여 준다. 지나치게 화려한 장식 때문에 감히 발을 들여 놓기가 두려울 정도이지만, 현대 미학의 발달사에서 중요한 순간을 증거해 주는 건물이다. 이 때는 『엘로 북(The Yellow Book)』이 발간되던 시기였고, 압생트를 홀짝이며 엽궐련을 피우고 비단 잠옷을 입던 시기였다. 또한 러시아 발레가 소개된 시기이기도 했다.

새로운 형태

아르 누보의 꽃 문양은 오토 바그너(Otto Wagner)가 설계한 6층 아파트, 빈의 마욜리카 하우스(1898-99년)의 파사드에서 그 아름다움을 자랑하고 있다. 바그너는 빈의 미술 학교에서 교수로 재직하면서, 훗날 새로운 시대에 적합한

에밀 갈레
프랑스 낭시에서 태어난 디자이너이자 유리 세공인이었던 에밀 갈레(Émile Gallé)는 아르 누보 양식의 창시자였다. 그는 철학과 식물학과, 데생을 배운 다음 유리 세공을 배웠다. 1874년에 유리 공장을 운영하면서 300명의 직원을 두었고, 아버지의 도자기 공장까지 운영했다. 그는 유리를 여러 층으로 포개는 기법으로 유리에 짙은 색을 냈으며, 식물을 모티브로 한 장식을 조각하거나 식각(蝕刻)하기도 했다.

엑토르 기마르
건축가이며 디자이너였던 엑토르 기마르는 프랑스의 리옹에서 태어났다. 비올레 르 뒤크의 정신과 빅토르 오르타의 건축에 영향을 받은 기마르는 훗날 아르 누보와 동의어로 여겨진 유려한 곡선으로 건물을 설계했다. 주철을 자재로 식물의 형상으로 설계한 파리 지하철 역사(1898-1901)의 입구는 그의 최고 걸작이다.

타셀 저택(브뤼셀, 1892-93년)
오르타가 설계한 계단은 물결 모양의 지지물과 덩굴손 문양의 장식으로 유명하다. 계단의 난간과 벽지와 모자이크에도 식물의 형상이 사용되었다.

새로운 건축 양식을 찾아내려 했다고 평가받는 '빈 분리파(Secession)'를 결성한 젊은 건축가들을 가르친 실력 있는 건축가였다. 지크문트 프로이트(Sigmund Freud)와 에곤 실레(Egon Schiele)의 빈에서 시작된 빈 분리파의 이 젊은 건축가들 가운데 요제프 마리아 올브리히(Joseph Maria Olbrich)와 요제프 호프만(Joseph Hoffman)이 있었다. 올브리히는 빈 분리파의 전시관(1897-98년)을 설계했다. 전체적으로 흰색으로 깔끔하게 단장된 전시관이지만, 금박을 입힌 월계관으로 둘러싸인 구체로 꾸며져 있어 현대적인 감수성으로 지어졌다고 말하기는 힘들다.

호프만의 최대 야심작은 브뤼셀에 있는 팔레 슈토클레트이다. 석상들로 장식된 중앙탑이 있으며, 하얀 정육면체와 직사각형으로 이루어진 매력적인 집이다. 영화에 나오는 저택처럼 보이며 아르 데코 스타일로 장식되었다. 실내는 채광이 좋아 밝은 편이며 구스타프 클림트(Gustav Klimt)의 황금빛 그림들로 화려하게 장식되어 있다. 호프만이 심혈을 기울여 만든 또 하나의 작품은 빈 공방으로, 빈 분리파의 전시관에 납품할 가구와 장식품을 생산하는 공방이었다(지금도 가구를 생산하고 있음).

아돌프 로스(Adolf Loos)도 바그너가 배출한 유능한 제자로 『장식과 죄악(Ornament and Crime)』이라는 유명한 저서를 남겼다. 이 책에서 로스는, 지나친 장식은 퇴폐적이고 사악한 정신에서 비롯되는 것이라 주장했다. 그는 빈의 교도소에서 죄수들을 조사해서, 대부분의 죄수의 몸에 문신이 있다는 것을 알았다. 그래서 그는 논리에 맞지는 않지만, 장식은 죄악이라고 결론을 내렸다. 바그너도 그와 비슷하게 생각했던 것으로 보인다. 보이지처럼 로스도 접단이 없는 양복을 입었고 영국 신사의 예법을 동경했으며 여행을 무척 즐겼다. 그는 미국에서 3년 동안 노동자로 일하면서 뉴욕과 시카고에서 태동하기 시작한 새로운 건축을 몸으로 익히기도 했다. 이런 연구와 노력의 결과로 그는 소논문을 연이어 발표하고 세련된 건물들을 세울 수 있었다. 그의 건물은 의도적으로 수수하게 꾸민 외형과 호화로운 내부가 뚜렷한 대조를 이룬다. 그러나 대리석, 청동, 황동, 돌 등 값비싼 자재를 사용했기 때문에 호화롭게 보이는 것뿐이다. 로스는 집의 외부를 소박하게 꾸며도, 그것만으로도 충분히 멋지다고 생각했다. 그가 남긴 저택들은 전설적인 작품들이다. 빈의 쇼이 저택(1912년)과 프라하의 뮐러 저택이 그 대표적인 예이다.

구스타프 클림트
오스트리아의 화가 구스타브 클림트는 1897년에 빈 분리파를 창립했다. 그것은 아르 누보와 유사한 장식적 양식을 옹호한 건축가와 예술가들의 모임이었다. 클림트는 화려한 색과 금박을 이용한 장식적인 문양이 특징인 초상화로 유명한 화가이다. 그는 친구인 요제프 호프만이 설계한 팔레 슈토클레트의 식당 벽에 그림을 그렸다.

팔레 슈토클레트(브뤼셀, 1905-11년)
팔레 슈토클레트의 구도는 전체적으로 균형이 잡혀 있지만, 계단탑과 내닫이창을 강조하여 비대칭이 되었다. 청동의 주형으로 기하학적으로 만들어 낸 흰 대리석이 외장재로 사용되어 화려한 멋을 자아낸다.

안토니오 가우디
바르셀로나의 성자

1998년부터 바르셀로나의 가톨릭 단체는 안토니오 가우디를 성자로 추대하려는 움직임을 보였다. 안토니오 가우디는 건축가들 중에서 역사상 가장 독창적인 재능을 타고난 인물이면서도 성실한 그리스도교인이었기 때문이다. 교황이 성자로 시성하자면 그의 이름으로 행해진 두 번의 기적이 필요하지만, 그가 남긴 건축물들이 바로 기적이 아니겠는가! 물론 성급한 지칭이겠지만 성 안토니오는 말년에 모든 것을 제쳐 두고 바르셀로나의 사그라다 파밀리아 교회의 완공을 위해서 혼신의 정열을 바쳤다. 이 세상 어디에서도 이 교회처럼, 돌을 높이 쌓아 아름다운 꽃밭처럼 꾸며 놓은 건물을 찾아볼 수는 없다. 가우디는 그 성당의 지하실에서 금욕적인 삶을 살았다. 어느날 그는 성당의 포치 위로 우뚝 솟은 이상한 탑(세 개는 나중에 덧붙여졌음)을 살펴보며 뒷걸음치던 중 전차에 치이고 말았다. 급히 병원으로 옮겨졌지만 가우디는 부랑자로 오인되어 제대로 치료받지 못했다. 그리고 며칠 후 바르셀로나에서 모든 일이 중단되었다. 성대한 장례 행렬이 뱀처럼 긴 줄을 이루며 시가지를 천천히 돌았다. 그 이후 교황이 그를 성자로 추대하든 안 하든 간에 가우디는 그 도시의 수호 성자가 되었다.

안토니오 가우디
금속 세공사의 아들로 태어난 가우디는 평생 결혼하지 않았다. 말년에는 조카와 함께 살았다.

카스티야 지역의 마드리드가 수백 년 동안 온갖 수단을 동원해서 말살하려 했던 지역적 정체성을 카탈루냐가 되찾기 위한 예술 운동이었던 모데르니스모(Modernismo)의 태동과 더불어 가우디의 재능도 꽃 피기 시작했다. 가우디는 한편으로 아르 누보의 기발한 미학에 심취했지만 다른 한편으로는 전례가 없는 그만의 독특한 미학을 창조해 가고 있었다. 최초의 걸작인 팔라우 구엘(1885-89년, 가우디의 핵심 작품은 모두 바르셀로나와 그 인근에 있음)은 쌍둥이처럼 서 있는 포물선의 입구에서 볼 수 있듯 색다른 멋을 풍긴다. 그것은 도심에 있는 집의 현관이 아니라 동굴 입구처럼 느껴진다. 중심 방도 음악과 시가 흐르는 듯한 복도와 푸른 기와가 씌워진 돔으로 이루어져 환상적인 동굴처럼 보인다.

성스러운 포물선

구엘 공원(1900-14년)은 교외에, 그러나 도심에서 가까운 곳에 만들어진 정원이었다. 그곳에는 단 두 채의 집만이 세워졌다(가우디는 사그라다 파밀리아 교회의 지하실로 들어가기 전까지 그중 한 집에서 살았음). 그러나 우리에게는 뱀처럼 구불구불한 우아한 공원이 남겨졌다. 그 공원의 백미는 공회당으로 세운, 전면이 훤히 터진 공간으로, 도리스 양식의 기둥들이 지붕을 떠받치고 있다. 유약을 칠한 세라믹 타일을 의도적으로 파손시켜 장식한 다채로운 패러핏이 지붕을 둘러싸고 있다. 사람들은 패러핏에 설치된 벤치에 앉아 한담을 나눈다. 그야말로 신비로운 분위기를 자아내는 공원이다.

가우디가 설계한 두 채의 아파트인 카사 바틀로(1904-06년)와 카사 밀라(1905-10년)도 모양이 독특하다. 카사 바틀로는 비늘과 뿔이 달린 도마뱀의 껍질을 연상시키는 파사드 때문인지 '뼈의 집'으로 알려져 있다. 발코니도 신비로운 동물의 뼈로 만들어진 것처럼 보이며 심지어

사그라다 파밀리아 교회 (1882년 착공)
1926년 가우디가 사망한 후에 그의 동료들에 의해서 작업이 계속되었다. 원래의 설계도에 따라 건설한 교회의 일부가 에스파냐의 내전 동안에 파괴되었지만 1954년부터 공사가 재개되었다.

이빨이 있는 것처럼 보이기도 한다. 코끼리 가죽을 연상시키며 '채석장'이라는 별칭으로 불리기도 하는 카사 밀라도 신비롭게 보이기는 마찬가지이다. 물결처럼 파도치는 벽 뒤로 원형의 안뜰이 자리 잡고 있다. 이 건물의 안팎에서 직선을 찾아보려 한다면 헛수고일 뿐이다. 섬뜩한 느낌을 안겨 주는 굴뚝들이 아파트의 지붕을 꾸며 주고 있다.

가우디의 작품 중에서 가장 이상한 것은 구엘 산업 단지(부언빌이나 포트 선라이트의 카탈루냐판, 145쪽 참조)의 중심 건물인 산타 콜로마 데 세르벨로(1898년-미완성)이다. 지붕은 상상할 수 없는 각도로 기울어진 기둥들에 의해 지탱되고 있다. 역시 가우디가 설계한 신도석도 마찬가지이다. 즉 가우디가 예전에 설계한

카사 밀라의 모자이크
가우디가 세운 건물의 외부는 일정한 패턴의 벽돌, 세라믹, 꽃 문양의 금속 세공으로 장식되었다.

가우디의 주요 작품
사그라다 파밀리아 교회(바르셀로나, 1882-건설중)
팔라우 구엘(바르셀로나, 1885-89년)
구엘 공원(바르셀로나, 1900-14년)
카사 밀라(바르셀로나, 1905-10년)

것처럼 이상한 공간이다. 그러나 경탄할 만한 작품이다. 가우디의 작품은 언제나 독특했다. 때로는 극단적인 면도 있었지만 그의 구조는 언제나 논리적이었고 신비로운 기하학적 모습도 자연에 뿌리를 둔 것이었다. 그는 인간을 신과 자연과 연결하는 건축을 꿈꾸었다. 요컨대 그는 시성만 되지 않았을 뿐이지, 모든 면에서 성자였다.

"직선은 인간의 것이지만 곡선의 신의 것이다."

안토니오 가우디

카사 밀라(바르셀로나, 1905-10년)
건물의 굴곡진 형태와, 주철로 만들어진 발코니는 아르 누보의 곡선 모티브와 닮았다.

위대한 신세계

제1차 세계대전의 종전은 건축에서도 새로운 변화를 불러왔다. 소련, 파스시트 정권의 이탈리아, 나치의 독일 등의 새로 건국된 독재 국가들은 건축을 3차원의 선전 도구인 문화의 망치로 사용했다. 사회주의 정권들도 건축을 정략적으로 이용했다. 모던 건축은 이탈리아와 독일의 신고전주의와 요세프 스탈린(Joseph Stalin) 치하 소련의 사회주의 리얼리즘에 대립되는 것으로 여겨졌다. 유럽 사회가 극좌와 극우로 양분됨에 따라 건축도 똑같은 길을 밟았다. 대부분의 세계가 유럽 제국들의 지배하에 있었기 때문에 이렇게 양분된 건축 양식이 세계 각국으로 퍼져 나갔다. 제2차 세계대전 후에는 미국이 건축의 개척자 역할을 떠맡고 나섰다. 그리고 새로운 미스 양식이 기업 자본주의을 모태로 한 민주주의를 상징하는 건축을 주도했다. 물론 이외에도 다채로운 양식들이 등장했지만 주도적인 건축 문화에서 단역에 그쳤을 뿐이었다.

오페라 하우스(시드니, 1957-73년)
외른 우촌(Jorn Utzon)의 매력적인 설계로 추상주의와 자연주의를 절묘하게 조화시킨 작품이다. 하늘로 솟은 돛은 항구에 정박한 요트의 돛을 연상시키지만, 이 건물에 담긴 열정을 표현한 것이기도 하다.

혁명의 불길에 싸인 러시아
공동사회의 건축

레닌
1870년 중산층 가문에서 태어난 레닌은 반역죄로 교수형을 당한 형 때문에 정치에 관심을 기울이게 되었다. 법률 학교를 졸업한 후 레닌은 상트 페테르부르크로 이주해 그곳에서 혁명가들과 교류했다. 러시아 사회민주당의 제2차 대회에서 레닌은 노동자 혁명의 전위 부대로 훈련된 당을 만들려고 시도했다. 레닌은 당의 '다수'라는 뜻의 볼셰비키를 이끌며 멘셰비키와 대립하여 1917년 10월 혁명에서 '프롤레타리아 독재'의 수립을 기도했다. 1924년 사망하기 전까지 레닌은 소련의 건국에 주도적인 역할을 수행했다.

블라디미르 일리치 레닌(Vladimir Ilyich Lenin, 본명은 Vladimer Ilyich Ulyanov), 요세프 스탈린, 그리고 그들의 후계자들이 통치한 공산주의 치하에서도, 과거 러시아 제국을 이루었던 지리적 단일성은 1989년 소련이 급속히 몰락하면서 붕괴될 때까지 거의 그대로 유지되었다. 혁명 전의 러시아 제국, 즉 발트 해에서 흑해를 거쳐 베링 해협까지 널리 퍼져 있었고 모스크바와 상트 페테르부르크의 전성 시대 이후로 끊임없이 이어져 온 건축은 주로 고압적인 고전주의 양식이었지만, 민족주의적 낭만주의와 아르 누보 양식이 여기저기에서 간헐적으로 나타나고 있었다. 그러나 스탈린이 이름만 달랐을 뿐 새로운 황제로서 절대적 권한을 휘두르기 시작한 1920년대 말부터 소련은 야만적인 중앙 집권적 독재 국가로 전락했고 건축도 덩달아 고압적으로 변했다. 물론 쇠똥에서도 보석을 찾을 수 있듯 루드네프(Rudnev)를 비롯한 건축가들이 설계한 웨딩 케이크처럼 보이는 모스크바 대학교와 모스크바 지하철의 역사들은 불멸의 작품으로 손꼽히지만, 대애국 전쟁(1941-45년)기간 동안에 소련의 건축은 절망적인 상태로 몰락하고 말았다.

그러나 1913년과 1930년 사이에 잠깐 꽃 피운 순수한 혁명 건축은 21세기 벽두에 자하 하디드(Zaha Hadid), 다니엘 리베스킨트(Daniel Libeskind) 등과 같은 건축가들(220-23쪽 참조)에게 꾸준히 영감을 주고 있다. 혁명을 옹호한 소련의 모더니스트들의 작품에는 전통적인 격자형 건물에서 과감히 탈피했다는 공통점이 있다. 그들은 대각선이나 나선을 과감하게 도입했고, 슬로건을 표현하는 거대한 그래픽을 과감하게 사용했으며, 추상적인 느낌을 주는 건물의 일부를 의도적으로 교차시키거나 충돌시키는 파격을 보이기도 했다. 요컨대 그들의 건축은 소련이 선전한 대로 부르주아적 규범으로부터의 해방이었다. 따라서 그것은 새로운 물결처럼 밀려온 소련 영화와 그래픽 디자인만큼이나 충격적인 건축 방식이었다.

새로운 구조

소련의 건국 초기에 건설된 작품 가운데 가장 기억에 남을 만한 건축물은 블라디미르 타틀린(Vladimir Tatlin)이 현기증이 날 정도로 가파르게 나선형으로 설계한 제3 인터내셔널 기념비(1919년)이다. 그러나 대부분의 국외자가 소련 건축의 새로운 흐름이라 평가하는 첫 건축물은 1925년 파리의 아르 데코 전시회인 '국제 장식 미술 및 현대 산업 박람회'에 출품된 소비에트 파빌리온이었다. 콘스탄틴 멜니코프(Konstantin Melnikov)가 설계한 파빌리온은 붉은색, 검은색, 회색의 목재로 된 직육면체 구조물을 교묘하게 '해체하고' 사선 계단을 관통시킨 형태였다. 물론 입구에는 망치와 낫이 씌워졌다. 멜니코프는 당국의 허가를 얻어 당시 모스크바에 단 한 채의 개인 주택을 짓기도 했다. 그것은 그의 집이자 작업실로, 커다란 벌집 모양의

멜니코프의 작업실이자 집(모스크바, 1927-29년)
멜니코프의 집이자 작업실은 크기가 다른 2개의 연통이 서로 연결된 구조이다. 200개의 육각형 '모듈'로 이루어져 있으며, 이 중 60개는 창이고 나머지 140개는 벽돌로 채워져 있다.

위대한 신세계

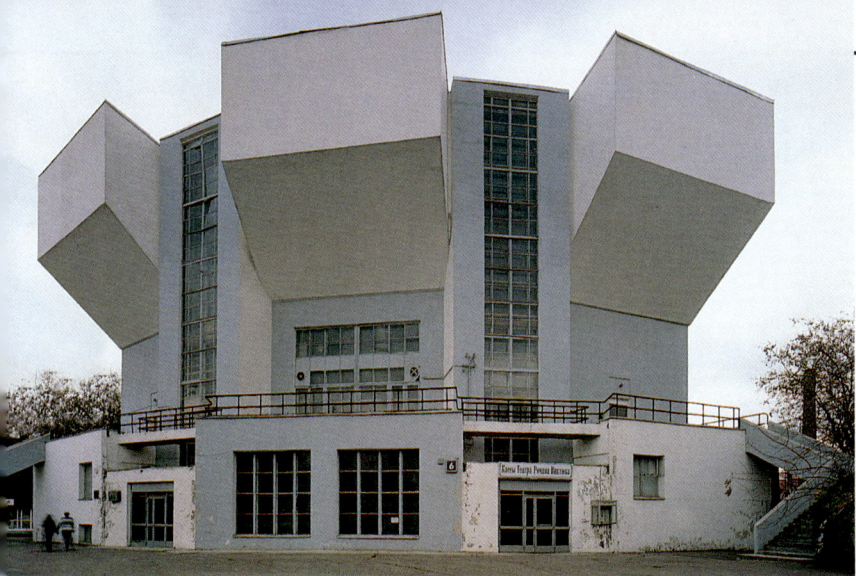

루사코프 클럽(모스크바, 1927-28년)
노동자들을 위한 루사코프 클럽의 주 강연장은 건물의 뒤로 돌출해 있는 외팔보에 의해 세 공간으로 나뉘어져 있다.

창이 나 있는 원형의 탑이었다. 내부의 배치도 특이했다. 다행히 이 집은 아직도 건재해서, 자본주의가 도입된 21세기의 모스크바에서 그의 아들이 살고 있다. 이 집 이외에 개인 주택은 공산당 간부들의 지방 휴양지로 세워진 전통적인 '다차'였다.

또한 멜니코프는 뛰어난 노동자들을 교육하고 훈련시키는 클럽 하우스를 모스크바에 짓는 책임도 맡고 있었다. 그는 모스크바 노동 평의회 소속의 노동자들을 위한 루사코프 클럽을 다소 공격적인 스타일로 설계했다. 이 건물은 1970년대에 소련 전역에서 건설된 컨퍼런스 센터와 모텔의 설계에 영향을 미쳤다. 한편 일리아 골로소프(Ilia Golosov)가 모스크바 전차 노동자들을 위해 설계한 주예프 클럽(1927-29년)은 화려한 유리 계단을 건물 한쪽 끝에 설치해서 긴 건물을 단단히 고정시키고, 길모퉁이를 돌아가는 느낌을 준다. 그리고 이것은 대안적 건축 양식으로 받아들여졌다. 그러나 2000년대의 모스크바와 런던과 뉴욕의 노동자들을 위한 혁신적인 건축물을 이제 누구에게 의뢰하며, 누가 설계해 줄 것인가?

새로운 형태

공장 노동자들의 식당과 식기와 더불어, 공공주택의 형태도 달라졌다. 그중 가장 중요한 건물은 모이세이 긴즈부르크(Moisei Tinzburg)가 설계한 모스크바 금융 노동자들을 위한 공공주택(1928-30년)이었다. 하얀 벽토가 칠해진, 이 거대한 벽돌 건물은 훗날 르 코르뷔지에가 마르세유에 세운 위니테 다비타시옹(183쪽 그림설명 참조)에 지대한 영향을 미쳤다. 르 코르뷔지에는 이 시기에 모스크바를 방문했을 뿐만 아니라 1931년과 1933년 사이에 있었던 소비에트 의사당(소비에트 궁)의 설계 공모전에 참여했으며, 모스크바에 첸트로소유스(1928-36년)라는

사무용 건물을 세우기도 했다.

긴츠부르크가 설계한 복합 건물은 부엌, 식당, 세탁장 등의 공동 시설 중심으로 설계되었다. 스탈린이 러시아 제국을 강력하게 통제한 이후로 소련이 혁명의 이상을 상실하게 될 것이란 징조는 전혀 보이지 않았던 시대에, 이 건물은 적어도 호의적인 시선으로 바라보는 외부인에게는 하나의 실험으로 여겨졌다. 혁신적인 새로운 디자인이 1930년대에 정착되었지만 스탈린을 등에 업고 미술과 음악과 건축 분야 등에서 사회주의 리얼리즘이 등장하면서 모든 것이 중단되고 말았다. 개별적 건축 행위를 금지하는 법령이 1932년에 공표되었다. 그 후 모든 건축 행위는 소비에트 건축가 조합을 통해서 이루어졌다. 요컨대 혁명의 꿈이 공식적으로 소멸된 것이었다.

나르콤핀을 위한 공공주택(모스크바, 1928-30년)
멜니코프가 설계한 건물의 화려한 외형과 대조적으로, 현대 건축가 동맹(OSA)은 건물의 구조는 거주자의 생활 패턴에 따라 결정되어야만 하는 것이라 믿었다.

엘 리시츠키
1890년 스몰렌스크에서 태어난 엘 리시츠키(El Lissitzky)가 독일에서 토목 공학을 공부한 후 러시아로 돌아왔을 때, 마르크 샤갈(Marc Chagall)이 그를 비텝스크에 있는 혁명 예술 학교의 교사로 임명하면서 삶의 행로가 바뀌었다. 그 학교에서 그는 절대주의 운동의 창시자인 화가 말레비치(Malevich)의 영향을 받았다. 그 후 그는 화가, 서체 연구가, 디자이너로 활동하면서 모스크바의 시립 예술 학교의 선생을 지냈으며 "프라운"(위의 그림)이란 제목의 추상화 연작을 그렸다. 그 후 독일로 이주해 라즐로 모호이 노디(László Moholy Nagy)를 만났다. 당시 바우하우스에서 학생들을 가르치던 나기는 회화와 매스커뮤니케이션에 대한 리시츠키의 사상을 받아들였고, 그의 사상은 훗날 미국과 유럽에 커다란 영향을 끼쳤다. 리시츠키는 1941년 모스크바에서 숨을 거두었다.

> "능력에 따라 일하고 필요에 따라 분배한다."
> 카를 마르크스

바우하우스
합리적인 설계

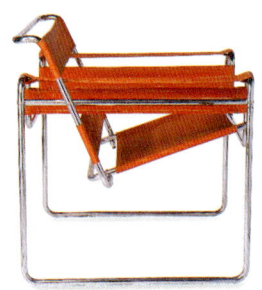

마르셀 브로이어와 바우하우스

바우하우스가 배출한 가장 뛰어난 학생 중의 하나인 마르셀 브로이어(Marcel breuer)는 1925년에 이 학교의 디자인 워크숍을 담당하는 선생이 되었다. 네덜란드의 디자이너 헤리트 리트벨트(Gerrit Rietveld)가 만든 데 스테일(De Stijl) 양식의 가구에 영향을 받아 브로이어는 1921년부터 일련의 의자들을 디자인하기 시작했다. 그렇게 탄생된 첫 의자는 나무로 만든 것으로, 바우하우스에서 제직한 천을 덧씌웠다. 1925년 튜뷸러 스틸을 사용한 의자(B3, 혹은 바실리)를 발표하면서 그의 디자인은 손으로 만든 것처럼 보이면서도 바우하우스의 이상대로 '기계적인' 형태를 옹호하는 것이었다.

바우하우스는 짧은 역사(1919-30년)만으로 전설이 되었다. 바우하우스는 어떤 곳이었을까? 바우하우스의 역사는 건축가 발터 그로피우스(Walter Gropius)가 교장으로 있던 공예 학교를 독일 미술 학교와 통합하면서 시작되었다. 제1차 세계대전이 발발하기 전 독일에서는 산업 디자인의 질을 향상시키기 위해서 미술과 공예를 산업과 접목할 필요가 있다는 생각이 확산되고 있었다.

이런 토론에 적극 참여한 건축가 중 하나가 페터 베렌스(Peter Behrens)였다. 베렌스는 베를린에 AEG 터빈 공장을 설계했을 뿐만 아니라, 그 공장에서 생산되는 전기팬과 다리미를 비롯한 많은 제품을 디자인하기도 했다. 그로피우스는 베렌스의 조수 가운데 하나였다(르 코르뷔지에와 루트비히 미스 반 데어 로에도 한동안 베렌스의 조수 생활을 했음). 그로피우스의 궁극적 목표는 미술가와, 공예가와, 건축가를 연대하여 중세 성당 건설자들이 창조한 세계를 오늘날에 맞게 재창조하는 것이었다.

'건축의 집'이라는 뜻의 바우하우스라는 이름에는 미묘한 뜻이 담겨 있다. 중세의 '바우위테(석공의 오두막)'를 연상시키기도 하지만, 그것은 제1차 세계대전으로 집을 잃은 수백만 명의 가난한 사람들을 위해서 현대식 집을 지어 주겠다는 그로피우스와 그 동료들의 의지가 담긴 이름이었다.

예술과 테크놀로지의 결합

그로피우스의 동료들은 뛰어난 예술가였다. 초기에 가장 영향력이 컸던 사람은 나날이 신비로운 존재로 부각되었던 스위스의 화가 요하네스 이텐(Johannes Itten)이었다. 구도자처럼 요가를 하며 채식주의자였던 이텐은 오스카 슐레머(Oscar Schlemmer)와 파울 클레(Paul Klee)를 바이마르에 첫 보금자리를 틀었던 바우하우스에 소개했다. 그러나 네덜란드 출신의 화가이자 바우하우스 교수였던 테오 반 두스뷔르흐(Theo van Doesburg, 176-77쪽 참조)가 교과 과정을 실질적으로 운영하게 되었을 때 이텐은 바우하우스를 떠났다. 이텐의 은퇴는 당시 독일에서 유행하던 신객관주의(Neue Schlichkeit) 운동의 결과이기도 했다. 당시는 신비주의가 용납되지 않은 시대였다. 공학자와 기술자가 손을 잡고 진정한 의미에서 근대화된 실용적 세계를 만들어 가던 때였다. 1927년부터 바우하우스는 건축을 본격적으로 가르치기

AEG 터빈 공장(베를린, 1908-09년
베렌스는 이 건물을 통해서 현대 산업
생산의 위용을 설득력 있기
표현해 냈다. 공장의 고전적인
외형을 보면 산업의
성전이라 불림
만하다

위대한 신세계

파구스 공장 (독일의 알펠트 안 더 라이네, 1911년)
이 공장의 설계에서 발터 그로피우스와 아돌프 마이어(Adolf Meyer)는 건축적 미학을 가미한 공장의 형태를 전 세계에 소개했다. 벽돌, 유리, 강철로 이루어진 이 건물은 우아하기도 하지만 기능적이고 근대적이다.

시작했다. 조립식 공동 주택을 위한 사업 계획이 만들어졌고, 저렴한 비용으로 지을 수 있는 이상적인 주택의 모델이 실물 크기로 전시되기도 했다.

그로피우스가 건축에 전념하기 위해서 스위스의 건축가 한네스 마이어(Hannes Meyer)에게 교장직을 물려 준 1928년 이후 이런 기능주의는 극단으로 치달았다. 마이어는 유머 감각이라고는 없는 철두철미한 기능주의자였다. 그는 에블린 워(Evelyn Waugh)의 첫번째 소설인 『쇠퇴와 타락(Decline and Fall)』의 주인공인 건축에서 인간적인 요소를 제거하려던 젊은 건축가 오토 실레누스(Otto Silenus) 교수와도 같은 사람이었다. 결국 마이어는 1930년에 타의로 교장직에서 물러났다. 그 후 미스 반 데어 로에가 교장이 되었고 바우하우스는 마지막 2년 동안 그래픽 디자인, 세라믹, 그림, 금속 세공에 대한 강좌를 계속 열면서도 새로운 건축을 향한 연구를 게을리 하지 않았다.

바우하우스의 유산

바우하우스는 1926년에 발터 그로피우스가 분명한 목적을 갖고 설계한 데사우의 초현대식 건물로 교사를 이전했다. 그러나 바우하우스는 다시 베를린으로 옮길 수밖에 없었다. 1933년 히틀러가 정권을 잡으면서 모든 것이 변하기 시작했다. 바우하우스는 퇴폐 예술과 사회주의의 온상으로 여겨졌기 때문에 강제로 폐쇄되었다. 바우하우스에서 가르치고 배운 사람들은 1930년대에 문화적 난민이 되었다. 그로피우스, 이텐의 후임 교수였던 라즐로 모호이 노디, 뛰어난 건축가이자 디자이너인 마르셀 브로이어(Marcel Breuer) 등과 같은 건축가들이 줄지어 런던으로 피신한 후 다시 미국으로 건너갔다.

바우하우스의 인재들이 미국으로 속속 모여들었다. 1937년 미스 반 데어 로에가 미국에 입국하면서, 바야흐로 미국은 회화, 산업 디자인, 건축에서 모든 무브먼트의 정수를 향유하게 되었다. 그리고 1940년대부터 실용성을 가장 중시하는 미국이 건축 이론과 디자인에서 처음으로 선두 주자로 부상하기 시작했다. 결국 나치는 음악, 회화, 영화에서 그랬던 것처럼 과학과 공학에서도 독일의 최고 인재들을 가차없이 몰아냈던 것이다.

파울 클레

스위스 태생인 파울 클레는 예술과 교육을 통해서 20세기 예술에 지대한 영향을 미친 화가이다. 뮌헨 예술 학교에서 수학한 클레는 졸업한 후 이탈리아와 프랑스를 차례로 여행했다. 1911년 그는 바실리 칸딘스키(Wassily Kandinsky)를 만났고, 그의 요청으로 제2회 청기사 전시회에 참여했다. 두 예술가는 1921년부터 바우하우스의 교수로 초빙받았다. 이때 클레는 강의한 내용을 모아 『교육의 스케치북』을 발간했다. 나치의 학대로 1933년 독일을 떠난 그는 고향인 스위스로 돌아가 그곳에서 1940년 세상을 떠났다.

바우하우스 교사 (독일의 데사우, 1925-26년)
바우하우스가 1926년에 바이마르에서 데사우로 이전되면서 그로피우스는 건물에 모든 예술을 통합하려는 그의 철학을 구체화할 절호의 기회를 맞았다.

유럽의 집단 주거지
혁명적 실험

피트 몬드리안
1872년 네덜란드에서 출생한 피트 몬드리안(Piet Mondrian)은 20세기 추상 미술에서 가장 중요한 위치를 차지하는 인물 가운데 한 명이다. 그는 추상 미술을 배운 후 수직선과 수평선을 사용한 독창적인 이론을 발전시켰다. 1917년 그는 테오 반 두스뷔르흐와 함께 데 스테일 그룹을 결성했다. 그의 기하학적이고 추상적인 그림 가령 "적색, 황색, 청색으로 이루어진 구도"(위의 그림)은 삼원색과 검은색, 흰색, 회색을 사용했다. 상징성과, 입체성과, 곡선을 최대한 자제한 몬드리안의 미학은 그 후 추상 미술과 그래픽 디자인에 꾸준한 영향을 미쳤다. 그는 1944년에 세상을 떠났다.

새로운 주택을 건설하는 혁명적인 실험은, 처음에는 주로 부자인 후원자, 즉 지금까지 한 번도 시도된 적 없는 새로운 형태의 건축을 기꺼이 실험해 볼 준비가 되어 있는 후원자들을 위한 것이었다. 제1차 세계대전 이전에 건설된 대부분의 집단 주거지는 형태 면에서나 기능 면에서나 보수적인 색채가 강했다. 진정한 의미에서 최초의 혁명적 실험은 소련에서 시행되었다. 그러나 건축학적으로 중요한 의미가 있는 프로젝트는 제1차 세계대전 후에 네덜란드와 빈에서 있었다. 지방 자치 단체가 집단 주거지의 건설을 위해 모던 무브먼트 건축을 채택한 것은 대체로 제2차 세계대전 후였다. 유럽 대륙 전체가 전쟁으로 파괴되었기 때문에 새로운 집을 신속하고 효율적으로 건설할 필요가 있었던 것이다.

데 스테일 운동을 건축에 적용한 헤리트 리트벨트는 빈의 노동자 연맹 주택 단지(1930-32년) 설계에 참여한 유명한 팀[아돌프 로스와 휴고 헤링(Hugo Haing) 등도 참여했음]의 일원이었다. 이 단지는 미스 반 데어 로에가 설계한 슈투트가르트의 바이센호프 단지를 모델로 삼아 모던 무브먼트 주택을 한 단계 발전시킨 것이며, 당시 새로운 문물에 눈을 뜬 오스트리아 수도의 주택 수준을 향상시키기 위해 모두가 힘을 합쳐 만든 것이다. 몇 년 전만 해도 리트벨트의 비전은 우아한 멋을 살리고 다채로운 색을 사용하면서 정교하게 계산된 2층의 정육면체인 위트레흐트의 슈뢰더 하우스에서 보듯이 독립적이고 다소 변덕스런 미학적 선언에 국한되어 있었다. 하지만 의미 있는 사실은 슈뢰더 하우스가 평범한 아파트 단지의 끝에 세워져 있다는 것이다. 제2차 세계대전의 여파로 사회주의 계열의 지방 정부와 혁신적인 건축가가 당면한 과제는 그때까지 부르주아 계급의 전유물처럼 여겨지던 햇빛, 공기, 정원, 쾌적한 삶을 노동자들에게 제공할 수 있는 집단 주거지를 창조하는 것이었다. 어떻게 하면 되었을까?

붉은 빈

1919년부터 1933년 사이에 사회주의 정권이 들어선 '붉은 빈'에서는 도시 건축가 카를 엔(Karl Ehn)의 지휘하에 66,000가구가 새로 건설되었다. 1921년 한스 테센노프(Hans Tessenow)의 지휘하에 건설된 란네르스도르프처럼 일부는 영국에서 창시된 새로운 전원도시에 지어졌지만, 대부분은 거대한 아파트 단지 안에 세워졌다. 가장 인상적인 단지는 카를 엔이 설계한 카를 마르크스 호프와 스보보다 호프로 이루어진 복합 단지였다. 단지의 길이는 약 1킬로미터에 달했고 여기저기에 잘 가꾸어진 화단이 있었다. 그것은 공동체의 삶을 끈끈하게 이어 주는 공간이었다. 비록 건축 양식은 혁신적인 것이 아니었지만,

슈뢰더 하우스(네덜란드의 위트레흐트, 1924년)
리트벨트가 설계한 흰색 정육면체 집은 평면의 중첩을 보여 준다. 실내가 움직일 수 있는 칸막이의 배치에 따라 공간의 크기가 결정된다는 점에서도 평면의 중첩이란 철학이 확인된다. "주 목표는 정해지지 않은 공간에 어떤 의미를 부여하는 것"이란 말대로 리트벨트는 데 스테일 운동의 추상 원리를 응용해서 건물의 구조에 독특한 의미를 부여하려 했다.

이 거대한 계획에 담긴 정신과 프로그램은 혁신적이었다. 엔을 비롯한 도시 계획 관계자들은 모든 시민에게 작더라도 쾌적한 집을 나눠 주고 싶어했다. 그러나 파시스트들이 오스트리아에서 정권을 잡은 1933년에서 1934년 사이에 이런 훌륭한 사회주의 주택 보급 프로그램은 중단되고 말았고, 급기야 1938년에 오스트리아는 나치 독일에 안슐루스(합병)되었다.

네덜란드의 계획

암스테르담과 로테르담에서도 비슷한 주택 건축 프로그램이 시행되었지만 정치적 색채가 짙지는 않았다. 그러나 건축 자체는 혁신적이었다. 1901년에 제정된 법에 따라 네덜란드의 모든 도시는 10년 단위의 체계적인 성장 계획을 마련해야 했다. 적어도 지난 300년 동안 지속되어 온 공동체의 삶을 질서 있게 유지하기 위해서 체계화된 주택 건설이 시급하다는 사실을 인식했기 때문이다. 1920년대 건축의 새로운 점은 이런 합리적인 주거 계획과 모던 무브먼트 디자인의 결합에 있었다. 이런 결합으로 유럽 최초의 고층 주거 단지인 데 볼켄크라베 아트 데 다헤라트(1927-30년)가 J. F. 스탈(Staal)의 설계로 암스테르담에 세워졌다. 비슷한 시기에 로테르담의 젊은 도시 건축가 J. J. P. 오우트(Oud)는 두 동의 저층 주거 단지,

스헤프바르트스트라트(네덜란드의 호크, 1924-27년)
로테르담의 도시 계획가였고 데 스테일 운동의 창립자였던 J. J. P. 오우트는 서너 건의 주택 단지 설계를 주도했다. 이때 그는 대규모 주택 단지를 계획하면서도 인간적인 규모를 넘어서지 않으려 했다.

스헤프바르트스트라트와 키에프호우크(1928-30년)를 설계했다. 두 주거 단지의 특징은 쓸데없는 장식을 배제한 간결하고 깔끔한 선에 있으며, 이런 특징은 건전하고 효율적인 삶의 방식을 상징했다. 형식적인 관점에서 두 단지의 설계는 오우트를 필두로 한 전통 파괴주의자들에게 혼란스럽고 정직하지 않은 것으로 보였던 네덜란드의 미술 공예 운동 건축 학교와의 결별을 선언한 것이었다.

최초로 현대식 고층 주거 단지가 들어선 도시가 로테르담인 것은 사실이다. 실제로 이런 건축 형식이 1950년대와 1960년대에 전 세계의 많은 도시에 도입되었기 때문이다. 당시에는 무척이나 혁신적인 건축 양식이었다. 따라서 J. A. 브린크만(Brinckman)과 L. G. 반 데어 블뤼흐트(Van der Vlugt)가 세운 베르그플레르 아파트(1932-34년)가 얼마나 대담하고 새로운 형식이었는지 상상해 보자. 현대식 주택 시대로 접어들었지만, 주택의 확산은 한 세대의 증가와 또 한 번의 세계대전의 발발을 가속화시켰을 뿐이었다. 게다가 대다수의 사람들은 그런 집들을 어색한 시선으로 쳐다보면서 살기에 부적합한 곳이라 생각했다.

카를 마르크스 호프(빈, 1926-30년)
세탁장과 도서실 같은 편의 시설과 사무실 이외에도 이 거대한 주택 단지에는 1,383채의 아파트가 들어섰다. 빈의 사회주의 정책에 따라 안정된 임대료로 쾌적한 주택을 공급하려는 계획으로 만들어진 이 복합 단지는 '노동자의 성채'로 알려져 있다.

> "우리 시대는 시대에 적합한 고유한 형태를 요구했고…… 그런 형태가 표현되기를 원했다."
> — 헤리트 리트벨트

데 스테일

1917년 몬드리안, 테오 반 두스뷔르흐, 리트벨트 등을 중심으로 결성된 네덜란드 예술가 단체로, 같은 이름의 잡지를 1932년까지 발간했다. 이 그룹의 이념은 예술에서 균형과 명징함을 추구하는 것이었다. 그리고 그들은 예술과 디자인이 삶의 모든 영역에 반영되어야 한다고 믿었다. 그들의 스타일은 무척이나 추상적이었다. 이 운동은 가구 디자인, 그래픽, 건축에 커다란 영향을 미쳤다. 특히 바우하우스의 디자이너들에게 커다란 영향을 미쳤다(174-75쪽 참조).

루트비히 미스 반 데어 로에
"적을수록 낫다"

루트비히 미스 반 데어 로에는 독일 아헨에서 석공의 아들로 태어났다. 본명은 루트비히 미스(Ludwig Mies)이며, 반 데어 로에(Van der Rohe)는 어머니의 성으로, 그가 유명해진 다음 덧붙인 것이다. 그는 정식 건축 교육을 받지 못했지만, 경험으로 축적한 기술과, 강력한 의지, 뛰어난 두뇌로 프랑크 로이트 라이트와 르 코르뷔지에와 더불어 20세기의 가장 중요하고 영향력 있는 세 명의 건축가 가운데 하나가 되었다.

좋든 싫든 간에, 우리는 지나친 장식을 버리고 강철과 유리를 사용해서 만든 현대식 건물에서 미스 반 데어 로에게 많은 빚을 지고 있다. 필립 존슨(Philip Johnson)과 함께 작업한 뉴욕의 시그램 빌딩은 오늘날에도 가장 뛰어난 현대식 건물 중의 하나로 여겨진다. 이것은 형태, 기능, 그리고 좋은 자재—청동, 황동, 대리석, 철강, 유리—가 잘 조화되어 완벽한 통일감을 주는 건물이다. 파크 애비뉴의 광장을 배경으로 우뚝 선 시그램 빌딩은 완벽한 조화미를 자랑한다. 이 빌딩은 20세기 중반 경제적 부흥이 이룩해 낸 파르테논 신전의 후손, 즉 부의 신인 마몬에게 헌정된 신전처럼 보인다. 물론 유한한 구조물이지만 시그램 빌딩의 선은 수평과 수직으로 무한히 뻗어 가는 듯한 느낌을 자아낸다. 이런 점에서 미스 반 데어 로에의 건축은 무한과 완벽, 그리고 신에 대한 끝없는 논리적 추구라고도 말할 수 있다.

종교적인 사람

미스 반 데어 로에가 젊은 시절 숭배한 최초의 건물은 아헨 대성당이었다. 또한 그는 아우구스티누스(Augustinus)와 토마스 아퀴나스(Thomas Aquinas)와 같은 성자들의 책을 즐겨 읽었다. 훗날 시카고에 살면서 항상 말끔한 맞춤 양복을 입고 두 잔의 마티니를 곁들인 점심식사를 끝낸 다음 오후 2시쯤에야 작업을

루트비히 미스 반 데어 로에
20세기의 가장 위대한 건축가 중 하나인 미스 반 데어 로에는 마천루의 선구자였다. 유명한 '바르셀로나의 의자'를 설계한 사람이기도 하다.

시작했지만, 그는 결코 장사꾼이 아니었다. 그는 근본적으로 종교적인 사람이었고 그의 건물은 실리적인 만큼이나 깊은 사색이 빚어 낸 결실이었다. 그는 건축의 논리성을 믿고 실제 작업에서도 끝없이 논리성을 추구했지만 그의 건물에는 언제나 낭만적 이상이 스며 있었다. 요컨대 그의 건물들은 불완전한 세계에 완벽한 모델을 제시하려는 도전이라고 할 수 있다.

초기의 프로젝트들

미스 반 데어 로에가 설계한 최초의 건물은 노이바벨스베르크에 릴(Riehl) 교수를 위해 지은, 싱켈의 스타일을 차용한 신고전주의 양식의 집이었다. 당시 그는 21살이었다. 그 후 그는 페터 베렌스의 건축 사무소에 들어가 경험을 쌓았고 제1차 세계대전 중에는 공병으로 입대했다. 전쟁이 끝난 후 다시 건축가로 돌아가 건물을 짓고 해체하는 일련의 프로젝트를 시작했다. 1919년과 1921년에 세운 두 동의 기념비적 유리 건물(당시의 테크놀로지가 미스 반 데어 로에의 순수한 꿈을 뒷받침했음)과 1926년에 벽돌로 세운, 순교한 독일 공산당 지도자들인 카를 리프크네히트(Karl Liebknecht)와 로자 룩셈부르크(Rosa Luxemburg) 기념관이 그 프로젝트의 산물이었다. 1926년 미스 반 데어 로에는 독일 공작 연맹의 부회장으로 선출되면서, 1927년 공작 연맹 전시회의 일환으로 슈투트가르트의 바이센호프 주택 개발을 책임지게 되었다. 이때 그는 발터 그로피우스(174쪽 참조), J. P. 오우트(177쪽 참조), 르 코르뷔지에(182-83쪽 참조), 피에르 잔레(Pierre Jeanneret), 브루노 타우트(Bruno Taut), 페터 베렌스 등을 고용해서 진정한 의미에서 최초의 현대식 주택 단지를 창조해 냈다. 그렇게 해서 지붕이 납작하고 입체적인 느낌을 주는 하얀 별장 같은 집들이 늘어선 아름다운 주택 단지가 만들어졌다.

또한 그는 순수한 멋을 풍기는 독특한 가구들을 디자인하기 시작했다. 21세기에 들어선 지금까지도 그가 디자인한 가구들이 제작되고 있다.

그러는 동안 그는 1929년 바르셀로나

시그램 빌딩(뉴욕, 1954-58년)
캐나다 주류 회사의 본사인 이 38층의 건물은 파크 애비뉴를 배경으로 자체 광장에 우뚝 서 있다. 커튼 월은 회색조의 유리, 청동틀, I형 청동 멀리언을 사용했다.

미스 반 데어 로에의 주요 작품
독일관(바르셀로나 국제박람회, 1929-29년, 1986년 재건)
투겐트하트 저택(체코슬로바키아, 1928-30년)
판스워스 하우스(일리노이의 플레이노, 1945-51년)
레이크 쇼어 드라이브 아파트(일리노이의 시카고, 1948-51년)
크라운 홀(일리노이의 시카고, 1950-56년)
시그램 빌딩(뉴욕, 1954-58년)

국제박람회의 독일관을 설계해 달라는 의뢰를 받았다. 이 독일관은 현대식 '신전' 가운데 가장 뛰어난 건축물 중 하나로 평가받는다. 반듯한 수평 지붕 아래의 단층 건물은 유리와 대리석으로 경계지어져 있으며, 검은 유리로 경계지어진 수영장 바닥의 석회화(石灰華) 위에 세워져 있었다. 비록 임시로 지어진 것이었지만(1986년에 재건됨), 이 건물은 20세기 말까지도 건축가들의 뇌리에 남아 있었다.

현대적 감각

그 후 바르셀로나 박람회의 독일관은 체코슬로바키아 브르노에 투겐트하트 저택(1928-30년)으로 복원되었다. 유리와 값비싼 자재를 아낌없이 사용한 이 건물은, 르 코르뷔지에의 빌라 사부아와 프랭크 로이드 라이트의 로비 저택과 더불어 20세기 건축사에서 가장 의미 있는 세 건물 가운데 하나로 간주된다. 미스 반 데어 로에는 시카고에서 일하면서 일리노이 주 플레이노의 판스워스 하우스(1941-51년)를 설계할 때에도 똑같은 주제를 선택했다. 투겐트하트 저택과 마찬가지로 회색조의 차분한 색을 안팎에 사용함으로써 아름다운 자연의 일부처럼 보이게 만들었다. "적을수록 낫다!"라는 경구 이외에도 미스 반 데어 로에는 "신은 디테일에 있다."는 말을 남겼다. 그는 가능한 한 장식을 절제하면서 세련된 멋을 추구하며 최고의 건물을 남기려 애썼다.

히틀러의 강압적 지배하에서 진정한 건축을 추구할 수 없다는 것을 깨달은 미스 반 데어 로에는 1937년에 독일을 떠났다. 바우하우스도 나치의 압력 때문에 폐교된 지 오래였다. 프랭크 로이드 라이트와 필립 존슨의 후원을 받아 미스 반 데어 로에는 시카고의 일리노이 공과 대학에서 모든 세대의 건축가들에 대해 가르치면서, 그 대학을 위해 크라운 홀(1950-56년)을 설계했다. 비슷한 시기에 그는 또 시카고의 레이크 쇼어 드라이브 860번지에 쌍둥이 아파트를 세웠고, 곧이어 시그램 빌딩 건설에 착수했다. 당시 그는 지나치게 합리적이고 객관적이라는 비난을 받았다. 참신한 것을 높이 평가하는 미국 문화에서 미스 반 데어 로에의 건축은 낡은 모자처럼 시시하게 보였던 것이다. 그러나 미스 반 데어 로에는 "나는 남들의 흥밋거리가 되고 싶지는 않다. 나는 건전한 사람이 되고 싶을 뿐이다."라고 반박했다.

아바나의 바카르디 사의 본사 건물(쿠바 혁명전쟁으로 미완성으로 남게 되었음)과 베를린의 신국립미술관(1968년)은 그가 말년에 남긴 작품들이다. 공장에서 제작된 1,250톤의 강철 지붕을 미술관에 얹던 날, 미스 반 데어 로에는 메르체데스 벤츠 오픈 카를 타고 현장에서 작업 과정을 지켜보았다. 그는 민주화된 고국에 돌아온 것을 무엇보다 기뻐했다. 역사상 가장 위대한 건축가 중 한 사람, 고대 그리스의 정신과 모던 무브먼트를 접목시킨 위대한 건축가는 이듬해 세상을 떠났다. 그는 건축가들과, 오늘날의 주택과 도시의 모습에 이루 다 말할 수 없는 영향을 미쳤다. 앞으로 그의 완벽함에 필적할 수 있는 건축가가 다시 태어나기는 어려울 것이다.

"신은 디테일에 있다."
루트비히 미스 반 데어 로에

독일관(바르셀로나 국제박람회, 1928-29년)
비대칭의 단층 건물로 칸막이 벽으로 공간이 분할되었다.
여기에서 미스 반 데어 로에는 대리석,
마노, 크롬 스틸 등 아주 섬세한 자재를
사용했다.

파시스트 건축
의지의 승리

파시즘의 태동
니체의 저서와 19세기에 유럽을 휩쓴 민족주의에 철학적 근거를 둔 파시즘은 제1차 세계대전의 여파에 따른 정치적 불안으로 인해 유럽에서 싹튼 것이다. 무솔리니가 이끄는 이탈리아의 파시스트당은 1922년에 정권을 잡았고, 히틀러는 그 11년 후에 독일에서 정권을 장악했다. 에스파냐에서는 프랑코가 이끄는 파시스트 민족주의자들이 1936년 공화주의 정부에 대항하는 쿠데타를 일으켰다. 결국 1939년에 에스파냐에 파시스트 정권이 수립되었다.

알베르트 슈피어가 나치에게 의뢰받은 첫번째 일은 베를린 교외에 있는 수목이 우거진 마을인 그루네발트의 빌라를 개축하는 것이었다. 그에게 이 일을 맡긴 사람은 하급관리인 카를 한케(Karl Hanke)였다. 슈피어는 나치에게 공산주의자들의 온상처럼 여겨진 바우하우스에서 디자인한 벽지로 방들을 장식하라고 한케에게 권했고 한케는 그 권유를 받아들였다. 그러나 그때는 1932년이었다. 즉 아직 히틀러가 수상으로 등극하기 전이었다. 훗날 그는 베를린 건축가 및 도시 계획가 연맹의 위원장이 되었고 1942년에는 군비장관으로 승진했지만 이 당시에는 겸손한 젊은 건축가였을 뿐이다. 나치당의 시각으로 보면 그는 나치 수송대의 반제 출장소 소장에 불과했다.

베를린의 리모델링
1937년 초 32살의 나이에 슈피어는 베를린의 재정비, 즉 독일이 유럽을 정복한 다음 수도의 이름으로 정한 '게르마니아'를 새롭게 만들어 내는 계획의 책임자가 되었다. 그것은 야심 찬 계획이었다. 게르마니아의 중심에 샹젤리제보다 6배나 긴 길이의 길에 남북의 기차역을 연결하고 그 사이에 나치당의 당사와 거대한 호텔과 백화점, 거대한 극장, 웅장한 정부청사와 히틀러가 직접 설계한, 나폴레옹의 개선문을 무색하게 만들 정도로 큰 개선문을 세울 예정이었다. 또한 꼭대기의 높이가 300미터에 달하는 돔, 즉 성 베드로 대성당의 돔보다 16배 큰 돔이 있는 공룡 같은 시청도 그곳에 세울 예정이었다. 1945년 독일이 패전한 후 그 설계도를 살펴본 미 공병대가 "나치의 충복들로 시청이 가득 채워질 때 건물 안에 구름이 생기고 바그너의 음악처럼 비가 내릴 것"이라고 빈정댔을 정도로 엄청나게 규모가 큰 건물이었다.

이런 광기 어린 계획에서 우리는 나치 건축의 면모를 대략 짐작해 볼 수 있다. 프로이센이 낳은 걸출한 건축가 싱켈(130-31쪽 참조)의 영향을 받아 대부분의 건물이 쓸데없는 장식을 배제한 신고전주의 양식으로 설계되었지만 그 엄청난 규모에는 인간에게 경외감을 불어넣는 동시에 인간 정신을 압도하려는 의도가 숨겨져 있었다. 요컨대 그것은 이 세상에 있을 수 없는 도로에 늘어선 식인 도깨비들의 건축이었다.

어쨌든 나치가 남긴 건축물은 상대적으로 매우 적다. 대부분의 신축 주택은 헨젤과 그레텔의 집처럼 설계된 반면에 공장은 하이테크 건축의 원형처럼 보였다. 공공건물은 로마 제국의 웅장함을 능가하도록 설계되었다. 베르네어 마르흐(Werner March)와 슈피어는 베를린의 올림픽 스타디움을 설계했다(아직 유용하게 사용되고 있다). 이것은 로마의 콜로세움을 염두에 두고 건설한 거대한 운동장이었다. 한편 조각가 요제프 토라크(Josef Thorak)를 위해서 발트암에 세운 작업실(1938년)은 슈피어가 남긴 가장 뛰어난 작품으로 평가된다. 슈피어가 남긴 가장 인상적인

신법원청사 (베를린, 1938-39년)
알베르트 슈피어가 설계한 이 건물을 완공하는 데 18개월도 채 걸리지 않았다. 정교한 설계도 눈에 띄지만, 이 건물의 특징은 대리석과 같은 호화로운 자재의 사용과 위압적인 느낌을 주는 법정의 웅장한 규모에 있었다.

위대한 신세계

산타 마리아 노벨라 역(피렌체, 1932-33년)
미켈루치가 모더니즘에 맞춰 설계한 이 역은 르네상스 시대의 피렌체 건축물에 뒤지지 않은 걸작이다. 유리를 사용한 중앙 홀—내부에서 본 모습—은 빛의 상자를 표현하려 한 것이다.

그중 조반니 미켈루치(Giovanni Michelucci)가 카라칼라 목욕탕의 정신을 되살려 설계한 피렌체의 산타 마리아 노벨라 역, 주세페 테라니(Giuseppe Terragni)가 설계한 코모의 카사 델 파스초(오늘날에는 카사 델 포풀로라 불림)는 최고의 걸작으로 손꼽는다.

카사 델 파스초는 입체에 대한 집요한 탐구이다. 복잡한 듯하면서도 산뜻한 멋을 지닌 이 건물은 석회를 발라 놓은 상자처럼 보인다. 그러나 이 건물은 건축에서 루빅(Rubik)의 큐빅에 해당되는 것이라 할 수 있다.

이외에 파시스트당이 지배하는 이탈리아에서 건설된 주목할 만한 다른 건축물과 주택 건설 작업으로는 위대한 토목 공학자 피에르루이지 네르비(Pierluigi Nervi)가 설계한 스타디오 코무날레(1930-32년), 오르비에토(1936년)와 오르베텔로(1939-41년)에 건설한 콘크리트 격납고(둘 모두 파괴됨), 로마 남서쪽에 있는 말라리아가 창궐한 폰티네 늪 지대와 사바우디아(1933년 착공)를 중심으로 루이지 피치나토(Luigi Piccinato)가 주도한 신도시 건설, 그리고 해변에 건설된 3,800동의 리조트 건물 등이 있다.

특히 이 리조트 건물들은 화려함의 극치를 보여 주는 양식에서부터 1950년대에 한층 밝아진 이탈리아를 보기 위해서 찾아오는 어린 세대를 위한 경쾌한 양식까지 온갖 건축 양식으로 건설되었다.

> **이탈리아의 파시즘**
> 무솔리니의 파시스트당은 1922년에 정권을 잡았고, 2년 후에는 일당 독재 체제를 구축했다. 언론의 자유가 사라졌고 국가의 간섭이 모든 분야로 확대되었다. 파시스트당의 20년간의 통치는 경제 분야에서 성공을 거두지는 못했지만 이탈리아 경제의 많은 부분을 급속히 산업화했다. 건축에서 산업화에 따른 가장 뚜렷한 결실 가운데 하나는 기차역의 리모델링이었다. 그것은 모더니즘의 영향을 받아 간결하면서 기능적인 구조로 바뀌었다.

작품—특히 공사의 신속함이란 관점에서—은 신법원청사(1938-39년)이다. 신법원청사는 근처에 있는 싱켈의 구미술관의 외형을 본떴다. 이 건물은 최신 건축술과 제3제국의 노동자와 숙련공을 최대한 동원해서 순식간에 완공되었다. 베르사유 궁에 있는 거울의 방을 무색하게 할 정도로 터무니없이 큰 유리로 만든 홀은 히틀러가 우주의 지배자가 되기를 꿈꾼 서재와 연결되어 무척이나 인상적으로 보이지만 유치한 느낌이 없지 않다. 슈피어의 설계가 나치 건축의 표본이 되어 중대한 역할을 했지만, 프리츠 토트(Fritz Todt)가 설계한 고속도로는 진정한 걸작으로서 슈피어의 건축에 필적하는 가치가 있다.

이탈리아의 파시스트 건축

무솔리니(Mussolini) 시대(1922-43년)의 이탈리아 건축은 절충적이었다. 그 독재자는 "나는 혁명가이지만 상황에 따라서 보수주의자가 되기도 한다."라고 말했다. 그것은 사실이었다. 이탈리아 전역에 아무런 장식도 없는 신고전주의 양식의 고압적인 느낌을 주는 법원청사들을 연이어 짓고, 1942년 로마 만국박람회를 위해 에우르(EUR, Esposizione Universale di Roma의 약어) 지역에 과장된 신고전주의 양식의 건축물을 세웠음에도 불구하고 무솔리니 치하의 이탈리아에는 찬란한 건물들 또한 건설되었다.

카사 델 파스초(이탈리아의 코모, 1933-36년)
파시스트당의 지구당 사무실로 사용되었지만 대리석을 외장재로 사용한 이 건물은 정파를 초월하여 모든 건축가들에게 모더니스트 설계의 걸작으로 인정받고 있다.

르 코르뷔지에
햇빛을 사랑한 건축가

고독한 사람, 급진적 사상가, 논객, 화가, 조각가, 도발자, 논쟁가, 도시 계획가, 공예가, 그리고 건축가인 르 코르뷔지에의 본명은 샤를 에두아르 잔레(Charles Edouard Jeanneret)이다. 르 코르뷔지에는 역사상 가장 창의적이고 시적인 건축가였다. 프랑스 남부에서 햇살을 즐기며 수영하던 중 자살했다고 하는 그가 세상을 떠난 지 벌써 50년 가까이 지났다. 하지만 그는 여전히 건축가들에게 숭배의 대상이며, 따라서 그의 사상은 그가 제2의 조국으로 택한 프랑스는 물론이고 유럽 전역과 브라질, 인도, 일본에 이르기까지 세계 곳곳에서 우리 삶에 깊은 영향을 미치고 있다.

스위스의 시계로 유명한 마을인 라 쇼 드 퐁에서 태어난 르 코르뷔지에는 보통 '코르뷔'로 불렸다(프랑스어 '코르보(corbeau)'는 '까마귀'를 말한다. 그를 존경하는 사람이나 미워하는 사람이나 모두가 그를 까마귀처럼 생겼다고 생각했다). 그의 아버지는 시계 상자에 조각하는 일을 하는 장인이었다. 그 역시 대학에서 장학금을 받아 그리스, 이탈리아, 발칸 반도, 소아시아, 북아프리카를 여행하고 20세기 초에 유럽에서 가장 혁신적인 건축가로 평가되던 사람들의 작업실을 섭렵하기 전까지는, 아버지와 똑같은 일을 했다. 여하튼 그는 여행중에 베를린에서 페터 베렌스를 만났고 파리에서는 오귀스트 페레(Auguste Perret)를 만났다.

그는 처음에 미술 공예 운동 스타일로 집들을 설계했지만, 1917년 파리에 정착한 후부터는 하얀 색조의 모던 무브먼트의 거장이 될 조짐을 보였다. 그때 그는 화가 아메데 오장팡(Amedée Ozenfant), 시인 폴 데르메(Pual Dermée)와 함께 '현대 미학'을 전문적으로 다룬 잡지, 『레스프리 누보(L'Esprit Nouveau)』를 발간했다. 이 잡지에서 코르뷔는 그의 이름을 널리 알리게 될 생각을 펼쳐보였다. 그는 이 잡지에 발표한 많은 사상들을 혁명적인 저서 『건축을 향하여(Vers une architecture)』를 출간하며 다시 정리했다. 이 책에서 그는 그리스 신전, 고딕 성당, 비행기, 자동차, 여객선을 새로운 건축과 연계시키며, 새로운 건축을 "빛에 결집된 질량 덩어리들의 현란하고 정확하며 장려한 유희"라고 정의했다. 또한 그는 집을 "살기 위한 기계"라고 표현했다. 이런 비유는 오랫동안 잘못 이해되었다. 코르뷔는 기계 같은 집을 옹호한 것이 아니라 최신형 기계처럼 아름답고 효율적인 집을 건축해야 한다고 주장했던 것이다. 역시 그가 같은 맥락에서 "건축은 실용주의적 욕구를 넘어서는 것"이라고 주장한 것도 종종 오해되었다.

르 코르뷔지에
순수주의를 위해 입체파를 배척한 추상화가로서 르 코르뷔지에의 작품은 그의 스타일을 구축하는 데 깊은 영향을 미쳤다.

햇빛의 세계

미래의 이상적 도시를 설계하고 '모듈러'라고 불리는 그만의 독특한 비율 체제를 20년 이상 동안 다듬어 가면서 코르뷔는 1925년 파리의 유명한 아르 데코 쇼에서 혁신적인 스타일의 흰색 집, '파비용 드 레스프리 누보'를 처음으로 세상에 선보였다. 그 후 그가 처음으로 완벽하게 완성한 집은 파리 교외의 푸아시에 지은 빌라 사부아였다. '필로티(piloti)'라 이름 붙인 기둥 위에 서 있는 이 집은 순수한 흰색으로 추상 기하학의 습작, 즉 자연의 세계와 균형을 이룬 인간의 정신을 표현한 것이라 할 수 있다. 팔라디오 양식의 빌라를 현대적 관점으로 해석한 빌라 사부아는 햇빛과 자연계의 4요소가 기하학적인 집에서 어떻게 상호 보완적으로 작용하는가를 분명하게 보여 준 예이다.

빌라 사부아(푸아시, 1929-30년)
주말용 전원 주택으로 피아노 노빌레 양식으로 세워진 빌라 사부아는 중심이 되는 생활 공간에 자연광을 최대한 받아들이고 있다. 창과 물매가 거의 없는 지붕을 통해 프랑스의 시골 풍광이 한눈에 들어온다.

르 코르뷔지에의 주요 작품
빌라 사부아(프랑스의 푸아시, 1929-30년)
위니테 다비타시옹(프랑스의 마르세유, 1946-52년)
노트르담 뒤 오 예배당(프랑스의 롱샹, 1950-54년)
최고 재판소와 사무국(인도의 찬디가르, 1952-56년)
현대미술관(일본의 도쿄, 1957년)

불명예스럽게도 코르뷔는 전쟁중에 비시 정권에 협조했다. 그리고 제2차 세계대전이 끝난 후, 그의 작품은 극적으로 변모했다. 1920년대와 1930년대 그의 작품의 특징이었던 빛과 백색이 사라졌다. 중후한 콘크리트와 조각 같은 형태 그리고 생경함이 그 자리를 대신했다. 이는 코르뷔가 영적인 세계로 끊임없이 몰입하고 있었다는 증거였다. 그가 마르세유에 세운 위니테 다비타시옹은 지중해 해변의 도시에 정박한 거대한 콘크리트 여객선을 연상시켰다. 강력한 필로티가 떠받치고 있는 이 거대한 콘크리트 구조물에는 1,600명이 살아 가는 340채의 아파트가 들어 있다. 2층 높이의 거실과 내부의 쇼핑가(애완용 강아지를 위한 공간도 있음)가 갖춰진 이 건물은 초현대식이지만 밀집된 형태 때문에 20세기 사람들의 눈에는 고대 이집트의 신전처럼 보인다.

위니테 다비타시옹(프랑스의 마르세유, 1946-52년)
자족적인 건물로 설계된 이 건물은 르 코르뷔지에의 마르세유 도시 계획에서 유일하게 실현된 부분이다. 이런 형태의 위니테가 프랑스의 낭트와 브리에 앙 포레, 그리고 베를린에 세워졌다.

후기 작품
그 후 코르뷔는 순례자들을 위해서 감동적이고 조각 같은 성당인 롱샹의 노트르담 뒤 오 예배당(1950-54년)과 에뵈에 있는 도미니쿠스 수도회 수도사들을 위한 생트 마리 드 라 투레트 수도원(1957-60년)을 차례로 설계했다. 이 수도원은 적은 자본으로 지은 것이지만, 이 건물에 사용된 콘크리트의 순수함은 말로 표현할 수 없을 만큼 시적이다. 이 수도원에 들어서는 순간 평온함이 느껴진다. 그러나 코르뷔의 다른 건물들과 마찬가지로 이 수도원은 금욕주의와 아무런 상관도 없을 뿐만 아니라 심지어 그 품격을 떨어뜨리는 상황과 환경에서 전 세계의 젊은 건축가들이 무작정 모방하고 있는 것이 안타까울 뿐이다.

아내가 죽고 혼자 된 후, 코르뷔는 점점 종교적 세계관에 빠져들었다. 그는 돈에 철저하게 무관심했으며 파리의 허름한 아파트와 지중해 해변의 마르탱 갑(岬)에 지은 통나무집을 오가며 수도사와 같은 삶을 살았다. 그가 가장 심혈을 기울여 지은 건물인 생트 마리 드 라 투레트 수도원이 도미니쿠스 수도회 수도사들을 위한 것이란 사실이 이상하게 여겨질 수도 있다. 성 도미니쿠스는 종교 재판을 만들어 내고, 코르뷔의 선조인 알비파 수도사들을 핍박한 장본인이기 때문이다.

말년에 르 코르뷔지에는 인도 펀자브 주의 찬디가르의 도시 계획과 주요 건물들의 설계를 주도했고, 그 밖에도 많은 도시 계획을 입안했다(알제의 계획안은 시행조차 되지 못함). 또한 베네치아에 1,200병상의 병원을 설계했지만 완공을 보지 못했고, 마지막으로 취리히에 다양한 종류의 강철을 사용한 전시관 '인간의 집(1965-67년)'을 세웠다. 코르뷔는 "건축이란 드라마는 우주 옆에서 우주를 통해서 살고 있는 인간의 드라마이다."라고 말했다. 그는 1965년 8월 27일 오전 11시 마르탱 갑에서 햇살을 받으며 수영을 즐겼다. 그리고 우주에서 가장 위대한 건축가를 만났다. 그는 일생 동안 건축이나 정치나 사회와 관련된 어떤 단체에도 소속된 적이 없었다.

> "굽은 도로는 당나귀의 길이며,
> 직선 도로는 인간의 길이다."
>
> 르 코르뷔지에

국제주의 양식
아메리칸 드림

> **레이몽 레비**
> 1893년 프랑스에서 태어난 레비(Raymond Loewy)는 미국 산업 디자인계에서 으뜸가는 인물이었다. 1930년대에 일상적인 물건들을 혁신적인 스타일로 디자인해서 두각을 나타냈다. 그는 유선형(Streamlining)이라고 불린 양식을 정착시켰으며, 이런 양식을 이용한 산업용 상품들은 공기역학을 고려한 산뜻한 모양이었다. 말년에 레비는 나사의 스카이랩 프로젝트에서 인테리어를 담당했다. 콜드스팟 슈퍼 식스 냉장고, 그레이하운드 버스, 럭키 스트라이크 담배갑 등 그의 디자인은 20세기 중반 미국을 상징하는 것이 되었다.
> 그는 1986년에 숨을 거두었다.

대학살을 고려하지 않는다면 제2차 세계대전은 미국의 막강한 힘을 과시하는 계기가 되었다. 상상을 초월하는 생산력을 지닌 미국이 1941년 전쟁에 참전하면서 연합군의 승리는 확실해졌다. 독일군은 동부 전선에서는 적군(赤軍)에게, 서부 전선에서는 연합군에게 괴멸당했다. 독일과 일본에게 직접적인 피해를 입지 않은 미국은 1940년대 내내 경제 부흥을 향유할 수 있었다. 고속열차가 등장했고 할리우드는 전성기를 맞았으며 재즈가 유행했다. 그리고 건축에서는 훗날 미드 센추리 모던(Mid-Century Modern)이라는 이름으로 알려지게 된 매끄럽고 자신감이 넘치는 국제주의 양식(International Style)이 등장했다.

미국화된 정신

이것은 엄격하게 말해서 건축 양식이 아니었다. 이것은 미국 산업과 건축가의 고유한 에너지와 고도로 효율적인 조립식 건축술, 그리고 바우하우스(1933년 폐쇄) 출신이 중심이 된 유럽의 건축가와 디자이너, 특히 1937년 독일을 떠나 런던을 거쳐 미국에 온 미스 반 데어 로에의 영향이 융합되어 새롭게 창조된 설계 방식과 건축 방식이었다. 바우하우스의 창립자인 발터 그로피우스는 하버드 대학에서 가르쳤고, 미스 반 데어 로에는 시카고의 일리노이 공과 대학에서 가르쳤다. 두 사람은 미국화된 모던 무브먼트 건축의 정신을 상징하는 새로운 캠퍼스를 설계했다. 미국의 테크놀로지가 바우하우스의 미니멀리즘적인 논리와 결합되는 순간이었다. 그리고 새로운 캠퍼스에서 미국의 영리하고 젊은 건축가들이 독일의 대가들에게 건축의 진수를 배웠다.

미스 반 데어 로에의 국제주의 양식 건축(시카고의 크라운 홀, 판스워스 하우스, 레이크 쇼어 드라이브 아파트, 시그램 빌딩, 178-79쪽 참조)은 미국의 건축가들에게 지대한 영향을 미쳤다. 특히 1950년대와 1960년대에 다국적 기업 본사 건물의 원형이 된 레버 하우스(196-97쪽 참조)를 뉴욕에 세운 SOM 사의 건축가들에게 커다란 영향을 주었다. 이에로 사리넨(Eero Saarinen)이 설계한 미시간 주 워런의 제네럴 모터스 기술 센터도 매끄럽고 확신에 찬 느낌을 주는 건물로, 차가운 특징을 그대로 드러낸 초고층 건물이다. 작업실을 이 건물의 중심인 둥근 천장에 두었던 GM의 디자인 팀과 공동으로 작업한 사리넨은 나중에 '기술 이전'으로 알려진 방법을 사용했다. 다시 말해서 자동차 디자인에 사용되던 부품과 자재들—특히 네오프렌 개스킷은 그 후 20년 동안 하이테크 건축의 특징이 되었다—을 건축에 적용한 것이었다. 건축 양식은 이렇게 끝없이 확장될 수 있었다. 실제로 이런 생각이 자신만만한 철골 구조를 바탕으로 한 미국 건축의 한 부분이었고 매력이라 할 수 있다. 철골 구조는 냉혹한 미국 기계 산업의 자신감을 상징한 것이기도 하며, 또한 그 시대에는 당연한 생각이었겠지만 우주의 지배자로 자처한 남성 중심 문화의 건축이기도 하다.

팜 스프링스의 시적인 건축

그러나 철골 구조가 미국 건축의 전부는 아니었다. 캘리포니아에서는 유럽의 모던 무브먼트를 따른 건축이 독자적으로 발전하고 있었다. 1920년대와 1930년대에 캘리포니아의 젊은 건축가들은 빈에서 건너온 두 명의

레비 하우스(캘리포니아의 팜 스프링스, 1946-47년)
르 코르뷔지에의 제자로 스위스 태생이었던 알베르트 프라이(Albert Frey)는 미국 건축에 활용된 새로운 테크놀로지에 매료되어 미국으로 건너갔다. 레이몽 레비를 위해 설계해 준 이 집은 사막과 집을 하나로 결합시키고 있다.

케이스 스터디 하우스 넘버 21 (로스앤젤레스, 1958년)
『예술과 건축』이란 잡지사의 소유자였고 로스앤젤레스에서 모더니즘을 활성화하기 위해 케이스 스터디 프로그램을 시작한 존 엔텐자(John Entenza)는 피에르 쾨니히를 초청해서 케이스 스터디 하우스 넘버 21을 의뢰했다.

망명객, 리하르트 노이트라(Richard Neutra)와 루돌프 쉰들러(Rudolf Schindler)에게 커다란 영향을 받았다. 두 망명객은 로스앤젤레스와 팜 스프링스를 중심으로 오픈 플랜 기법을 사용한 차분한 단층집들을 설계했다. 그들은 미닫이식 유리벽을 사용하고 자연과의 조화를 고려해서 설계했다. 그런 집들은 프랭크 로이드 라이트의 오픈 플랜 건축 기법과 초기 모던 무브먼트의 기능적 감수성을 통해서 일본의 선불교와 미국의 자연을 교감시켜 형태와 기능을 완벽하게 결합한, 시(詩)적인 건축이었다.

제2차 세계대전의 여파로 노이트라 쉰들러 양식은 할리우드 거물들의 휴양지였던 로스앤젤레스와 팜 스프링스에서 피에르 쾨니히(Pierre Koenig)를 비롯한 젊은 건축가들에게 다시 주목받기 시작했다. 쾨니히는 미 육군 공병으로 유럽에 파병되어 나치의 집단 수용소를 직접 목격한 퇴역군인이었다. 쾨니히는 과거의 암울했던 정치와 건축에서 벗어나 깨끗한 신세계를 창조하려는 열망을 케이스 스터디 하우스 넘버 21과 넘버 22(1959년)에 집약해 놓았다. 두 집은 철골 구조로, 미국 산업의 강섬과 난순성을 융화시켰을 뿐만 아니라 쉰들러와 노이트라가 사막에 세웠던 집의 시적인 느낌을 완벽하게 살려 낸 걸작이다.

한편 부부인 찰스 임스(Charles Eames)와 레이 임스(Ray Eames)는 강철과 공장에서 제작된 부품을 사용해서 퍼시픽 팔리세이즈에 그들의 집을 직접 설계해서 지었다. 그들은 천재적 발상을 통해 디자이너가 시적인 눈을 갖고 있다면 대량 생산 기술로 가정용 주택도 아름답게 꾸밀 수 있다는 것을 증명해 보였다. 그 후 임스 부부는 산업용 가구도 디자인하는 열의를 보여 주었다. 그들이 디자인한 산업용 가구가 오늘날에도 여전히 사용되는 것과 마찬가지로 세월이 지날수록 이런 스타일의 집은 사람들에게 더욱 인기를 끌었다.

후기 국제주의 양식

그러나 국제주의 양식의 종교적 건축물의 대표적인 예는 콜로라도 스프링스에 있는 미 공군 사관 학교의 자그마한 예배당이다. 비행기의 두 날개가 기도하듯이 맞닿아 있는 모습은 마치 종이를 접어 놓은 것처럼 보인다. 그러나 당신이 쇼핑을 새로운 종교라고 생각한다면 빅터 그루엔(Victor Gruen)이 설계한 디트로이트의 노스랜드 쇼핑 센터의 순수하고 플라토닉한 형태도 그 못지않게 감동적이라 주장할 수 있을 것이다.

> **미국으로의 망명**
>
> 미국은 독일과 4년 동안 싸웠지만, 종전 후 독일의 위대한 발명가들을 받아들였다. V2 미사일과 훗날 인간을 달로 보내 준 새턴 로켓을 설계한 젊은 로켓 과학자 베르너 폰 브라운(Werner Von Braun)도 그들 가운데 하나였다.
> 건축계에서도 바우하우스를 이끌었던 미스 반 데어 로에와 그로피우스, 그리고 오스트리아의 쉰들러와 리하르트 노이트라도 미국으로 망명했다. 특히 쉰들러와 노이트라는 캘리포니아에서 그들의 꿈을 키우기 전에 프랭크 로이드 라이트의 건축 사무소에서 일했다.

퍼시픽 팔리세이즈 넘버 8 (캘리포니아의 팜 스프링스, 1949년)
찰스 임스와 레이 임스 부부의 집은 쾌적하게 설계되었다. 바닥에서 천장까지 연결된 유리를 통해 스며드는 빛을 적절하게 차단해 주는 유칼리 나무들이 늘어서 있다.

모더니즘과 자유
해방의 건축

알바 알토
1898년 핀란드의 쿠오르타네에서 태어난 알토는 스칸디나비아 모더니즘을 이끈 대표적인 인물이었다. 그의 건물은 모던 무브먼트의 기술 혁신과 스칸디나비아 고유의 자연 감각과 자재목재와 돌를 결합시킨 작품이었다. 실제로 많은 모더니스트들과 대조적으로 알토는 "건축에서 가장 중요한 모델은 기계가 아니라 자연이다."라고 주장했다. 알토는 유리 제품과 가구를 디자인하기도 했다. 그는 1976년 헬싱키에서 숨을 거두었다.

모더니즘은 두 가지 자유를 의미했다. 즉 질병이나 불행으로부터의 자유와 정치적 자유를 뜻했다. 따라서 초기에 모더니즘은 전반적으로 좌익적 색채를 띠었다. 모더니즘의 오픈 플랜 기법 건축은 역사적으로 독재 체제를 떠올리게 하는 모든 것을 버렸다. 수세기 동안 독재 체제는 복잡한 상징물과, 화려하고 종종 연극적인 장식으로 뒤덮인 거대한 건물들을 앞다투어 지었다.

모더니즘 건축에서는 첫번째 자유, 즉 행복이 건물의 외형에서 드러날 수 있어야 했다. 따라서 하얗고 가볍고 따뜻하게 보이며 자연을 향해 열린 집들이 지어졌다. 건강한 집에 건강한 신체가 있다! 전쟁 전에 이런 전방위적 모더니즘은 핀란드의 알바 알토(Alvar Aalto)가

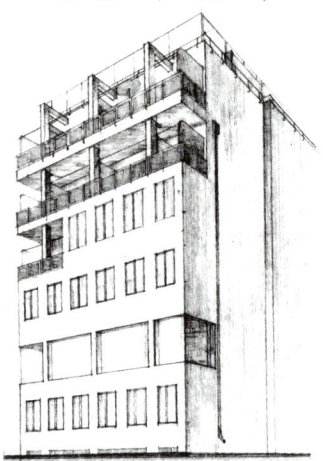

파이미오 결핵 요양소(1929-33년)
알토는 30살에 결핵 요양소 건설 작업을 시작했다. 설계 비용과 건축 비용은 핀란드 50여 곳의 지역 공동체에서 공동으로 부담했다.

설계한 아름다운 파이미오 결핵 요양소에서 확인할 수 있다. 당시 프랑스, 독일, 영국의 모더니스트들의 작품과 비교할 때 파이미오 결핵 요양소는 따뜻하고 인간적인 냄새를 물씬 풍겼다. 이 건물은 알토와 스칸디나비아가 모더니즘에 남긴 커다란 업적이었다. 말하자면 그는 모더니즘에 인간의 얼굴을 주었던 것이다. 1930년대 내내 알토는 모던 건축과 자연을 하나로 융합하려 애썼다. 그는 당시의 건축과 과감히 결별하고 안팎으로 천연 자재를 사용해서 그의 집, 빌라 마이레아를 지었다. 모던 건축이 자연과 배치되는 방향으로 치닫고 있을 때 알토는 그의 집을 자연의 일부로 만들었다. 피와 진흙과 학살의 제1차 세계대전이 끝난 후, 모더니즘은 햇빛과 편의성과 해방을 사람들에게 주었다. 파이미오 결핵 요양소의 예에서 보듯이 모더니즘은 문자 그대로 요양소(사나토리움)처럼, 모든 것을 치유할 수 있었다.

새로운 독일의 건축

제2차 세계대전 후 건축가들은 새로운 형태로 탈출과 해방을 모색했다. 독일에서는 엄청난 규모로 특징지을 수 있는 제3 제국의 군사적 색채의 건축에 대한 필연적인 반발이 일어났다. 대다수 전쟁중에 장교로 근무했던 건축가들은 정치적 색채를 탈피한 건축 방식을 모색했다. 이런 맥락에서 건설된 새로운 건물이 한스 샤룬(Hans Scharoun)이 설계한 베를린의 주립 도서관과 필하모닉 오케스트라 홀(1959-63년)이었다. 경사가 심한 지붕과, 물 흐르듯 자연스러운 느낌을 주는 실내는 합리적이고 유기적인 형태가 그 설계에 완벽하게 일치되는 걸작이다. 무인지대(No Man's Land)와 베를린 장벽 인근에 있는 두 건물은 1989년에야 실현된 통일 베를린의 새로운 문화 중심지가 되도록 처음부터 의도해서 설계한 것이다. 샤룬은 강렬하고 독특한 건축을 내놓아 나치가 만든 건축물의 허식과 엄격함을 씻어 내려 했다. 그러나 샤룬이 필하모닉 오케스트라 홀의 설계를 끝내고 공사에 돌입했을 때 미스 반 데어 로에도 가까운 곳에 신국립미술관을 짓고 있었다.

빌라 마이레아(핀란드의 노르마르쿠, 1938-41년)
집이 배후에서 수영장을 따라 L자형 곡선을 그린다. 건물의 주 구조는 철근 콘크리트를 사용해 만든 반면에 외부와 내부에는 목재와 돌을 사용해서 집과 자연의 일체감을 살렸다.

베를린의 주립 도서관(베를린, 1967-78년)
샤룬의 필하모닉 오케스트라 홀, 미스 반 데어 로에의 신국립미술관과 더불어, 베를린의 주립 도서관은 베를린 쿨투르포룸의 일부를 이룬다.
내부는 도서관의 기능을 살린 형태를 띠며, 훤히 트인 공간에서는 계단에 의해 하나가 되어 있는 것을 볼 수 있다.

스칸디나비아의 디자인

1930년대 스칸디나비아에서 시작된 디자인 운동은 그 지역의 오랜 공예 전통에 기원을 두고 있었다. 1930년 스톡홀름 전시회에서 새로운 경향이 처음으로 소개되었다. 형태와 선이 단순해졌고 전통에서 벗어났다. 이것은 전 세계를 휩쓸던 기능주의의 영향이었고, 바우하우스의 합리적 디자인과 생산 개념에서도 영향을 받은 것이었다. 그러나 스칸디나비아의 디자인은 여전히 전통적 단순성과 엄격성을 유지하고 있었다. 이 지역의 디자인은 훗날 대공황의 절박성을 표현하기에 적합한 미학으로 여겨지기도 했다.

신국립미술관은 베를린에 탁월한 기념비적 건축물을 많이 남긴 프로이센의 위대한 건축가 싱켈의 엄격한 신고전주의와, 바우하우스의 세계를 접목해서 만든 건물이었다. 슈페어와 히틀러는 싱켈의 웅대한 건축물에 찬사를 보냈지만 바우하우스는 그들에게 경멸의 대상이었다.

그러나 건축가들이 개별적으로 이념성을 지우고 이상을 추구하더라도 건축은 우리에게 어떻게 살아야 한다고 말해 주는 것이기 때문에 많은 점에서 규범적이고 결정론적이다. 또한 소수의 건축가들만이 순수하게 참여적인 건축, 즉 건물주와 사용자가 참여해서 설계와 건설 과정에 실질 영향을 미치는 건축을 실현해 보려 애쓰고 있었다. 벨기에의 뤼시앵 크롤(Lucien Kroll)은 루뱅 가톨릭 대학의 학생회관을 세우면서 이런 시도를 해 보았다. 학생들이 참여한 특별한 설계였고 목재와 콘크리트를 사용한 60년대의 '해방' 정신의 표현이었다. 대부분의 경우 새로운 대학 건물은 형식에 치우쳤으며, 이전 세대 건축가들이 만든 작품이었지만, 자욱한 마리화나 연기는 대학 캠퍼스에 감돌던 자유를 향한 절규를 상징했다.

그러나 아쉽게도 혁명과 자유 정신은 전후에 혁신적인 건축을 만들어 내지 못했다. 다른 방법을 통해 그래픽, 영화, 사진, 철학, 문학 등을 실험해 보았던 쿠바와 같은 나라에서도 마찬가지였다. 예외적으로 돔 양식에 근거해서 리카르도 포로(Ricardo Porro)가 아바나의 미라마르 구역에서 시도한 발레 학교와 예술 학교 건물들에서만 새롭게 싹튼 자유 정신이 발견될 뿐이다. 모스크바나 베이징 당국으로부터 자금을 지원받은 아프리카, 아시아, 라틴아메리카의 혁명 정부들은 소련식의 콘크리트 주택 단지, 혹은 지역 문화를 철저히 무시한 괴물 같은 건물들을 연이어 건설하고 있었다. 이런 건물들은 결코 자유의 표현이 아니었다. 그것은 또 다른 독재였을 뿐이었다.

루뱅 가톨릭 대학교(벨기에의 루뱅 라 누브, 1969-75년)
네덜란드의 루뱅 가톨릭 대학교에서는 1960년대까지 두 언어가 사용되었다. 그러나 네덜란드어를 사용할 것을 요구하는
학생들의 시위로, 프랑스어로 가르치는 대학은 1968년 벨기에로 이전되었다.

새로운 도시들
신예루살렘

전원 도시
전원 도시는 프랑스와 영국에서 산업화에 따른 도시의 인구 과잉과 불결함에 대한 반발로 지어졌다. 도심에 녹지대를 마련하려는 최초의 프로젝트들, 가령 프레더릭 로 올름스테드(Frederick Law Olmstead)가 건설한 뉴욕의 센트럴 파크(1850년대)와, 전원 도시에 대한 에벤저 하워드의 이상적인 설계(1898년)는 인간과 '자연'을 다시 이어 주려는 시도였다. 이 개념은 세기가 바뀌면서 커다란 반향을 일으켜 잉글랜드의 레치워스(145쪽 아래 그림설명 참조) 건설, 가르니에(Garnier)의 시테 앵뒤스트리엘(1917년)과 같은 도시 계획, 그리고 베를라헤(Berlage)의 남암스테르담 정비 계획(1902-20년)으로 이어졌다. 르 코르뷔지에의 현대 도시(1922년)에서도 기계적인 요소와 이상적인 자연이란 개념이 융합된 것을 볼 수 있다.

1950년대와 1960년대에 들면서 이상적이고 새로운 도시를 창조하려는 시도가 있었다. 그러나 이런 생각은 대부분 허망한 것으로 입증되었다. 그것은 거의 모든 도시가 유기체처럼 발전해 왔기 때문이다. 오랜 역사를 통해 한 공간에서 다양한 계획이 입안되고 포기되며 수많은 건물들이 지어지고 허물어지면서 갖가지 형식들이 중첩된 곳이 바로 도시였다. 백지 상태에서 대도시를 계획하는 것은 파란만장한 인간의 삶에 균형 잡힌 패턴을 선물하는 것일 수 있지만, 그런 야심 찬 계획은 입안할 당시에는 의미가 있지만 십중팔구 수십 년, 어쩌면 수년 내에 낡은 것으로 전락하고 말 것이기 때문이다.

신도시는 사회의 중심에서 밀려났거나 아니면 추하고 야비하며 소외된 생활에 지쳐, 그런 삶을 벗어나고 싶어한 사람들이 사는 곳으로, 거의 언제나 기존 도시의 외곽에 세워졌다. 또한 신도시는 찬디가르, 브라질리아, 캔버라 등의 예에서 볼 수 있듯이 정치적 이유에서 새로운 수도로서 건설되기도 했다.

사람들이 신도시를 받아들이고 그 도시에 적응해 가는 모습을 펀자브의 찬디가르에서 생생하게 확인해 볼 수 있다.

과거의 중심지였던 라호르가 1948년에 파키스탄 이슬람 공화국에 양도되면서 수많은 힌두교 난민들에게 새로운 구심점이 필요하게 되었다. 그래서 1951년부터 르 코르뷔지에는 그를 적임자로 추천한 영국의 건축가 부부 제인 드루(Jane Drew)와 맥스웰 프라이(Maxwell Fry)의 도움을 받아 가며 찬디가르의 설계를 시작했다.

르 코르뷔지에와 찬디가르
계획 자체는 태양과 빛과 녹음으로 어우러진 새로운 도시에 대한 르 코르뷔지에의 오랜 연구에 뿌리를 둔 것이었다. 그러나 1920년대에 파리를 개조하기 위해 제안했던 유명한 계획안과 달리, 찬디가르는 유리를 사용한 고층 건물의 건설을 최대한 억제하고 나지막한 빌라를 중심으로 한 전원 도시로 설계되었다. 중요한 건물들은 로지아, 수경 정원, 처마가 긴 지붕, 창틀에 설치된 콘크리트 햇빛 가리개 등에서 볼 수 있듯 르 코르뷔지에가 전후에 즐겨 사용한 콘크리트와 무굴 제국의 전통을 절묘하게 결합한 것이었다. 웅장하고 추상적인 건물들이 그렇게 해서 완성되었다. 히말라야를 배경으로 자리한 건물들은 파블로 피카소(Pablo Picasso)의 그림들과 브라크(George Braque)의 조각들을 연상시켰다. 주요한 공공건물들로는 의사당과 최고 재판소(1952-56년)와 정부청사(1952-56년)가 있다.

르 코르뷔지에의 사촌이며 오랜 파트너였던 피에르 잔레가 그 시공을 맡았다. 그는 페옹 빌리지

의사당(인도의 찬디가르, 1955-60년)
르 코르뷔지에의 찬디가르 설계는 무굴 제국의 전통적인 형태와, 그의 독특한 스타일이 융합된 것이다.
초승달 모양의 지붕은 실용적인 차양 역할을 하기도 하지만 전통적 형태를 살린 것이다. 결국 이 건물은 현대적 감각과 전통이 어우러진 결합체이다.

안자크 가(街)와 국회의사당 (오스트레일리아의 캔버라, 1979-88년)
전경에 보이는 건물은 오스트레일리아 전쟁 기념관이며 그 뒤로 호수까지 연결되는 도로는 안자크 가이다. 인공 호수(그리핀의 원래 계획에 속해 있었음) 건너편으로 구의사당이 하얀 띠처럼 보인다. 그 너머로 언덕 위에 국회의사당 신청사가 서 있다.

위대한 신세계

제인 드루와 맥스웰 프라이
영국에서 세계적인 모던 양식을 선도한 제인 드루와 맥스웰 프라이는 1942년에 결혼해서 1945년부터 함께 사업을 시작했다. 프라이는 영국에서 개인 주택 설계로 명성을 얻었고, 드루는 나이지리아와 중동에 많은 건물을 세웠다. 그들이 남긴 가장 유명한 업적은 찬디가르의 주택 건설 계획이었다. 프라이는 신수도 건설 프로젝트에서 선임 건축가이기도 했다.

(1952-53년)와 간디 바반(1959-61년)을 직접 설계한 건축가이기도 했다. 대다수의 건물은 드루와 프라이가 설계했다. 흥미로운 점은 찬디가르가 세워진 지 50년이란 세월이 흐르는 동안 이 건물들에서 지역 주민들이 살아 가는 방식이다. 2층 높이의 파사드 뒤쪽으로 3층, 때로는 4층 집들이 빽빽 세워져 있다. 이 때문에 찬디가르의 인구 밀도는 르 코르뷔지에가 계획한 것보다 훨씬 높다. 인도에서 인구 밀도가 낮은 전원 도시로 계획된 다른 도시들도 부산스럽기는 마찬가지이다. 캔버라와 달리 찬디가르는 현대적 감각과 고대의 전통이 조화되어 뚜렷한 특색을 나타내는 건축의 도시이며, 지나치게 인구 밀도가 낮은 오스트레일리아의 수도에서는 찾아볼 수 없는 역동적 에너지가 느껴지는 도시이다. 따라서 찬디가르는 새로운 도시가 어떻게 기능할 수 있는가를 보여 주는 훌륭한 예이다. 도시의 풍요로움은 그 도시의 활기에 있는 것이지, 매끄러운 조직이나 효율성에 있는 것이 아니다. 원대한 계획에 따라 세계화된 건축으로 꾸며진 도시더라도 생명의 기운과, 깊이와, 의미가 없다면 풍요로운 도시라고 할 수 없다.

캔버라

오스트레일리아의 새 수도로 정해진 캔버라의 도시 계획을 1912년에 실질적으로 수립한 사람은 월터 벌리 그리핀(Water Burley Griffin)이었다. 그러나 이 도시에 생명의 기운을 준 중요한 건물들은 1980년대 말에야 완성되었다. 에드워즈 미디건 토질로 앤드 브리그스 사가 설계한 오스트레일리아의 대법원청사(1972-80년)와 국립 미술관(1968-82년), 미첼 지어골라 소프(Mitchell Giurgola Thorp)가 설계한 국회의사당(1979-88년)이 이러한 건물들에 속한다. 의도적으로 조각품처럼 설계한 이 콘크리트 건물들의 공통점은 평범하게 보인다는 점이다. 달리 말하면 오스트레일리아만의 고유한 건물이 아니라 세계 어디에서나 흔히 볼 수 있는 건물처럼 보인다는 것이다. 지어골라의 국회의사당은 특출한 설계는 아니지만 정체성 없는 건물들 가운데 가장 흥미로운 건물이다.

국회의사당을 설계한 미국인 건축가는 나지막한 언덕에 두 채의 의회 건물을 교묘하게 절반은 드러나고 절반은 보이지 않게 설계했다. 또한 도시 계획의 중심이 되는 기본 축들을 의사당의 내부 축들과 연결되도록 한 것으로 보인다. 또한 완벽하지는 않지만 보자르 양식과, 르 코르뷔지에가 소비에트 궁의 설계 힌싱 공모전에 출품한 모형을 교묘하게 융합한 것이란 평가도 있다. 반면에 캔버라 사람들은 곡선으로 휜 의사당의 벽이 거대한 부메랑 한 쌍을 거꾸로 맞대어 놓은 모습과 닮았다고 말한다. 물론 그렇게 설계한 이유는 미스터리로 남아 있다. 하지만 분명한 것은 이런 솜씨와 그에 대한 평가들이 국회의사당은 물론이고 캔버라를 인간적이고 호감이 가는 도시로 만들어 주지 못한다는 점이다. 결국 새로운 도시에 생명을 불어넣는 것은 건축의 역할이 아니라 그곳에서 살아 가는 사람들의 몫이다.

> "우리 민족의 천재성을 보여 준 최초의 표현이…… 우리가 새로 얻은 자유를 바탕으로 개화하고 있다."
> — 찬디가르에 대한 네루의 말

오스카르 니마이어
라틴의 열정

오스카르 니마이어(Oscar Niemeyer)는 모던 무브먼트에 새로운 차원의 관능성을 부여한 건축가였다. 그는 리우 데 자네이루를 둘러싼 산악과, 대서양, 그리고 그의 집과 작업실에서 내려다보이는 까마득한 해변의 풍경에서 영감을 받아 모던 건축에 조각적인 특성을 도입했다고 말했다. 그가 보았을 때 모던 건축에 필요한 것은 라틴의 열정이었다. 그는 모던 건축에 전반적으로 결여된 깊이와 그림자와 생기를 주기 위해서 라틴의 열정을 불어넣을 필요가 있다고 생각했다. 그러나 니마이어의 바로크풍의 건물들을 특별하게 만들어 준 것은 라틴의 열정이 아니었다. 그것은 브라질을 현대화하는 과정에서 불거진 정치 상황과 니마이어의 비전 덕택이었다.

제툴리우 바르가스(Getulio Vargas)가 정권을 잡게 된 1930년의 혁명은, 새로운 지배 계급이 아방가르드였다는 점에서 주목되었다. 그 때문에 리우 데 자네이루의 교육보건성 신청사(1937-42년, 현재는 문화성) 설계는 20세기 브라질에서 정부의 지원하에 혁신적인 건축과, 도시 계획과, 설계가 발전하는 데 중대한 역할을 했다. 교육보건성 신청사 설계 공모전에서 당선된 루시우 코스타(Lucio Costa)는 그 후 조수였던 공산주의자 니마이어와 함께 신수도인 브라질리아를 설계했다. 니마이어는 1936년에 코스타 팀의 일원이 되었다. 브라질리아를 설계하는 데 그들은 건축 자문 역으로 리우데자네이루에 초빙된 르 코르뷔지에의 영향을 많이 받았다.

오스카 니마이어
니마이어는 1964-69년까지 프랑스에서 망명 생활을 했지만 주요 작품은 대부분 조국인 브라질에 남겼다.

실험적인 건축 형태

뉴욕 국제박람회의 브라질관(1936년)을 세운 것으로 시작된 니마이어의 작품 활동은 현대 콘크리트 공학이 허용하는 범위 내에서 새로운 형태를 실험하면서 점점 화려하고 대담해져 갔다. 경쾌하고 우아한 멋을 지닌 팜풀라의 카시노(1942년)와 요트 클럽, 마찬가지로 팜풀라에 세운 파도 모양의 성 프란체스코 성당은 벨로 리존테의 시장이던 주셀리누 쿠비체크(Juscelino Kubitschek)에게 의뢰받은 것이다.

이 성당의 네이브는 물결 모양으로 연결된 하나의 공간으로, 콘크리트로 만든 네 개의 포물선 아치가 지붕과 벽 역할을 하지만 구조적으로나 시각적으로 단절된 느낌을 주지 않는다. 바닥에서부터 아치형 천장까지 이어져 있는 칸디두 포르티나리(Candido Portinari)가 만든 타일화는 포루투칼의 전통 방식에 따라 색을 칠하고 유약을 바른 타일로 만든 것이며, 성 프란체스코의 이야기를 표현한 것이다. 전체적인 인상은 독창적이면서도 성스럽고 편안한 느낌을 준다. 니마이어는 실험적인 건축을 했지만, 그의 작품에서는 언제나 평온함과 조화가 느껴진다. 니마이어는 위험을 무릅 쓰고 대담한 건축 실험은 했지만 그의 작품에서는 언제나 진지한 조화가 읽혀진다.

1950년대 말 쿠비체크가 브라질의 대통령이 되었다. 그의 꿈은 열대 우림지 한가운데에 초현대식 신도시를 건설하는 것이었다. 코스타가 주도한 도시 계획은 웅대한 만큼이나 간결했다. 니마이어는 코스타에게 필적할 만한 공공건물을 설계했다. 바로 광대한 삼권 광장을 둘러싼 국회의사당, 법무성, 이타마라티 궁(1958년) 등이었다. 그는 또한 삼권 광장에서 약간 떨어진 곳에 콘크리트로 만든 가시면류관 모양의 브라질리아 대성당을 세웠다. 이 건물들은 한마디로 거대한 힘의

국회의사당(브라질리아, 1960년)
우뚝 솟은 고층 건물인 의사당은 삼권 광장의 중심 건물이다.
코스타의 원래 설계에 따라, 계획 도시인 브라질리아의 남북 축은 두 건물의 사이를 지나간다.

브라질리아 대성당(1959-70년)
성당은 콘크리트와 강철로 만들어진 띠 모양으로 꼭대기에 모여 있는 콘크리트 보로 이루어져 있다.
환형의 바닥이 지표면보다 낮고, 따라서 입구보다 낮기 때문에 환상적인 공간이 실내에 만들어진다.

니마이어의 주요 작품
요트 클럽(브라질의 팜풀라, 1943-44년)
성 프란체스코 성당(브라질의 팜풀라, 1943-46년)
정부청사(브라질의 브라질리아의 삼권 광장, 1958-60년)
브라질리아 대성당(브라질, 1959-70년)
현대미술관(브라질의 니테로이, 1997년)

상징이다. 멀리에서 볼 때에는 마치 기념비 같은 조각처럼 보인다. 이 건물들은 지나치게 단순하며 고압적인 느낌을 준다는 비난을 받았지만 새로운 수도에 정체성을 즉각적으로 부여하려는 목적에 적합한 것이었다. 브라질리아가 완공된 이후, 세계 각국의 중앙 정부와 지방 정부가 앞다투어 기념비적 건축에 투자하여 정체성을 고양시키고 관광객을 끌어들이려 하고 있다. 시드니의 오페라 하우스(170-171쪽 참조)와 빌바오에 있는 구겐하임 미술관(224-225쪽 참조)은 그 대표적인 예이다. 코파카바나 해변을 내려다보고 있는 니마이어의 집은 무척이나 기품이 있다. 그것은 마치 주변의 땅과 바다를 향해 꽃망울을 터뜨린 꽃이 보이며, 안팎의 공간이 막힌 곳 없이 시원스레 뚫린 것처럼 설계된 집이다.

말년의 작품으로는 실내를 우주 정거장처럼 설계한 프랑스 르아브르에 있는 문화의 집(1972년), 리우데자네이루 근처의 니테로이 해변가에 바다를 굽어보는 곳에 있는, 긴 다리를 내린 비행접시처럼 보이는 현대 미술관(1977년)이 있다. 그것은 사람들로 하여금 발걸음을 멈추고 물끄러미 쳐다보게 만드는 건축물이다. 엄청난 매력을 지닌 건축물이지만 바닷가에 있기 때문인지 위압적으로 보이지는 않는다.

뼛속까지 브라질인

니마이어는 21세기에 들어서도 중요한 프로젝트에 계속 참여했다. 브라질 정부 지도자들이 취향에서나 감수성에서나 아방가르드였던 까닭에 그는 현대 건축사에서 대단한 행운아였다. 그러나 사상의 세계적인 흐름에 발맞추면서도 니마이어는 주로 브라질에서만 활동했다. 가우디가 카탈로냐에, 싱켈이 프로이센에, 임레 마코베츠(Imre Makovecz)가 헝가리에 헌신했듯 니마이어도 브라질 건축을 위해서 타고난 재능을 아낌없이 발휘했다. 실제로 그는 브라질 밖에서는 거의 일하지 않았다. 그는 비행기 타는 것을 싫어했다. 따라서 독특한 형태의 건축을 만들어 낸 열정의 사나이라는 명성에 걸맞지 않게 그는 평생 동안 그다지 많은 작품을 남기지 않았다.

> "나를 즐겁게 해 주는 것을 내 뿌리이자 내 근원인 나라와 자연스럽게 연결시키는 방법으로 설계해야만 한다."
>
> 오스카르 니마이어

야수주의
야만적인 콘크리트 건물

> **데니스 래스던**
> 1914년 런던에서 태어난 데니스 래스던은 1935년 웰스 코츠(Wells Coates)와 함께 처음 건축 일을 시작했지만, 베르톨트 루베트킨(Berthold Lubetkin)이 설립한 텍튼 사에 들어갔다. 래스던의 스타일은 수평선을 강조한 것이다. 왕립 의과 대학, 레전트 파크(1961-64년), 국립 극장 등이 대표작이다. 그는 1984년에 『회의주의 시대의 건축』을 발표했다.

야수주의(Brutalism)는 영국의 비평가 피터 레이너 벤험(Peter Reyner Banham)이 촉각뿐만 아니라 시각적으로도 거친 스타일의 건물을 추구한 건축학파에 붙인 이름이다. 야수주의는 특이한 현상으로서 처음부터 반 세기가 지난 지금까지 논란이 계속되는 건축 양식이다. 야수주의는 건축의 역사에서 명예롭지 못한 순간에 발생한 양식이었다. 안타깝게도 르 코르뷔지에의 말년의 작품들(특히 위니테 다비타시옹, 183쪽 그림설명 참조)과 히틀러의 콘크리트 구조물인 "대서양의 벽"에서 기원한 이 건축 양식은 집단 주거지의 건설에 처음 적용되었다. 제2차 세계대전의 여파로 영국에는 새로운 주거지가 황급하게 필요해졌다. 전후 정부는 연간 30만 호의 주택 건설을 목표로 삼았다. 그것은 전시 동안 터득한 조립식 공법과, 르 코르뷔지에가 그랬듯이 대강 양생한 콘크리트를 '골조'에 붓는 식으로 공사해야 달성할 수 있는 목표였다.

그런데 이 이해하기 어려운 건축 미학은 레이너 벤험이 주도한 평론가들의 이론적 지원을 바탕으로 조금씩 세력을 넓혀 나갔다. 프랑스의 화가 뒤뷔페(Dubuffet)가 주창한 '아르 브뤼(Art Brut, 생경한 예술)'에 영향을 받은 건축가 피터 스미스슨(Peter Smithson)과 앨리슨 스미스슨(Alison Smithson) 부부가 야수주의를 옹호한 대표적 인물이었다. 스미스슨 부부는 가장 야수주의적인 작품 중 하나인 로빈 후드 가든 주택 단지(1969-72년)를 동런던에 세웠다. 그러나 어떤 점에서는 도시 건축가인 잭 린(Jack Lynn)과 이보르 스미스(Ivor Smith)가 설계한 셰필드의 파크 힐(1955-60년)과 하이드 파크(1962-65년)가 더욱 거칠게 보인다. 안타깝게도 강도들의 도주로가 되었던 스트리트 인 더 에어와 연결된 이 남성적인 구조물들은 그 안에서 살던 사람들에게조차 사랑받지 못했지만, 야만적으로 느껴질 정도로 꾸밈 없는 건축을 논리적으로 지지했던 자원 보호론자들에게는 찬사를 받았다.

도시에서의 삶

그런데 전후에 건설된 것으로서 관계자들이 '브루털리스트'라고 이름 붙인 두 채의 건물, 정확히 말해서 매우 이상한 영국식 콘크리트 건물들 가운데 두 채가 1900년대에 예술 애호가들에게 꿈의 집이 되었다. 그러나 그 건물들을 설계한 건축가들은 자신들의 이름이 거론되는 것조차 피하고 싶었을지도 모른다. 어쨌든 두 채의 건물은 에르뇌 골드핑거(Ernö Goldfinger)가 설계한 런던의 텔릭 타워(Tellick Tower)와 데니스 래스던(Denys Lasdun)이 설계한 킬링 하우스(1960년)였다. 래스던은 이 건물에 어떤 이름도 붙이려고 하지 않았다. 그의 작품은 스미스슨 부부의 작품에 비하면 훨씬 합리적이었지만 거칠기는

텔릭 타워(런던, 1966-73년)
에르뇌 골드핑거가 야수주의 양식으로 설계한 텔릭 타워는 지방 자치 단체의 주택 건설 계획의 일환이었다. 환상적인 경관을 배경으로 복층 아파트가 들어섰으며, 별도로 설치된 엘리베이터 구조물은 조각 같은 분위기를 연출한다. 1990년대에 이 건물은 서런던에서 가장 인기 있는 주택이었다.

마찬가지였다. 사실 두 공동 주택은 간결하고 논리적인 느낌을 주는 콘크리트 덩어리로 보이지만, 두 가지 장점이 있다. 첫째 조각의 멋을 한껏 살려서 매력적으로 보인다는 점이며, 둘째 입주자들에게 상상력을 고취시켜 줄 뿐만 아니라 매우 편리한 공간이라는 점이다.

야수주의 건축가들의 작품들

이 세대의 건축가들은 콘크리트 건축을 추구하던 시기(1946-65)의 르 코르뷔지에와, 1944년 6월 6일(디데이)에 있었던 연합군의 습격에 대비해서 독일군이 최전선에 축성한 15,000개의 진지인 대서양의 벽으로부터 커다란 영향을 받았다. 당시 영국 공병대 소령이었던 래스던은 노르망디 상륙전에 참전해서 독일 표현주의자들이 만든 구조물을 직접 목격한 수많은 건축가들 가운데 하나였다. 엄청난 규모의 대서양의 벽을 보았던 사람들이 런던으로 돌아와 사우스 뱅크에 늘어선 공공건물들을 보았을 때, 잠재의식에 남아 있는 영향 때문에 둘을 객관적으로 비교한다는 것 자체가 어려웠을 것이다.

그 영향을 받아 건설된 주요한 기념물로는, 런던 시의회 건축과의 젊은 일꾼들이 설계한 헤이워드 갤러리(1964년)와 퀸 엘리자베스 홀(1964년), 그리고 데니스 래스던이 대강 양생한 콘크리트로 땅에서 솟아난 구조물처럼 강렬하고 지적으로 빚어 낸 국립 극장(전통적인 건축물이라기보다는 도시에 있는 산처럼 보임)이 있다. 야수주의를 간결하고 가감 없이 해석한 신야수주의 양식이, 고층 주차 건물과 하수 처리 시설처럼 강도가 요구되는 공공건물의 설계와 시공에 적용되었기 때문에, 야수주의는 보통 사람들의 경험 세계까지도 야수주의화하는 것으로 해석될 수 있었다. 그러나 건축가와 디자이너, 비평가와 역사학자는 야수주의에 근거해 세워진 구조물들의 대담하고 화려한 조각적 특징을 은밀히 동경하고 있었다. 그런데 히틀러와 그의 건축가들이 1천 년을 견딜 수 있도록 신고전주의 양식으로 설계한 거대한 공공건물들이 대부분 5년이나 12년 만에 사라졌다는 사실은 아이러니가 아닐 수 없다. 그러나 노르망디와 영국의 해안을 곰보처럼 만들어 버린 야수주의 건축가들에게 영향을 준 구조물인 대서양의 벽은 엄청난 화력의 포화(砲火)로 일찍 파괴되지 않았더라면 1천 년 이상 그 자리를 지키고 있었을 것이다.

해안 방어 진지(프랑스의 칼레 부근, 1942년)
연합군의 공격에 대비해서 독일군은 알베르트 슈피어가 관장으로 있던 토트 협회에 칼레에서 보르도까지 방어 진지의 구축을 의뢰했다. 이 구조물은 1950년대 영국 야수주의 건축가들의 건물을 예고하는 것이었다.

영국의 야수주의

영국에서 발생한 야수주의는 어떤 면에서는 뒤틀린 건축 양식이었다. 르 코르뷔지에는 콘크리트의 투박하고 자연스런 성격에 매료되었다. 게다가 대강 양생한 콘크리트는 저렴하고 보수와 유지를 크게 필요로 하지 않기 때문에 그는 콘크리트를 애용했다. 그런데 영국에 있는 그의 찬양자들은 그것을 하나의 건축 양식으로 생각하면서 예산이 부족할 때마다 대강 양생한 콘크리트를 사용했다. 실제로 제2차 세계대전 후에 물자가 부족한 상황에서 건축 자재 자체가 하나의 양식이나 관점을 표현하는 것으로 쓰인 경우가 적지 않았다.

국립 극장(런던, 1967-76년)
지층(地層)을 떠올리게 하는 구조와 비바람에 시달린 듯한 외장이 눈에 띈다. 템즈 강의 둑에 세워진 이 건물에는 3개의 극장을 비롯해 많은 수의 공공시설이 들어서 있다.

건축의 끝없는 가능성

건축 관계자들이, 모던 건축이 완성되어 마침내 건축이 양식의 굴레에서 해방되었다고 믿었던 시기가 있었다. 1950년대에 모던 건축은 건물을 어떻게 짓느냐는 문제에 대한 기능적이고 도덕적인 해결책으로 여겨졌다. 그것은 유일한 해결책이었다! 그러나 실제로는 그렇지 못했다. 지구가 언제나 자전하고 있는 것처럼, 건축도 끊임없이 움직이는 것이다. 비평가들이 모던 건축을 절대적인 필수품이라고 주장하고 있었을 때에도 건축은 새로운 형태와 양식을 찾아 끊임없이 변화하고 있었다. 포스트모던 건축, 하이테크 건축, 유기적 건축, 고전주의 리바이벌 건축, 해체주의 건축 등의 주류 건축 양식의 틈새에서 수많은 다른 건축 양식들이 얼굴을 내밀었다. 일진광풍처럼 금세 사라지는 양식들이나 기발한 착상에 불과한 양식들도 있었지만, 20세기 말과 21세기 초에 이루어진 경제와 테크놀로지의 발달과 정치적 자유를 발판으로 건축이 나아갈 바람직한 방향을 제시해 주는 양식들도 있었다. 미래에는 더 많은 건축 양식이 나올 수 있을 것이다.

유리 피라미드 (파리의 루브르 박물관)
I. M. 페이(Pei)가 설계한 피라미드는 1983년부터 1989년에 걸쳐 세워졌다. 유리 피라미드는 루브르 박물관의 안뜰 아래까지 확장된 전시관의 입구 역할을 한다. 이 구조물은 과거의 양식과 새로운 양식의 융합을 설득력 있게 증명해 준다.

협동 조합주의
기업화된 건축

"미스 반 데어 로에는 곧 돈이다."라는 말은 1950년대에 뉴욕과 시카고에서 개발업자와 기업의 경영자 사이에 떠돌았다. 돈을 벌기 위해서나 호사스런 삶을 살기 위한 수단으로 건축 행위를 한다는 의미로 해석할 때 결코 '상업적인 건축가'가 아니었던, 미스 반 데어 로에(178-79쪽 참조)는 대기업의 체계, 조직, 필요에 가장 적합한 건축 형태를 제시해 줄 수 있는 사람이었다.

강철과 유리를 사용한 미스 반 데어 로에의 고층 건물은 언제나 이상적이고 순수하며 플라토닉한 꿈을 표현한 것이었다. 그는 이런 꿈을 1919년부터 펼쳐 왔다. 그러나 미국인 제자들은 스승의 철학적이고 종교적인 이상주의를 나타낸 건축물이 대기업의 건물에 적합하다는 사실을 깨달았다. 그 후 10년 만인 1950년대에 그들이 설계한 고층 건물들이 전 세계로 퍼져 나갔다. 그리고 루이스 스키드모어(Louis Skidmore), 나다니엘 오윙스(Nathaniel Owings), 존 메릴(John Merrill)로 구성된 미국 대표팀이 성공적으로 짜였고, 그들이 세운 건축 회사 SOM은 최초의 다국적 건축 기업이 되어, 건축이 기업화되는 길을 열었다.

건축 기업의 원형

1930년대 말에 창립된 SOM은 비즈니스 마인드를 가진 건축가들의 모임의 모델이자 원형이었다. 기업을 운영하게 된 건축가들은 경영자처럼 말쑥하게 차려입고 경영자처럼 말했다. SOM 사무실은 깔끔하게 정돈되어 있었다. 반듯이 정돈된 제도판과 파일 캐비닛은 그 시대의 질서를 상징하는 것이다. 건축가가 보헤미안적 지식인 또는 건물에 애정을 쏟는 예술가라는 생각에 일대 변혁이 일어난 것이다. 기업화된 건축 회사가 남긴 가장 큰 업적인 레버 하우스를 설계한 SOM 건축가 세대의 스승이었던 미스 반 데어 로에가 놀랍게도 강력한 군주처럼 보였다는 것도 흥미로운 사실이었다.

그러나 미스 반 데어 로에는 돈을 벌고 기업을 운영하는 데 관심이 없는 사람이었다. 물론 맞춤 양복을 입고 아바나산 시가를 피우며 마티니를 마셨지만 미스 반 데어 로에는 경영자라기보다 철학자에 가까운 사람이었다. 그가 일리노이 공과 대학에서 가르친 제자들은 겉으로 보기에는 미국의 대량 생산 체제의 완벽한 파트너처럼 여겨지는 미스 건축 스타일과 미국 산업의 위력을 본능적으로 결합시키게

"우리는 인간이 가장 오래 전부터 관심을 기울인 것인 자연으로부터의 피신처를 다룬다. 또한 아름다움과 개인적 표현에 대한 갈망을 다룬다."
— 나다니엘 오윙스

SOM 사무실 (시카고, 1950년대)
1936년에 창립된 SOM은 그 동안 50여 개 국에서 10,000건의 건축 설계와 도시 계획 프로젝트를 완수했다. 미국의 다른 다섯 건축 회사와 마찬가지로 런던과 홍콩에도 사무실을 두고 있다.

레버 하우스 (뉴욕, 1951-52년)
유리 건물의 매끈한 커튼 월이 철골 구조를 완벽하게 감추고 있다. 지표로부터 두 층을 차지하는 기초 부분이 건물 안쪽 공간을 일부 가리고 있다.

KPF의 런던 사무실(1990년대)
KPF는 워싱턴 D.C.에 세계 은행 본부를 설계했다. 300명 이상의 직원을 둔 이 건축 회사는 이 건물의 설계로 미국 건축사 협회의 명예상을 받았다.

된 것이다.

지난 40여년 동안 건축가 앨버트 칸(Albert Kahn)은 미국과 소련에 수백 채의 철근 콘크리트 구조의 공장을 세웠다. 그는 자신의 작품을 예술이 아니라 토목이라 생각했지만 미스 반 데어 로에와 르 코르뷔지에를 비롯한 유럽의 지식인들은 칸의 건물에서 새로운 건축의 모델을 보았다. 따라서 미스 반 데어 로에가 칸의 건물에서 영향을 받은 것은 당연했다. 그러나 그가 일리노이 공과 대학 캠퍼스에 지은 예배당을 비롯한 아담한 건물들은 칸이 만든 건축물이 보여 주는 경지를 뛰어넘고 있다.

최고의 효율성

SOM의 건축가인 고든 번샤프트(Gordon Burnshaft)는 뉴욕 레버 하우스의 설계에서 이 두 가지 건축 전통을 결합시켰다. 크롬 도금된 강철 멀리언과 트랜섬과, 십자로 교차되는 청록색 유리로 이루어진 공기처럼 가벼워 보이는 커튼 월이 있는 레버 하우스는 경영자가 돈을 쓸어 담는 매끈한 상자처럼 보인다. 실제로 레버 하우스는 당시 디트로이트의 모타운에서 생산된 최신형 자동차처럼 매끄러운 모습이었다.

레버 하우스는 기업계에 현대성, 깔끔함, 최고의 효율성이란 이미지를 주었다. 유연하고 나긋해 보이는 건물은 열린 민주 사회에서 돈을 쉽고 빨리 벌어들일 수 있다는 약속처럼 받아들여졌다. 이런 점에서 레버 하우스의 중요성은 아무리 강조해도 지나치지 않다. 이 건물의 파사드는 뉴욕에서부터 샌프란시스코와 싱가포르를 거쳐 나이로비에 이르기까지 전 세계의 고층 건물에서 거의 똑같게 복제되었다.

그러나 레버 하우스는 미스 반 데어 로에가 설계한 시그램 빌딩(1954-58년, 178-79쪽 참조)과는 무척 달랐다. 시그램 빌딩은 그리스 신전이나 이집트의 피라미드에 비견되는 유일무이한 건물로, 아테나 여신이나 태양신 레가 아닌 부의 신인 마몬에게 바쳐진 현대판 신전이었다. 이런 점에서 레버 하우스가 최고급 포드나 링컨이라면 시그램 빌딩은 롤스로이스나 메르체데스 벤츠였다.

공정과 상품

SOM의 기업 정신은 전 세계의 건축가들에게 전파되었다. 그들은 SOM의 기법을 흉내 내면서 부동산 개발업자와 기업의 세계에 가벼운 변화—주로 사무실 건물의 '외장' 즉 클래딩—만으로 반 세기 이상을 견디는 범세계적인 건축 모델을 제시했다. SOM은 '상업적 건축가'들이 설계한 '상업적 건축물'로 알려진 건물의 모델을 처음으로 제시했다. 그 후손들은 세계 어디에서나 만날 수 있다. 한편 미국 내에서 SOM의 두 번째 세대라고 할 수 있는 건축회사 KPF(Kohn Pedersen Fox)는 수백만 입방미터에 달하는 날렵한 건물들과 복합 소매점을 창조해 냈다. 공정과 상품으로서의 건축, 브랜드와 경영이 주가 되는 건축인 셈이었다. 요컨대 SOM과 KPF는 건축 분야의 코카콜라와 맥도날드였다. 시간이 지나면서 말쑥한 옷차림과 이윤 추구에 따른 스타일의 변화에 적응한다면 건축이라는 것도 어려운 일이 아니라는 사실이 증명되었다. 그러나 기업을 위한 건축도 미스 반 데어 로에가 유리로 된 고층 건물 꿈꾼 1919년에서 1921년 무렵에 이미 시작되어 오랜 역사를 갖고 있다.

DG 방크의 본사(프랑크푸르트, 1993년)
KPF가 설계한 이 다목적 건물은 프랑크푸르트 서부 지역의 거주 지역과 변화한 마인저 란트스트라세를 연결하려는 목적으로 세워졌다.

포스트모더니즘
"적을수록 지루하다"

로버트 벤추리
1925년 필라델피아에서 태어난 벤추리는 프린스턴 대학에서 건축을 공부했다. 그러고 나서 1950년대에 모더니즘의 기수 중 하나인 루이스 칸(1910-74년)의 건축 사무실에서 일했다. 1960년대에 국제주의 양식에 반발하며 포스트모더니즘의 중심 인물이 되었다. 『건축의 복합성과 대립성』을 발표하며 포스트모더니즘의 대변자가 되었다. 필라델피아의 바나 벤추리 하우스, 런던 국립 미술관의 세인스버리 별관(1991년 개관) 등이 그의 대표작이다.

"건축은 혁명만큼이나 진화하는 것이다."
로버트 벤추리

1960년대 중반 무렵, 미스 반 데어 로에와 본의 아니게 그가 영향을 미친 '상업적 건축'이 대도시의 중심부를 장악하기 시작하면서 새로운 건축의 단조로움에 반발하는 건축가들이 점점 늘어나고 있었다. 개성을 찾아볼 수 없는 건물들이, 대량으로 건설된 주택 단지와 도로를 따라 줄줄이 세워지고 옛 공동체의 심장부까지 파고들면서, 르 코르뷔지에와 바우하우스가 약속한 위대한 신세계를 희화화하는 듯했다.

벤추리의 사명

로버트 벤추리(Robert Venturi)는 1996년에 발표한 『건축의 복합성과 대립성(Complexity and Contradiction in Architecture)』이라는 선언적인 책에서, 미스 반 데어 로에의 유명한 경구인 "적을수록 낫다."를 "적을수록 지루하다."로 바꿔 놓았다. 그는 건축에서 혼란스런 생동감을 원한다고 말하며, 미학적 모호성과 시각적 긴장을 추구했다. 이런 포스트모던적 관점은 '둘 중 하나'가 아니라 '둘 모두'를 추구하는 건축이었다. 건축이 풍요로움과 경쾌함을 되찾아야 할 때였다. 또한 주변과의 조화를 고려하지 않고 논리성만을 강조한 까닭에 무미건조하게 변해 버린 건축물로 가득찬 세계와 결별해야 할 시간이기도 했다. 모던 건축은 건축의 본질적 존재 이유라 할 수 있는 삶의 가치에 무감각하게 변해 있었던 것이다. 벤추리의 책은 엄청난 파장을 불러일으키며 새로운 건축의 시대 즉 포스트모더니즘(postmodernism)의 도래를 알렸다. 포스트모더니즘은 한동안 대단한 반향을 불러일으켰다. 철학과 문학에서 차용한 이 용어는 오랫동안 위세를 과시했다. 이론적인 측면에서 포스트모더니즘은 포괄적인 개념이었다. 건축가들은 에드윈 루티엔스가 "고차원의 게임"이라고 불렀던 것과, 과거 특히 바로크 시대의

바나 벤추리 하우스(필라델피아, 1962년)
벤추리가 설계한 첫 건물로 어머니를 위해 세운 것이다. 팔라디오와 르 코르뷔지에의 영향이 엿보이지만, 포치와 박공에서 미국 주택의 전형적인 특징을 살렸다.

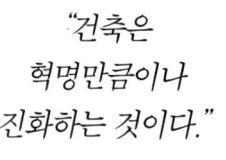

건축가들이 올바르고 정확히 이해하고 있었던 건축을 할 수 있는 능력을 상실한 것처럼 보였다. 좋게 평가하면 포스트모던적 설계는 처음 벤추리를 비롯한 미국 건축가들—찰스 무어, 마이클 그레이브스(Michael Graves), 로버트 스턴(Robert Stern), 필립 존슨—에 의해 주도되었고, 1950년대에 미스 반 데어 로에의 건축을 무작정 모방하는 건축가들이 늘어났듯이 전 세계로 파급된 '고차원의 게임'이었다. 반면에 나쁘게 보면 그것은 전통적인 철근 콘크리트 건물에 역사적 전통과 할리우드 스타일을 겁도 없이 뒤섞으면서 1970년대와 1980년에 사탕 같은 건물을 만들어 낸, 덩치만 큰 아이들의 어리석은 장난이었다.

그러나 벤추리가 뛰어난 모던 무브먼트의 설계까지 쓰레기로 취급한 것은 아니었다. 위대한 형식주의자이던 루이스 칸—그가 설계한 텍사스 포트워스의 킴벨 미술관(51쪽 오른쪽 글상자 참조)은 역사상 가장 뛰어난 건물 중 하나로 손꼽힌다—의 건축 사무소에서 일했던 벤추리가 르 코르뷔지에와 알바 알토를 극찬한 것에서 알 수 있듯, 그가 반대한 것은 정신이 상실된 단조로움과 사색이 없는 반복이었다.

초기의 프로젝트들

벤추리의 첫 작품은 어머니를 위해 필라델피아 체스트넛 힐에 세운 집이었다. 르 코르뷔지에와 팔라디오 등의 여러 건축가들에게서 차용한 파사드를 카툰처럼 처리하고, 포치와 박공 등과 같은 장식물들을 미국의 전통 가옥처럼 처리한 산뜻한 집이었다. 인테리어 디자인도 호화롭고 복합적이었지만 벤추리가 어떻게 설명해도 다 그럴듯하게 들릴 정도로 모호했다.

그 후 벤추리는 데니스 스콧 브라운(Denise Scott-Brown)과 손잡고 건축 회사를 설립해 성공적으로 운영했다. 스티븐 아이젠아워(Steven Izenour)가 파트너로 참여한 후 그들은 두 번째 책인 『라스베이거스의 교훈(Learning from Las Vegas)』을 썼다. 그들은 주택뿐만 아니라 미술관과 박물관까지 다양한 건물들을 설계했다. 초기 이탈리아 르네상스 화가들의 작품을 전시하기 위해서 트라팔가 광장의 국립 미술관을 확장하려는 1991년의 증축 설계 공모전에 벤추리와 브라운이 당선되면서 그들은 런던 시와 관계를 맺게 되었다. 런던에서 그들은 우아하고 환한 공간인 전시관보다 트라팔가 광장의 파사드를 즐겨 찾았다.

포스트모던적 접근은 자칫하면 허울만 그럴듯한 시각 디자인의 세계로 빠져들 위험성이 있었다. 실제로 그런 현상은 다반사로 일어났다. 포스트모던 시대에는 무엇이라도 가능했다. 그러나 포스트모던만의 독특한 건축이 발전되기보다는 유행의 변화가 그 시대를 주도하고

퍼블릭 서비스 빌딩(포틀랜드의 오레곤, 1980-82년)
마이클 그레이브스가 설계한 15층의 시청이 포스트모더니즘의 이정표가 되었다. 정방형의 작은 창이 대담한 색과 대조된다.

있었다. 겉만 번지르르한 포스트모더니즘을 내세운 전형적인 설계들은 미국과 유럽의 도시들에서 얼마든지 확인된다. 이런 피상적 포스트모더니즘이 동남아시아의 도시들에까지 급속히 파급된 것이 안타까울 뿐이다.

마이클 그레이브스

마이클 그레이브스도 벤추리 못지않은 포스트모더니즘의 '거장'이었다. 그가 오레곤의 포틀랜드에 세운 퍼블릭 서비스 빌딩은 포스트모더니즘이 무엇인가를 보여 준다. 이것은 정육면체에 가까운 15층 건물로 과거의 건축가 중에서 르두(126쪽 참조)에게서 빌려 온 모티브와 특징을 변조하여 교묘하게 응용한 작품이다. 눈속임 같은 인상과 모호한 마무리는 겉만 얇은 궤변에 불과하다. 포스트모더니즘은 한 시대를 풍미한 건축이지만 르두와 불레, 또는 유럽의 위대한 바로크 건축가들이 보여 준 깊이와 장엄함은 찾아볼 수 없었다.

그레이브스는 리처드 마이어, 찰스 과스메이(Charles Gwathmey), 피터 아이젠만, 존 헤둑(John Hejduk) 등과 함께 뉴욕 파이브의 일원으로 1970년초부터 활동을

포스트모던 스타일의 도자기
에토레 소트사스(Ettore Sottsas)가 주축이 된 멤피스 그룹의 일원이었던, 로스앤젤레스의 건축가 피터 샤이어(Peter shire)는 독특한 도자기 디자인으로 유명하다. 1980년에 만든 캘리포니아 피치 컵은 그의 대표적인 작품으로, 포스트모던 디자인의 좋은 예이다.

TV-AM 빌딩 (런던, 1982년)
테리 패럴이 설계한 TV-AM 방송국은 영국에 최초로 세워진 포스트모던 건축 가운데 하나이다.
운하를 따라 늘어서 있는 건물의 산뜻한 도장(塗裝)과, 유리 강화 플라스틱으로 만든 달걀 모양 컵을 얹어 놓은 지붕이 개성 있어 보인다.

시작했다. 그들은 르 코르뷔지에의 20년대 건축의 특징인 흰색을 공통적으로 추구하면서, 그런 특징을 새로운 건축에 적용해 보려는 꿈을 키웠다. 당시 그레이브스가 포스트모더니즘에 뛰어든 것이 이상하게 생각되지만, 르 코르뷔지에가 1940년대 말부터 생경한 콘크리트 미학을 채택하면서 초기에 성공을 거둔 산뜻한 흰색을 포기했을 때 르 코르뷔지에의 예찬자들도 똑같은 반응을 보였다.

그레이브스를 모방하는 건축가들도 많았다. 테리 패럴(Terry Farrel)도 그중 하나였다. '에그컵 하우스'로 널리 알려진 그가 런던의 캄덴 타운에 세운 단파 TV-AM 방송국의 본사는 파도처럼 구불대는 파사드 뒤에 감추어진 사무실과 더불어 떠오르는 태양(TV-AM은 아침식사용 채널임)을 연상시켜 주며 세상 사람들을 즐겁게 만들었다. 차고를 개조한 운하 쪽 면에는 GRP[1980년대 포스트모던적 설계를 특징짓는 재질로 유리 강화 플라스틱(glass-reinforced plastic)의 약어]로 만든 달걀 모양 컵을 씌워 놓았다. 이 건물은 전체적으로 날렵한 느낌을 주지만, 채링크로스 역 위의 임뱅크먼트 플레이스에서 보듯이 패럴의 후기 작품은 점점 중후지면서 이런 날렵한 감각을 상실했다. 80년대가 되었을 때 포스트모더니즘은 새로운 기업 세계, 특히 고삐 풀린 망아지처럼 변해 버린 금융계의 건물을 대표하는 건축 양식이 되었다.

필립 존슨

필립 존슨은 미스 반 데어 로에를 1937년에 미국으로 안내했고, 역사학자 헨리 러셀 히치콕(Henry Russell Hitcock)과 함께 1932년 뉴욕 현대 미술관에서 개최된 전시회의 이름으로 뉴욕에 그들이 '국제주의 양식'이라고 불렀던 모던 무브먼트를 소개한 사람이었다. 그는 포스트모더니즘에 심취해 있던 중에 말썽 많은 뉴욕의 AT&T 빌딩(1984년)을 설계하게 되었다. 거대한 치펜데일 캐비닛을 닮았다는 소문처럼, 이 건물은 석재로 외장을 했으며 이탈리아 마니에리스모 양식에서처럼 박공벽을 가운데가 갈라지게 처리했다. 또한 이것은 맨해튼의 스카이라인 위로 우뚝 서 있다. 세부적인 장식을 제외하면, 이 건물은 여러 점에서 시그램 빌딩과 비교되는데, 정교함에서는 훨씬 뒤떨어진다. 존슨은 시그램 빌딩 건축 작업에서 미스 반 데어 로에의 파트너로 활동했다. 따라서 그의 스타일이 어떻게 변해 가는지 살펴보는 것도 흥미로운 일이다. 눈 깜빡할 사이에 모더니즘의 선구자가 '복고주의자'가 되었고, 다시 눈 깜빡할 사이에 순발력 있는

임뱅크먼트 플레이스 (런던, 1987-90년)
채링크로스 기차역 너머로 보이는 이 사무용 빌딩은 테리 패럴이 설계한, 원통을 잘라 놓은 듯한 금속 지붕 덕분에 템즈 강의 둑에서 가장 눈에 띄는 건물 가운데 하나가 되었다.

거장은 포스트모더니스트가 되었다. 그는 곧이어 포스트모더니즘을 버리고 해체주의에 빠져들었다. 이제 구십대의 노인이 되었지만 그는 여전히 새로운 변화를 모색중이다.

유럽의 변화

유럽에서 포스트모던 정신은 건축물을 튼튼하게 설계하는 데 영향을 주었다. 제임스 스털링(James Stirling)과 마이클 윌포드(Michael Wilford)가 설계한 슈투트가르트의 신시립미술관이 좋은 예이다. 그것은 품위 있으면서도 여전히 새로운 자극을 주는 건물로, 새로운 테크놀로지, 신고전주의, 정교한 도시 계획, 포스트모더니즘의 다양하고 기발한 발상이 어우러져, 스털링의 화려한 경력에 빛을 더해 준 작품이다. 그는 1944년에 연합군의 일원으로 프랑스 탈환에 나섰던 덩치가 크고 완고한 사내로 일정한 틀에 얽매이는 것을 혐오했다. 가장 뛰어난 포스트모더니스트들이 비슷한 경험과 과정을 거친 건축가들이었다는 증거를 여기에서 다시 한 번 확인할 수 있다. 실제로 그들은 개성을 잃어 가는 모더니즘을 포기하고 모더니즘을 참신한 방법으로 역사와 연관시키기 위해서 새로운 의미를 찾는 실험을 계속해서 모색했다.

AT&T 빌딩 (뉴욕, 1984년)
필립 존슨이 설계한 맨해튼의 이 마천루는 모더니즘에 대한 거부로 선전되었다. 박공벽의 가운데가 갈라진 것을 두고 기자들은 치펜데일의 가구와 비교했다.

제임스 스털링

리버풀 대학에서 건축을 공부한 후 제임스 스털링은 1956년부터 제임스 고원(James Gowan)과 함께 건축 사무소를 설립했다. 레스터 대학교의 엔지니어링 빌딩(1959-63년)을 비롯한 초기 건물들로 명성을 쌓은 후, 1963년부터 1917년까지 스털링은 단독으로 활동했다. 이 시기에 설계한 주요 건물로는 케임브리지 대학교 역사학부 건물(1964-67년)이 있다. 1971년부터는 마이클 윌포드와 파트너로 작업했다.

신시립미술관 (슈투트가르트, 1977-84년)
신시립미술관은 기존의 신고전주의 미술관을 확장한 것이다. 중앙의 안뜰이 미술관 전체에서 중심점을 이루며, 공용 도로가 미술관의 대지를 통과하고 있다. 전시실들은 U형 블록으로 기단 위에 세워져 있다.

극단
최첨단

포스트모더니즘이란 개념이 건축에 얼마나 커다란 영향을 미쳤을까? 미국에서는 카툰과 같은 방식으로 시작된 양식이 결국에는 디즈니 사의 운영에 도움을 주었다. 이런 현상은 바람직하고 올바른 것으로 보였다. 그러나 미국에서 아쉬운 것은 모순적이겠지만 역사와의 진지한 교감, 특히 새로운 형식으로의 교감이 없었다는 점이다. 이탈리아 르네상스 시대의 마니에리스모 양식 건축가들도 알고 있었듯, 건축은 난처한 실수를 저지르거나 고약한

무솔리니의 욕실 (밀라노의 센트로 도무스, 1980년)
브란치는 1970년대에 『아름다운 집』이란 이름의 이탈리아 잡지인 『카사 벨라』에 근무하면서, 스튜디오 알케미아와 멤피스와 관련을 맺었다. 위의 설치 작품에서 그들의 영향이 뚜렷이 드러난다.

웃음거리가 되지 않으면서도 흥겹고 재미있는 것일 수 있었다. 따라서 1970년대 말부터 포스트모더니즘의 신봉자들을 두 가지의 매우 상반된 방향에서 뒤흔들기 시작한 사람들이 이탈리아인이었다는 사실은 결코 놀라운 일이 아니다. 첫째 그들은 모더니즘과 포스트모더니즘이 진부해진 것이 어느 정도는 뛰어난 상품 디자이너이기도 한 세련된 건축가들 탓이라고 지적하며 비판을 가했다. 둘째 그들은 포스트모더니즘이 그 시대에 가장 심오한 건축을 이끌어 나간 진지하면서도 종종 냉철한 게임이었다고 지적했다. 물론 두 극단 사이에 다른 건축가들의 실험도 있었다. 특히 영국에서는 포스트모던풍의 음악과 패션을, 도전적이고 종종 혼란스러웠지만 진지한 건축과 연계시켜 보려는 시도가 있었다.

밀라노의 디자인

밀라노에 주목할 만한 두 그룹이 있었다. 영향력 있는 건축 및 디자인 전문 잡지인 『도무스(Domus)』의 발행인인 알레산드로 멘디니(Alessandro Mendini)와 에토레 소트사스를 중심으로 모인 스튜디오 알케미아와 멤피스였다. 두 그룹은 1980년 밀라노 가구 박람회에서 정식으로 발족하면서 커피포트에서 인테리어까지 흥미로운 디자인을 발표했다. 그들의 목표는 사람들이 주변에서 흔히 접하는 물건의 디자인에 대한 편견의 틀을 깨는 것이었다. 소트사스의 표현을 빌면, 멤피스는 "틀에 박힌 모델과 정의를 애초부터 배제하는 순백의 세계"에서 존재했다. 따라서 그들은 "변화에 가슴을 열고, 형태의 돌연변이를 추구한 사람들"이었다. 요컨대 모더니즘의 확실성과 합리적

그로닝겐 미술관 (네덜란드, 1984년)
알레산드로 멘디니가 필립 스타크(Phillippe Stark)와 공동으로 설계한 이 미술관은 캘리포니아에서 컴퓨터로 설계한 후 그 설계도를 바탕으로 네덜란드의 조선 기사들이 세운 건물이다.

빌라 사푸(캘리포니아의 나파 밸리, 1984-88년)
목재로만 지어진 이 집은 스웨덴의 양조업자 토마스 룬드스트롬(Thomas Loundstrom)을 위해 설계된 것이다. 별체로 떨어져 있는 '게스트 타워'는 빌라의 긴 수영장 너머에 서 있다.

디자인에 도전장을 던진 것이었다. 그들의 접근 방식은 실제 건물보다 전시회의 진열에서 더욱 빛을 발했다. 안드레아 브란치(Andrea Branzi)가 밀라노의 센트로 도무스에 설치한 '무솔리니의 욕실'은 모더니즘의 이미지를 빌려 독재정권을 옹호하려고 한 독재자의 어리석은 발상과 파시스트 정권의 부조리함을 매혹적으로 패러디한 작품이었다. 그러나 멘디니가 네덜란드의 그로닝겐 미술관처럼 건물 전체를 꾸미려 했을 때, 이런 '풍자적' 양식의 한계가 극명하게 드러났다. 글이나 의자로는 세련되게 표현할 수 있는 풍자도 거대한 건물에 적용했을 때에는 어색했다.

그러나 영국의 건축가들인 줄리언 파월 투크(Julian Powell Tuck), 데이비드 코너(David Connor), 구나 오레펠트(Gunna Orefelt)가 캘리포니아의 나파 밸리에 세운 빌라 사푸는 훨씬 성공적이었다. 그들은 1970년대 말 펑크 무브먼트가 런던을 휩쓸 때 등장해서, 도시적인 냄새가 물씬 풍기는 스타일의 창시자들인 말콤 맥클라렌(Malcolm McClaren)과 비비안 웨스트우드(Vivienne Westwood)와 함께 작업했다. 빌라 사푸는 모험적인 건축물이었다. 이것은 팔라디오 양식의 빌라를 포스트모던식으로 해석한 연극적이고 경쾌하며 세련된 집으로, 펑크의 실험 정신과 해체주의의 교묘한 수법이 결합된 일그러진 유리를 통해

사방에서 이 집을 둘러싸고 있는 캘리포니아의 포도밭을 볼 수 있다. 그 지방에서 생산되는 자재인 미국삼나무에 덧칠한 회반죽을 사용하고 아름다운 풍경 속에 자리 잡은 그 집은 포스트모더니즘이 이루어 낼 수 있는 경지를 보여 주는 좋은 예였다.

알도 로시

맨디니와 소트사스가 밀라노에서 공개적인 활동을 벌이기 시작했을 즈음, 알도 로시(Aldo Rossi)는 조르조 데 키리코(Giorgio de Chrico)가 그린 형이상학적인 풍경화에서 영감을 얻어 나름대로 구상한 '합리적인' 건축의 핵심 요소로 설계한, 베네치아의 물 위에 세운 목조 극장인 테아트로 델 몬도(1980년)와, 모데나에 있는 위압적이면서도 감동적인 산 카탈도 공동 묘지 같은 심원하고 극단적인 작품에 몰두하고 있었다. 로시의 건축은 대개 슬픔과, 침묵과, 죽음을 상징적으로 표현하고 있어 사람들에게 공허감을 안겨 준다.

이런 분위기 때문에 그의 설계는 산 카탈도 공동 묘지 프로젝트에는 적합하지만, 사회적 건물의 설계로는 어울리지 않았다. 그가 밀라노에서 기차를 타고 한참이나 가야 하는 곳에 설계한 건물, 갈라라테세 2를 보면, 안도감을 주는 것이라고는 하나도 없이 하얀 아파트가 잔인할 정도로 길게 늘어서 있어 금방이라도 유령이 튀어나올 것만 같다. 산 카탈도 공동 묘지만큼이나 죽음의 도시 같다. 그러나 산 카탈도 공동 묘지는 기억과 꿈이 담긴 작은 도시이고, 짙은 그림자가 새겨지고 유연하지 않은 축선을 따라 최면에 걸린 기념물들이 줄지어 늘어선 곳이다. 요컨대 삶의 끝을 넘어서서 이루어진 건축의 극단적인 형태를 보여 준다.

알레시 사
조반니 알레시(Giovanni Alessi)가 1921년에 창립한 알레시 사의 첫 제품은 커피포트와 쟁반이었다. 1945년 이후 외부 디자이너에게 작업을 의뢰하게 되면서 알레시 사는 선에 더욱 중점을 두기 시작했다. 그러나 알레시 사가 실질적으로 두각을 나타내기 시작한 것은 1970년대였다. 이때 알레시 사는 에토레 소트사스를 비롯한 유명한 건축가와 디자이너가 서명한 물건에 일련 번호를 붙여 팔았다. 1983년 알레시 사는 차와 커피 피아자 프로젝트를 시작하며 로버트 벤추리, 마이클 그레이브스(위의 주전자), 리하르트 마이어, 알도 로시, 알레산드로 멘디니 등 모두 11명의 건축가에게 '미니어처 건축물'의 제작을 의뢰했다. 이 프로젝트가 대성공을 거두면서 알레시 사는 포스트모던 디자인 기업으로 알려졌다. 그 후의 프로젝트에는 필립 스타크와 프랭크 게리(Frank Ghery)도 참여했다.

산 카탈도 공동 묘지의 모형(모데나, 1984년 완공)
1971년에 실시된 이 공동 묘지의 설계 공모전에서 알도 로시가 당선되었고 공사는 이듬해에 착공되었다. 로시의 간결한 설계는 1930년대 이탈리아의 합리주의로부터 많은 영향을 받은 것이다.

하이테크
새로운 기계 장치의 시대

리처드 로저스
1933년 피렌체에서 태어난 로저스는 런던 대학과 예일 대학에서 수학했다. 런던의 로이드 빌딩이나 파리의 퐁피두 센터 같은 시대를 앞서는 건물들뿐만 아니라 런던과 베를린, 상하이 등의 대형 도시 계획 프로젝트도 진행했다. 또한 도심 개발 계획과 건축의 결합을 위한 시도로 『작은 행성의 도시들(Cities for a Small Planet)』이라는 책을 저술하기도 했다. 1998년 로저스는 도시 재개발과 관련해서 영국 정부가 지정한 단체인 도시 계획단의 의장으로 임명되었다.

아키그램
아키그램은 팝 그룹에 가까운 그룹으로, 1960년대 초 런던의 건축 협회에서 피터 쿡(Peter Cook)을 중심으로 젊고 창의력 있는 젊은 건축가들이 모여서 만든 그룹이다. 쿡과 그의 동료들은 자체 잡지를 발행했고 건물 스케치와 슈퍼 히어로가 등장하는 만화책 속의 도시와 건물에 대한 자신들의 스케치로 전시회를 개최했다. 그 도시들 중 일부는 그들이 만든 시설물인 '플러그드 인(Plugged In)'에 무한정으로 부착할 수 있었다. 또한 론 헤론(Ron Heron)이 만든, 시민이 원하는 곳이면 어디든 걸을 수 있고 정착할 수 있는 도시도 있었다. 아키그램의 디자인은 장난스러우면서 사색적이었다. 실현된 것은 거의 없지만 그들은 젊은 리처드 로저스와 노먼 포스터에게 커다란 영향을 미쳤다. 로저스와 피아노가 설계한 퐁피두 센터에서 그 영향이 가장 명백히 드러난다.

미국에서 하이테크는 최신 유행의 인테리어 스타일로 테이블, 의자, 옷 등에서 1980년대에 광범위하게 사용된 광택 없는 검정색과 크롬과 관련된 것을 뜻했다.

영국과 유럽을 비롯한 여타 지역에서 하이테크란 건축계의 3대 거장, 즉 노먼 포스터, 리처드 로저스, 렌조 피아노(Renzo Piano) 등이 주도한 매우 독특한 건축 조류를 지칭했다. 피아노와 로저스는 아일랜드 출신 엔지니어 피터 라이스와 함께 하이테크 조류의 첫번째 작품인 파리의 퐁피두 센터를 설계한 건축가들이다. 퐁피두 센터 내부에 미술품을 전시하도록 고안된 화려한 색상의 생동감 넘치는 기계 장치들이 건물 외부로 드러나 있었다. 일부 비평가들은 이 스타일을 '내장파'라고 장난기 어린 논평을 했다. 그러나 이들의 의도는 계단과 승강기, 에스컬레이터, 지지 구조물과 난방 통풍도관 등 모든 설비를 건물의 내벽 밖에 배치하여 공간을 최대한 활용하려는 것이었다.

그 효과는 굉장했다. 1968년에 일어난 혁명의 여파로 머리카락과 수염을 길게 기른 젊고 유망한 건축가 팀에 의해 기존 설계에 거의 영향을 받지 않은 활력이 넘치는 구조물이 탄생한 것이다. 그것은 좌파 학생들과 호전적인 노동자들을 비롯한 급진주의자들이 제5 공화국을 전복시켰던 사건과 흡사했다. 그러나 3년 후에 나타난 결과는 달랐다. 엄격한 보수주의자였던 조르주 퐁피두 대통령은 처음에는 충격을 받았지만 결국 피아노와 로저스의 급진적 설계를 받아들여 건축을 허가했다.

하이테크의 영향
퐁피두 센터는 완전히 새로운 개념의 건물은 아니었다. 로저스는 1851년에 세워진 크리스털 팰리스(140-141쪽 참조)에 대해 존경심을 품고 있었고, 그것은 퐁피두 센터 건축에 영향을 주었다. 크리스털 팰리스는 세계 최초의 조립식 건물로서 기념비적인 건물이었다. 또 피아노가 현대

퐁피두 센터 (파리, 1917-77년)
피아노와 로저스가 공동으로 설계한 퐁피두 센터는 현대 미술관의 이상적 모습이다. 부차적인 시설들을 모두 건물 바깥에 지어 내부 공간의 연속성을 최대화시켰다.

건축의 끝없는 가능성

세인스버리 시각 예술 센터 (노위치의 이스트 앵글리아 대학, 1978년)
원주민의 미술품들을 소장하기 위한 목적으로 건설된 이 센터는 사무실과 강의실이 딸려 있어 대학 건물로도 사용되었다.
1990년대 초에 증축된 부분은 건물 한쪽 끝 지하 층에 자리 잡고 있다.

노먼 포스터
1935년 영국의 맨체스터에서 태어난 노먼 포스터는 세계적으로 두각을 나타내는 건축가 중 하나이다. 홍콩 상하이 은행 본사와 베를린 라이히스타크에 있는 독일의 국회의사당(11쪽 그림설명 참조)은 그의 걸작이다. 그는 1999년 프리츠커 건축가 상을 받았다.

> "솔직히 나는 발명품에 사로잡혀 있다."
>
> 노먼 포스터

공학적 구조물과 아키그램의 작품에 대해 품고 있던 환상도 퐁피두 센터 설계에 반영되었다. 특히 쇠와 강철, 합판을 사용한 건물과 가구들을, 심사숙고해서 고른 부속품들을 사용해서 만들었던 프랑스 출신 엔지니어 장 프루베(Jean Prouvé)의 작품으로부터 피아노는 많은 영향을 받았다.

로저스는 노먼 포스터와 함께 예일에서 대학원 과정을 밟았다. 그들은 친구들과 함께 미국 전역을 여행하며 건축과 기술 분야의 새로운 기술들을 보았다. 특히 포스터는 발명가 버크민스터 풀러(Buckminster Fuller)의 작품에 매료되었다. 버크민스터 풀러가 발명한 지오데식 돔은 가장 가볍고 견고한 자재를 이용해서 최대한 많은 공간을 덮을 수 있는 탁월한 건축법으로 만들어진 것이었다.

그는 또 강철을 기본으로 하는 캘리포니아의 최신형 건축물에도 흥미를 느꼈다. 그 곳에서는 에즈라 에렌크란츠(Ezra Ehrenkrantz), 크레그 엘우드(Crag Ellwood), 피에르 쾨니히 (184-185쪽 참조) 등이 가볍고 밝으며 깔끔한 기술에 기반을 둔 시적인 건축물을 개발하던 중이었다. 비행기와 비행, 두 가지 모두에 애정을 품고 있던 포스터는, 동적이면서 강렬하게 표현된 구조물이 연결된 것으로 로저스의 작품을 알아 볼 수 있듯이, 그의 작품임을 즉각 알아 볼 수 있는 부드러운 외양과 견고함을 특징으로 하는 스타일을 개발하고자 했다.

포스터와 로저스는 수 로저스(Su Rogers), 웬디 치즈먼(Wendy Cheeseman)과 함께 4인조를 이루어 1960년대 초와 중반에 런던에서 일했다. 포스터의 최초의 걸작품은 노위치 소재 이스트 앵글리아 대학의 세인스버리 시각 예술 센터였다. 그것은 항공기 격납고 모양으로, 자연광이 섬세하게 스며드는 세련된 건물이었다. 10년 후 BBC방송에 출연한 포스터는 제일 좋아하는 건물이 무엇이냐는 질문을 받았다. 그는 그의 성격에 맞게 보잉 747 점보 제트기를 꼽았다.

그런데 하이테크 건축에 대해 궁금한 것은 그것이 역사책 속으로 빠르게 사라져 버리는 기술을 찬양했다는 사실이다. 물론 전부 다 그런 것은 아니지만 로저스와 포스터의 건축물 안에서 최신 자재와 구조적 노하우에 대한 냉정한 열정뿐만 아니라 빅토리아 시대의 기계들에 대한 향수를 쉽게 찾아볼 수 있다. 특히 일부 초기 프로젝트 가운데는 하이테크 건물에 산업 시대의 장인 정신을 발휘한 점이 엿보인다.

포스터의 홍콩 상하이 은행 본사 건물 설계는 아주 정교하게 만들어졌다. 건물 안팎의 각 부속품들이 그 건물을 위해 맞춤 제작된 것들이었다. 포스터와 다른 하이테크 건축가들이 성취하고자 했던 것은 최고의 신형 자동차 아니 비행기 제작 공정에 견줄 만한 완벽한 건축 공정을 위한 기준을 만드는 것이었다. 그러나 그것은 건축가들이 건축 공정에 대해 완벽히 통제할 수 있을 때에만 달성할 수 있는 숭고한 목표였다. 1990년대가 지나고 2000년대로 접어들면서 그런 역할을 맡아

홍콩 상하이 은행 본사 (홍콩, 1979-86년)
이 건물의 주 피어는 중앙의 수직 아트리움을 에워싸며 네 모퉁이에 있다. 바닥은 건물의 윗단에 놓인 트러스에 매달린 형태이다.

첵 랍 콕 공항(홍콩, 1998년)
당대 최대 규모의 프로젝트를 완성하기 위해 중국 남부 해안에 있던 100미터 높이의 언덕 세 곳이 깎여 나갔다.
포스터의 터미널 빌딩은 거대한 비행기 모양을 하고 있고 콘크리트가 노출된 기초가 되는 구조물 위로 가벼운 강철 지붕을 덮었다.

렌초 피아노
건축업자의 아들인 피아노는 1937년 이탈리아 제노바에서 태어났다. 1970년 리처드 로저스와 동업으로 사업을 시작하기 전까지 밀라노 폴리테크니코에서 수학하고 가르쳤다. 그가 최초로 맡았던 중요한 작품은 오사카 엑스포 '70의 이탈리아 산업관이었다. 그의 작품에는 새로운 기술과 소재가 사용되었다. 길이가 1,600미터에 달하는 간사이 공항(224쪽 참조)과 바리의 축구 경기장, 베를린의 포츠다머 프라츠 재건축이 이에 해당된다. 피아노는 제노바와 파리, 베를린에서 작업을 해 왔으며 1998년 프리츠커 건축상을 수상했다.

유지하기란 점점 어려워졌다. 건설 팀에서 건축가의 위상이 점점 낮아지고 있기 때문이다.

1990년대의 디자인과 변화하는 기술에 대해 그들이 환상을 품고 있었음을 고려해 볼 때 포스터와 로저스와 피아노가 주요 공항들의 설계에 참여한 것은 당연한 일일 것이다. 로저스는 오랜 시간 동안 작업했던 런던 히드로 공항의 5번 터미널을, 포스터는 첵 랍 콕과 함께 홍콩 신공항을, 그리고 피아노는 오사카 만의 인공섬에 세워진 간사이 공항(1991-94년, 224쪽 그림 설명 참조)을 건설하는 데 참여했다.

항공 우주학적 비전

21세기에 접어들 즈음 포스터는 명실공히 세계적으로 가장 성공한 건축가가 되었다. 화랑과 미술관뿐만 아니라 기업체 본사와 학교, 교량과 가구, 전기 교탑(이탈리아 전국 그리드용), 자동차 심지어 투기용 사무실까지 설계했다. 그렇게 할 수 있었던 것은 포스터가 패기 있는 사람이었고 그를 에워싸고 있던 팀이 매우 유능했기 때문이다. 그러나 무엇보다 그의 건축물이 그가 속한 세대의 경제와 정치, 문화 분야의 지도자들의 취향과 맞아 떨어졌기 때문이다. 1950년대 시카고의 유지와 자산가들과 미스 반 데어 로에가 호흡이 맞았던 것과 마찬가지다. 포스터는 우아하고 효율적인 항공 우주학적 비전을 건축에 제시했다. 그가 일하는 방식 또한 기업가적이고 능률적이었다. 그렇게 해서 그는 1950년대 뉴욕과 시카고에 존재했던 미스 반 데어 로에의 기교와 SOM(196-97쪽 참조)의 기계적 능력 사이의 간격을 메워 주었다.

한편 렌초 피아노는 포스터의 기계적인 강렬함과 바로크 미학에 가까운 로저스에게서 하이테크를 분리해서 좀더 부드럽고 유기적인 접근 방식으로 옮겨갔다. 그는 '인간적인 기계'의 세계에 관해 조사했다. 그는 신소재 기술의 미개척 분야를 개척해 가면서 목재, 벽돌, 합판의 가능성과 특징들을 조사했다. 또한 그는 가장 세련된 공항이라고 할 수 있는 간사이 국제 공항을 설계했다. 그리고 매우 스타일이 다르지만 똑같이 아름답고 중요한 의미가 있는 미술관을 두 곳에 지었다. 그중 하나가 텍사스 휴스턴에 있는 메닐 컬렉션이다. 그것은 번화한 도시 근교에 자리 잡고 있으며 태양이 강렬하게 작열하는 도시에 부족 미술품들을 전시하기 위해 지은 것이었다. 피터 라이스와 공동으로 작업했던 피아노는 단순한 구조적 장치를 고안했다. 그것이 바로 미술관 벽의 상부를 가로질러 일렬로 늘어선 콘크리트 리프(leaf)로, 화랑의 통로와 내부의 정원으로 하루 종일 빛을 걸러들여 눈이 부시지 않도록 해 주는 장치였다. 그 결과 메닐 컬렉션은 외부를 미늘판으로 장식한 단순한 건물과 전시품들을 최대한 의도한 대로 보여

메닐 컬렉션(텍사스의 휴스턴, 1986년)
이 '부드러운 기계'의 골격은 강철과 미늘판으로 이루어져 있다. 지붕의 보호 리프는 강철 격자 대들보와 강화 콘크리트를 융합해서 만든 것이다.

주는, 부드럽고 시시각각 변하는 빛으로 가득찬 건물이
되었다. 콘크리트 지붕을 조립하기 위해 기획과 공정
단계에서부터 기술적 요소가 많이 반영되었으며, 그렇게
해서 수많은 건축가들이 형광 불빛에 의존했던 부분을
자연광으로 대체할 수 있었다.

그린 테크놀로지

이와는 대조적으로 프랑스령 누벨 칼레도니의 수도 누메아
너머의 한 만에 자리 잡고 있는 장 마리 치바우 컬처 센터는
목재와 강철로 만들어진, 건축가의 표현력이 풍부하게
발휘된 구조물이다. 그것은 한눈에 자연의 연장으로 보이는
미래파적 구조물이라는 것을 알 수 있다. 피아노가 지은 이
컬처 센터는 프랑스 대통령 프랑수아 미테랑의 지시로
시행된 대역사 가운데 마지막 작품이었다. 또 한편으로는 그
지역의 민감한 정서를 달래기 위한 일종의 뇌물이기도 했다.
많은 사람들이 프랑스가 이 남태평양의 섬(니켈 매장량이
풍부한, 프랑스의 핵무기 계획의 중심지)을 포기하려는
계획이 전혀 없다는 것에 분개했다.

장 마리 치바우 컬처 센터는 원주민인 카나크
인디언들의 문화를 잘 보여 준다. 소장품들과 도서관,
멀티미디어 센터, 카페, 서점과 회의실, 공연장 등이 10개의
긴 완두콩 모양의 구조물 안에 자리 잡고 있다. 가늘고 길며
단단한 환경 친화적인 목재로 외벽을 만들어 바람이 통과할
때마다 나직한 바람의 노랫소리가 들리고, 건물을 에워싸고
있는 나무들과 멋진 조화를 이룬다. 냉방 장치는 설치되어
있지 않지만, 열대 기후에 맞게 신선한 공기가 통과할 수
있도록 세심하게 배치를 했다. 미학적인 면에서는 전혀
다르지만, 장 마리 치바우 컬처 센터는 근본적으로 간결하며

장 마리 치바우 컬처 센터 (누벨 칼레도니의 누메아, 1991-98년)
이곳의 곡선 구조물은 유리와 스테인레스 그리고 얇은 목재 합판으로 이루어져
있다. 피아노는 이를 "고대의 모습을 한 고대의 그릇이다. 그러나 내부는 현대
기술이 제공할 수 있는 모든 가능성으로 무장되어 있다."고 했다.

자연 환경과 매우 잘 조화를 이룬다는 점과, 건물을 지을 때
컴퓨터와 다른 첨단 기술이 엄청나게 투입되었다는 점에서
메닐 콜렉션과 흡사하다. 20세기 말 세련된 기술에 깊은
관심을 보였던 건축가들이 에너지 절약에 가장 큰 관심을
기울였다는 점은 매우 중요하다. 그들의 목표는 이렇게
요약될 수 있다. 그들의 목적은 최신 기술의 발전과
병행해서 건축을 발전시키는 한편, 에너지 소비를
최소화하여 기계 장치를 만든 인간들에게
경의를 표하는 데 있었다.

최신형 비행기를 타고 간사이 국제
공항이나 첵 랍 콕 같은 공항에 착륙하거나
시속 300킬로미터로 달리는 유로스타를 타고
니콜라스 그림쇼(Nicolas Grimshaw)가
설계한 워털루 국제 역(1993년)에 도착하는
것은 커다란 만족감을 주었다. 툭 튀어나온
기차들이 잘 재단된 금속 장갑을 끼는 강철
손가락처럼 역 안으로 들어갔다.

> **니콜라스 그림쇼**
> 1939년에 태어난 그림쇼는
> 고국인 영국에서 수많은
> 역작을 완성했다.
> 그중에는 런던의 파이낸셜
> 타임즈 프린트웍스(1988년)
> 런던의 캠던에 있는
> 세인스버리
> 수퍼마켓(1988년),
> 그리고 브리스톨에 있는
> RAC센터(1995년) 등이
> 있다. 그의 작품에는
> 하이테크파 거장들의
> 특징이 많이 드러나 있고
> 그 역시 그들처럼 좀더
> 공익에 보탬이 되는
> 건축물을 만드는 데
> 기술을 사용했다.
> 세르비아 엑스포 '92의
> 영국관에서 그는
> 계속해서 물이
> 흘러내리는 유리벽을
> 사용해서 건물의
> 열기를 식혔다.
> 펌프는 태양열 에너지를
> 이용해 가동했다.
> 영국 콘월에 있는 에덴
> 프로젝트(2000년)는
> 전 지구적인 차원에서
> 식물들을 보존하기 위해
> 만든 온실이다.

건축가들과 공학
인간적인 기계

버크민스터 풀러
공학자, 철학자, 건축가인 리처드 버크민스터 풀러는 1895년 매사추세츠에서 태어났다. 그가 벌인 최초의 사업 가운데 하나는 압축 섬유질 블록으로 주택을 건설하는 것이었다. 그는 기술을 이용하는 것에 관한 다양한 이론을 개발했다. 그는 기술이 '예상 디자인'을 통해 인간의 주거지와 식량, 운송 문제를 해결해 줄 것이라고 믿었다. 그가 건축에 기여한 가장 큰 공로는 지오데식 돔을 만든 것이다. 그것은 규모뿐 아니라 내구력도 향상된 자체 지지 구조물이었다.

하이테크는 건축가들이 엔지니어들과 긴밀하게 협조하여 공학과 기술의 발전을 이루고 새로운 스타일을 만들어 내려는 특별한 접근 방식이었다. 렌초 피아노와, 리처드 로저스, 혹은 노먼 포스터보다 뒤처진 사람들에게 하이테크는 지나치게 요란한 미학으로 여겨졌다. 그들은, 하이테크 건축에는 단순히 설계사들이 일시적 기분을 만족시키기 위해 건축의 구조를 지나치게 치장할 위험성이 있다고 생각했다.

20세기에는 많은 건축가들이 순수 공학적 구조물에 가까운 설계를 했다. 활발한 활동을 했던 앨버트 칸(Albert Kahn)이 설계한 디트로이트 소재 크라이슬러 사의 0.5톤 트럭 조립 공장(1937-38년) 같은 거대하고 효율적이며 잘 계획된 구조물이 대표적인 예이다. 그것은 최소한 4.7헥타르에 달하는 지역을 차지했다. 건축가와 대등한 엔지니어와 발명가들도 있었다. 버크민스터 풀러는 루이지애나의 바톤 루즈에 화물 차량 수리장(1958년) 같은 인상적인 구조물을 설계했다. 건물의 외부는 기계 부품으로 만들어졌고 건축학적인 허세 따위는 전혀 없었다. 지붕과 벽이 하나였다.

이런 두 극단의 중간 지점에서, 공학 디자인에 논리적, 미학적 빛을 진 건축의 싹이 텄다. 로저스나 포스터, 피아노의 건축처럼 자의식이 강한 스타일은 이상적인 것이 아니었다. 가장 인상적인 작품 가운데 두 건축물이 시카고 중심부에 모습을 드러냈다. 존 행콕 센터(1965-70년)와 시어스 타워(1974년 완공)였다. 이들 두 초고층 건물은 완공 당시 세계에서 가장 높은 건물로 기록되었고 둘 다 SOM 사가 디자인한 것이다(196-97쪽 참조).

전자는 위로 올라갈수록 점점 좁아지는 형태이고 사무실과 아파트가 들어선 층들을 외부의 거대한 X자형 강철 지지대가 받쳐 주고 있다. 즉 건물의 구조가 외부로 드러나 있어 건물의 외관은 충격적인 모습을 하고 있다. 순수한 공학적 구조물이라는 느낌은 지붕 위에 높이 솟은 흰색과 빨간색의 전신주들로 인해 더욱 강렬해진다. 대부분의 평론가들은 그것이 ICBM 미사일을 연상시킨다고 했다.

시어스 타워에도 비슷한 장치들이 사용되었다. 그러나 시어스 타워의 구조는 높이만 더 높아졌을 뿐이지, 기존의 미국식 강철 구조 건물과 다를 바가 없었다. 이 건물은 시카고의 인도 위에 457미터 이상 솟아 있다. 하늘을 향해 높이 치솟아 올라 건축물이라기보다는 항공기의 영역에 근접하면서 위로 올라갈수록 점점 가늘어진다.

두 빌딩 모두 건축 과정에서 구조 공학자들의 역할이 점점 중요해지는 것을 보여 준다. 둘 다 고대의 사원과 모노리스의 분위기를 풍긴다. 고대 멕시코와 이집트의 피라미드처럼 둘 다 주위의 사물과 완전히 무관한 듯 무심하게 주변을 내려다보고 있다.

항공 우주 건축가들

SOM이 추진한 또 다른 인상적인 프로젝트는 엄청난 수의

하지 터미널 (사우디아라비아의 지다, 1982년)
이 새로운 구조물은 초기 건축 형태와 최신 하이테크 소재를 혼합해서 만든 최초의 작품으로, 공항 건물의 지붕에 장력 섬유가 사용되었다.

올림픽 공원(뮌헨, 1967-72년)
뮌헨 올림픽 단지 내의 원형 경기장과 주 경기장, 수영장은 모두 프라이 오토의 텐트 모양의 지붕으로 연결되어 있다.
PVC 코팅이 된 합성섬유로 만들어진 이 지붕은 지지대에 매달린 대형 케이블에 팽팽하게 연결되어 있다.

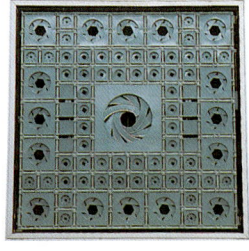

인텔리전트 빌딩
기술의 발달로 건축가들과 공학자들은 환경 변화에 반응해서 인간의 요구에 맞출 수 있는 지능형 건물을 지을 수 있게 되었다. 아랍 세계 연구소는 프랑스와 아랍 21개국 간의 동반자 관계를 상징하기 위해 지어졌다. 남쪽 파사드는 기하학적 패턴으로 배열된 240개의 격판위의 사진이 그중 하나임으로 이루어져 있다. 이들은 광감지 기억소자로 제어되며 태양빛의 세기에 따라 열리고 닫힌다. 내부에 전시된 예술품들을 손상시키지 않는 범위에서 자연광이 건물 안으로 들어올 수 있게 한 것이다.

이슬람 순례자들에게 거대한 중앙 홀을 제공하려는 목적으로 세워진 지다의 하지 터미널이었다. 무엇보다 메카로 오가는 200만 명에 달하는 사람들을 동시에 수용할 수 있어야 했다. 모든 무슬림들이 평생에 적어도 한 번은 성지를 방문하도록 되어 있다. 구조 공학자인 파즐루르 라흐만 칸(Fazlur Rahman Khan)이 주도가 되어 제안한 해결책은 최신 장력 지붕 기술을 이용하여 거대한 현대식 천막을 연쇄적으로 세우는 것이었다. 물론 한때 아라비아 사막을 떠돌던 유목민들의 보금자리였던 천막이나, 종종 잔디 활주로 위에 세운 수십 개의 천막을 터미널로 삼았던 초기 공항을 떠올리게 할 수도 있지만 말이다. 하지 터미널이 지닌 특별한 점은 규모는 차치하더라도 벽이나 유리창 혹은 냉방 장치가 없는 현대식 공항이라는 사실이다. 텐트는 거대한 파라솔 역할을 하고, 뚫려 있는 측면을 통해 사막에서 불어오는 바람이 통과하게 되어 있다. 기존의 건축 기술로 이렇게 큰 규모로 많은 탑승객들을 위한 건물을 지었다면 에너지 소비 면에서 엄청난 비용이 들었을 것이다. 1973년부터 1974년까지 아랍 국가들이 서방 국가에 석유 공급을 중단하는 바람에 전례 없이 석유 가격이 치솟았던 '석유 파동' 이후에 설계된 하지 터미널은 건축 의도에도 맞고 주변 환경과도 멋지게 어울려서, 에너지 절약형 건물을 건설할 때 모델이 되었다.

이에 뒤지지 않게 인상적인 것은 제2차 세계대전 당시 U 보트의 지휘관이었던 군터 베니쉬(Gunter Behnish)와, 뛰어난 엔지니어 프라이 오토(Frei Otto)가 설계한 뮌헨의 올림픽 공원(1967-72년) 내의 경기장을 덮은 장력 강철 지붕이다. 베니쉬의 후기 작품인 슈투트가르트의 하이솔라 연구소(1987년)는 보는 사람을 흥분시키는 건물이었지만 예술적 손길이 닿은 구조 공학 건물이라기보다는 하이테크풍에 가까운 장난기가 엿보이는 건물로 엔지니어링 스타일에 중점을 둔 것이다.

순수 공학

노먼 포스터가 설계한 프랑스 남부 마시프 상트랄의 타른 계곡을 가로지르는 미요 고가교는 건축가가 순수 공학으로 옮겨간 예이다. 이와 대조적으로 순수하게 시각적인 효과를 위해 신공학 노하우를 적용한 건축물의 좋은 예이자, 건물의 구조와 정신의 정수를 맛볼 수 있는 건축물은 장 누벨(Jean Nouvel)이 설계한 파리의 아랍 세계 연구소(1983-89년)이다. 많은 사랑을 받고 있는 이 복합 단지의 벽은 모두 장 누벨이 "현대의 마쉬라베야 작품"이라 칭한 건물의 차양, 즉 전통적인 아랍 건물의 차양으로 이루어져 있다. 그것은 극히 현대적이면서도 과거의 전통을 떠올리게 하는 아주 아름다운 차양이다.

미요 고가교(남프랑스의 마시프 상트랄, 2000년)
파리와 바르셀로나를 잇는 자동차 도로가 지나가는 날렵한 현수교는 장엄한 주변 경관을 해치지 않는다.
그러나 고가교의 가장 높은 부분은 에펠 탑보다 높다

일본의 메타볼리스트
팝 아트의 떠오르는 태양

일본의 경제 호황
한국 전쟁(1950-53년) 당시 미군과의 대규모 계약으로 일본 경제는 호황을 맞았다. 1952년 미 군정이 끝난 후 선진 기술 발전에 초점을 맞추면서 수출이 중심이 된 경제 호황을 맞았다. 1960년의 이케다 계획은 10년 안에 소득을 두 배로 늘리는 것을 목표로 하였고 1960년대 말까지 일본은 세계에서 가장 높은 지속적인 경제 성장률을 기록했다.
첫번째 조선, 두 번째 자동차, 그리고 세 번째 철강 부분에서 획기적인 성장을 이루었다.
이 기간 동안 급속한 경제 팽창으로 도시로 대규모 이주가 행해졌고 도시의 형태가 변했다.
일본 경제의 성공에는 계열사들로 구성된 기업 시스템도 부분적으로 기여했다.
수직 구조의 계열 기업체들이 공동 작업에 동의했고 그로 인해 외국의 경쟁사들을 추월할 수 있었다 1990년의 경제 위기에도 불구하고 일본은 세계 2위의 경제 대국으로 남아 있으며 자동차와 첨단 전자 제품의 주요 수출국이다.

나가사키와 히로시마에 원폭이 투하된 이후 1960년대 초까지 건축의 새로운 정체성을 찾기 위한 일본의 투쟁은 그 업계에 종사하는 사람들에게는 대단히 고통스러운 것이었다. 일본 건축가들은 새로운 각오와 정열로 무장하고 현대 세계로 들어서면서 어떻게 자신만의 건축 언어를 찾을 수 있었을까? 일본의 건축가들은 어떻게 서구화 과정에서 자신들의 건축 전통을 잃어 버리지 않고 서구의 영향에 휩쓸려 버리는 일을 피할 수 있었을까?

먼저 전후 신세대 일본 건축가들에게 가장 큰 영향을 미친 사람은 르 코르뷔지에였다. 그는 일본 건축가 마에카와 구니오[前川國男]와 사카쿠라 준조[坂倉準三]가 지은 도쿄의 국립 서양 미술관을 설계했다. 르 코르뷔지에는 일본에서 가장 뛰어난 두 명의 현대 건축가인 단게 겐조[丹下健三]와 안도 타다오[安藤忠雄]의 작품에 영감을 주었다. 1950년대에는 이 스위스 출신 거장의 영향이 막대했지만 1960년에 젊은 건축가와 비평가 그룹이, 비록 정돈되지는 않았지만 새로운 철학을 갖고 등장했다. 그것은 일본의 전통 디자인에서 얻은 아이디어와, 영국의 디자인 그룹 아키그램의 작품과 같은 팝 건축과, 르 코르뷔지에의 건축 스타일을 혼합한 것이었다. 그들은 그 철학을 메타볼리즘이라 부르며, 1960년 도쿄 세계 디자인 회의에서 자신들의 새로운 주의를 발표했다.

그들만의 주의
이 그룹은 26세의 구로카와 키쇼[黑川紀章]를 비롯해서 마키 후미히코[眞文彦], 기쿠타케 기요노리[菊竹淸訓], 오다카 마사토[大高正人], 그리고 비평가 가와조에 노보루[川添登]가 주도했다. 그들은 유행을 선도하는 영향력을 지닌 그들만의 '주의'를 만들 결심을 했다. 그들은 T자로 하던 설계가 쇠락하면서 새로운 것을 모색하던 서구의 젊은 건축가들과 경쟁하고자 했다. 이 이름은 최신 건축 기술과 새로이 부상하는 통신 형태를 충분히, 오히려 좀더 과장되게 이용하여 생물학적 혹은 생물형태학적으로 디자인, 건물, 도시에 접근하는 것을 의미했다.

메타볼리즘은 아키그램의 플러그 인과 워킹 시티의 맥을 이어 공동으로 행해진 판타지 프로젝트 시리즈에서 그 색깔을 처음으로 선보였다. 오션 시티, 헬릭스 시티, 스페이스 시티가 그 프로젝트에서 소개된 것이었다. 실제로 이 프로젝트는 유명한 구로카와 키쇼가 설계한 도쿄의 나카긴 캡슐 타워를 포함한 소수의 특이한 건물의 건설로 이어졌다. 캡슐 타워에서는 엘리베이터와 비상 계단과 그 밖의 시설물이 모여 있는 2개의 콘크리트 샤프트가 140개의

나카긴 캡슐 타워 (도쿄, 1972년)
구로카와 키쇼가 설계한 이 기이한 캡슐 구조물은 현대 기술을 이용하여 일본의 복잡한 도심의 문제점을 해결하려는 목적에서 지어졌다. 이 건물의 장난기 어린 기능주의는 시각적인 부조화에도 불구하고 나름대로의 장점이 있다.

'포드(pod)'를 지탱했다. 이런 건물은 그 시대의 최신 기술과 전자 장치가 설치된 매우 편리한 원룸으로 이루어졌다. 모든 것이 1967년 동경에서 촬영된 007 영화 "두 번 산다."의 한 장면 같았다. 사실 이것들은 선박용 컨테이너를 손질한 것으로, 현창이 창문 역할을 했다. 이 건물은 영원한 미완성이나 지속적인 변화의 가능성을 뜻한다.

도쿄에 있는 와타나베 유지의 제3 스카이 빌딩(1971년)을 포함해서 여러 건물들이 비슷한 맥락에서 만들어졌다. 이 건물은 끝없이 이어진 대상 행렬처럼 보인다. 그리고 나카지마 타츠히코가 설계한 시가의 키보가오코 유스 캐슬(1973년)은 다소 과격한 형태의 호스텔로, 포드를 사용한 탑과 미켈란젤로의 다비드상 복제품을 로비에 설치하여 마무리했다.

확장 가능한 건축

메타볼리스트가 만든 건물들 가운데 최고의 작품은 아마 좀더 나이 든 건축가인 단게 겐조의 작품일 것이다. 그는 오랜 경력을 쌓는 동안 수많은 스타일과 접근 방식을 경험할 수 있다는 것을 증명했다. 그의 경력은 르 코르뷔지에 스타일의 히로시마 평화 기념관(1949-55년)을 시작으로 1960년대의 극적인 포스트 모던 시대까지 이어졌다.

후지 산을 배경으로 지어진 코후의 야마나시 통신 센터(1964-67년)는 힘 있어 보이는 극장식 건물로 20세기에 지어진 사무라이의 성으로, 거대한 설비 타워 안에 사무실, 스튜디오, 인쇄소 등이 자리 잡고 있다. 다른 대부분의 '확장 가능한' 건축물들처럼 그 형태가 한정되어 있는데도 불구하고 한없이 확장할 수 있을 듯한 인상을 준다. 단게 겐조의 설계가 지닌 가장 큰 강점 중 하나는 급변하는 세계의 변화에 발맞출 수 있는 유연성이다. 그가 택한 가구식 구조는 동양과 서양 모두의 건축의 근원을 연상시킨다. 이것은 새로운 통신 기술을 활용함으로써 상쇄된다. 새로운 통신 기술은 20세기 후반 30년 동안 삶에 진정한 혁명을 불러일으켰다. 대부분의 기술이 일본에서 개발되고 만들어졌고 그 과정에서 일본의 경제와 사회의 개혁이 일어났다.

마지막으로 메타볼리스트들은 전시관 디자인의 거장으로 증명되었다. 팝의 시대에 오사카에서 열린 엑스포 '70에서 키쇼 구로카와의 다카라 뷰틸리온(1970년)과 같은 재미있는 전시관들이 만들어졌다. 재미있는 '해프닝'을 만들어 낸 이런 조립식 구조물은 몇 년 후 공상과학 영화에 발휘된 상상력을 암시한 것이기도 했다. 특히 우주 시대의 구조물들이 메탈릭 구조물보다는 유기적인 구조물에 가까워 보였던 리들리 스콧(Ridely Scott)의 "에일리언"이 주목할 만하다. 그것은 메타볼리즘 그 자체와 매우 흡사했다.

오사카에 있는 구로카와 키쇼의 소니 타워는 이 회사의 신제품 전시장이었다. 따라서 내부 전시 공간이 넓고 자유로운 입출입이 쉬워야 했다. 해결책은 각종 시설물들을 건물 외부에 만드는 것이었다. 이 구조물은 건물의 각 기능이 분리되어 있으면서 어느 정도 자체적으로 움직여서 나무 전체를 지지하고 있는 잎과 가지들처럼 빌딩 전체에 연결되어 '정보 나무'로 불린다. 이 이름은 가장 생물형태학적인 이 건물에 대한 전형적인 메타포다.

야마나시 커뮤니케이션 센터 (고후, 1964-67년)
가운데가 빈 16개의 콘크리트 튜브가 대형 구조물을 지지한다. 이 튜브에 센터의 시설물들이 들어 있다. 이 건물의 확장 가능한 특성은 건물이 아직 미완성으로 남아 있다는 의미도 된다.

소니 타워 (오사카, 1976년)
퐁피두 센터와 로이드 빌딩의 선구자격인, 구로카와가 설계한 소니 타워는 엘리베이터와 철판을 덧댄 화장실과 같은 서비스 시설물을 주 건물 밖에 두고 있다.

구로카와 키쇼
1934년 일본 나고야에서 태어난 구로카와 키쇼는 교토 대학과 도쿄 대학에서 수학했다. 일본 메타볼리스트의 창립 멤버이기도 한 그는 1961년 도쿄에 자신의 사무실을 차리기 전까지 단게 겐조와 함께 일했다. 그의 주요 프로젝트로는 오사카의 국립 민속박물관, 히로시마 시립 현대 미술관, 파리의 퍼시픽 타워와 콸라룸푸르 국제 공항 등이 있다. 그는 최근 카자흐스탄의 새로운 수도 아스타나를 위한 마스터 플랜과 디자인 경선에서 1등상을 수상했다.

고전주의의 복고
새로운 세계 질서

영국의 비전
1998년에 BBC 방송국이 제작한 텔레비전 프로그램 "영국의 비전"과 동명의 책에서, 영국의 찰스(Chales) 황태자는 건축에서 아름다움과 인간적 가치를 복원시킬 환경을 만들어 가자고 촉구했다. 찰스 황태자는 현대 건축이 나아갈 방향으로 10가지 원칙을 제시했다. 규모, 체계, 조화, 공동체 등이 그것이었다. 변화를 이루어 내기 위해서 황태자는 본인이 직접 관장하는 건축 연구소를 설립해서 1992년 런던에서 문을 열었다.

모더니즘의 확실성에 대한 반발은 한편으로는 포스트모더니즘으로 발전되었고, 다른 한편으로는 고전주의를 되살리는 방향으로 전개되었다. 이런 복고 바람은 종종 설익은 형태였지만, 종종 거의 광적인 지경까지 치달았다. 영국과 미국에는 고전주의 양식으로 빌라를 건설하고 드물게는 공공건물을 설계하는 건축가들이 있었지만, 소련의 건축가들마저도 콘크리트와 조립식 자재를 선호하면서 고전주의를 포기한 1950년대에 고전주의는 거의 사라진 상태였다. 그런데 1970년대 후반 상당수의 포스트모던 건축가들(특히 미국의 필립 존슨과 찰스 무어, 200쪽 참조)이 고전주의를 언급하고, 제임스 스털링이 슈투트가르트의 신시립미술관(201쪽 그림설명 참조) 설계에서 보여 준 것처럼 고전 건축과 모던 건축의 대대적인 융합이 시도되면서 고전주의가 본격적으로 부활하기 시작했다.

스털링의 건축 사무실에서 일하던 젊은 건축가 퀸란 테리(Quinlan Terry)는 고전주의의 규범과 질서를 하나님이 정해 준 것이라 믿었다. 그의 신실한 믿음은 존 컨스터블(John Constable)의 유명한 풍경화 "데드햄 골짜기(Dedham Vale)"와 "건초수레(Haywain)" 등을 통해 세상에 알려진 영국의 시골, 서포크의 데드햄에서 구체화되었다. 마거릿 대처(Margaret Thatcher)의 경제 중심 정책(1979-90년)에 편승해서 새로이 부자가 된 사람들과 왕실을 위해 조지 양식의 마을과 집들이 건설되었다. 이외에도 테리는 대대적인 강변 개발 계획에 따라 템즈 강변의 리치몬드 전역을 재건축(1988년)하면서, 아기자기한 18세기 스타일의 벽돌과, 창틀과, 높은 굴뚝 뒤로 휘황찬란한 조명이 번뜩이고 나지막한 지붕에 에어컨이 가동되는 현대식 상점과 사무실을 숨겨 놓았다.

탈러 디 아르키텍투라 사

게티 재단은 랜던 앤드 윌슨 앤드 앨 건축 회사에 미술관의 새 분점을 캘리포니아의 말리부에 설계해 달라고 의뢰했다. 그리고 고대 로마의 빌라가 되살아난 듯한 미술관이 태어났다. 반면에 바르셀로나와 파리에 본부를 둔 건축 회사 탈러 디 아르키텍투라는 정반대 스타일의 건축을 시도했다. 바르셀로나 사무실은 산 후스트 데스베른에 상상력을 최대한 발휘하여 개조한 시멘트 구조물 안에 자리 잡고 있다. 리카르도 보필(Richardo Bofill)은 기상천외하지만 고도로 효율적인 작업을 추구하던 초창기에 시인들과 시인을 흉내 내는 사람들, 그리고 화가와 철학자들과 음악가와 건축가와 어울려 지냈다. 탈러 디 아르키텍투라

리치몬드 리버사이드 (서리, 1988년)
템즈 강변 개발 계획은 고전주의의 부활을 주장한 건축가 퀸란 테리에 의해서 주도되었다. 조지 양식의 외형이, 에어컨 시설이 갖추어진 상점과 사무실의 현대적 자취를 감추어 준다.

사는 초기에 아주 대중적인 건축 작업을 시도했지만, 1970년대 중반부터 영국 바스 출신인 설계 책임자 피터 호지킨슨(Peter Hodgkinson)이 집합 주택 단지를 파격적으로 설계한 신고전주의 양식을 택하면서 공장에서 미리 착색된 조립식 콘크리트를 사용하기 시작했다. 현대식 자재를 사용했지만 이 건물들은 멀리에서 보면 베르사유 궁전처럼 위엄 있게 보인다.

이런 건물을 설계한 의도는 사람들에게 베르사유 궁전처럼 멋진 건물을 선물하려는 것이었다. 그러나 멀리에서 볼 때나, 건축가의 설계도에서는 무대 장치처럼 인상적으로 보였지만 실제로는 작고 옹색한 아파트로 이루어진 공동 주택이었을 뿐이다. 그래서 탈러 디 아르키텍투라 사는 나중에 지붕을 높이고 콘크리트 거푸집으로 찍어 만든 고전주의적 장식을 덧붙여 로마적 색채와 고전주의의 '고차원적 게임'을 프랑스 시민들의 거실에 만들어 줄 수 있었다.

새로운 주택 단지

탈러 디 아르키텍투라 사가 설계한 첫번째 주택 단지는 파리의 신도시로 선정된 생 캉탱 앙 이블린(1978-82년)과 마른 라 발레(1978-83년)였다. 완공된 지 얼마 후에 이 주택 단지는 학대받는 이민자들의 보금자리가 되었다. 어쩌면 그들은 루이 14세 치하에 베르사유의 다락방과 지붕 아래에 모여 살았던 조신들보다 훨씬 안락하고 멋지게 살고 있을지도 모른다. 어쩌면!

그것은 피라네시와 불레의 베르사유 궁진 개축 계획만큼이나 대단한 프로젝트였다. 마른 라 발레의 주 건물은 18층이었다. 생 캉탱 앙 이블린의 경우, 프랑스 르네상스 시기에 건설된 유명한 슈농소 성을 본떠, 호수를 가로지르는 신고전주의 양식의 거대한 테라스를 건설했다. 1982년에 피터 호지킨슨은 이런 모순된 설계를 "오늘날의 본질로 환원된 옛 거장들의 고전주의"라 칭하면서 "콘크리트는 새로운 돌이다."라고 덧붙였다. 이런 지적에 모두가 동의한 것은 아니지만 프랑스에서는 그 후에도 이런 식의 건축이 지속적으로 이루어졌다.

팔레 다브라사스(프랑스의 마른 라 발레, 1978-83년)
파리 교외에 콘크리트 아파트를 조립식으로 세우면서 보필은 주변 환경과의 조화를 고려했다. 공장에서 제작된 콘크리드 기둥과 유리가 파사드에 덧붙여졌다.

고전주의 양식을 되살린 가장 인상적인 건물은 에스파냐의 건축가 라파엘 모네오(Rafael Moneo)가 설계한 메리다의 국립 로마 예술 박물관이었다. 세계적인 걸작들로 가득한 이 아름다운 박물관은 둥근 천장이 있는 네이브와 측랑을, 로마의 바실리카처럼 아트리움을 중심으로 설계한 것이다. 좁은 로마식 벽돌로 높게 쌓은 아치가 자아내는 분위기는 위압적이지만 밝은 햇살로 상쇄된다.

이렇게 고대 로마적 분위기와 현대적 요소를 절묘하게 조화시킨 것에 모네오의 천재성이 있다. 게다가 이 박물관은 고대 로마의 유적지, 둥근 천장을 지닌 지하실 위에 세워졌다.

모네오는 고전주의의 실질적인 가치와 그 미래까지 보여 주었다. 그러나 영국에서 고전주의는 황태자의 향수에, 미국에서는 라스베이거스와 할리우드 스타들과 부유한 재단들의 향수에 의존하고 있을 뿐이다. 그러나 고대 로마 시대에도 이런 현상은 마찬가지였을 것이다.

> **라파엘 모네오**
> 1937년 에스파냐에서 태어난 라파엘 모네오는 1961년 마드리드 건축 학교를 졸업했다. 1965년 그는 마드리드에 건축 사무소를 설립했고, 1971년부터 바르셀로나 건축 학교의 교수를 지냈다. 모네오가 주로 사용한 자재인 벽돌은 그의 건물을 인간적으로 보이게 만들었다. 그의 대표작으로는 사라고사의 디에스트레 트란스포머 공장(1965-66년)과 로그로뇨의 시청(1973-81년) 등이 있다. 그는 1996년에 프리츠커 건축상을 수상했다.

국립 로마 예술 박물관(에스파냐의 메리다, 1980-85년)
아트리움의 벽돌 아치는 전시 공간을 자연스럽게 구획지어 준다. 천연광이 채광창을 통해 스며들면서 벽에 입체감을 더해 준다.

20세기 말 건축은 어떤 방향으로도 나아갈 수 있었다. 새로운 자재와 컴퓨터, 지배적인 양식과 철학에서의 탈출 등이 과거 어느때보다 건축의 범위를 넓혀 주었다. 그러나 환경에 대한 고려, 화석 연료의 사용과 남용 등과 같은 새로운 문제를 해결할 책임, 그리고 건물을 사용할 사람들의 설계에 대한 간섭이 있었다. 도시 인구의 폭발적 증가는 옛 도시들에 새로운 건물들을 신축하여, 어느 정도 해결할 수 있었다. 또한 컴퓨터가 건축가에게 시각적 상상의 측면에서 획기적인 전기를 마련해 주면서 든든한 맹우가 되었다. 이처럼 새로운 길이 열리면서, 아이러니하게도 건축가는 점점 산업화되어 가는 건축 과정에서 주변의 인물로 그 역할이 축소되어 갔다. 21세기를 맞은 지금 건축가는 상상력을 활짝 펼치면서 다시 스타가 되는 꿈을 키워야 할 것이다.

에덴 프로젝트 (영국의 콘월)
에덴 프로젝트(2000년)에 그림쇼가 사용한 지오데식 돔들은 새로운 테크놀로지의 이점을 잘 보여 준다. 돔들은 유리보다 단열성이 뛰어난 강하고 가볍고 투명한 재질로 3중으로 만들어졌다.

유기적 건축
자연으로의 회귀

헝가리의 건축
1956년의 봉기가 소련의 침략으로 무산된 후 헝가리 건축은 국가의 통제를 받게 되었다. 가장 의미 있는 프로젝트는 부다페스트의 역사적 건물들을 복원하는 것이었다. 그것은 외국의 투자와 관광객을 끌어들이기 위한 계획의 일부였다. 1970년대 초 본연의 '유기적인' 건축을 되살리고자 한 페스 그룹이 나타났다. 이 그룹을 대표하는 것은 임레 마코베츠(위의 사진)의 작품이다.

브루노 제비
건축가이며 건축사가인 브루노 제비(Bruno Zevi)는 모더니즘 건축을 혁신한 건축가였다. 『유기적 건축을 향하여』라는 책에서 그는 고전주의적 대칭이 아닌 유기적 형태가 근대 설계의 핵심이라고 주장했다. 그는 로마와 베네치아의 대학에서 가르쳤으며 프랭크 로이드 라이트의 작품과 유기적 건축을 뒷받침해 줄 이론을 널리 알리는 많은 글을 남겼다.

건축과 어떤 공통점도 발견할 수 없을 듯한 그린 무브먼트 정신은 임레 마코베츠의 이력으로 요약될 수 있다. 마코베츠는 1935년 부다페스트에서 목수의 아들로 태어났다. 어린 시절에는 나치의 탱크를 공격했고, 1956년 헝가리 봉기 때에는 소련 침략군과 맞서 싸우다 체포되어 사형까지 선고받았던 인물이었다. 건축 학교에 다닐 때에도 그는 정치적으로나 학문적으로 반항적이었다. 그는 헝가리의 중요한 마을들과 도시들을 파괴하는 소련 스타일의 조립식 건물을 맹렬히 비난했다. 천성적으로 종교적인 사람이었던 마코베츠는 하늘과 땅과 교감하는 건물을 대안으로 제시했다.

유기적 건축 양식의 발전 과정

마코베츠는 국가 주도의 건축 설계와 교육 현장에서 추방된 상태였기 때문에 처음에는 이런 꿈을 실현하기가 어려웠다. 그러나 그는 국가 삼림 위원회에 일자리를 얻었고, 기차로 헝가리의 시골 지역을 여행하면서, 그가 가르친 젊은 건축가들과 목수들과 함께 그곳에서 하나의 그룹을 조직했다. 다뉴브 강이 굽어보이는 숲에서 그들은 목재로 피난처와, 스키 시즌에 사용하는 오두막과 같은 작은 건물들을 세웠다. 그것은 프랭크 로이드 라이트, 헝가리의 시인들, 루돌프 슈타이너(Rudolph Steiner), 안토니오 가우디, 오돈 레흐너(Odon Lechner)의 사상과, 고대 왕실에서 믿던 토템 신앙의 부장품에서 볼 수 있는 헝가리안 켈트 문화의 전통적인 모티브를 복합적으로 재해석해 낸 유기적인 건축 양식으로 세워졌다.

1970년대와 80년대에 마코베츠는 숲과 호숫가에서 그들과 함께 일하면서 커다란 맹금류와 그 밖의 피조물의 모습을 본뜬 새로운 공회당을 세웠다. 기둥으로 나무를 사용했기 때문에 저렴한 비용으로 지을 수 있었고

성령의 교회 (헝가리의 팍스, 1992년)
마코베츠가 지은 세 개의 첨탑이 있는 성당의 내부는 목재로 지어졌다. 고대 켈트족의 상징물처럼 생긴 조각으로 장식되었으며 창을 통해 들어오는 빛으로 조명을 처리했다.

유지하기도 쉬운 건물이었다. 또한 헝가리의 시골을 위협하는 산업화로부터 시골 사람들의 정신을 지켜 주는 중심점이 되었다. 그러나 이런 일은 공산주의 몰락 덕분에 실제로 일어나지 않았다.

마코베츠는 자신의 설계를 "존재를 짓는 것"이라 표현했다. 어떤 건물도 인간과, 동물과, 식물이 그렇듯이 완전히 대칭적일 수는 없었다. 1981년 『건축(Architectural Review)』에서 비판이 전제된 찬사를 받았던 그의 첫 작품은 부다페스트 교외의 파르카스레트에 세운 장례 예배당(1977년)이었다. 이 예배당은 인간의 흉곽 모형을

본뜬 목조 건물이었다. 1986년과 1989년 사이에는 파크스에서 강렬한 느낌을 주는 가톨릭 성당을 설계하고 직접 건설했다. 날개를 활짝 편 형상으로 시오포크에 있는 루터파 교회(1986-89년)도 같은 시기에 세운 것이다.

공산당이 몰락한 후 마코베츠는 국민적 영웅이 되었고 1992년 세비야 국제박람회 헝가리관의 설계자로 선정되었다. 그것은 많은 종루를 덧씌운 교회 같은 건물이었다. 마코베츠가 걸었던 길은 결코 외롭지 않았다. 그와 함께 일한 그룹만이 아니라, 페스에 활동 기반을 둔 기오르기 체테(Gyorgy Csete)를 필두로 한 많은 헝가리 건축가들이 비슷한 생각을 하는 건축가들과 공예가들에게 유기적이고 반제도적인 생각을 심어 주고 있기 때문이다.

그 밖의 건축가들의 비전들

고향인 베네치아의 풍요로운 전통에 매료된 건축가 카를로 스카르파(Carlo Scarpa)는 그 정신에서는 비슷하지만 형태는 옛 건물이나 풍경을 맹목적으로 모방하지 않은 건축을 추구했다. 오히려 건물과 풍경이 유기적으로 결합되어 조화를 이루는 건물이 탄생되었다. 그가 남긴 가장 신비로운 작품은 아솔로의 산 비토 디 알티볼레 공동 묘지에 세운 브리온 가족묘(1970년)이다. 평범한 형태이지만 뚜렷한 개성이 있고 주변 경관과 조화되어 있다. 빈에서는 화가 프리덴스라이히 훈더트바서(Friedensreich Hundertwasser)가 동화책의 삽화처럼 울긋불긋하게 채색된 아파트를 세웠다.

유럽의 다른 곳에서도 새로운 테크놀로지와 자재를 사용해서 자연과 밀착된 모습으로 건축을 형상화하려는 소수의 건축가들이 있었다. 그들은 새로운 테크놀로지를 향유하면서 환경 친화적 건물을 지을 수 있으리라 믿었다. 이 분야에서 가장 뛰어난 업적은 남긴 건축 회사 가운데 하나가 얀 카플리키(Jan Kaplicky)와 아만다 레베트(Amanda Levete)가 세운 퓨처 시스템스였다.

그들은 새로운 자재와 테크놀로지의 경량성에 매료되었다. 버크민스터 풀러(208쪽 왼쪽 그림설명 참조)로부터 영향을 받은 퓨처 시스템스는 가볍고 우아한 형태, 가능한 한 대지에 최소한의 부담만 주는 아름다운 건물을 추구했다. 카플리키는 물 위에 서 있는 곤충, 날 표면에 안착한 나사의 달 착륙선, 해파리, 대나무 집, 그리고 가벼움을 상징해 주는 온갖 형태의 구조와 동물들을 그린 산뜻한 일러스트로 그의 철학을 설명해 주었다. 그들의 목표는 자재와 에너지 소비를 최소한으로 줄이는 것이었다.

로벤가제 앤드 케겔가제 아파트(빈, 1985년)
이 시영 아파트의 설계에서 화가이자 건축가이던 프리덴스라이히 훈더트바서는 다양한 색을 불규칙하게 사용하고, 양파 모양의 큐폴라를 아파트 건축에 사용하여 전통적인 관습을 깨뜨렸다.

우주 시대에 접어든 까닭에 퓨처 시스템스의 설계는 자연 환경과 잘 어울리는 듯했다. 첨단 테크놀로지를 사용했지만 마코베츠가 지은 건축물의 형태와 비슷했기 때문에 그들이 만든 건축의 형태도 궁극적으로는 자연에서 빌려 온 것이었다. '지구의 중심'을 위해서 영국 동커스터에 방문객의 휴게실 겸 전시실로 설계한 아르크(계획에 따르면 2001년에 개장 예정)는 반투명한 날개가 있는 거대한 나비 모양이다. 가장 현란한 색을 가진 곤충의 형상답게 이 건물은 산업화와 개발로 황폐해진 주변 풍경에 자연의 멋을 되살려 줄 수 있으리라 기대된다.

웨일스의 펨브루크셔 언덕 지대에 거의 파묻혀 있는 주말 별장도 자연 친화적이다. 텔레토비라는 이상한 생물체가 특이하게 생긴 동산에 자리 잡고 있는 집에서 살아가는 어린이용 텔레비전 프로그램 때문에 '텔레토비의 집'으로 알려진 말라토(1998년)는 경량 자재를 사용한 건축물로, 주변 경관과 완벽한 조화를 이루고 있다.

> **프리덴스라이히 훈더트바서**
>
> 오스트리아 화가이자 건축가인 프리덴스라이히 훈더트바서의 장식 스타일은 구스타프 클림트와 에곤 실레를 따른 것이다. 그의 작품은 나선형이 주축을 이루며, 황금색, 은색, 인광성의 적색과 초록색을 주로 사용하는 것으로 미루어보아 아시아와 페르시아의 영향을 받은 것으로 보인다. 1917년 그는 빈과 뉴질랜드에서 도시 계획 프로젝트를 시작했다. 로벤가제 앤드 케겔가제 아파트의 설계는 장래에 거주할 사람들의 욕구를 미리 예측해 보려 노력했다는 점에서 미래 거주자들과의 대화가 담긴 것이라 할 수 있다.

건물의 재활용
개조와 보수

> **카를로 스카르파**
> 일본의 고(古)건물과 프랭크 로이드 라이트에게 영향을 받은 스카르파는 자재들의 서로 다른 특성이 빚어 내는 상호 작용에 대해 관심을 보였다. 그것은 그가 건물을 리모델링할 때 확연히 드러나는 특징이다. 그때 그는 원래 구조의 단면들과 자재들을 현대의 것과 나란히 놓았다. 대표적으로는 베네치아의 아카데미아(1952년), 베네토의 카노바 미술관(1956-57년), 베네치아의 퀘리니 스탐팔리아 미술관(1961-63년), 그리고 트레비소의 브리온 공동묘지(1970-72년)가 있다.

역사적인 건물을 해체하는 열풍이 1950년대와 1960년대에 전 세계의 도시를 휩쓸었고, 중국과 같은 개발도상국에서는 지금까지도 계속되고 있다. 그러자 이런 열풍에 반발해서 건축 유산을 지키려는 보존 운동이 일어났다.

그러나 역사적이거나 건축적 가치를 지닌 모든 건물을 무작정 보존하겠다는 생각은 현실적인 대안이 될 수 없었다. 오히려 낡은 건물을 새롭게 사용할 수 있는 방안을 찾으면, 낡은 건물이라도 보존될 수 있었다. 여하튼 20세기 건축의 경향은 잉여적인 건물을 허물고 새롭게 다시 짓는 것이었다. 그러나 역사적으로 건물은 종종 재활용되었다.

1960년대 초 건축가들은 옛 건물들에 전혀 새로운 성격을 부여해서 오늘날에 적합하게 만들 수 있는 방법을 찾아 나섰다. 건물의 재활용은 주로 도심에 세워진 발전소나 공장처럼 오늘날에는 환경 오염을 유발하기 때문에 문제가 되는 건물들의 용도를 변경하여 개조하는 방향으로 이루어졌다. 1960년대 이렇게 변신한 건물 중에서 가장 눈에 띄는 것은 베네치아의 건축가 카를로 스카르파(217쪽 참조)가 중세에 건설된, 베로나의 카스텔베키오(옛 성이란 뜻)를 미술관으로 개조한 것이다. 스카르파는 화려한 건축 자재와 복합적인 건축 형태를 좋아했을 뿐만 아니라 이런 것들을 새로운 방식으로 활용하는 방법을 잘 알고 있었다. 그래서 그의 복원 작업은 옛 형태를 그대로 모방하지도 않고 품격을 떨어뜨리지 않으면서 완전히 새로운 모습으로 옛 건물을 탈바꿈시키는 것이었다.

카스텔베키오 미술관에서 보듯이 옛 성의 구조는 그대로 보존되었지만 건축가가 '개입'한 흔적은 뚜렷하다. 달리 말하면 카스텔베키오는 옛 것과 새 것이 만나는 곳으로서 옛 건물과 관람객뿐만 아니라 전시된 예술품의 품격까지 높여 주는 미술관으로 다시 태어났다. 전 세계의 많은 건축가들에게 이 미술관은 옛 건물의 바람직한 보존 방향을 보여 준 좋은 예이다.

카스텔베키오 미술관(베로나, 1956-64년)
스카르파는 회반죽을 거칠게 바른 벽에 마루판을 교차시켜, 과거와 현재를 융합해 놓았다. 자재에 대한 깊은 관심으로 그는 과거와 현재가 충돌하지 않고 조화를 이루게 할 수 있었다.

오르세 미술관

비슷한 맥락에서 훨씬 극적인 사건은 밀라노의 건축가 가이아 아우렌티(Gaia Aulenti)가 파리의 오르세 역을 오르세 미술관으로 개축한 것이며, 그것은 1980년대에 이루어진 가장 성공적인 개축 사례였다. 아우렌티의 설계에는 유리 천장을 사용한 중앙홀의 횅한 공간을 적절하게 활용한 장점이 있다. 미술관의 입구에서 끝 부분까지, 미술관 어디에서나 양 편에 늘어선 전시실들로 들어갈 수 있지만 전시실들이 관람객의 움직임이나 중심 공간을 방해하지는 않는다.

오르세 미술관(파리, 1984-86년)
1900년 만국박람회 전에 세워진 원래의 기차역은 근처의 루브르 박물관의 기능을 보완할 목적으로 설계된 것이었다. 기차역을 허물고 호텔을 세우려는 계획이 입안된 적이 있었지만 19세기 건축에 대한 관심이 되살아나면서 그 계획은 백지화되었다.

테이트 현대 미술관 (런던, 1999년)
스콧이 설계한 원래의 굴뚝 높이는 세인트 폴 대성당보다 높아서는 안 된다는 생각에 99미터 이하로 제한되었다. 새로 세워진 2층의 유리 구조물은 지붕의 길이보다 길기 때문에 꼭대기 층의 전시실까지 빛이 들게 해 준다.

두 발전소는 인상적인 옆모습과 당당한 파사드로 유명했다. 그런데 1970년대가 되면서 두 발전소는 런던의 골칫덩이로 변하고 말았다.

배터시 발전소는 서너 번 주인이 바뀌었고 그때마다 테마 파크로 전환될 것이라는 발표가 있었지만 지금까지 어떤 조치도 취해지지 않고 있다. 한편 뱅크사이드 발전소는 운이 좋았던 편이다. 뱅크사이드 발전소는 스위스 건축가 자크 에르조그(Jacques Herzog)와 피에르 드 뫼롱(Pierre de Meuron)에 의해서 테이트 현대 미술관으로 변모했다. 강이 내려다보이는 쪽으로 다섯 층의 전시실이 들어섰고, 터빈이 있던 방에는 거대한 조각품이 전시되어 있으며 그곳은 종종 다른 행사가 열리는 웅장한 로비와 전시실로 변했다. 조각가 안토니 카로(Anthony Caro), 그리고 오브 애럽 앤드 파트너스 사와 공학자인 크리스 와이즈(Chris Wise)의 지원을 받아 노먼 포스터가 설계한 인도교가 이 전시실과 세인트 폴 대성당을 이어 주고 있다.

미술관

19세기 미술관은 전시한 예술품의 위상을 높여 주기 위해서 웅장하고 화려하게 지어졌다. 그러나 새로운 세기에 모더니즘이 등장하면서, 예술품의 성격뿐만 아니라, 미술관을 단순히 예술품이 전시되는 하얀 공간이라고 보는 선입견에 대해서도 의문이 제기되었다. 또한 예술품과 건축과의 역동적 관계가 최근 들어 제시되면서, 건축물 자체가, 전시된 예술품에 대한 이야기를 해 주는 것이란 생각이 대세를 이루었다. 따라서 건물의 재활용은 이런 대화의 일부인 셈이다.

오르세 미술관에 전시된 예술품들은 1848년부터 1914년에 걸쳐 창작된 것으로, 옛 역의 다소 퇴폐적인 실내 분위기를 살린 당당한 창작된 공간에 완벽하게 어울린다.

빅토르 랄루(Victor Laloux)가 설계한 원래의 건물은, 철도의 역사보다 예술의 역사에 더욱 의미 있는 순간이었던 1900년의 파리 만국박람회 때 문을 열었다. 여기에서 브라크와 피카소는 아프리카와 다 지역의 '원시' 예술에 빠져들기 시작했고, 또한 그들에게 입체파란 이름을 안겨 준 실험을 시작했다. 입체파는 르 코르뷔지에의 건축, 즉 모던 무브먼트를 향한 작은 걸음이었다. 그 후 장식적인 옛 건물들은 1950년대와 60년대에 기능적인 건축이란 이름 앞에서 허물어지게 되었다.

20세기에 세워진 건물 중에서 발전소도 그 규모에서는 뒤질 것이 없었다. 특히 발전소는 건축가들이 공학자들의 사문역으로 일했던 까닭에 다양한 양식으로 도심에 우뚝 서 있었다. 에너지를 만들어 내는 공간을 문명화하여 단순한 발전소가 아니라 동력의 신전으로 바꿔 놓겠다는 것이 건축가들의 생각이었다.

이런 철학을 바탕으로 런던의 템즈 강변에 두 발전소가 세워졌다. 그것이 바로 배터시 발전소(1955년)와 템즈 강을 사이에 두고 세인트 폴 대성당과 마주 보고 있는 뱅크사이드 발전소(1963년)였다. 리버풀 성당(149쪽 그림설명 참조)과 워터루 다리를 설계한 자일스 길버트 스콧 경이 설계를 맡은

독일 의사당

포스터는 20세기의 가장 뛰어난 '개조'로 손꼽히는 작품 가운데 하나를 만들어 낸 건축가이다. 원래 베를린의 국회의사당 (1884-94년, 11쪽 그림설명 참조)은 파울 발로트(Paul Wallot)가 설계한 것이었다.

제2 제국의 의사당으로 사용된 육중한 바로크 양식의 건물은 1933년에 일어난 화재로 내부가 거의 전소되었고, 1945년 베를린 전투로 주저앉고 말았다. 돔이 사라진 이 건물은 1960년대에 정부청사로 개조되었다. 포스터는 이 건물의 허름한 벽들을 뜯어 내고, 편자 모양의 웅장한 회의실을 덧붙이고 나서, 이것에 대중을 향해 열려 있는 유리돔을 덧씌웠다.

제2 제국과 제3 제국, 바이마르 공화국, 그리고 독일 민주주의 공화국(동독)의 흥망성쇠를 지켜본 건물의 원래 역할을 새롭게 해석해 낸 개조의 표본이었다.

터빈 홀 (런던의 테이트 현대 미술관, 1999년)
원래의 주인인 기계가 치워진 후, 벽돌로 덮혀 있던 철골 구조만이 남았다. 콘크리트 기초가 먼저 세워지고, 그 위에 7층 건물을 지탱해 줄 철골 구조가 세워졌다.

해체주의
박스를 깨뜨려라

프랭크 게리
게리는 1929년 토론토에서 태어났다. 후에 가족 모두가 로스앤젤레스로 이주했다. 게리는 그곳에서 1962년에 건축 사무소를 열었다. 그의 초기 작품은 특이한 자재를 사용한 것으로 유명하다. 로스앤젤레스 임시 현대 미술관의 설계에는 체인 링크와 물결 모양의 금속을 사용했다. 비교적 최근 작품인 슈나벨 레지던스(1986년), 비트라 디자인 박물관, 구겐하임 미술관은 거의 조각처럼 보이는 건물로, 컴퓨터를 이용해 설계한 것이다.

해체주의(deconstructivism)는 프랑스 철학자 자크 데리다(Jacques Derrida)의 '해체' 개념에서 영감을 받은 건축의 한 양식이다. 데리다는 주어진 텍스트, 즉 수필, 소설, 신문기사 등의 의미가, 사용된 단어들이 가리키는 사물과의 지칭 관계가 아니라, 사용된 단어 사이의 차이에서 결정되는 것이라 이해했다. 달리 말하면 텍스트의 의미 차이는 텍스트들에 쓰인 언어의 구조를 해체하여 밝힐 수 있다는 것이다.

1980년대 미국에서 데리다의 철학은 해체주의라는 이름으로 건축 설계에도 파급되었다. 많은 건축가들이 전통적인 건물에 새로운 의미를 부여하거나 때로는 유행의 흐름에서 뒤처지지 않기 위해서 건물을 해체해서 재조립하기 시작했다. 물론 그들이 실제로 기존 건물을 해체한 것은 아니었다. 그들은 제도판이나 컴퓨터로 해체된 건물들을 설계했을 뿐이다. 이렇게 설계된 건물들은 종종 불완전하게 보였고 때로는 건축을 왜곡하는 것처럼 보이기도 했다. 뛰어난 건축가들에게 그런 대담한 실험은 고차원의 정교한 게임이었고 전율을 안겨 주는 경험이었겠지만, 안타깝게도 유행의 노예가 되어 버린, 허울만 그럴듯한 설계들도 몇몇 있었다.

초기의 설계들

해체주의 운동을 시작한 사람은 피터 아이젠만이었다. 아이젠만은 뉴욕 파이브의 일원으로서 르 코르뷔지에의 20년대 건축, 즉 흰색을 사용한 순수한 모던 건축으로 돌아가는 것을 주도하고 있었지만, 미국의 새로운 집들을 제도판에서 해체해서 벽들을 서로 떼어 놓고 공간을 생략하거나 거꾸로 가공의 공간을 만들어 내기 시작했다. 다시 말해서 전통적인 모던 건축의 합리적인 기하학적 관계를 깨뜨리고 더 나아가 해체했다. 1998년이 되자

비트라 디자인 박물관의 외관 (독일의 바일 암 라인, 1987–89년)
해체적 형태와 도발적인 파사드가 인상적이며 전시 공간도 독특하다. 채광탑과 경사가 가파른 지붕의 채광창을 통해서 조명을 처리했다.

해체주의를 표방한 설계들이 넘쳐
났다. 그 대부분이 모형이나
설계도 상태로 뉴욕의 현대
미술관에 전시되었다. 그것은
1932년 헨리 러셀 히치콕과 더불어
'국제주의 양식'을 바로 그곳에서
미국에 소개했던 26살의 젊은
건축가 필립 존슨이 82세의 고령의
나이로 해체주의를 앞장서서
소개하는 순간이었다. 해체주의가
1990년대에 등장해서 주요 건축
프로젝트에 적용되기 시작했을 때
새로운 스타는 다니엘
리베스킨트(222쪽 왼쪽 그림설명
참조), 자하 하디드(223쪽 오른쪽
그림설명 참조), 그리고 어떤
식으로도 분류되는 것을 싫어한
프랭크 게리(220쪽 왼쪽 그림설명
참조)였다.

비트라 사를 위한 설계

캘리포니아 산타 모니카에 있는
게리의 집(1978-79년)은
DIY상점에서 얼마든지 구할 수
있는 닭장용 철망, 주름진 철근,
울타리용 철망들을 적절하게
사용해서 집의 개념을 깨뜨린
매혹적인 작품이다. 벽과
램프(ramp)가 여기저기에서
특이한 각도로 기울어져 있다.

그로부터 10년 후 게리는
독일의 바일 암 라인에 비트라
디자인 박물관을 세웠다. 찰스
임스와 레이 임스, 게리의
디자인으로 최고의 사무용 가구를
만들어 내는, 스위스와 독일이
합작해서 만든 가구 회사로부터
의뢰를 받아 만든 것이다.

박물관은 산뜻한 분위기를
자아낸다. 곡면과 사면이 교차하면서도 막힌 듯한 느낌이
없다. 인테리어도 무척이나 독창적이면서 상당히
실용적이다. 게다가 매우 강한 이미지를 풍겨 주면서 비트라
사를 현대 디자인과 제조업계의 지도에 확실히 못 박아 두는
역할을 충분히 해 냈다.

20세기가 저물어 갈 무렵 게리는 로스앤젤레스의
디즈니 콘서트 홀(1995-건설중)과 빌바오의 구겐하임
미술관(1993-97년, 225쪽 아래 그림설명 참조)이라는 두
걸작을 설계했다. 아름다움의 극치를 보여 준 두 건물은
모두에게 찬사를 받았다. 그것은 현대 건축 중 가장
대담하고 참신한 건물이었다. 게리의 건물이 대중에게 인기
있는 이유도, 고깃덩이나 감자처럼 납작한 건물을 선호하는

비트라 디자인 박물관 실내
*비트라 사의 이사 랄프 페흘바움(Ralph Fehlbaum)이 프랭크 게리에게 페흘바움 가문이 수집한
의자들을 전시할 박물관을 설계해 달라고 의뢰했다. 게리가 판지로 직접 만든
비버 의자(1987년)가 오른쪽 전면에 놓여 있다.*

다니엘 리베스킨트
1946년 폴란드에서 태어난 리베스킨트는 미국과 이스라엘에서 음악을 공부했지만 나중에 건축으로 방향을 바꾸었다. 그는 수학과, 음악과, 회화에서 배운 것을 건축에 응용할 수 있는 이론적 가능성을 연구했다. 그는 하버드 대학, UCLA 대학, 런던 대학에서 건축 이론을 가르친 후 1989년부터 베를린에 건축 사무소를 열었다. 빅토리아 앤드 앨버트 박물관의 별관(아래의 그림) 이외에도 그의 주요 작품으로는 브레멘의 극장, 잉글랜드 맨체스터의 왕립 전쟁 박물관 등이 있다.

사람들의 감성에 거리의 건물이 과감하게 도전장을 던지기 때문이다.

그러나 폴란드 태생으로, 음악가에서 건축가로 변신했고, 1989년 베를린의 유대인 박물관의 설계 공모전에 당선되기 전까지 영국과 미국에서 교사로 일했던 다니엘 리베스킨트의 세 가지 프로젝트는 훨씬 파격적이었다. 이 충격적인 박물관은 지루한 협상과 정치적 이유로 작업이 지연되어 완공되는 데 10년이나 걸렸다. 바로크 양식으로 지어진 기존 베를린 미술관의 건너편에 지그재그형으로 뻗어 있는 유대인 박물관은 베를린 미술관을 보완하기 위해 확장할 의도로 건설된 것이지만 결과적으로는 베를린 미술관을 압도했다.

박물관이 완공된 해에 전시물이 없을 때에도 수십 만의 사람들이 이 경이로운 건물만을 구경하러 왔다. 이것은 건축만으로 베를린에서 유대인이 학살당한 사건을 폭로한 감동적인 작품이었다. 이런 점에서 이 박물관은 바로크적 특징, 즉 강렬한 충격과 의미를 줄뿐만 아니라 연극적 의미를 연출하는 건축물이라고 말할 수 있다.

이 박물관의 특징은 외장재로 쓰인 아연, 사선의 창, 그리고 전시실들을 관통하는 콘크리트 공백이다. 이 공백은 스스로 애국적인 독일인이라 생각했던 유대인들을 베를린의 심장부에서 몰아 낸 문화적이고 인간적인 공백을 관람객들로 하여금 떠올리게 한다.

또한 이 건물의 무색무취한 특징은 리베스킨트가

유대인 박물관 (베를린, 1989-99년)
그의 가족도 홀로코스트의 악몽을 경험했기 때문에 이 박물관은 그에게 개인적으로도 의미가 있었다. 그는 이 건물을 "이 도시의 역사만큼이나 의도적으로 모호하게 표현한 곳, 비틀린 곳, 그리고 파악하기 어려운 함축적 의미가 숨겨 있는 곳"이라 표현했다.

설계하는 동안 반복해서 들었다는 아르놀트 쇤베르크(Arnold Schoenberg)의 미완성 오페라 "모세와 아론"에서 영향을 받은 것으로 보인다.

이 박물관에는 뚜렷한 입구가 없다. 지하실과 기울어진 통로로 연결된 점점 좁아지는 계단 아래로 옛 건물을 통해서 들어갈 수 있다. 구조가 이렇기 때문에 관람객은 세 통로 가운데 하나로 박물관에 들어가게 된다. 한 통로는 홀로코스트관으로 이어진다. 차가운 콘크리트 탑으로 섬뜩한 느낌을 자아내는 텅 빈 공간은 작은 틈새로 스며드는 빛으로만 밝혀지고 있을 뿐이다. 베를린에 살던 25만 명의 유대인이 강제 수용소에 끌려가면서 강제로 어두컴컴한 트럭에 태워져 기차역으로 이동할 때, 트럭의 적재함을 둘러싼 포장의 틈새로 흘러드는 빛이 유일한 희망이었다는 생존자의 회고를 그렇게 표현해 낸 것이었다.

나선과 노출

유대인 박물관의 설계로 인해 리베스킨트는 그 시대에 가장 혁신적인 건축가 가운데 하나로 이름을 굳혔다. 그 후에 오스나브뤼크에 세운 펠릭스 누스바움 미술관(1998년)은 나치 포로 수용소에서 숨진 유대인 화가 펠릭스 누스바움(Felix Nussbaum)에게 헌정된 건축물이다.

한편 런던의 빅토리아 앤드 앨버트 박물관의 별관으로서 2005년에 완공 예정인 스피럴은 리베스킨트가 공학자인 세실 밸몬드(Cecil Balmond)와 합작으로 설계한 것이다. 이것은 기존 박물관의 안뜰에서 나선형으로 올라가는 수정의 결정체와 같은 형태이다. 이 형태는 3차원 다면체 공간의 연속적인 분열을 뜻하는 프랙탈 기하학에 근거한 것이다. 스피럴은 테크놀로지가 구조물의 일부가

보일러하우스 윙을 위한 설계 (런던의 빅토리아 앤드 앨버트 박물관, 2005년)
런던 장식 예술 박물관의 별관으로 좁은 구역에 자리 잡고 있지만 대지의 한계를 극복하면서 새로운 전시 공간을 만들어 내고 있다.

된다는 점에서 혁신적이고 역동적인 박물관 설계로 여겨진다.

리베스킨트가 조각가 바버러 웨일(Barbara Weil)을 위해 마조르카에 짓고 있는 첫번째 개인 주택이자 작업실(2002년 완공 예정)은 낭떠러지에 자리 잡고 있어, 관능적인 느낌을 주는 구불구불한 기하학적 선을 노출하고 있는 지형을 건축에 반영한 것으로 여겨진다.

역동적인 공간

이라크 태생의 건축가 자하 하디드는 런던 건축 협회에서 공부하고 가르친 후에 여러 설계 공모전, 특히 홍콩 피크의 설계 공모전에서 역동적인 설계와 스케치로 두각을 나타냈다. 그것은 러시아 구성주의자(constructivist)들의 역동적 기하학과 해체주의자들의 지적이고 미학적인 감수성을 융합한 설계였다. 하디드가 최초로 설계한 작품은 바일 암 라인에 있는 비트라 가구 공장의 소방서(1991년)였다. 이 소방서는 극적으로 연장된 수평선과 돌출된 건물의 각이 어우러진 건물이다. 1999년에 그녀는 바일 암 라인 풍경 및 원예 전시회를 위해서 지하에 있는 환경 연구소와 연결시킨 전시관을 소방서 바로 옆에 세웠다.

런던에서 하디드는 홀로웨이에 있는 북런던 대학교를 위해서 사방이 막힌 다리를 설계했다(2001년). 그것은 항상 붐비는 홀로웨이 때문에 분리되어 있는 캠퍼스의 여러 곳을 연결해 주는 다리였다. 철 구조물로 이루어진 그 다리는 여러 건물들을 이어 주는 '스카이 로비'로, 카페와 도서실과 세미나실로도 사용될 수 있는 공간이다. 통로들은 컴퓨터 공학으로 촘촘히 짜여져 있어, 캠퍼스를 어슬렁대는 학생이나 뛰어 다니는 학생 모두에게 디지털 신문처럼 보였다. 바깥에서 볼 때, 통로들은 '홀로웨이 건너편에 영화 같은 역동적 공간을 만들기 위해서 끊임없이 움직이는 이미지를 전달하는 도시의 신문'이다. 이 다리는 특별한 용도로 사용되는 것이지만 건물의 혼잡스런 통로와 자동차로 가득 찬 도로에 생명과 개성을 선물해 준 현대 건축의 극적인 면을 보여 주는 좋은 예이다.

하디드의 첫 주요 작품은 1999년 국제 설계 공모전에서 당선되어 만든 로마의 현대 미술관이다. 건축 설계에 대한 확고한 지식이 없는 사람은 그 설계에서 사용된 기하학적 선을 이해하기 힘들겠지만, 예정대로 2005년에 완공된다면 그 미술관은 우리들에게 호기심만큼이나 즐거움을 안겨 줄 것이다.

군용 막사 옆에 있는 옛 도시에 두 번째 얼굴 역할을 하는 전시실을 만들겠다는 것이 자하 하디드의 계획이다. 전시실 안에서 밖까지 복합적인 공간이 연쇄적으로 이어질 예정이고, 예술품들은 기존의 미술관들의 획일성에서 벗어나 독창적이고 새로운 방식으로 전시될 예정이다. 또한 구불구불한 형태이며 천연광을 이용한 전시실들은 큐레이터들에게 작은 도전거리가 될 것이며, 건축과의 교감을 요구하게 될 것이다. 이처럼 하디드의 설계는 공간에 대한 사람들의 선입견을 해체해서 미술관을 운영하는 사람들이 공간에 대해 새롭게 생각하도록 만든다는 점에서, 특히 예술과 건축의 관계에 대해서 다시 생각하게 만든다는 점에서 해체주의에 입각한 것이라고 말할 수 있다.

자하 하디드
1950년 바그다드에서 태어난 하디드는 1972년부터 런던 건축 협회에서 공부했다. 1987년부터 렘 콜하스(Rem Koolhaas)와 함께 이곳에서 가르치면서 개인 작업실을 운영했다. 1979년에 개인 건축 사무소를 열었다. 베를린의 쿠푸르슈텐담(1986년), 뒤셀도르프의 아트 앤드 미디어 센터(1989년), 카르디프의 오페라 하우스(1994)의 설계 공모전에서 1등으로 당선되면서 유명해졌다. 그 밖에도 도쿄에서 진행한 두 가지 프로젝트(1988년)와 오사카에 엄청난 돈을 들여 지은 건물(1990년)이 그녀의 대표작이다. 하디드는 그림과 데생으로 개인전도 서너 차례 열었으며, 현재 하버드 대학교와 컬럼비아 대학교에서 건축을 가르치고 있다.

원예 전시회를 위한 전시 공간 (독일의 바일 암 라인, 1999년)
하디드의 설계는 건물 내의 통로망을 통해서, 그리고 전시관과 휴게실 공간을 무엇인가로 둘러싸기보다는 단순히 암시함으로써 건축과 풍경 사이의 경계를 허물어뜨린다.

컴퓨터
디지털의 꿈

렘 콜하스

1944년에 태어난 렘 콜하스는 저널리스트였지만 런던 건축 협회에서 공부한 후 건축가의 길로 들어섰다.
그는 "건축물로서의 베를린 장벽"이란 논문으로 센세이션을 일으키며 장학금을 받아 미국에서 공부했다.
그는 뉴욕에 매료되어 『광란의 뉴욕: 맨해튼의 회고적 선언』을 발표했다. 1975년에 메트로폴리탄 건축가 사무소(OMA)를 설립했다. 네덜란드 무용 극장(1978년)과 프랑스 릴의 재개발 계획을 담당했다. 1996년에는 『OMA:S, M, L, XL』를 발표했다. 프랭크 게리는 콜하스를 "금세기 건축계에서 가장 폭넓은 사고를 지닌 사색가이다."라고 평가했다.

드디어 컴퓨터가 등장했다. 1960년대 초 영화 제작자들은 컴퓨터를 사랑했다. 엄청난 자료가 커다란 넝지의 잿빛 상자에 저장되었다. 하얀 가운을 입은 전문가들이 플라스틱 바퀴에서 돌아가는 테이프들을 조심스레 다루었다. 컴퓨터는 미스 반 데어 로에 스타일의 건물을 가득 채웠다. 그러나 영화에서 컴퓨터는 핵 전쟁을 비롯한 20세기 말의 음울한 면들을 상징했기 때문에 사악한 것으로 생각되었다. 장 뤽 고다르(Jean Luc Godard)의 "알파빌(Alphaville)"에 등장하는 컴퓨터 알파 60, 또는 스탠리 큐브릭(Stanley Kubrick) 감독의 "2001년 스페이스 오디세이(2001 : A Space Odyssey)"에 등장하는 고장난 컴퓨터 HAL 9000이 그 대표적인 예이다. 초기에 컴퓨터는 건축 설계에는 별다른 영향을 미치지 못하는 것으로 여겨졌다.

컴퓨터 지원 설계인 CAD도 처음에는 건축의 미학이나 성격에 아무런 영향을 미치지 못하는 듯했다. CAD는 건축가, 주로 사무실과 비즈니스 파크의 신속한 설계에 관여하는 사람들이 초고속으로 설계도를 그려내는 데 도움을 주는 정도였다. 요컨대 컴퓨터는 1980년대에 건축 도구 중의 하나로 등장하기는 했지만 대부분의 건축가들에게는 곡괭이나 삽 정도의 것에 불과했다.

컴퓨터가 복잡한 건물을 설계하는 데 도움을 줄 뿐만 아니라, 건물이 어떤 식으로 보여야 하고 어떻게 지어져야 하는가를 보여 줄 수 있다는 사실을 증명해 준 대표적인 건물이 마침내 등장했다. 그것은 바로 렌초 파이노의 빌딩 워크숍이 일본 오사카 만에 세운 간사이 국제 공항(1988-94년)과 프랭크 게리가 설계한 빌바오의 구겐하임 미술관(1993-97년)이었다.

간사이 국제 공항은 오사카 만의 인공섬에 가볍게 내려앉은 황새처럼 보이는 1.6킬로미터 길이의 터미널로 유명하다. 일본의 혼슈 섬은 건물을 짓기 힘들 정도로 평지가 귀한 산악 지대이다. 따라서 바다에 새로운 공항을 건설하려는 계획은 두 가지 점에서 현명한 판단이었다. 첫째 귀한 땅을 아낄 수 있다는 것과, 둘째 비행기 소음으로 주거지에 피해를 끼치지 않아도 된다는 점이었다. 태풍을 이겨 낼 수 있도록 설계된 날개 모양의 터미널은 기능과 미학뿐만 아니라 컴퓨터 프로그램을 통해 나온 결과를 최대한 고려해서 설계한 것이다. 그렇게 해서 우아하고 유기적이며 매끄러운 선을 지닌 첨단 건물이 완성되었다. 공항 터미널이 제대로 기능하는지는 모니터를 통해서 확인할 수 있다.

컴퓨터를 이용한 공항 설계

간사이 국제 공항은 공항 터미널에 새로운 성격을 부여한 것이기도 했다. 이 공항은 비행기 여행의 이미지와 항공기의 미학적 곡선을 최대한 강조했으며, 승객이 공항에 들어서는 순간부터 그가 탈 비행기를 확인할 수 있게 되어 있는 구조였다. 1980년대와 1990년대에 국제 공항 터미널은 어딘가 눈에 띄지 않는 곳에 비행기가 숨겨져 있는 쇼핑몰처럼 보였다. 피아노가 설계한 공항 이외에 1990년대 새로 건설된 공항 터미널로 주목되는 것은 런던 스탠스테드 공항의 두 번째 터미널과 홍콩 공항의 터미널이다. 둘 다 포스터 앤드 파트너스 사가 설계한 것이다.

따라서 두 터미널 건설에는 동일한 원칙이 적용되었다. 그것은 터미널 내에서 최단 동선을 고려하는 것과, 천연광을 최대한 이용하는 것, 그리고 라이트 형제와 그 후계자들의 야망에 어울리는 외관을 설계하는 것이었다.

간사이 국제 공항(일본의 오사카 만, 1988-94년)
나지막하고 부드러운 곡선으로 이루어진, 공기 역학을 고려한 지붕은 90,000장의 동일한 스테인레스 스틸 패널로 덮혀 있어 강력한 태풍에도 견딜 수 있다. 지붕의 형태 덕분에 내부에서는 공기가 원활하게 순환된다.

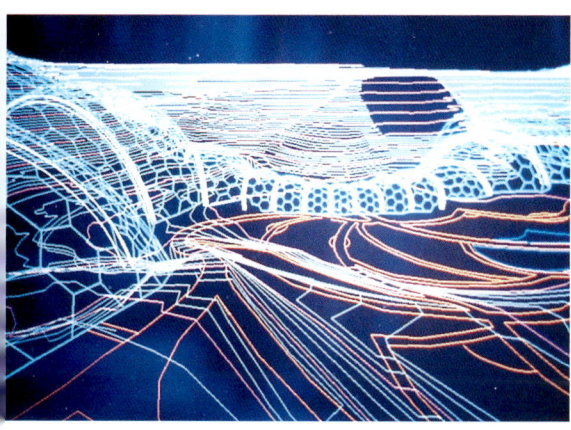

에덴 프로젝트에서 컴퓨터가 만들어 낸 설계
니콜라스 그림쇼가 영국 남쪽에 연작으로 지은 거대한 온실의 구조는 3차원 컴퓨터 설계를 바탕으로 한 것이었다. 그림쇼의 컴퓨터는 돔의 부품을 제작하는 공장의 컴퓨터와 연결되어 있었다.

구겐하임 미술관

프랭크 게리에게 명성을 안겨 준 스페인 빌바오에 있는 구겐하임 미술관은 바스크족의 주도(州都)에 대한 세계인의 선입견을 완전히 뒤바꾸어 놓았다. 구겐하임 미술관이 개장되기 전까지 빌바오는 에스파냐의 통치로부터 바스크족의 독립을 주장하는 민족주의자들인 에테아(ETA, Euzkadi ta Askatsuna, 바스크 민족과 자유)의 본거지로 주로 알려져 있었다. 그들의 투쟁으로 바스크 땅은 현재 마드리드의 직접적인 통치에서 자유로워진 편이다. 게다가 고유한 언어를 지닌 유럽 최초의 정착 민족인 바스크족의 정체성과 정신의 독립성을 게리는 독특한 형태로 눈길을 끄는 건물을 통해 찬양했다. 도심의 강변에 자리 잡은

미술관의 복합적인 곡선들, 그리고 그 곡선들을 덮은 다양한 형태의 티타늄 타일은 CAD의 도움으로 완성되었다. 그러나 여기에서 주목해야 할 것은 컴퓨터 모델 설계 과정에서 제시된 무한한 가능성을 지적으로 해석해 낸 위대한 현대 바로크 건축가의 손과 눈이다.

사이버 세계의 꿈

21세기 초에 건축에서의 컴퓨터 활용은 상식이 되었다. 대학을 갓 졸업한 젊은 중국 건축가들은 선전과 광저우의 좁은 부엌에서 노트북을 앞에 두고 동료들과 앉아서 순식간에 사무용 빌딩의 파사드를 설계하고 있다. 그들은 최근 잡지들에 소개된 세계 여러 나라의 사무용 빌딩의 이미지를 추려내어 컴퓨터에 스캔을 받아 수직이나 수평으로 조절해 가면서 중국식 사무용 빌딩의 콘크리트 골조에 알맞은 형태를 만들어 낸다. 그리고 그들이 설계를 끝내자마자 곧바로 건물이 땅 위에 세워진다.

젊은 건축가들은 컴퓨터를 최대한 활용해서 새로운 형태의 구조와 실내 공간을 창안해 내려 애쓰고 있다. 경량 금속과 폴리탄산에스테르와 같은 최첨단 자재가 등장하면서 건축가들은 무한히 변형될 수 있는 구조와 공간이라는 건축의 이상에 더욱 가까이 다가서게 되었다. 이런 사이버 세계의 꿈은 2000년대에 첫 첫 걸음을 떼었기만, 지난 2,500년 동안 근본적인 면에서는 거의 변화가 없었던 구조와 공간의 한계를 넘어서려는 건축가들을 곳곳에서 만나 볼 수 있다.

> **카티아(CATIA)**
> 구겐하임 미술관의 설계에 사용된 컴퓨터 소프트웨어는 1980년대 말에 프랑스 항공 산업체에서 개발한 것이었다. 이 프로그램은 다각형보다 단면에서 성능을 발휘한다. 전통적인 설계에서와 마찬가지로 석재, 금속, 유리, 석고와 그것의 연결재 사이의 거리가 결정된 뒤에야 기본 구조를 확정한다. 표면 설계가 완료되면 컴퓨터가 전체 표면을 지탱하는 데 필요한 구조─구겐하임 미술관은 철골 구조─의 용적과 성격을 계산하기 시작한다.

구겐하임 미술관 (빌바오, 1993-97년)
구겐하임 미술관의 물결 모양의 외형은 아트리움을 중심으로 모여 있다. 티타늄으로 덮힌 미술관이 거대한 배처럼 설계된 것은 빌바오가 항구라는 사실을 상징한 것이다.

즐거운 도시들
빛나는 도시

이 책의 첫장에서 우리는 건축이 최초의 도시들과 함께 어떻게 탄생되었는가를 살펴보았다. 둘은 거의 동의어나 다름없었다. 건축물들이 고대부터 도시의 거리와 광장을 꾸며 주었기 때문에, 도시와 건축은 유기적인 단일체처럼 함께 성장했다. 그러나 세월이 흐르면서 건축가와 건물주가 그들의 취향에 따라 열주로 박공벽을 대체하고 볼트로 아치를 대신하기 시작했다. 이렇게 건축이 새로운 형태를 추구하면서 건물과 도시의 관계도 달라지기 시작했다. 건물이 권력 있는 건물주의 야심을 과시하는 도구가 되면서 도시와 건축은 더 이상 유기적인 단일체일 수 없었다.

그러나 상식적인 미학의 구속 때문에 그 지역에서 생산되는 건축 자재로만 건물을 지을 수밖에 없었기 때문에, 그리고 서로가 서로를 잘 알고 지냈으므로 남의 눈을 의식하느라 사치스런 건물을 짓기 어려웠던 것 등의 여러 가지 현실적 제약 때문에, 18세기 중반 영국에서 시작된 산업혁명이 전 세계로 파급될 때까지 로마와 이스탄불을 제외한 세계의 도시들은 수백 년 전 혹은 수천 년 전과 마찬가지로 그다지 화려하지 않았다.

도시들이 공간적 한계를 극복하고, 재건설되고, 종종 야만스러울 정도로 재구조화된 것은 산업혁명 이후였다. 도시마다 도로가 새로 넓찍하게 뚫리고 철도가 건설되었다.

> "대도시 문화의 본질은 변화 즉 언제나 활력 있게 움직이는 상태이다."
> — 렘 콜하스

캐논 산책로 (뉴욕의 시포트의 사우스 스트리트)
19세기에 산업 시설은 도심에 자리 잡고 있었다. 그러나 그 시설이 다른 곳으로 옮겨지면서 사용되지 않는 구역이 생겼다. 이런 구역에는 뉴욕의 보행자 거리처럼 재개발하는 계획이 필요하게 되었다.

라스 람블라스 (에스파냐의 바르셀로나)
바르셀로나의 도심에 있는 이 유서 깊은 가로수길은 자동차에게는 순환도로, 보행자에게는 산책로의 역할을 해 준다. 가로수가 늘어선 중앙로는 신축 건물과, 화단과, 거리에서 공연하는 예술가들의 모습이 활기차게 어우러져 있어 쾌적한 도시 환경의 바람직한 모델로 여겨진다.

복합적인 도시

산업 발전으로 도시가 목적에 따라서 효율적으로 분화되었지만, 최근 들어서 건축가들과 도시 계획가들은 도시의 기능을 통합했을 때의 이점을 새롭게 제시하고 있다. 옛 건물 양식을 보존하는 것에서 그치지 않고 다양한 용도로 사용될 수 있는 도시 환생을 만들어 가기 위해서 모방까지 한 롭 크리에(Rob Krier)의 프랑스 아미앵의 도심 개발 계획과, 피에르 루이지 체르벨라티(Pier Luigi Cervelatti)의 볼로냐 재개발 계획이 대표적인 예이다. 베를린 국제 건축 박람회에서는 젊은 건축가들에게 기존 구조를 벗어나지 않으면서 첨단 건축 양식을 도입할 것을 권장했다.

국립 오케스트라 콘서트 홀(리옹)
1975년에 처음 개장한 조가비 모양의 이 콘서트 홀은 20년 후 리옹 재개발 계획의 일환으로 보수되었다.
조명 시설과 편의 시설의 추가되면서 주변 환경과 더욱 조화된 건물로 변했다.

이런 변화로 인해 역사가 오래된 공동체가 분열되기도 했지만 건축 자재의 자유로운 이동, 심지어 국제적인 이동까지 가능해졌다. 이때부터 다양한 건축 자재를 사용해서 건물을 짓고 다채로운 형태의 건물이 들어서면서 도시들은 비슷비슷한 모습에서 벗어나게 되었다. 그리고 오늘날 범세계적인 빌딩이라 불리는 새로운 건물 형태가 산업의 산물들, 즉 기차역, 상품 적하장, 슈퍼마켓, 공장, 창고, 병원, 수용소, 도서관, 전문 기관, 사무실, 백화점, 그리고 콘서트 홀에서 운동장에 이르기까지 대규모 유락 시설에 급속히 파급되었다.

도시의 흥망성쇠

이처럼 대담하고 혁명적인 신세계를 건설하려는 열풍이 불어 오면서, 기원전 7000년경 예리코가 건설된 후로 지켜진 관습과 규칙, 즉 도시 계획의 불문율이 더 이상 지켜지지 않았다. 땅이 개발될 수 있는 곳이면 어디에나 새로운 건물과 새로운 산업 시설이 속속 들어섰다. 20세기 후반이 되었을 즈음, 감성이라고는 전혀 느낄 수 없는 건축물과 급속히 늘어난 고속도로, 그것을 떠받치고 있는 콘크리트 기둥들로 가득 찬 도시는 더 이상 사람들이 즐겁게 살 만한 공간이 아니었다. 교외로 탈출하는 사람들이 늘어나면서 도심은 더 이상 일상 생활의 중심이 아니었다. 세계의 도시들은 이렇게 몰락해 가고 있었다.

그러나 지난 20년 동안 극적인 변화가 일어났다. 도시의 쇠퇴라는 문제를 해결해서 도시에서 살고 싶어하는 사람들,

> **도시의 조명**
> 지난 10년 동안 도시의 조명이 점점 중요한 위치를 차지하게 되었다. 산업화로 도심이 전통적인 역할을 상실하고 오락 지구로 바뀜에 따라, 도심의 밤 시간이 연장되었다. 따라서 치안이 중요해지면서 조명도 중요한 역할을 하게 된다. 그러나 조명은 건축물의 미학적 가치를 부각시키고 도시 풍경을 새롭게 꾸미는 데도 커다란 역할을 해 낸다. 이제 도시의 새로운 건축은 벽돌과 돌로 만들어지는 것이 아니라, 빛과 그림자를 고려하여 설계되며 건축된다.

디트로이트의 조감도(미국)
산업의 요구로 인간다운 삶의 질을 희생시키면서까지 간선도로와 같은 기간 시설을
확장하게 됨에 따라 도시는 불규칙하게 발전할 수밖에 없었다. 이런 환경은
공동체적 삶을 위기에 빠뜨리며, 범죄와 공해를 유발했다.

즉 건축가, 도시 계획가, 정치인, 비평가들이 열성적으로 나섰다. 그리고 그들은 도시를 되살리기 위해 엄청난 노력을 기울였다. 유럽과 미국의 보존 단체들은 역사적 가치가 있는 도심의 건물들을 복원해서 적절한 주인을 찾아 주기 시작했다. 새로 들어서는 건물들도 이웃과 주변 환경을 고려해서 세워졌다. 처음에 새로 세워진 건물들은 혼란을 더해 주었지만 21세기에 들어서면서 많은 건축가들이 주변 환경을 해치기보다는 보완해 주면서도, 혁신적인 스타일로 설계하는 방법을 터득했다.

또한 건축가와, 비평가와, 후원자가 한자리에 모여서 생태학적으로 쾌적하고 일하면서 살기에 적합한 '녹색 도시'를 건설할 방법에 대해서 논의하는 토론회가 쉴새없이 개최되었다. 건축가들은 세계의 곳곳에서 이런 새로운 목소리를 듣고 있지만, 한편에서는 급속한 산업화에 따라 열대 우림을 개발하면서 도시와 도시 근교가 들불처럼 불규칙하게 발전되는 것을 지켜보면서 근심을 떨쳐 내지 못했다. 중국, 아프리카, 아시아에서 무수한 사람들이 가난 때문에 농촌을 버리고 도시로 몰려들었다. 그것은 도시 문화를 즐기기 위해서 자의로 선택한 상경이 아니었다. 먹고살기 위해 한 조각의 빵을 더 벌고, 도시에서 번 돈을 시골에 남겨 두고 온 가족에게 보내기 위해서였다. 개발도상국의 도심에는 판자촌이 나날이 늘어 갔다. 도시마다 쾌적한 삶을 위한 재개발이 뒤늦게 시작되었다. 거기에는 엄청난 노력이 필요했다. 대중 교통 수단, 자동차 운행 금지 구역, 적절한 가격에 제공되는 주택, 새로운 문화 공간, 옛 구역의 재정비, 시영 주차장, 가로수, 환경 친화적인 삶, 그리고 까다로운 건축 기준이 요구되었다.

즐거운 도시

정치적 의지에서 시작된 이런 재개발은 바르셀로나, 앤트워프, 리옹, 베를린과 같은 도시와, 심지어 런던과 뉴욕의 일부 지역의 모습을 지난 20년 동안 혁신적으로 바꿔 놓았다. 아직도 가야 할 길은 멀지만, 역사적으로 위대한 역할을 한 도시는 겉모습이 화려한 도시가 아니라 언제나 활력이 넘치는 도시였다. 질서와 무질서, 감각적인 것과 합리적인 것, 인간의 삶이 빚어 내는 드라마와 도시 계획으로 만들어 낸 인공적인 질서 등, 이처럼 상반된 것들 사이의 조화로운 균형이 위대한 도시를 만들어 내는 요인이다.

21세기를 맞은 지금 우리가 당면한 화급한 과제는 도시를 일하고 살기에 적합한 곳, 환경이 깨끗한 곳으로 가꾸어 가는 것이다. 그러나 옛 속담처럼 로마는 하루 아침에 이루어지지 않았다. 서기 2000년에 다시 전성기를 맞은 로마는 인류 역사상 가장 질서가 있으면서 무질서한 도시일 것이다.

> "도시가 음악에 맞춰 지어질 수 있다면 영원한 도시가 될 수 있으리라."
> 앨프레드 테니슨 경

재개발된 도시 광장 (프랑스의 리옹)
1989년부터 리옹과 그 주변에서 150군데 이상의 공공장소가 프랑스의 건축가들, 도시 계획가들, 풍경화가들의 주도로 리모델링되었다. 이 건물은 재개발된 지역 가운데 한 곳에 건설된 시청이다.

용어 해설

ㄱ

가고일 주로 그로테스크한 사람이나 동물 형상의 조각물로, 빗물을 내보내는 홈통 역할을 함.

가구식 구조 기둥들을 가로지르는 보(상인방)를 사용하는 건축 방식.

가로장 서까래가 움직여서 분리되는 것을 막기 위해 서까래의 하단을 연결하는 중심 수평보.

개선문 로마 건축물에서 발전한 것으로, 독립적으로 세워진 기념물임.

갤러리 휴식이나 오락 또는 예술품의 전시를 위한 길고 좁은 방으로, 주로 윗층에 자리잡고 있음. 성당의 갤러리는 측랑 위에 있으며 네이브와 연결됨.

거푸집 콘크리트를 성형하기 위해 임시로 만드는 목재 틀.

경간 아치, 지붕, 보 등의 지지물 사이의 거리.

곁방 큰 방에 딸려 있는 방.

고전주의 고대 그리스와 로마에 기원을 둔 건축으로, 르네상스 시대에 복원된 규칙이나 형태를 말함.

골조 목재, 철, 강철, 철근 콘크리트 등으로 이루어진 건물의 구조적인 뼈대.

공복 인접한 두 아치의 측면과 정상을 잇는 선 사이의 삼각형 부분.

관판 기둥머리 윗부분과 아키트레이브 사이에 있는 납작한 판.

교대 아치의 측면에 가해지는 하중을 지지하는 단단한 하부 구조물.

그리스 십자가 네 팔의 길이가 똑같은 십자가.

기도실 교회나 집에 마련된 작은 예배실.

기둥 일반적으로 원형인 수직 구조물로, 기단, 기둥받침, 기둥몸, 기둥머리로 이루어짐.

기둥머리 기둥몸의 윗부분.

기둥몸 기단과 기둥머리 사이의 부분.

기둥받침 기단과 코니스 사이의 부분 또는 별도로 장식된 벽의 가장 아랫부분을 가리키기도 함.

까치발 수평 구조물을 지탱하기 위해서 수직의 구조물에서 돌출된 조그만 지지대.

ㄴ

나오스 신의 석상을 안치한 그리스 신전의 내실.

난간 일련의 작은 기둥이나 난간동자가 지탱하고 있는 가로장.

난간동자 난간이나 갓돌을 지탱하는 기둥이나 원주.

네이브 중앙 크로싱의 서쪽에 있는 성당의 중심 부분으로, 보통 양편에 측랑이 있음.

ㄷ

다다미 일본 건축물에서 바닥재로 사용되는, 짚으로 만든 매트.

다색 장식 다양한 안료 혹은 다양한 색의 자재를 사용하는 장식 방법.

다주실 많은 기둥이 지붕을 지탱하고 있는 홀.

돌림띠 외벽의 표면에 연속적으로 연결된 수평의 띠(돌출된 형태로 나타나기도 함).

돔 볼록한 지붕 또는 원형이나 다각형의 기초 위에 세워진 곡면 형태 건물의 천장.

드럼 돔을 지탱하는 원형이나 다각형의 수직 벽을 말함.

ㄹ

러스티케이션 건축에 쓰이는 장식 석공술로, 석재의 가운데 부분을 거칠게 처리하거나 뚜렷이 튀어나오게, 가장자리를 평평하게 깎아내는 방법을 말함.

로지아 한 쪽 면이 트인 열주나 아케이드가 있는 갤러리.

로툰다 원형 홀이나 원형 건물로, 지붕은 주로 돔형임.

루네트 아치형이나 볼트형의 반원형 창.

리브 천장이나 볼트에 돌출된 띠로 건물의 기초가 되는 골조를 말함.

ㅁ

마름돌 쌓기 매끈한 정사각형의 돌을 수평으로 쌓는 기술.

마스터바 고대 이집트의 무덤으로, 옆면은 경사를 이루고 있고, 지붕은 납작하며, 묘실은 지하에 있음.

맨사드 지붕 아랫부분이 윗부분보다 더 가파른 형태로 된, 이중으로 경사를 이루고 있는 지붕으로, 4면으로 되어 있음.

멀리언 연속된 창이나 개구부를 나누는, 가는 기둥 또는 직립 구조물.

메저닌 중2층 즉 일반적 높이의 두 층 사이에 있는, 시붕이 낮은 중간층을 말함.

메토프 도리스 양식의 트리글리프 사이의 공간으로, 주로 조각으로 장식되어 있음.

모듈 건물의 각 부분들을 비율에 따라 측정하는 기본 단위로, 고전적인 건축물에서 모듈은 주로 기둥 기단 바로 윗부분의 직경을 말함.

모임 지붕 끝 부분이 수직으로 떨어지지 않고 경사가 진 지붕.

몰딩 벽을 비롯한 외벽에서 돌출된 것으로, 주로 조각으로 아름답게 꾸민 장식띠를 뜻함.

미나레트 모스크에 있는 탑으로, 무아딘이 여기에서 기도 시각을 알림.

미늘판 가정집의 목재 골조 벽을 포개지도록 덮은 판.

미흐라브 이슬람의 종교 건축물에서 메카를 향하고 있는 벽감.

ㅂ

바실리카 법정으로 사용되었으며 네이브와 측랑으로 이루어진 공공건물.

박공 양 측면 처마와 지붕 마루 사이에 있는 외벽의 삼각형 부분.

박공벽 고전 양식에서 엔타블레이처 위에 있는 벽의 삼각형 부분으로, 나중에는 창이나 문 위에 삼각형 형태로 설치된 부분까지 가리키게 되었음.

반곡선 S자 형태의 이중 곡선으로, 오목한 선과 볼록한 선으로 이루어짐.

받침대 기둥, 석상, 장식물의 지지대.

발다키노 주로 제단이나 무덤에 세워진 기둥이 떠받치고 있는 장식 천개.

발코니 벽에서 돌출된 플랫폼으로 난간으로 둘러싸여 있으며, 까치발이나 외팔보로 지탱된다.

버트레스 주로 볼트를 지탱하는 벽을 강화하기 위해서 벽체에 덧쌓은, 벽돌이나 돌로 쌓은 부벽을 말함.
베이 기둥, 창, 또는 뚜렷한 수직 구조물로 구분되는 건물의 한 구획.
벽감 벽에 오목하게 파 놓은 부분으로, 일반적으로 조각이나 꽃병 등을 놓음.
보 수직재의 기둥에 연결되어 하중을 지탱하고 있는 중요한 수평 구조물의 하나.
보랑 고대 그리스 건축물에서 사용된 독립 열주.
보스 볼트, 천장의 리브, 보가 교차하는 곳에 돌출된 장식물.
볼트 아치형의 천장 혹은 지붕.
봉쇄 회랑 수도원 경내에서 수도사들의 사적인 공간까지 연결되어 있는, 덮개를 씌운 통로.
볼루트 이오니아 양식, 코린트 양식, 복합 양식의 기둥머리를 장식하는 소용돌이 모양의 문양.
부조 평면에 양각으로 돋새김한 조각.
부채꼴 채광창 부채가 활짝 펴진 모습을 연상시키는 방사형의 살이 있는 반원형 창.

상인방 벽이나 기둥 사이의 공간을 가로지르는 수평의 보.
상인방식 구조 수평의 보와 수직의 기둥을 사용한 구조.
석회화 석회암의 일종. 화산재로 만들어진 다공질의 거친 돌.
성가대석 예배가 진행되는 동안 성가대가 앉는 자리.
성단소 성당에 있는 성직자를 위한 공간으로, 주 제단이 있음.
세례당 세례반이 있는 건물로, 주로 성당 내에 있지만 성당 밖에 있을 수도 있음.
세로 홈 장식 수직으로 판 가늘고 긴 홈으로, 기둥몸이나 벽기둥 등의 장식물로 쓰임.
센트링 주로 목재를 사용해서 만든 임시적인 골조로, 아치, 볼트, 돔 등의 구조물을 세우는 동안 지지물로 사용됨.
소란반자 일반적으로 정사각형이나 다각형인 판벽널이 있는 천장의 장식.
수랑 십자형 성당에서 가로로 돌출된 부분으로, 중심 축과 직각을 이룸.
스투파 불교의 고분으로, 유물이 안치된 곳을 말하며 때로는 성소를 표시하는 용도로 사용되기도 함.

아고라 고대 그리스의 시장.
아도브 벽돌 굽지 않고 햇빛에 말린 벽돌로, 남서아메리카, 에스파냐, 라틴 아메리카에서 주로 사용되었음.
아성 포위 공격을 당할 때 거주 지역으로 사용할 수 있게 온갖 설비를 갖추어 놓은, 성의 중심부.
아치 입구의 양끝을 가로지르는 곡선 형태의 구조물.
아케이드 기둥이나 피어를 떠받치는 아치의 연속체로, 벽에 덧붙인 아치는 블라인드 아케이드라고 불림.
아크로폴리스 신전이 있는 그리스의 성채로, 주로 도시가 내려다보이는 언덕 위에 자리 잡고 있음.
아키트레이브 고전주의 양식의 엔타블레이처에서 가장 아랫부분 또는 출입문이나 창문을 둘러싼 성형된 틀을 말함.
아트리움 계단을 타고 올라가는 건물의 중앙에 자리 잡고 있는 안뜰이나, 고대 로마 시대의 주택의 중앙홀.
엔타시스 직선을 사용했을 때 기둥의 중앙 부분이 더 가늘게 보이는 착시 현상을 완화하기 위해 기둥몸을 약간 볼록하게 짓는 방식.
엔타블레이처 고전주의 양식 건축물의 윗부분으로, 기둥과 박공벽 사이에 있음. 아키트레이브, 프리즈, 코니스로 이루어짐.
여상주 여인의 모습을 조각한 기둥.
열주 엔타블레이처나 아치를 지탱하는 일련의 기둥들.
오쿨루스 원형 창.
온돌 건물 층 사이의 공기 통로를 이용한, 고대 로마의 중앙 난방 시스템.
외장재 건물의 외부를 마감하는 데 쓰는 자재.
외팔들보 지붕 버팀대를 지탱하는 것으로, 내벽 머리에서 돌출된 수평의 짧은 보.
외팔보 구조물의 안쪽을 고정해서 균형을 잡는 지점 밖으로 돌출된 구조물.
유보 회랑 원형 건물을 둘러싸거나, 성당의 동단을 돌리싼 측랑.
6주식 현관 기둥이 6개인 포르티코.
인슐라 고대 로마의 아파트.
입면도 건물의 내부나 외부의 입면, 또는 입면을 그린 그림.

장미창 바퀴살처럼 방사선으로 장식된 스테인드글라스와 트레이서리를 낀 원형 창을 말함.
전망대 주로 전망이 좋은 정원이나 공원에 설치된 정자나 작은 망루.
정식 첨탑의 끝이나 지붕 꼭대기에 설치된 장식물.
정탑 아래쪽 공간에 빛이 잘 들 수 있게 지붕이나 돔의 꼭대기에 조그만 창이 설치되어 있는 탑.
제혀쪽매 판재의 한쪽 측면에 홈을 파고 다른쪽 측면에 내밈(혀)을 만들어 여러 개의 판재를 연결하는 방법.
종석 반원형 아치의 중앙에 자리 잡고 있는 쐐기 모양의 돌.
지구라트 계단식 피라미드로, 고대 메소포타미아의 신전임.

채광층 인접한 지붕들 위로 창이 나 있는, 건물의 최상층.
처마 돌출되고 경사진 지붕의 아랫부분.
천개 출입문, 창문, 벽감 등의 위에 설치된 차양이나 돌출물.
철근 콘크리트 철근으로 강화된 콘크리트. 보에 철근을 보강하여 세로로 가해지는 하중을 견딜 수 있게 강화한 콘크리트. 이것의 발달로 콘크리트 보를 사용해서 대규모 건물을 건설할 수 있게 되었음.
총안 성을 공격하는 적군에게 납을 녹인 물, 역청, 돌 등을 던질 수 있도록 구멍을 뚫어 놓은 난간이나 돌출된 방어벽.
측랑 바실리카나 성당의 네이브와 옆으로 나란히 있는 구역.

캄파닐레 종탑을 가리키는 이탈리아어. 주로 버팀목 없이 세워짐.
커튼 월 주 골조에서 약간의 공간을 두고 설치된 경량 외벽으로 건물의 하중을 견디는 구조물은 아님.

코니스 고전주의 양식의 건축물에서 엔타블레이처의 제일 윗부분, 또는 건물이나 벽의 상단을 따라 수평으로 두른 돌출부.
코벨 지붕보나 볼트 등을 지탱하기 위해서 벽에서 돌출된 까치발.
큐폴라 돔 또는 돔 안쪽의 천장을 가리킴.
크럭 오두막을 지탱하는 골조로 사용되는 한 쌍의 커다란 목재.
크로싱 십자형 성당에서 네이브, 성단소, 수랑이 교차하는 공간.
크로켓 고딕 건물의 난간과 탑을 장식하는 리브에 새겨진 꽃이나 잎 모양의 장식물.
클래딩 건물의 중심 구조물을 보호하거나 장식하기 위해 덧씌우는 데 사용되는 자재.

ㅌ

탑문 고대 이집트 신전의 입구.
트랜스버스 리브 베이나, 둥근 천장의 공간 너머의 벽에서 직각으로 뻗어 나온 리브.
트러스 지지대가 없는 공간을 연결하는 데 사용되는 목조나 금속 골조.
트레이서리 주로 고딕 양식에 사용된 장식 창살로, 석재로 만들어졌음.
트리글리프 도리스 양식 프리즈에서 메토프를 구분해 주는 세로로 홈이 패인 블록.
팀파눔 출입구 위의 상인방, 보, 그리고 그 위의 아치 사이의 공간을 가리킴. 또한 박공벽의 장식띠를 따라 형성된 삼각형의 공간을 가리키기도 함.

ㅍ

파고다 여러 층으로 이루어진 중국식 혹은 일본식 탑. 각 층마다 돌출된 지붕이 있음.
파놉티콘 중앙의 관측점에서 방사형으로 복도가 나 있는 건축물.
파빌리온 경관이 아름다운 곳에 세워진 장식용 건물, 또는 큰 건물에서 돌출된 부분을 가리킴.
파사드 건물의 앞면이나 입면.
팔라디오 양식 안드레아 팔라디오의 책과 건축물에서 유래한 건축 양식으로, 18세기 초에 이탈리아와 잉글랜드에서 부활되어 18세기 중반에는 미국까지 퍼져 나갔음.
패러핏 지붕, 다리, 부두 등을 따라 설치된 낮은 보호벽.

팬 볼트 수직 고딕 양식이 유행하던 시기의 볼트로, 모든 리브가 똑같은 굴곡을 가지며 부채꼴 모양으로 방사됨.
펜덴티브 돔의 기단과, 돔을 지지하는 구조물의 귀퉁이 사이에 설치된 삼각 궁륭.
포르티코 하나 이상의 측면에 기둥이 늘어선 포치 혹은 지붕이 달린 입구.
포치 지붕이 달려 있는 집의 현관.
포털 으리으리한 건물의 입구.
프레스코화 회반죽이 젖어 있는 동안 안료로 벽에 그린 그림.
프리즈 고전주의 양식의 엔타블레이처에서 중간 부분, 또는 조각으로 장식된 수평의 띠를 가리킴.
프리캐스트 콘크리트 공장에서 미리 만든 콘크리트로, 현장에서 정해진 곳에 바로 세울 수 있음.
플라잉 버트레스 중심이 되는 벽과 떨어져 독립된 버트레스로, 중심이 되는 벽의 횡압력을 아치 모양의 팔로 지탱함.
피아노 노빌레 건물의 주된 층이 지상층에서 한 층 높이에 있으며 거실이 있음.
피어 기둥과는 별도로 사용된 무거운 지지물로, 주로 직사각형이나 정사각형임.
픽처레스크 18세기에 형태와 구조가 불규칙하고, 야생의 멋을 그대로 살려 낸 정원과 건축물을 묘사하는 데 사용된 수식어.
필라스터 똑같은 모양으로 디자인된 벽에 붙인 납작한 직사각형 기둥이나 피어. 벽기둥.
필로티 지상층을 자유로운 공간으로 만들어 주면서 상층의 건물을 지탱해 주는 기둥을 가리키는 프랑스의 건축 용어.

ㅎ

홍예석 아치나 볼트에 사용되는 쐐기 모양의 블록.
후진 성당의 동쪽 끝에 있는 성단소에서 반원형이나 다각형으로 오목하게 들어간 곳.

찾아보기

ㄱ

가고일 58
가구식 구조 211
가르니에 152
가쓰라 궁 109
가우디 168
간사이 국제 공항 206, 224
갈라루스 기도원 42
강철 137
개선문 127
『건축론』 68
『건축 4서』 69, 76
『건축에 대한 소론』 128
게르마니아 180
게리 220
게티 센터 33
겐조 단게 211
고딕 복고 양식 146, 148
고딕 양식 43, 54, 146
고전주의 28, 87, 148, 212
공동 주택 32
공중 정원 16
구겐하임 미술관 191, 221, 224
구엘 공원 168
국립 극장 193
국립 로마 예술 박물관 213
국제주의 양식 184
궁전 정원사의 집 130
그랑 플라스 91
그랜드 센트럴 역 143
그레이브스 199
그로닝겐 미술관 203
그로피우스 174
그리스 복고 양식 83, 128
그린 137
그림쇼 207
글래스고 예술 학교 165
기계관 138
기능주의 175, 187
기능주의자 130
기마르 166
기보가오코 유스 캐슬 211
기브스 85
기비쓰 신사 108
기요미즈테라 108
기자 19

긴즈부르크 173
길리 129
길버트 160

ㄴ

나크시 에 로스탐 17
나폴레옹 126
낙수장 162
내시 123
넛갠스 94
네부카드네자르 2세 15
네이브 54
네크로폴리스 18
네포무크의 장크트 요하네스 교회 82
노르만 양식 44
노리치 대성당 수도원 59
노먼 포스터 204, 219
노이만 82
노이슈반슈타인 성 150
노이트라 184
누벨 209
뉴 스코틀랜드 야드 153
니마이어 190
니콜스코예의 장엄한 성당 133

ㄷ

다다미 109
다리우스 1세 17
다빈치 69
다색 장식 건축 149
다일 109
대스투파 113
대여행 120
대피라미드 19
대학박물관 139
더 그레인지 147
더럼 대성당 44
데 스테일 176, 177
델리의 대모스크 115
델 포폴로 광장 80

도곤족 22
도리스 양식 28, 126
도리이 107, 113
도시 계획가 144
독일관 178
돔 39, 74
드레스덴의 츠빙거 82
드루 188
디너리 가든 165
디오클레티아누스의 목욕탕 35
디즈니 콘서트 홀 221

ㄹ

라 데팡스 127
라브루스트 138
라세르 34
라스트렐리 132
라파엘로 72
러스킨 139, 145, 154
레드 포트 115
레드 하우스 155
레버 하우스 196
레베트 217
레치월스 145
렌 84, 85, 121, 125
렌초 피아노 204
로마네스크 44
로벤가제 앤드 케겔가제 아파트 217
로비 저택 163
로시 203
로열 하이스쿨 128
로우어 로드 145
로이드 빌딩 141
로저스 141, 204
로지에 128
로코코 양식 88
록펠러 센터 161
루돌프 쉰들러 184
루뱅 가톨릭 대학 187
루사코프 클럽 173
루아얄 광장 87
루이 14세 87
루트비히 2세 27, 150
룩소르의 아몬 대신전 20

르 노트르 87
르 보 87
르 코르뷔지에 173, 182, 188, 192, 193, 200, 210
르네상스 68
르두 126
리모델링 180
리베스킨트 221
리보 수도원 43
리지에 102
리트벨트 176
릴라이언스 빌딩 159
링컨 기념관 125

ㅁ

마나우스 오페라 하우스 99
마니에리스모 양식 75
마들렌 성당 120
마른 라 발레 213
마린 카운티 시빅 센터 163
마블 홀 121
마시 코트 165
마이둠 19
마이어 33
마천루 159
마추 픽추 96
마하발리푸람 112
만리장성 104
말라토 217
망사르 87
매킨토시 165
맨체스터 시청 149
메닐 컬렉션 206
메죵 카레 32, 124
메타볼리즘 210
멘디니 202
멘카우레 19
멜니코프 172
멜크 수도원 83
모네오 213
모더니즘 186
모던 무브먼트 176, 182
모데르니스모 168
모듈러 182

모리스 145, 154
모스크 23, 46, 50
몬드리안 176
무굴 양식 114
무솔리니의 욕실 202
므니에 초콜릿 공장 139
미닫이 109
미드 센추리 모던 184
미술 공예 운동 145, 146, 151, 164
미스 반 데어 로에 175, 178, 179, 184, 196, 198
미요 고가교 209
미켈란젤로 73
미크 123

ㅂ

바로크 양식 78, 82, 99
바로크 음악 81
바벨 탑 15
바부르 114
바빌론 16
바우하우스 174, 187
바위의 돔 47
발 드 그라스 성당 87
발할라 27, 129
밥티스트리 44
배터시 발전소 219
『백과전서』 127
백악관 124
밴브루 84, 85
밴프 스프링스 호텔 153
뱅크사이드 발전소 219
버지니아 대학교 124
버지니아 주 의사당 124
버터필트 149
벌링턴 120
『베네치아의 돌』 155
베니쉬 209
베넌 22
베렌스 174, 182
베르니니 78
베르사유 궁 87, 123
베를린의 구미술관 131
베를린의 국회의사당 219
베를린의 올림픽 스타디움 180
베를린의 주립 도서관 186
벤험 192
보로니힌 133
보로부두르 117
보매리스 성 62

보베 대성당 54
보스턴 공공도서관 159
보티브키르헤 149
복합 양식 32
부셰 89
불레 126, 133
브라만테 72
브라운 122
브라질리아 190
브라질리아 대성당 190
브란덴부르크 문 129
브루넬 137
브루넬레스키 30, 70, 88
브뤼셀의 법원청사 152
브뤼주의 직물 회관 60
비스키르헤 89
비옥한 초승달 지대 14, 16
비올레 르 뒤크 63, 149
비잔틴 건축 양식 43
비토리오 에마누엘레 2세 기념관 151
비트라 디자인 박물관 221
비트라 사 221
비트루비우스 32
『비트루비우스 브리탄니쿠스』 120
빌라 로톤다 76
빅토리아 앤드 앨버트 박물관 222
빅토리아 역 143
빈 분리파 165, 167
빈민가 144
빌라 데스테 75
빌라 란테 75
빌라 마이레아 186
빌라 바르바로 76
빌라 사부아 182
빌라 사푸 203
빙켈만 128

ㅅ

사마라의 대모스크 47
사무라이 106
사옹 프란시스코 성당 89
사크레쾨르 대성당 152
산 미구엘 데 라 에스칼라다 성당 45
산 조르조 마조레 성당 77
산 지미냐노 160
산 카탈도 공동 묘지 203
산업혁명 136
산체스 98
산타 마리아 노벨라 역 181
산타 마리아 데이 미라콜리 교회 71

산타 마리아 델 피오레 74
산타 마리아 델라 비토리아 성당 79
산타 마리아 델라 살루테 80
산타 콜로마 데 세르벨로 169
상 아우구스티누스 성당 146
상트 페테르부르크 132
생 외젠 성당 139
생 캉탱 앙 이블린 213
샤 자한 115
샤룬 186
샤를마뉴 44
서법 48
석공 57
선박보관소 137
『설계와 건축 방식』 102
성 62
성 데메트리우스 성당 41
성 바실리우스 성당 41
성 베드로 대성당 73, 79
성 십자가 성당 40
성 프란체스코 성당 190
성기 르네상스 72
성의 성당 80
세베루스 34
세비야 대성당 65
세인스버리 시각 예술 센터 205
세인트 메리 울노스 교회 84
세인트 빈센트 스트리트 교회 129
세인트 웬드레다 교구 교회 59
세인트 자일스 성당 146
세인트 팬크러스 교회 128
세인트 팬크러스 역 142
세인트 폴 대성당 74, 84, 85
소니 타워 211
소비에트 파빌리온 172
소성 건축 30
소프 189
손턴 124
솔로먼 R. 구겐하임 미술관 163
솔즈베리 대성당 55
쇼 153
수도원 42
수리아바르만 2세 116
수직 고딕 양식 58
쉬제 57
슈뢰더 하우스 176
슈웨 다곤 파고다 117
슈파오 193
슈피어 87, 180
스몰니 성당 132
스미슨 부부 192
스보보다 호프 176

스카르파 217, 218
스칼라 레지아 79
스타로프 133
스털링 201
스텔렌보쉬 91
스토브 교회 59
스토우 정원 122
스톡세이 성 62
스투파 113, 117
스튜어트 128
스트리트 149
스피럴 222
스핑크스 20
스헤프바르트스트라트 177
시그램 빌딩 178, 197, 200
시어스 타워 208
시카라 112
시토 수도회 42
신객관주의 운동 174
신고전주의 88, 180, 187
신법원청사 180
신사 107
신시립미술관 202
『신중한 건축』 126
신해군본부 133
싱글 양식 165
싱켈 130

ㅇ

아글라브 왕조 50
아난다 사원 117
아돌프 로스 167
아랍 세계 연구소 209
아르 누보 166
아르 데코 182
아르 브뤼 192
아르크 217
아르타크세르크세스 1세 17
아마조나스 극장 99
아말리엔부르크 파빌리온 89
아몬 레 18
아부심벨 21
아우렌티 218
아이젠만 220
아처 84
아크로 폴리스 25, 27
아테나 27
『아테네의 유물들』 128
아토스 산 43
아파다나 17

아흐마드 이븐 툴룬 모스크 48
악바르 114
안제교 105
안테미우스 38
RCA 타워 161
알 카이라완의 대모스크 50
알 카이라완의 세 개의 문을 가진 모스크 50
알람브라 궁전 49
알레시 사 203
알렉산데로스 7세 79
알베르티 68
알칸타라 다리 34
알토 186
앙리 4세 87
앙주 자크 가브리엘 87
앙코르 와트 116
앙코르 톰 116
애덤 121
앨버트 메모리얼 151
야코프 반 캄펜 90
에기트 퀴린 아잠 82
에도 도랑형 체계 109
에레바탄 사라이 40
에레크테이온 128
에르미타슈 미술관 133
에벤저 하워드 145
SOM 사 196
AT&T 빌딩 200
에테메난키 신전 15
에토레 소트사스 202
에펠 137
에펠 탑 138
엔타시스 27
엘 리시츠키 173
엘 에스코리알 궁전 87
엘리 대성당 59
엠파이어 스테이트 빌딩 160
엠파이어 양식 126
예카테리나 2세 132
엘리자베타 132
오르세 미술관 218
오르타 166
오리엘 체임버 138
오토 209
오토 바그너 166
오토보이렌 대수도원 교회 89
오페라 하우스 191
오픈 플랜 162, 184, 186
올림픽 공원 209
올브리히 167
와요 양식 108
왕립 재판소 149
왕립 제염소 126

외팔들보 지붕 59
요제프 호프만 167
우르 남무 15
워털루 국제 역 207
원예업자의 창고 138
웨스트민스터 궁 146
웨스트민스터 대성당 153
웨스트민스터 대수도원 65
웨이스텔 65
위니테 다비타시옹 183
윌리엄 로 하우스 165
월포드 201
유기적 건축 216
유대인 박물관 221
유소니언 주택 162
유스턴 역 128, 142
율리우스 2세 73
이슈타르 대문 16
이시도로스 38
이오니아 양식 28
이즈모 신사 107
이집트 리바이벌 20
이텐 174
이프르의 직물 회관 60
익티노스 27
인우드 부자 128
일 레덴토레 성당 77
임레 마코베츠 216
임스 부부 185
임플루비아 23
임호테프 18

ㅈ

자금성 102
자이 싱 114
자이푸르 114
자일스 길버트 스콧 149, 219
자코모 다 비뇰라 69, 75
자코모 델라 포르타 73
장 마리 치바우 컬처 센터 207
장력 지붕 209
장식 고딕 양식 58
절대주의 86
제3 스카이 빌딩 211
제3 인터내셔널 기념비 172
제르바 섬 51
제퍼슨 124
젠네의 모스크 23
조세르 왕 18
조세르 왕의 계단식 피라미드 18

조지 길버트 스콧 151
조지 양식 91
존 행콕 센터 208
주예프 클럽 173
주철 137
죽은 자의 거리 94
줄리오 로마노 75
중국 고전주의 102
지구라트 15, 16
지오데식 돔 205, 208
진시황 104

ㅊ

찬디가르 188
천단 103
철골 구조 159, 184
철근 콘크리트 158
철도 건설 142
첨탑 55
체틀 하우스 85
추리게레스크 89
치머만 89

ㅋ

카나리 와프 타워 19
카라칼라의 목욕탕 35, 143
카르나크의 아몬 대신전 20
카르카손 63
카를 마르크스 호프 176
카를 엔 176
카를 5세의 왕궁 86
카를스키르헤 83
카사 데 라스 콘차스 61
카사 델 파스초 181
카사 델 포폴로 181
카사 밀라 168
카사 바틀로 168
카스텔베키오 미술관 218
카스티요 데 레알 푸에르사 98
카잔 성당 133
카톨리콘 43
카티아 225
카페레 19
카플리키 217
칸 51
칼리크라테스 27

CAD 224
캐머런 133
캔버라 189
컴벌랜드 테라스 123
케샤바 사원 113
케이스 스터디 하우스 넘버 21 185
KPF 사 197
『켈스서』 42
코르나로 예배당 79
코린트 양식 28
코스마스 다미안 아잠 82
코카 성 63
코크 120
코호 성 150
콘스탄티누스의 바실리카 35
콘크리트 30, 192
콘크리트 리프 206
콜린 캠벨 120
콜하스 224
쾨니히 185
쿠푸 19
퀸 앤 양식 153
크라이슬러 빌딩 160
크라 데 슈발리에 62
크럭 프레임 61
크리스털 팰리스 140, 204
클렌체 129
클리프턴 현수교 137
클림트 167
키에프호우크 177
킬링 하우스 192
킴벨 미술관 51
킹스 칼리지 예배당 64

ㅌ

타셀 저택 166
타우리드 궁전 133
타지마할 114, 115
탈러 디 아르키텍투라 사 212
태양의 피라미드 94
태터셜 성 62 템피에토 72
텔리에신 웨스트 163
테라코타 160
테리 212
테이트 현대 미술관 219
텔릭 타워 192
토라나 113
토리지아니 65
토스카나 양식 32
톰슨 129

통치자의 궁전 96
트라야누스 34
트리니다드 98

피사 대성당 45
피서산장 103
피셔 89
피셔 폰 에를라흐 83
피어첸하일리겐 82
피타고라스 28
필라스터 32
필립 존슨 178, 221

ㅍ

파르테논 신전 26, 30
파리의 오페라 극장 152
파시스트 건축 180
파이미오 결핵 요양소 186
파치 가문 예배당 70
판테온 30, 31
팔라디오 69, 76, 120, 124, 131
팔라디오 양식 122, 124, 182
팔라시오 데 로스 카피타네스 게네랄레스 98
팔라우 구엘 168
팔라초 델 테 75
팔라초 두칼레 60
팔라초 메디치 리카르디 70
팔라초 스트로치 70
팔라초 카리냐노 81
팔라초 피티 70
팔레 슈토클레트 167
패럴 200
팩스턴 140
퍼블릭 서비스 빌딩 199
퍼시픽 팔리세이즈 넘버 8 185
펑크 무브먼트 203
페르세폴리스 궁전 17
페르시에 126
페리크로프트 164
페스툼 29
펜실베이니아 역 143
펠리페 2세 86
포로 187
포스트모더니즘 198
포탈라 궁 105
폰트힐 대저택 123
퐁피두 센터 204
표토르 대제 132
풀러 205, 208, 217
퓨전 152
퓨진 146, 148, 154
프라이 188
프란타우어 83
프랭크 로이드 라이트 96, 162
프티 트리아농 정원 123
플라잉 버트레스 54
피라네시 120
피라미드 18, 94

ㅎ

하기아 소피아 성당 38, 39
하드리아누스 33
하드윅 128
하디드 221
하워드 성 84
하이테크 204
하지 터미널 209
하트솁수트 21
하트솁수트 여왕의 장제전 21
해밀튼 128
해체주의 220
헨드리크 데 카이세르 90
헨리 7세 예배당 65
헨리 베이컨 125
호류지 108
호번 124
혹스무어 84
홀리혹 하우스 97
홀컴 홀 120
홍콩 상하이 은행 본사 건물 205
후기 고딕 양식 64
후니 19
후마윤 무덤 114
후수니 구봐 궁전 22
훈더르트바서 217
히메지 성 106

그림 자료 출처

The publisher would like to thank the following for their kind permission to reproduce the photographs.
t = top, b = bottom, a = above, c = centre, l = left, r = right.

p.1 © Michael Holford c. **p.2** AKG London Erich Lessing. **p.3** © Guggenheim Museum Bilbao Erika Barahona Ede c. **p.4** Arcaid Joe Cornish br. **pp.4–5** Corbis UK Ltd Bob Krist (background image). **p.5** View Pictures Peter Cook/© FLC/ADAGP, Paris and DACS, London 2000 br. **p.7** Art Directors & TRIP A. Ghazzal b. **p.8** Sonia Halliday Photographs. **p.9** Robert Harding Picture Library r. **p.10** Corbis UK Ltd Jonathan Blair l. **p.11** Foster & Partners Nigel Young b. **pp.12–13** Bridgeman Art Library, London/New York Stapleton Collection. **p.14** Ffotograff Charles Aithie b; Robert Harding Picture Library Richard Ashworth tr. **p.15** AKG London tr; Bridgeman Art Library, London/New York Musée du Louvre, Paris cr. **p.16** AKG London tr; Robert Harding Picture Library Guy Thouvenin bl. **p.17** Corbis UK Ltd: Gianni Dagli Orti br; Robert Harding Picture Library tr. **p.18** Robert Harding Picture Library bl. **p.19** AKG London Erich Lessing tr; Corbis UK Ltd: Martin Jones tl; DK Picture Library Geoff Brightling b. **p.20** Werner Forman Archive tl; Art Directors & TRIP P. Bucknall bc. **p.21** Scala, Musée du Louvre, Paris tr; Tony Stone Images Gavin Hellier b. **p.22** Art Directors & TRIP tl. **pp.22–23** Axiom James Morris b. **p.23** Robert Harding Picture Library tr. **pp.24–25** Robert Harding Picture Library Roy Rainford. **p.26** © Michael Holford: bl; Scala, Museo Pio-Clementino tl. **p.27** AKG London tl; Trireme Trust Paul Lipke br; © Dorling Kindersley Simon Murrell tr. **pp.28–29** AKG London t; © Dorling Kindersley Andrew Evans bl. **p.29** British Museum, London tr; Scala br. **p.30** Art Directors & TRIP Robin Smith bl; © Dorling Kindersley Simon Murrell tr. **p.31** National Gallery of Art, Washington Samuel H. Kress Collection/Photograph by Richard Carafelli. **p.32** AKG London tl; Corbis UK Ltd Mimmo Jodice bl; Ffotograff Charles Aithie tc. **p.33** Architectural Association Anthony Hamber b; © J. Paul Getty Trust John Stephens tr. **p.34** Archivo Iconografico, S.A. tr; Archivision, Toronto l; Robert Harding Picture Library br. **p.35** Corbis UK Ltd Wolfgang Kaehler br. **pp.36–37** Sonia Halliday Photographs. **p.38** Scala, San Vitale, Ravenna cl. **pp.38–39** Powerstock Photolibrary/Zefa b. **p.39** Bridgeman Art Library, London/New York Fogg Art Museum, Harvard University Art Museums, US tr. **p.40** A. F. Kersting bl; Scala tr. **p.41** Petrushka © V. Gritsuk bc; Scala, State Museum of Russia, Leningrad tr; © Dorling Kindersley Simon Murrell br. **p.42** AKG London Trinity Collage, Dublin tl; Eye Ubiquitous Hugh Rooney tr; Angelo Hornak Library br. **p.43** Archivo Iconografico, S.A. b. **p.44** Angelo Hornak Library bl; Courtesy of The Dean and Chapter, Durham Cathedral tr. **p.45** Joe Cornish tc; Domkapitel Speyer, Dombauamt br; © Dorling Kindersley Simon Murrell tr. **p.46** British Museum, London tl. Corbis UK Ltd Paul Almasy b. **p.47** A. F. Kersting t; Pictorial Press Ltd br; © Dorling Kindersley Simon Murrell tr. **p.48** © Dorling Kindersley Simon Murrell cl; Robert Harding Picture Library Michael Jenner bl; Art Directors & TRIP H. Rogers cr; M. Good br, crr. **p.49** Werner Forman Archive cr; Robert Harding Picture Library Schuster b. **p.50** Art Directors & TRIP H. Rogers b. **p.51** Ffotograff Patricia Aithie tl; Christoph Kicherer br; Kimbell Art Museum, Fort Worth, Texas cr. **pp.52–53** Angelo Hornak Library. **p.54** Corbis UK Ltd Angelo Hornak bcl; Scala, Galleria degli Uffizi, Florence tl. **p.55** Art Directors & TRIP G. Taylor t. **p.56** Bibliothèque Nationale De France, Paris c; Angelo Hornak Library br; © Crown Copyright. NMR Royal Commission on the Historical Monuments of England © The Dean and Chapter Library, York Minster bl. **p.57** Ulm/Neu-Ulm Touristik G. Merkle tc. **p.58** © Michael Holford tl. **p.59** Tony Stone Images br. **p.60** The Art Archive tl; Robert Harding Picture Library bl; Hulton Getty tr. **p.61** Archivo Iconografico, S.A. tr; Bildarchiv Preußischer Kulturbesitz Staatliche Museum, Berlin/Photograph Jörg P. Anders bl; The J. Allan Cash Photolibrary bc. **p.62** Robert Harding Picture Library Michael Jenner bl; © Dorling Kindersley Simon Murrell tl. **p.63** Archivo Iconografico, S.A. b; Corbis UK Ltd Jonathan Blair t. **p.64** A. F. Kersting bl. **p.65** Angelo Hornak Library Courtesy of the Dean and Chapter, Westminster Abbey bl; Pictures Colour Library tr. **pp.66–67** Corbis UK Ltd Massimo Listri. **p.68** Ikona tr. **pp.68–69** AKG London Galleria Nazionale delle Marche, Urbino/Photograph Erich Lessing b. **p.69** Scala tr. **p.70** AKG London AKG Berlin/S Domingie bl; Ikona tr. **p.71** Robert Harding Picture Library Christopher Rennie tl; Ikona Osvaldo Böhm, Italy br. **p.72** Corbis UK Ltd Michael Nicholson tl; Angelo Hornak Library br. **p.73** Spectrum Colour Library t. **p.74** Arcaid Joe Cornish cr; Corbis UK Ltd Catherine Karnow bl; Jonathan Blair cl; DK Picture Library James Strachan br. **p.75** AKG London Erich Lessing br; Edifice Darley tl; Esto Photographics Norman McGrath tr. **p.76** Arcaid Joe Cornish b; Bridgeman Art Library, London/New York Private Collection tc. **p.77** Corbis UK Ltd tc; John Heseltine bc. **p.78** Ikona Archivo Vasari bc; Scala, St. Carlo alle Quattro Fontane, Rome tl; © Dorling Kindersley Simon Murrell bl. **p.79** Bridgeman Art Library, London/New York Santa Maria della Vittoria, Rome, Italy t. **p.80** Archivi Alinari tr; Bridgeman Art Library, London/New York National Gallery of Victoria, Melbourne, Australia/Everard Studley Miller Bequest tl; Rafael Valls Gallery, London bl. **p.81** Archivi Alinari Archivo Seat c. **p.82** Angelo Hornak Library l. **p.83** Corbis UK Ltd Stephanie Colasanti, Karlskirche, Vienna b; Robert Harding Picture Library tl; A. F. Kersting tr. **p.84** A. F. Kersting tc; © Dorling Kindersley Simon Murrell tl. **p.85** Bridgeman Art Library, London/New York, City of Westminster Archive Centre, London crb; Edifice Darley tl; Fotomas Index tc; Angelo Hornak Library b. **p.86** Archivo Iconografico, S.A. b; Scala: Galleria Palatina, Florence tl. **p.87** Photographie Giraudon tr. **p.88** Angelo Hornak Library bl. **p.89** Corbis UK Ltd Tony Arruza bcr; A. F. Kersting tl; Rodney Wilson tr. **p.90** Bridgeman Art Library, London/New York Hove Museum and Art Gallery tl; Scala, Mauritshuis Museum, The Hague b. **p.91** Axiom Chris Coe t; Link Picture Library Orde Eliason br. **pp.92–93** Mireille Vautier. **pp.94–95** Archivo Iconografico, S.A. tl; Robert Harding Picture Library Adina Tovy b. **p.95** Art Directors & TRIP H. Rogers tr. **p.96** South American Pictures Robert Francis bl; Art Directors & TRIP Ken McLaren t. **p.97** Ancient Art & Architecture Collection Ronald Sheridan b; Art Directors & TRIP S. Grant tl. **p.98** Corbis UK Ltd Jeremy Horner b. **p.99** Corbis UK Ltd Peter Wilson t. **pp.100–101** Arcaid Bill Tingey. **p.102** Axiom Gordon D. R. Clements tl; **pp.102–103** Robert Harding Picture Library Schuster b. **p.103** British Library, London 15258.cc.3. tr; Tony Stone Images Jean-Marc Truchet tc. **p.104** AKG London clb; Tony Stone Images D. E. Cox tl. **p.105** Ffotograff Roy Lawrence b. **p.106** Archivo Iconografico, S.A. b; Axiom Jim Holmes tl. **p.107** Moh Nishikawa tr; Nigel Paterson br. **p.108** Edifice Darley clb; Nigel Paterson br, t. **p.109** Axiom Jim Holmes tr; Nigel Paterson crb. **pp.110–111** A. F. Kersting. **p.112** © Michael Holford Victoria & Albert Museum tl; A. F. Kersting: b. **p.113** Corbis UK Ltd Sheldan Collins tr; Scala br. **p.114** A. F. Kersting b; V&A Picture Library tl. **p.115** British Library, London Add Or 948 tr; V&A Picture Library crb. **p.116** Axiom P. Rayne b. **p.117** Robert Harding Picture Library tl; Art Directors & TRIP T. Bognar br. **pp.118–119** A. F. Kersting. **p.120** Photographie Bulloz tl; **pp.120–121** Angelo Hornak Library b. **p.121** Edifice Jackson tr; Fotomas Index tl; National Trust Photographic Library Nadia MacKenzie br. **p.122** National Trust Photographic Library Andrew Butler b. **p.123** AKG London Galleria Palatina, Palazzo Pitti, Florence/Photograph S. Domingie tr; Bridgeman Art Library, London/New York Guildhall Library, Corporation of London b; Corbis UK Ltd Historical Picture Archive tl. **p.124** Special Collections and Archives, James Branch Cabell Library, Virginia Commonwealth University, Richmond, Virginia www.library.vcu.edu/jbc/speccoll/post/ postmain.html bl; DK Picture Library cl. **p.125** Corbis UK Ltd Bettmann tr; Angelo Hornak Library tc, br. **p.126** Architectural Association Peter Cook bc; The Art Archive Musée de Versailles tl. **p.127** Bibliothèque Nationale De France, Paris tl; Jean-Loup Charmet Bibliothèque des Arts Décoratifs, Paris tr; Powerstock Photolibrary/Zefa br. **p.128** AKG London tl; Corbis UK Ltd Michael Nicholson bl; Wolfgang Kaehler trb. **p.129** ArchiTektur Bilderservice Kandula br; Archive Properties trb; Edifice Darley tc. **p.130** DK Picture Library Altes Museum ca; **pp.130-131** Art Directors & TRIP M. O'Brien b. **p.131** Architectural Association Andrew Higgott br; AKG London tc. **p.132** Artothek Tretjakow Gallery, Moscow tl; Robert Harding Picture Library b; John Heseltine ca. **p.133** Corbis UK Ltd Austrian Archives tc; Powerstock Photolibrary/Zefa bc. **pp.134-135** The Art Archive Victoria & Albert Museum. **p.136** Corbis UK Ltd Hulton-Deutsch Collection tl. **pp.136-137** Archivo Iconografico, S.A. b. **p.137** A. F. Kersting: tr. **p.138** Corbis UK Ltd Paul Almasy tl. **p.139** DK Picture Library tr; A. F. Kersting: bl. **p.140** Corbis UK Ltd Hulton-Deutsch Collection b. **p.141** Corbis UK Ltd Hulton-Deutsch Collection br; DK Picture Library Stephen Oliver tl. **p.142** The English Heritage Photo Library bl; Milepost 92 1/2 tl. **p.143** Corbis UK Ltd br; Araldo de Luca tr; Robert Holmes tl. **p.144** Robert Harding Picture Library Adam Woolfitt bl. **p.145** Corbis UK Ltd Eddie Ryle-Hodges tl; Hulton Getty br; Roger-Viollet tr. **p.146** The English Heritage Photo Library bl; National Portrait Gallery, London tcb. **p.147** Angelo Hornak Library Courtesy of the Gentleman Usher of the Black Rod bc; V&A Picture Library tr. **p.148** View Pictures Dennis Gilbert b. **p.149** Jean-Loup Charmet tr; The Art Archive Museum der Stadt Wien, Austria br; A. F. Kersting tc. **p.150** Archivo Iconografico, S.A. Colección Bertarelli, Milan, Italy tl; Corbis UK Ltd Ric Ergenbright bl; © Disney Enterprises, Inc br. **p.151** Axiom Peter Wilson tl; Hutchison Library John Egan b. **p.152** Archivo Iconografico, S.A. Museo Carnavalet, Paris bl. **p.153** Corbis UK Ltd tr; The English Heritage Photo Library bl; Hulton Getty Lock & Whitfield cr. **p.154** Arcaid Richard Bryant bc; Hulton Getty Hollyer tl. **p.155** AKG London tr; Arcaid Niall Clutton b. **pp.156-157** Corbis UK Ltd. **p.158** AKG London clb; Ford Motor Company Ltd tl; Angelo Hornak Library b. **p.159** Corbis UK Ltd Bettmann c. **p.160** Corbis UK Ltd Owen Franken bl; Angelo Hornak Library tl; Art Directors & TRIP M. Barlow bcr. **p.161** Arcaid Peter Mauss b; Ronald Grant Archive tr. **p.162** AKG London tc; Corbis UK Ltd Richard A. Cooke bl. **p.163** Corbis UK Ltd Bob Krist tr. **p.164** British Architectural Library, RIBA, London British Architectural Library b; © Tate Gallery, London tlb. **p.165** Arcaid Lucinda Lambton tl; DK Picture Library Annan Collection tr; Edifice Lewis br. **p.166** © C. H. Bastin & J. Evrard © DACS 2000 bc; Christie's Images Ltd tl; Tony Stone Images Stephen Studd clb. **p.167** Bridgeman Art Library, London/New York Palais Stoclet, Brussels, Belgium tr; Angelo Hornak Library b. **p.168** Archivo Iconografico, S.A. Galería Catalanes Ilustres, Barcelona tc; Corbis UK Ltd Vanni Archive bl. **p.169** Archivo Iconografico, S.A. tc; Spectrum Colour Library b.

pp.170-171 DK Picture Library Max Alexander. **p.172** Artur, Köln Tomas Riehle bl; Roger-Viollet tl. **p.173** AKG London Erich Lessing/© DACS 2000 tr; Artur, Köln Roland Halbe tl; Petrushka State Museum of Architecture, Moscow bcr. **p.174** Archivo Iconografico, S.A. b; DK Picture Library tl. **p.175** ArchiTektur Bilderservice Kandula br, t. **p.176** The Art Archive Tate Gallery, London/© 2000 Mondrian/Holtzman Trust c/o Beeldrecht, Amsterdam, Holland & DACS, London tl; View Pictures Nathan Willock/© DACS 2000 bl. **p.177** Artur, Köln Oliver Heissner tr; Corbis UK Ltd MIT Collection bl. **p.178** Corbis UK Ltd Bettmann tc; Esto Photographics Ezra Stoller/© DACS 2000 bc. **p.179** Archivo Iconografico, S.A. © DACS 2000 b. **p.180** AKG London bl. **p.181** Archivision, Toronto tl; Scala br. **p.182** Corbis UK Ltd Paul Almasy tc; Esto Photographics Roberto Schezen/© FLC/ADAGP, Paris and DACS, London 2000 bl. **p.183** View Pictures Peter Cook/© FLC/ADAGP, Paris and DACS, London 2000 tr. **p.184** Julius Shulman bl. **p.185** Corbis UK Ltd Jim Sugar br; Julius Shulman tl. **p.186** Alvar Aalto Museum, Finland © Alvar Aalto Foundation/Hedenström tc, tl; Design Press Lars Hallén bl. **p.187** Arcaid Dennis Gilbert t; © C. H. Bastin & J. Evrard br. **p.188** Panos Pictures Daniel O'Leary/© FLC/ADAGP, Paris and DACS, London 2000 b. **p.189** Camera Press Jessie Ann Matthew tr; Corbis UK Ltd Paul A Souders tl. **p.190** Arcaid Reto Guntli tc; Archivo Iconografico, S.A. bl; **p.191** Robert Harding Picture Library G. Boutin/Explorer tr. **p.192** Edifice Lewis bl. **p.193** Architectural Association Michael Eleftheriades tr; Edifice Weideger b. **pp.194-195** Robert Harding Picture Library Roy Rainford. **p.196** Esto Photographics Ezra Stoller br; Skidmore, Owings & Merrill LLP, Chicago Hedrich-Blessing bl. **p.197** Kohn Pedersen Fox Associates tl; View Pictures Dennis Gilbert br. **p.198** Arcaid Mark Fiennes b; Camera Press AK Purkiss tl. **p.199** DK Picture Library crb; Esto Photographics Peter Aaron tr. **p.200** Terry Farrell & Partners Richard Bryant t; View Pictures Peter Cook bl. **p.201** Arcaid Richard Bryant b; Esto Photographics Peter Mauss tcr. **p.202** Artur, Köln Klaus Frahm bl; Andrea Branzi Architetto tr. **p.203** Arcaid Richard Waite tl; DK Picture Library Alessi Kettle (1985) design by Michael Graves/photograph by Clive Streeter trb; Max Protetch Gallery br. **p.204** Camera Press Vanya Kewley tl; DK Picture Library b. **p.205** Edifice Darley t; Foster & Partners Ian Lambot br; Frank Spooner Pictures Gavin Smith tr. **p.206** Foster & Partners Dennis Gilbert/View t; Popperfoto Fabrizio Bensch/Reuters cl. **pp.206-207** Renzo Piano Building Workshop b. **p.207** Renzo Piano Building Workshop tr. **p.208** Camera Press Bill Potter tl; Art Directors & TRIP b. **p.209** AKG London Hilbich tc; Axiom Joe Beynon trb; Foster & Partners br. **p.210** Nigel Paterson br. **p.211** Camera Press Stewart Mark cr; Kenzo Tange Associates Osamu Murai tr; Spectrum Colour Library bc. **p.212** Arcaid David Churchill b. **p.213** AKG London Stefan Drechsel br; Ricardo Bofill/Taller de Arquitectura tc. **pp.214-215** Nicholas Grimshaw. **p.216** Ikona AFE/Archivo B. Zevi cl;

Makona tl; Geleta & Geleta Fotóstúdió r. **p.217** Robert Harding Picture Library br. **p.218** Architectural Association Richard Glover bl; Edifice Buzas tr. **p.219** Axiom James Morris tl, br. **p.220** AKG London Hilbich b; Camera Press Blanca Castillo tl. **p.221** Esto Photographics Peter Mauss tr. **p.222** AKG London Udo Hesse tl; V&A Picture Library Peter Mackinven bl. **pp.222-223** Arcaid Richard Bryant t. **p.223** Arcaid Richard Waite tr; Zaha Hadid Hélène Binet br. **p.224** AKG London Bruni Meya tl; Arcaid Dennis Gilbert b. **p.225** Gendall Design Eden Project tl; © Guggenheim Museum Bilbao Erika Barahona Ede b. **p.226** DK Picture Library b. **p.227** DK Picture Library. **p.228** Auditorium Lyon t; Corbis UK Ltd James L. Amos bcl. **p.229** Hutchison Library Bernard Régent b.

JACKET Front flap Tony Stone Images Jean-Marc Truchet t; Arcaid Joe Cornish b. **Front from tl to tr** Michael Holford; Archivo Iconografico, S. A.; Corbis UK Ltd Vanni Archive; Corbis UK Ltd Richard A. Cooke. © Guggenheim Museum Bilbao Erika Barahona Ede c; Ed Barber br. **Spine** View Pictures Dennis Gilbert. **Back from tl to tr** A. F. Kersting; Robert Harding Picture Library Adina Tovey; Art Directors & TRIP Robert Belbin; Corbis UK Ltd Bob Krist. Axiom Luke White/© FLC/ADAGP, Paris and DACS, London 2000 cl; A. F. Kersting cr; Angelo Hornak Library bl; Bridgeman Art Library London/New York Maidstone Museum and Art Gallery bc; Arcaid Reto Guntli br. **Back flap** Ed Barber tl. **Front endpapers** (from Andrea Palladio, *I quattro libri dell'architettura*) Corbis UK Ltd; **back endpapers** Gendall Design Eden Project.

감사의 글

나는 학파로 발전되었거나 일시적인 유행으로 끝난 건축 양식, 전국적으로 유명한 건축물이나 지방의 토속 건축물 등 온갖 유형의 건축 형태에 내 눈을 뜨게 해 준 많은 분들, 지금 이 세상에 살아 있는 분들뿐만 아니라 이미 세상을 떠난 분들에게도 감사드린다. 존 베치먼, 이언 넨, 허버트 드 크로닌 헤이스팅스, 존 섬머슨, 콜린 보인, 댄 크루이크섕크, 개빈 스탬프, 피터 부캐넌, 오커스터스 웰비 노스모어 퓨진, 베르톨트 루베트킨, 존 러스킨, 빌 슬랙, 마틴 폴리, 페넬로페 체트워드, 렌조 피아노, 임레 마코베츠, 리키 버데트, 투디 사마르티니, 랜스 노벨, 일스 크로포드, 나이젤 코츠, 다니엘 리베스킨트, 그리고 그 밖의 많은 건축가와 공학자, 비평가와 역사학자, 또한 건축을 사랑하는 사람들과 지난 20년 동안 내게 소중한 시간을 기꺼이 내 준 건물주들에게 깊은 감사를 드린다.
한편 이 책을 만드는 데 관여한 DK출판사의 출판 팀 — 이 책의 저술을 부탁한 안나 크루거, 편집 디자인을 감독한 스티븐 노울든과 이 책을 디자인한 로워너 올시, 사이먼 머렐, 카를라 데 아브레우 그리고 이 책을 편집한 피터 존스와 닐 로클리와 조 마르소, 꼼꼼하게 사진 확인을 해 준 샘 러스턴 — 과 나를 믿고 이 프로젝트를 맡겨 준 모든 관계자에게 감사드린다.

돌링 킨더슬리 출판사는 이 책의 찾아보기를 정리해 준 미할리 카토나, 주디스 모어, 팀 스콧, 루이즈 토머스, 힐러리 버드에게 감사드린다.

추천의 글

우리 지식인은 보이는 것보다 보이지 않는 것, 집단의 것보다 개인의 것에 더 관심이 많았다. 한 문명 국가의 성숙은 보이는 것과 보이지 않는 것의 공존, 사유와 공유의 조화로부터 비롯하는 것이건만 우리 지식 사회는 그런 면에서 기형적이다. 그것이 우리 도시와 건축에 대한 무관심을 낳은 것이고 오늘날 우리 도시의 황폐를 초래한 것이다. 이럴 때 한국의 지식인들에게 권하고 싶은 책이 나왔다. 이 책은 보이는 세계, 실재하는 인류의 문화 유산에 대한 객관적이면서도 사실에 닿아 있는 훌륭한 안내서이다. 또한 창세기에 언급된 바벨 탑부터 최근 완공된 독일 국회의사당의 유리 돔에 이르기까지 위대한 건축을 다룬, 가장 최근에 쓰인 광범위한 세계 건축사이다. 건축과 도시를 공부하는 학도나 전문가들은 물론 일반 독자에게도 훌륭한 인류 문명의 안내서가 될 『사진과 그림으로 보는 건축의 역사』는 인류가 지난 9천 년 동안 이 세상에 남겨 온 건축과 도시에 대해 광범위하면서도 핵심을 빠뜨리지 않고 다룬 더할 수 없이 훌륭한 책이다. 작년 컬럼비아 대학교 도서관에서 처음 보고 모두에게 소개하고 싶어했던 책인데 시공사에서 어느새 번역을 마치고 추천의 글을 부탁해 기꺼이 응했다. 쉽게 번역된 이 책은 건축의 시작인 도시의 발전에서 고대 이집트와 그리스·로마 시대를 거쳐 비잔틴 양식, 로마네스크 양식, 이슬람 스타일의 건축이 풍미하던 시대를 지나 고딕 양식, 르네상스로 이어지는 유럽 문명의 영광을 상형문자로 남긴 건축과 도시의 정수를 보여 주고 있다.

지금까지의 세계 건축사가 유럽에 치우친 데 반해 아시아, 아프리카, 아메리카의 건축을 함께 다룬 것도 이 책의 또 다른 특징이다. 유럽에 편향되지 않은 시각으로 유럽과 다른 문명 세계를 건설해 온 이들을 비교했고, 중국과 일본 그리고 인도와 동남아시아의 건축을 적은 분량으로나마 별도로 다루었다. 한 권의 분량에 담기에는 부족하여 빠뜨린 대목이 적지 않으나 동서양을 한 시각으로 아우른 분석과 이해는 괄목할 만하다.

저자는 또한 동서양의 비교 연구에서 한 걸음 더 나아가, 오늘과 역사를 잇는 가교이며 현대 문명의 기반이 된 민주혁명과 산업혁명이 산업도시와 현대도시에 미친 영향과, 이러한 혁명 이후 새롭게 대두한 문명의 화두인 공산혁명이 건축과 도시에 미친 영향에 대한 흥미로운 해석을 더하고 있다. 그리고 세계를 하나의 지구촌으로 만든 바우하우스, 집합 주거, 국제주의 양식과 모더니즘의 세계적 영향을 서술하고, '디지털 건축'과 '즐거운 도시'에 이르는 세계 건축의 현재 진단과 미래 조망으로 책을 마무리하고 있다.

게다가 도서관에서 자료를 찾아 기술한 세계 건축사가 아니라 일일이 저자가 찾아가 확인한 글과 사진이라 리얼리티가 생생하게 느껴진다.

책을 읽는 것만으로 지식이 쌓이는 것은 아니다. 우리는 많이 읽고 많이 생각하는 데에만 몰두하지만, 무엇보다 세상을 많이 보는 것이 중요하다. 읽고 생각하는 것보다 보는 것이 더 사실의 정곡에 닿게 한다. 조너선 글랜시는 자신이 눈으로 본 것만을 그대로 독자에게 전하고 있다. 따라서 이 책은 학술 서적이기보다 인문적 교양을 기반으로 한, 건축과 도시의 기행문이다. 여행은 책보다 더 많은 것을 가르쳐 준다. 『로마제국쇠망사』를 쓴 기번(Gibbon)조차 도서관보다 포로 로마노에서 더 많은 것을 느꼈다 하지 않았는가!

인간의 기록은 자의적일 수밖에 없으나 조너선은 매우 조심스럽게 그러한 편견을 극복하고 있다. 독서와 여행은 인간을 풍요롭게 하는 두 기둥이다. 건축의 세계를 여행하는 데 이 책만큼 좋은 안내서는 없을 것이다. 바다로 나갈 때 해도가 필요하듯 지난 9천 년 동안 인간이 이룬 세계를 찾아가는 데에는 이 정도의 안내서가 있어야 한다. 조너선 글랜시는 보이는 것을 통해 보이지 않는 더 많은 것을 보여 주고 있다. 그러므로 이 책은 인간이 이루어 온 세계를 알기 위해서도 한 번은 읽어야 할 것이다. 인간이 이룬 세상이 바로 건축과 도시가 아닌가! 건축은 인간이 이 세상에 남긴 궤적이다.

인간이 인문과 사회, 과학과 기술을 기반으로 자신들의 삶을 공간 예술로 지상에 남긴 건축과 도시를 아는 일은 인간의 역사를 이해하는 길이기도 하다. 그리고 무엇보다 우리가 건축과 도시에 대해서 무엇을 해야 하고, 할 수 있는지를 알게 하는 폭넓은 문명사적 접근은 일반 독자들에게도 귀중한 시각을 갖게 할 것이다. 지식인이라면 이런 책을 전문 서적이라며 멀리해서는 안 되겠다. 건축은 전문 분야의 일이 아니다. 시와 소설처럼 건축은 우리 모두의 주제인 것이다. 집과 마을, 건축과 도시는 우리 세상 바로 그것이다.

보이는 세상을 통해 보이지 않는 세상을 알 수 있을 때 우리가 어디에서 와서 어디로 가는지, 지금 사는 세상이 어떤 곳인지를 알게 될 것이다. 이런 책이 화제가 되는 세상이 바로 문명 사회이다.

2002년 6월 서울에서
김석철